Knaur

Von Fritjof Capra sind außerdem erschienen:

Das neue Denken (Band 77358)
Das Tao der Physik (Band 77324)

Über den Autor:

Nach seinem Studium und der Promotion in Theoretischer Physik in Wien forschte und lehrte Fritjof Capra (geboren 1939) an bekannten Universitäten und Institutionen in den USA und England. Er beschäftigt sich außerdem seit mehr als 20 Jahren mit den philosophischen und gesellschaftlichen Konsequenzen der modernen Naturwissenschaft und gilt als Vordenker einer ökologisch-ganzheitlichen Weltsicht.

Fritjof Capra

Lebensnetz

**Ein neues Verständnis
der lebendigen Welt**

Aus dem Englischen von
Michael Schmidt

Knaur

Die englische Originalausgabe erschien 1996 unter dem Titel
»The Web of Life«.

Zum Gedenken an meine Mutter
Ingeborg Teuffenbach,
der ich die Gabe und die Disziplin
des Schreibens verdanke.

Besuchen Sie uns im Internet:
www.droemer-knaur.de

Vollständige Taschenbuchausgabe Februar 1999
Droemersche Verlagsanstalt Th. Knaur Nachf., München
Copyright © 1996 by Fritjof Capra
Copyright © der deutschsprachigen Ausgabe beim Scherz Verlag,
Bern und München
Alle Rechte vorbehalten. Das Werk darf – auch teilweise –
nur mit Genehmigung des Verlages wiedergegeben werden.
Umschlaggestaltung: Agentur Zero, München
Satz: Ebner Ulm
Druck und Bindung: Clausen & Bosse, Leck
Printed in Germany
ISBN 3-426-77359-7

5 4 3 2 1

Dies wissen wir.
Alle Dinge sind verbunden,
wie das Blut
eine Familie vereint . . .

Was immer der Erde widerfährt,
widerfährt den Söhnen und Töchtern der Erde.
Der Mensch hat nicht das Netz des Lebens gewebt –
er ist nur ein Faden darin.
Was immer er dem Netz antut,
tut er sich selbst an.

Ted Perry, inspiriert von Häuptling Seattle

Inhalt

Anhang

Vorwort

Im Jahre 1944 veröffentlichte der österreichische Physiker Erwin Schrödinger unter dem Titel *Was ist Leben?* eine kleine Schrift, in der er klare und zwingende Hypothesen über die Molekularstruktur von Genen vortrug. Dieses Büchlein regte die Biologen dazu an, sich auf eine neuartige Weise mit der Genetik zu befassen, und damit eröffnete es ein bisher völlig unbekanntes Wissenschaftsgebiet: die Molekularbiologie.

In den folgenden Jahrzehnten gelangen auf diesem Gebiet eine Reihe großartiger Entdeckungen, gipfelnd in der Entschlüsselung des genetischen Kodes. Und dennoch: Trotz dieser spektakulären Fortschritte kamen die Biologen einer Antwort auf jene Frage, die Schrödingers Buch aufgeworfen hatte, nicht einen einzigen Schritt näher. Ebensowenig fanden sie Antworten auf zahlreiche weitere Fragen, die damit verbunden sind und die Wissenschaftlern und Philosophen seit Jahrhunderten Rätsel aufgegeben haben: Wie konnten sich komplexe Strukturen aus einer zufälligen Ansammlung von Molekülen entwickeln? Welche Beziehung besteht zwischen Geist und Gehirn? Was ist Bewußtsein?

Die Molekularbiologen entdeckten zwar die Grundbausteine des Lebens, aber das verhalf ihnen noch lange nicht zum Verständnis der höchst bedeutsamen Integrationsvorgänge in lebenden Organismen. Vor über 25 Jahren stellte Sidney Brenner, einer der führenden Molekularbiologen, die folgenden Überlegungen an:

In gewisser Hinsicht könnte man sagen, daß man die gesamte genetische und molekularbiologische Arbeit der letzten sechzig Jahre lediglich als langes Zwischenspiel betrachten kann... jetzt, da dieses Programm vollständig ist, haben wir einen vollen Kreis geschlagen und kommen zu den Problemen zurück, die damals ungelöst zurückgelassen wurden. Wie regeneriert ein verwundetes Lebewesen genau dieselbe Struktur, die es vorher hatte? Wie entsteht aus dem Ei das Lebewesen? . . . Ich glaube, in den nächsten 25 Jahren werden wir den Biologen eine andere Sprache beibringen müssen . . . Ich weiß noch nicht, wie sie heißt – niemand weiß das . . . Vielleicht ist es ja falsch zu glauben, daß sich die ganze Logik auf der molekularen Ebene abspielt. Vielleicht müssen wir über die Uhrwerksmechanismen hinausgelangen.[1]

Seit der Zeit, da Brenner diese Bemerkungen machte, hat sich in der Tat eine neue Sprache entwickelt, die dem Verständnis der komplexen, hochintegrativen Systeme des Lebens dient. Die Wissenschaftler haben ihr unterschiedliche Namen gegeben: «dynamische Systemtheorie», «Theorie der Komplexität», «nichtlineare Dynamik», «Netzwerkdynamik» usw. Zu ihren Schlüsselbegriffen gehören chaotische Attraktoren, Fraktale, dissipative Strukturen, Selbstorganisation und autopoietische Netzwerke.

Dieser Ansatz, das Leben zu verstehen, wird von herausragenden Forschern und ihren Teams auf der ganzen Welt verfolgt: von Ilya Prigogine an der Brüsseler Universität, Humberto Maturana an der Universität von Santiago de Chile, Francisco Varela an der École Polytechnique in Paris, Lynn Margulis an der University of Massachusetts, Benoît Mandelbrot an der Yale University und von Stuart Kauffman am Santa Fe Institute, um nur einige zu nennen. Ihre bahnbrechenden Entdeckungen wurden in Fachzeitschriften und Büchern veröffentlicht und oft als revolutionär bezeichnet.

Bislang allerdings hat noch niemand eine umfassende Synthese entwickelt, die all diese Entdeckungen in einen schlüssigen Zusammenhang stellt, um sie damit auch einem Laienpublikum zu erschließen. Genau diesem Anspruch soll das vorliegende Buch gerecht werden.

Das neue Verständnis des Lebens darf als die Speerspitze wissenschaftlicher Erkenntnis im Zuge des Paradigmenwechsels von einer mechanistischen zu einer ökologischen Weltsicht gelten. Damit befaßte ich mich bereits in meinem früheren Buch *Wendezeit*. Das vorliegende Buch ist in gewisser Hinsicht eine Weiterführung, Vertiefung und Erweiterung des Kapitels «Das Systembild des Lebens» in *Wendezeit*.

Die intellektuelle Tradition des Systemdenkens sowie die in den ersten Jahrzehnten dieses Jahrhunderts entwickelten Modelle und Theorien von lebenden Systemen liefern die begrifflichen und historischen Fundamente des in diesem Buch entworfenen Gedankengebäudes. Ja, die Synthese der aktuellen Theorien und Modelle, die ich hier zur Diskussion stelle, versteht sich als Entwurf einer jetzt entstehenden Theorie lebender Systeme, die ein einheitliches Bild von Geist, Materie und Leben vermittelt.

Dieses Buch ist für ein allgemeines Publikum geschrieben. Ich habe jeden Fachjargon möglichst vermieden und alle Spezialbegriffe dort definiert, wo sie zum erstenmal auftreten. Die Ideen, Modelle und Theorien, von denen hier die Rede ist, sind freilich komplex, und zuweilen ließ es sich nicht vermeiden, ins fachliche Detail zu gehen, um ihren Gehalt zu vermitteln. Dies gilt insbesondere für einige Passagen in den Kapiteln 5 und 6 sowie für den ersten Teil von Kapitel 9. Wer sich für die fachlichen Details nicht interessiert, kann diese Passagen ohne weiteres überfliegen oder sie ganz überschlagen, ohne befürchten zu müssen, den roten Faden meiner Argumentation zu verlieren.

Ferner enthält der Text nicht nur zahlreiche Literaturhinweise, sondern auch eine Fülle von Verweisen auf andere Seiten in diesem Buch. Ich habe mich bemüht, ein komplexes Netz von Begriffen und Ideen innerhalb der linearen Beschränkungen der geschriebenen Sprache zu vermitteln, und war der Ansicht, es wäre hilfreich, die Verknüpftheit des Textes durch ein Netz von Fußnoten nachvollziehbar zu machen. Ich hoffe daher, der Leser wird den Eindruck gewinnen, daß dieses Buch wie das Netz des Lebens ebenfalls ein Ganzes bildet, das mehr ist als die Summe seiner Teile.

Berkeley, August 1995   Fritjof Capra

I
Der kulturelle Kontext

1 Tiefenökologie – ein neues Paradigma

Dieses Buch handelt von einem neuen wissenschaftlichen Verständnis des Lebens auf allen Ebenen lebender Systeme: von Organismen, Gesellschaftssystemen und Ökosystemen. Es beruht auf einer neuen Wahrnehmung der Realität, und dies wiederum hat tiefgreifende Auswirkungen nicht nur auf die Wissenschaft und die Philosophie, sondern auch auf das Geschäftsleben, die Politik, das Gesundheitswesen, auf Bildung und Erziehung und das Alltagsleben. Daher ist es angebracht, zunächst einmal den allgemeinen sozialen und kulturellen Kontext der neuen Auffassung vom Leben in seinen Grundzügen darzustellen.

Die Krise der Wahrnehmung

Während sich dieses Jahrhundert seinem Ende nähert, ist die Sorge um unsere Umwelt vordringlich geworden. Wir stehen vor einer ganzen Reihe alarmierender globaler Probleme. Der Biosphäre und dem menschlichen Leben werden Schäden zugefügt, die so schwerwiegend sind, daß sie möglicherweise schon bald nicht mehr rückgängig zu machen sind. Ausmaß und Bedeutung dieser Probleme sind umfangreich dokumentiert.[1]

Je intensiver wir uns mit den großen Problemen unserer Zeit befassen, um so mehr begreifen wir, daß sie nicht als Einzelprobleme verstanden werden können. Es sind systemische Probleme, das heißt, sie sind miteinander verbunden und wechselseitig voneinander abhängig. So wird zum Beispiel eine Begrenzung des Bevölkerungswachstums nur dann möglich sein, wenn die Armut weltweit erfolgreich bekämpft werden kann. Das Verschwinden von Tier- und Pflanzenarten in einem erschreckenden Ausmaß wird so lange weitergehen, wie der dritten Welt eine riesige Schuldenlast aufgebürdet bleibt. Ressourcenknappheit und Umweltzerstörung verbinden sich mit einer rapiden Vermehrung der Bevölkerung – die Folgen sind das Zusammenbrechen funktionsfähiger lokaler Gemeinwesen sowie Gewaltausbrüche, die aus ethnischen stammesbedingten Spannungen resultieren. All das ist charakteristisch für die Ära nach dem kalten Krieg.

Erklärbar werden diese Probleme nur als verschiedene Ausprägungen ein und derselben Krise, die in erster Linie eine Krise der Wahrnehmung ist. Ihr Keim liegt darin, daß die meisten von uns und insbesondere unsere großen gesellschaftlichen Institutionen auf ein überholtes Weltbild fixiert sind, auf eine Wahrnehmung der Realität also, die einem angemessenen Umgang mit unserer übervölkerten, global vernetzten Welt nicht mehr gerecht wird.

Dabei gäbe es durchaus Lösungen für die großen Probleme unserer Zeit, und einige davon wären sogar recht einfach. Aber sie erfordern eine radikale Erneuerung unserer Wahrnehmung, eine Wende in unserem Denken, einem Wandel unserer Werte. In der Tat: Wir befinden uns heute am Anfang einer wirklich grundlegenden Veränderung des Weltbilds in Wissenschaft und Gesellschaft, eines Paradigmenwechsels, der so radikal ist, wie es die kopernikanische Wende war. Diese Einsicht ist unseren politischen Führern jedoch noch fremd. Die Erkenntnis, daß ein tiefgreifender Wandel der Wahrnehmung und des Denkens notwendig ist, wenn wir überleben wollen, hat auch die meisten Wirtschaftsführer noch nicht erreicht, ebensowenig wie die Verwaltungschefs und Professoren unserer großen Universitäten.

Zum einen haben diese Führungspersönlichkeiten in der Regel noch nicht erkannt, daß scheinbar grundverschiedene Probleme doch miteinander zusammenhängen. Zum anderen weigern sie sich, ihre Verantwortung dafür zu erkennen, daß sich ihre sogenannten Lösungen auch auf künftige Generationen auswirken. Vom systemischen Standpunkt betrachtet, sind die einzig brauchbaren Lösungen diejenigen, die «nachhaltig» sind. Der Begriff der Nachhaltigkeit ist ein Schlüsselbegriff in der ökologischen Bewegung und in der Tat äußerst wichtig. Lester Brown vom Worldwatch Institute hat dafür eine einfache, klare und wunderschöne Definition gefunden: «Nachhaltig wirtschaftet eine Gesellschaft dann, wenn sie ihre Bedürfnisse befriedigt, ohne die Aussichten

künftiger Generationen zu schmälern.»[2] Dies ist, auf den Punkt gebracht, die große Herausforderung unserer Zeit: nachhaltig wirt-
schaftende Gemeinschaften zu schaffen, soziale und kulturelle
Milieus, in denen wir unsere Bedürfnisse befriedigen und unsere
Ziele erreichen können, ohne die Chancen künftiger Generationen
zu schmälern.

Der Paradigmenwechsel

In meinem Berufsleben als Physiker habe ich mich vorwiegend für
den dramatischen Wandel der Vorstellungen und Ideen interessiert,
der sich in der Physik während der ersten drei Jahrzehnte dieses
Jahrhunderts vollzog und sich bis in die Ausarbeitung der jüngsten
Theorien über die Materie erstreckt. Die neue Physik löste eine tiefgreifende Veränderung unserer Sicht der Welt aus – weg vom mechanistischen Weltbild eines Descartes und Newton, hin zu einer
ganzheitlichen, ökologischen Sichtweise.

Dabei fiel es den Physikern des frühen 20. Jahrhunderts alles andere als leicht, das neue Bild der Wirklichkeit zu akzeptieren.
Durch die Erforschung der atomaren und subatomaren Welt nahmen sie Fühlung mit einer unerwarteten, überaus seltsamen Wirklichkeit auf. Während sie sich noch bemühten, diese Realität zu begreifen, wurde ihnen schmerzhaft bewußt, daß ihre Grundbegriffe,
ihre Sprache und ihr bisheriges Denken völlig ungeeignet waren,
um atomare Phänomene zu beschreiben. Ihre Probleme waren
nicht nur intellektueller Art, sondern forderten eine zutiefst emotionale, ja geradezu existentielle Krise heraus. Die Wissenschaftler
brauchten lange, um diese Krise zu überwinden, aber schließlich
wurden sie dafür mit weitreichenden Erkenntnissen über die Beschaffenheit der Materie und ihre Beziehung zum menschlichen
Geist belohnt.[3]

Die dramatischen Veränderungen des Denkens, die sich in der
Physik am Anfang dieses Jahrhunderts vollzogen, werden seit über
fünfzig Jahren von Physikern und Philosophen in aller Welt diskutiert. Dies brachte Thomas Kuhn auf den Gedanken, von einem wissenschaftlichen «Paradigma» zu sprechen – nach seiner Definition
«eine Konstellation von Leistungen – Begriffen, Werten, Techniken

usw. –, die eine wissenschaftliche Gemeinde miteinander gemeinsam hat und die von dieser Gemeinde zur Definition legitimer Probleme und Lösungen verwendet werden».[4] Veränderungen von Paradigmen spielen sich nach Kuhn in Form diskontinuierlicher, revolutionärer Umbrüche ab, in sogenannten «Paradigmenwechseln».

Heute, fünfundzwanzig Jahre nach Kuhns Analyse, sehen wir im Paradigmenwechsel der Physik den integralen Bestandteil eines weit umfassenden kulturellen Wandels. Die intellektuelle Krise der Quantenphysiker in den zwanziger Jahren spiegelt sich heutzutage in einer ähnlichen, aber viel allgemeineren kulturellen Krise wider. Folglich beobachten wir einen Paradigmenwechsel nicht nur innerhalb der Wissenschaft, sondern in der gesamten Gesellschaft.[5] Um diesen kulturellen Wandel analysieren zu können, habe ich Kuhns Definition eines wissenschaftlichen Paradigmas zu der eines sozialen Paradigmas verallgemeinert, nach meiner Definition «eine Konstellation von Begriffen, Werten, Wahrnehmungen und Praktiken, die eine Gemeinschaft miteinander gemeinsam hat und die eine besondere Sicht der Realität bildet, welche der Art und Weise zugrunde liegt, wie sich die Gemeinschaft selbst organisiert».[6]

Jenes Paradigma, das heute schwindet, hat unsere Kultur über mehrere Jahrhunderte beherrscht, währenddessen unsere moderne westliche Gesellschaft gestaltet und die übrige Welt nachhaltig beeinflußt. Dieses Paradigma besteht aus einer Reihe von tief verwurzelten Vorstellungen und Werten, zu denen etwa das Bild des Universums als einem mechanischen System gehört, das aus elementaren Bausteinen zusammengesetzt ist. Dazu gehören auch die Vorstellung vom menschlichen Körper als einer Maschine, die Ansicht vom Leben in der Gesellschaft als einem Konkurrenzkampf ums Dasein, die Überzeugung, der unbegrenzte materielle Fortschritt ließe sich durch ökonomisches und technologisches Wachstum herbeiführen, und – last, not least – der Glaube, daß eine Gesellschaft, in der das Weibliche überall unter dem Primat des Männlichen steht, einem Grundgesetz der Natur folge. All diese Annahmen wurden durch gewisse Ereignisse schwer erschüttert. Und in der Tat sehen sie sich derzeit einer radikalen Revision ausgesetzt.

Tiefenökologie *Philosophische Schule; siehe ✳*

Das neue Paradigma kann man als ganzheitliches Weltbild bezeich- ①
nen, weil es die Welt als integrales Ganzes sieht statt als unverbun-
dene Ansammlung von Teilen. Dieses Weltbild entspricht auch der
ökologischen Sichtweise, sofern der Begriff «ökologisch» in einem
viel umfassenderen und tieferen Sinn als allgemein üblich verwendet wird. Ökologisches Bewußtsein in diesem Sinn müßte die grund- ②
legende wechselseitige Abhängigkeit aller Phänomene ebenso zur
Kenntnis nehmen wie die Tatsache, daß wir alle, als Individuen und
als Mitglieder von Gesellschaften, in die zyklischen Prozesse der ③
Natur eingebunden (und letztlich von ihnen abhängig) sind.

Die beiden Begriffe «ganzheitlich» und «ökologisch» weisen indessen gewisse Bedeutungsunterschiede auf, und offenbar eignet
sich «ganzheitlich» etwas weniger dazu, das neue Paradigma zum
Ausdruck zu bringen. Aus ganzheitlicher Sicht ist beispielsweise ein ④
Fahrrad ein funktionales Ganzes, und in diesem Zusammenhang ist
die wechselseitige Abhängigkeit seiner Teile zu verstehen. Aus ökologischer Sicht gehört dies zwar zum Fahrrad dazu, aber darüber ⑤
hinaus erfaßt sie auch unser Bewußtsein darüber, wie das Fahrrad in
sein natürliches und soziales Umfeld eingebettet ist – woher die
Rohstoffe stammen, die bei seiner Herstellung verarbeitet wurden,
die Art und Weise, wie es hergestellt wurde, wie seine Verwendung
sich sowohl auf die natürliche Umwelt auswirkt als auch auf die Gemeinschaft, von der es verwendet wird, usw. Dieser Unterschied
zwischen «ganzheitlich» und «ökologisch» wird nochmals bedeutsamer, wenn wir über lebende Systeme sprechen, für die ihre Verbindungen zur Umwelt von wahrhaft lebenswichtiger Bedeutung sind.

Meine Verwendung des Begriffs «ökologisch» entspricht einer
bestimmten philosophischen Schule und hat darüber hinaus mit
einer weltweiten basisdemokratischen Bewegung zu tun, die man
«Tiefenökologie» nennt und die zunehmend an Bedeutung ge- ✳
winnt.[7] Jene philosophische Schule wurde in den frühen siebziger
Jahren von dem norwegischen Philosophen Arne Naess begründet.
Naess führte die Unterscheidung zwischen «seichter» und «tiefer»
Ökologie ein, eine inzwischen weithin anerkannte Maßnahme, die
auf einen wichtigen Unterschied im heutigen Umweltbewußtsein
verweist. Seichte Ökologie ist anthropozentrisch, stellt also den *So*

Menschen in den Mittelpunkt. Für sie steht der Mensch über oder außerhalb der Natur, als Ursprung aller Werte, und dementsprechend gesteht sie der Natur nur einen instrumentellen Wert, einen «Nützlichkeitswert», zu. Die Tiefenökologie dagegen sieht weder den Menschen noch irgend etwas anderes als von der natürlichen Umwelt getrennt. Sie erblickt in der Welt nicht eine Ansammlung voneinander isolierter Objekte, sondern ein Netz von Phänomenen, die grundsätzlich miteinander verbunden und wechselseitig voneinander abhängig sind. Die Tiefenökologie ist darum bemüht, den allen Lebewesen innewohnenden Wert wahrzunehmen; sie betrachtet den Menschen gleichsam als einen der Fäden im Netz des Lebens. Letzten Endes ist tiefenökologisches Bewußtsein ein spirituelles oder religiöses Bewußtsein. Wenn der Begriff der Spiritualität einen Bewußtseinszustand meint, in dem der einzelne Mensch ein Gefühl der Zugehörigkeit, der Verbundenheit mit dem Kosmos als Ganzem empfindet, dann wird klar, daß ökologisches Bewußtsein seinem tiefsten Wesen nach spirituell ist. Daher überrascht es nicht, daß das jetzt entstehende neue Bild der Wirklichkeit, das auf dem tiefenökologischen Bewußtsein basiert, der *philosophia perennis* entspricht, der grundlegenden gemeinsamen Wahrheit aller spirituellen Traditionen, sei es im Bereich der christlichen Mystiker, des Buddhismus oder der Philosophie und Kosmologie, die den Traditionen der amerikanischen Ureinwohner zugrunde liegt.[8]

Arne Naess verdanken wir eine weitere Charakterisierung der Tiefenökologie. «Das Wesen der Tiefenökologie», hat er einmal gesagt, «besteht darin, tiefere Fragen zu stellen.»[9] Auch dies gehört zum Wesen eines Paradigmenwechsels, denn wir müssen bereit sein, jeden einzelnen Aspekt des alten Paradigmas in Frage zu stellen. Lezten Endes werden wir wohl kaum alles über Bord zu werfen brauchen, aber bevor wir es genau wissen, müssen wir alles in Frage zu stellen bereit sein. Von daher stellt die Tiefenökologie weitreichende Fragen nach den verborgenen Grundlagen unseres modernen, wissenschaftlichen, industriellen, wachstumsorientierten, materialistischen Weltbilds und der ihm entsprechenden Lebensweise. Sie stellt dieses Paradigma als Ganzes aus einer ökologischen Perspektive in Frage: aus der Perspektive unserer Beziehungen zueinander, zu künftigen Generationen und zum Netz des Lebens, von dem auch wir ein Teil sind.

Sozialökologie und Ökofeminismus

Neben der Tiefenökologie gibt es noch zwei weitere wichtige philosophische Schulen der Ökologie: die Sozialökologie und die feministische Ökologie oder den «Ökofeminismus». In den letzten Jahren wurde in philosophischen Fachzeitschriften eine lebhafte Debatte über die relativen Vorzüge der Tiefenökologie, der Sozialökologie und des Ökofeminismus geführt.[10] Mir scheint, jede der drei Schulen spricht wichtige Aspekte des ökologischen Paradigmas an, und statt miteinander zu konkurrieren, sollten die Wortführer ihre jeweiligen Positionen zu einer folgerichtigen ökologischen Sichtweise verbinden.

Das tiefenökologische Bewußtsein bietet offenbar die ideale philosophische und spirituelle Basis für einen ökologischen Lebensstil und für wirksame Bemühungen zum Wohle der Umwelt. Bedeutende Erkenntnisse über die kulturellen Merkmale und Muster der gesellschaftlichen Organisation, die die gegenwärtige ökologische Krise herbeigeführt haben, ermöglicht es uns allerdings nicht. Dies ist das Thema der Sozialökologie.[11]

Gemeinsam ist den verschiedenen Schulen der Sozialökologie die Erkenntnis, daß der zutiefst ökologiefeindliche Charakter vieler unserer sozialen und ökonomischen Strukturen und ihrer Technologien seine Wurzeln in dem hat, was Riane Eisler als das patriarchalische Herrschaftssystem der sozialen Organisation beschrieben hat.[12] Patriarchat, Imperialismus, Kapitalismus und Rassismus sind Ausprägungen einer sozialen Herrschaftsform, die ausbeuterisch und antiökologisch orientiert ist. Unter den verschiedenen Schulen der Sozialökologie gibt es eine ganze Reihe marxistischer und anarchistischer Gruppen, die ihr jeweiliges Begriffsarsenal zur Analyse verschiedener sozialer Herrschaftsformen einsetzen. Der Ökofeminismus kann als eine spezielle Schule der Sozialökologie angesehen werden, da auch er sich mit der Grunddynamik der sozialen Herrschaftsformen im Kontext des Patriarchats befaßt. Seine kulturelle Analyse der vielen Facetten des Patriarchats und der Verbindungen zwischen Feminismus und Ökologie reichen jedoch weit über den Rahmen der Sozialökologie hinaus. Ökofeministinnen sehen in der patriarchalischen Herrschaft von Männern über Frauen den Prototyp jeder Herrschaft und Ausbeutung in den verschiedenen hierarchi-

schen, militaristischen, kapitalistischen und industrialistischen Formen. Sie verweisen darauf, daß insbesondere die Ausbeutung der
Natur Hand in Hand mit der Ausbeutung von Frauen geht, da diese
zu allen Zeiten mit der Natur gleichgesetzt worden sind. Diese alte
Verbindung von Frau und Natur verknüpft die Frauengeschichte mit
der Geschichte der Umwelt und ist der Ursprung einer natürlichen
Verwandtschaft zwischen Feminismus und Ökologie.[13] Dementsprechend sehen Ökofeministinnen im weiblichen Erfahrungswissen
eine wichtige Quelle für eine ökologische Sicht der Realität.[14]

Neue Werte

In diesem kurzen Abriß des ökologischen Paradigmas habe ich bislang den Wandel in den Wahrnehmungs- und Denkweisen betont.
Wenn dazu nichts weiter erforderlich wäre, wäre der Übergang zum
neuen Paradigma viel leichter. Schließlich gibt es genügend beredte
und brillante Denkerinnen und Denker in der Tiefenökologiebewe-
gung, die unsere Führungspersönlichkeiten in Politik und Wirtschaft von den Vorzügen des neuen Denkens überzeugen könnten.
Aber das ist eben noch nicht alles. Der Paradigmenwechsel erfordert nicht nur eine Ausweitung unserer Wahrnehmungs- und Denkweisen, sondern darüber hinaus auch eine Neuformulierung unserer
Werte.

Interessanterweise gibt es heute eine enge Verbindung zwischen
dem Wandel des Denkens und dem Wandel der Werte. Beides kann
als Wechsel von der Selbstbehauptung zur Integration verstanden
werden. Diese beiden Tendenzen – Selbstbehauptung und Integration – sind wesentliche Aspekte aller lebenden Systeme.[15] Keine
von beiden ist an sich gut oder schlecht. Gut oder gesund ist ein dynamisches Gleichgewicht, schlecht oder ungesund ein Ungleichgewicht: die Überbetonung einer Tendenz und die Vernachlässigung
der anderen. Wenn wir nun unsere westliche Industriegesellschaft
betrachten, erkennen wir, daß wir die Tendenz zur Selbstbehauptung überbetont und die integrative Tendenz vernachlässigt haben.
Das wird sowohl in unserem Denken wie in unseren Werten deutlich, und es ist sehr lehrreich, diese einander entgegengesetzten
Tendenzen einmal gegenüberzustellen.

DENKEN		WERTE	
selbst-behauptend	*integrativ*	*selbst-behauptend*	*integrativ*
rational	intuitiv	Expansion	Erhaltung
Analyse	Synthese	Konkurrenz	Kooperation
reduktionistisch	ganzheitlich	Quantität	Qualität
linear	nichtlinear	Herrschaft	Partnerschaft

Wenn wir diese Tabelle betrachten, bemerken wir unter anderem, daß die Werte unter dem Stichwort «selbstbehauptend» im allgemeinen mit Männern in Verbindung gebracht werden. Tatsächlich werden diese Werte in der patriarchalischen Gesellschaft nicht nur bevorzugt, sondern auch mit ökonomischer und politischer Macht sanktioniert. Und dies ist einer der Gründe, warum der Wechsel zu einem ausgeglicheneren Wertesystem für die meisten Menschen und speziell für Männer so schwierig ist.

Macht, im Sinne der Herrschaft über andere, ist exzessive Selbstbehauptung. Die soziale Struktur, in der sie am wirksamsten ausgeübt wird, ist die Hierarchie. In der Tat sind unsere politischen, militärischen und unternehmerischen Strukturen hierarchisch ausgerichtet, wobei Männer im allgemeinen die oberen und Frauen die unteren Ebenen besetzen. Die meisten dieser Männer und auch nicht wenige Frauen erblicken in ihrer hierarchischen Position einen Teil ihrer Identität, und darum löst der Wechsel zu einem anderen Wertesystem bei ihnen Existenzangst aus.

Es gibt jedoch noch eine andere Art von Macht, und sie entspricht dem neuen Paradigma weit besser: Macht als Einfluß auf andere. Die ideale Struktur für die Ausübung dieser Art von Macht ist nicht die Hierarchie, sondern das Netzwerk, das auch, wie wir noch sehen werden, die zentrale Metapher der Ökologie ist.[16] Damit schließt der Paradigmenwechsel einen Wechsel in der sozialen Organisation ein, und zwar von Hierarchien zu Netzwerken.

Ethik

Die Werteproblematik ist von größter Bedeutung für die Tiefenökologie – ja, sie ist ihr zentrales Definitionsmerkmal. Während das
alte Paradigma auf anthropozentrischen Werten (mit dem Menschen als Mittelpunkt) basiert, gründet die Tiefenökologie auf öko-
zentrischen Werten (mit der Erde als Mittelpunkt). Es ist ein Weltbild, das den selbstverständlichen Wert von nichtmenschlichem
Leben anerkennt. Alle Lebewesen sind Mitglieder ökologischer
Gemeinschaften, die durch ein Netz wechselseitiger Abhängigkei-
ten miteinander verbunden sind. Wenn diese tiefenökologische
Wahrnehmungsweise ein unverzichtbarer Teil unseres Alltagsbe-
wußtseins wird, dann entwickelt sich auch eine vollkommen neue
Art der Ethik.

Heutzutage haben wir eine tiefenökologische Ethik bitter nötig,
insbesondere in der Wissenschaft, da das meiste, was die Wissenschaftler tun, nicht lebenfördernd und lebenerhaltend, sondern le-
benzerstörend ist. Solange Physiker Waffensysteme konstruieren,
die das Leben auf diesem Planeten auszulöschen drohen, solange
Chemiker die globale Umwelt verseuchen, Biologen neue und un-
bekannte Arten von Mikroorganismen freisetzen, ohne die möglichen Folgen in Betracht zu ziehen, solange Psychologen und andere
Wissenschaftler Tiere im Namen des wissenschaftlichen Fortschritts
foltern – solange all dies so und nicht anders weitergeht, ist es von
allerhöchster Priorität, «öko-ethische» Standards in die Wissenschaft einzuführen.

Man ist sich im allgemeinen nicht darüber im klaren, daß Werte
für die Wissenschaft keineswegs von nebengeordneter Bedeutung
sind, sondern vielmehr ihre eigentliche Grundlage und Triebkraft
darstellen. Während der Wissenschaftlichen Revolution im 17. Jahrhundert wurden Werte und Fakten voneinander getrennt, und seit
dieser Zeit neigen wir zu der Annahme, daß wissenschaftliche Fakten unabhängig von dem existieren, was wir tun, und daher auch unabhängig von unseren Werten sind. In Wirklichkeit entwickeln sich
wissenschaftliche Fakten aus einer Gesamtkonstellation menschlicher Wahrnehmungen, Werte und Handlungen – mit einem Wort:
aus einem Paradigma –, von der sie sich nicht trennen lassen. Auch
wenn die Detailarbeit in der Forschung nicht direkt vom Wertesy-

stem des Wissenschaftlers beeinflußt werden mag, so kann doch das zugrundeliegende Paradigma, dessen Rahmen diese Forschung betrieben wird, niemals wertfrei sein. Wissenschaftler sind somit für ihre Forschung nicht nur intellektuell, sondern auch moralisch verantwortlich.

Für die Tiefenökologie beruht die Ansicht, daß Werte der gesamten lebenden Natur innewohnen, auf der tiefenökologischen oder spirituellen Erfahrung, daß Natur und Selbst eins sind. Diese Ausweitung des Selbst bis hin zur Identifikation mit der Natur ist die Grunderkenntnis der Tiefenökologie, wie Arne Naess unmißverständlich festgestellt hat:

> Die Fürsorge ergibt sich ganz natürlich, wenn das «Selbst» erweitert und vertieft wird, so daß der Schutz der freien Natur als Beschützung unserer selbst empfunden und verstanden wird ... Genausowenig wie wir zum Atmen eine Moral benötigen, ... benötigen wir eine moralische Ermahnung, um uns als fürsorglich zu erweisen, wenn das «Selbst» in diesem weiten Sinne ein anderes Wesen einschließt ... Man kümmert sich um sich selbst, ohne daß man dazu einen moralischen Druck empfindet ... Wenn die Realität so ist, wie sie vom ökologischen Selbst erfahren wird, dann hält sich unser Verhalten auf *natürliche* und wunderbare Weise an Normen einer strikten Umweltethik.[17]

Dies bedeutet auch, daß der Zusammenhang zwischen einer ökologischen Wahrnehmung der Welt und dem entsprechenden Verhalten kein logischer, sondern ein *psychologischer* Zusammenhang ist.[18] Um von der Tatsache, daß wir ein integraler Teil im Netz des Lebens sind, zu bestimmten Normen der Lebensführung zu gelangen, hilft uns Logik nicht weiter. Wenn wir allerdings tiefenökologisch einen bestimmten Bewußtseinsstand erreicht und erfahren haben, daß wir ein Teil im Netz des Lebens sind, dann *werden* (im Gegensatz zu *sollten*) wir uns gern um die gesamte lebende Natur kümmern. Ja, wir können gar nicht anders, als so zu reagieren.

Die Verbindung zwischen Ökologie und Psychologie, die der Begriff des ökologischen Selbst herstellt, wird seit einigen Jahren von mehreren Autoren untersucht. Die Tiefenökologin Joanna Macy schrieb über «das Grünwerden des Selbst»[19], der Philosoph Warwick Fox hat den Begriff «transpersonale Ökologie»[20] und der Kulturhistoriker Theodore Roszak den der «Ökopsychologie»[21] geprägt, um den tiefen Zusammenhang dieser beiden Disziplinen zum Ausdruck zu bringen, die noch bis vor kurzer Zeit völlig voneinander getrennt waren.

Der Wechsel von der Physik zu den Lebenswissenschaften

Indem wir die jetzt entstehende neue Sicht der Realität «ökologisch» im Sinne der Tiefenökologie nennen, betonen wir, daß das Leben ihr wahres Zentrum ist. Dies ist ein wichtiger Gesichtspunkt für die Wissenschaft, denn im alten Paradigma ist die Physik Vorbild und Quelle von Metaphern für alle anderen Wissenschaften gewesen. «Die Philosophie ist wie ein Baum», schrieb Descartes. «Die Wurzeln sind Metaphysik, der Stamm ist die Physik, und die Zweige sind die anderen Wissenschaften.»[22]

Die Tiefenökologie hat diese kartesianische Metapher überwunden. Auch wenn der Paradigmenwechsel in der Physik noch immer von besonderem Interesse ist, weil er sich als erster in der modernen Naturwissenschaft vollzogen hat, spielt die Physik inzwischen nicht mehr die Rolle der Wissenschaft, die die grundlegendste Beschreibung der Realität liefert. Allerdings ist man sich darüber heutzutage noch nicht generell im klaren. Wissenschaftler wie Nichtwissenschaftler vertreten häufig die populäre Meinung: «Wenn man wirklich die endgültige Erklärung haben will, muß man einen Physiker fragen», und das ist eindeutig ein kartesianischer Trugschluß. Heutzutage bedeutet der Paradigmenwechsel in der Naturwissenschaft auf seiner tiefsten Ebene einen Wechsel von der Physik zu den Lebenswissenschaften.

II

Der Ursprung
des Systemdenkens

2   Von den Teilen zum Ganzen

Im Laufe dieses Jahrhunderts hat sich der Wechsel vom mechanistischen zum ökologischen Paradigma auf den verschiedenen Wissenschaftsgebieten in unterschiedlichen Formen und mit unterschiedlichem Tempo vollzogen. Er ist alles andere als eine stetige Veränderung. Da kommt es zu wissenschaftlichen Revolutionen, zu Rückschlägen und Pendelbewegungen. Die angemessenste zeitgemäße Metapher dafür wäre wohl ein chaotisches Pendel im Sinne der Chaostheorie[1]: Schwingungen, die sich annähernd, aber nicht ganz genau wiederholen, scheinbar zufällig sind und doch ein komplexes, hochorganisiertes Muster bilden.

Dieser bedeutsamen Entwicklung liegt die spannungsvolle Beziehung zwischen den Teilen und dem Ganzen zugrunde. Die Betonung der Teile nennt man mechanistisch, reduktionistisch oder atomistisch, die des Ganzen holistisch, organismisch oder ökologisch. Die ganzheitliche Perspektive wird in der Wissenschaft des 20. Jahrhunderts als «systemisch» und die damit verbundene Denkweise als «Systemdenken» bezeichnet. In diesem Buch werde ich «ökologisch» und «systemisch» synonym verwenden, wobei «systemisch» nur der mehr fachliche, wissenschaftliche Begriff ist.

Die Hauptmerkmale des Systemdenkens entwickelten sich gleichzeitig in mehreren Disziplinen in der ersten Hälfte dieses Jahrhunderts, insbesondere während der zwanziger Jahre. Eine Vorreiterrolle übernahmen Biologen, die die Ansicht vertraten, daß lebende Organismen integrierte Ganze seien. Dieser Sichtweise schlossen sich die Gestaltpsychologie und die neue Wissenschaft der Ökologie an, und am dramatischsten wirkte sie sich vielleicht in der Quantenphysik aus. Da die zentrale Idee des neuen Paradigmas das Wesen des Lebens betrifft, wollen wir uns zuerst der Biologie zuwenden.

Substanz und Form

Die Spannung zwischen der mechanistischen und der ganzheitlichen Sichtweise ist in der Geschichte der Biologie immer wieder thematisiert worden. Sie ist die unvermeidliche Folge der althergebrachten Trennung von Substanz (Materie, Struktur, Quantität) und Form (Muster, Ordnung, Qualität). In der Biologie ist Form mehr als nur der gestalthafte Umriß, mehr als eine unveränderliche Konfiguration von Komponenten in einem Ganzen. In einem lebenden Organismus findet ein ständiges Fließen von Materie statt, während seine Form aufrechterhalten wird. Da gibt es eine Entwicklung, eine Evolution. Somit ist das Verständnis der biologischen Form untrennbar mit dem Verständnis von Stoffwechsel- und Entwicklungsvorgängen verknüpft.

In der Frühzeit der westlichen Philosophie und Wissenschaft unterschieden die Pythagoreer zwischen «Zahl» oder Muster und Substanz oder Materie und sahen in der Zahl etwas, was die Materie begrenzt und ihr Form verleiht. Gregory Bateson hat dies so formuliert:

> [Die] Argumentation nahm folgende Form an: «Hat man zu fragen, woraus alles besteht – Erde, Feuer, Wasser usw.?» Oder muß man fragen, «Was ist das *Muster*?» Pythagoras stand eher für die Untersuchung von Mustern als für die Erforschung der Substanz.[2]

Auch Aristoteles, der erste Biologe der westlichen Tradition, unterschied zwischen Materie und Form; zugleich verband er aber beides durch einen Entwicklungsprozeß.[3] Im Gegensatz zu Platon glaubte Aristoteles, daß die Form nicht für sich existiere, sondern der Materie immanent sei und daß die Materie wiederum nicht getrennt von der Form existieren könne. Nach Aristoteles enthält die Materie das Wesen aller Dinge, aber nur als Möglichkeit. Dank der Form wird dieses Wesen wirklich. Der Vorgang der Selbstverwirklichung des Wesens in den realen Phänomenen wird von Aristoteles als *Entelechie* («Selbstvollendung») bezeichnet. Es ist ein Entwicklungsprozeß, ein Drang zur vollen Selbstverwirklichung. Materie und Form sind die beiden Seiten dieses Prozesses und lassen sich nur durch Abstraktion trennen.

Aristoteles entwickelte ein formales System der Logik und eine Reihe von vereinheitlichenden Begriffen, die er auf die Hauptdisziplinen seiner Zeit anwandte: Biologie, Physik, Metaphysik, Ethik und Politik. Seine Philosophie und Wissenschaft beherrschten das westliche Denken noch zweitausend Jahre nach seinem Tod, und seine Autorität war fast so unumstritten wie die der Kirche.

Kartesianischer Mechanismus

Im 16. und 17. Jahrhundert erfuhr das auf der aristotelischen Philosophie und der christlichen Theologie beruhende mittelalterliche Weltbild eine radikale Veränderung. Die Vorstellung eines organischen, lebenden und spirituellen Universums wurde durch die Vorstellung von der Welt als einer Maschine ersetzt. Die Weltmaschine wurde die beherrschende Metapher der Neuzeit. Dieser radikale Wandel wurde durch die neuen Entdeckungen in der Physik, der Astronomie und der Mathematik herbeigeführt, der sogenannten Wissenschaftlichen Revolution, die mit den Namen Kopernikus, Galilei, Descartes, Bacon und Newton verbunden ist.[4]

Galileo Galilei verbannte die Qualität aus der Wissenschaft; diese hatte sich für ihn auf die Untersuchung von Phänomenen zu beschränken, die sich messen und quantifizieren ließen. Dies hat sich in der modernen Wissenschaft als eine sehr erfolgreiche Strategie erwiesen, aber unser besessenes Quantifizieren und Messen hat auch einen hohen Preis gefordert. Der Psychiater R. D. Laing hat mit allem Nachdruck darauf verwiesen:

Galilei bietet uns eine tote Welt: Weg mit Sehen, Klang, Geschmack, Gefühl und Geruch! Mit ihnen gingen auch Ästhetik und ethische Sensibilität dahin sowie Wertvorstellungen, Qualität, Seele, Bewußtsein, Geist. Die Erfahrung als solche wird aus dem Reich wissenschaftlicher Abhandlungen verdrängt. Kaum etwas anderes hat in den vergangenen vierhundert Jahren unsere Welt mehr verändert als Galileis kühnes Programm. Wir mußten die Welt in der Theorie zerstören, bevor wir sie auch in der Praxis zerstören konnten.[5]

René Descartes entwickelte die Methode des analytischen Denkens, bei der komplexe Phänomene in einzelne Teile zerlegt werden, damit man das Verhalten des Ganzen aus den Eigenschaften seiner Teile verstehen kann. Descartes' Bild der Natur beruhte auf der grundlegenden Trennung zwischen zwei unabhängigen und getrennten Reichen: Geist und Materie. Das materielle Universum, einschließlich der lebenden Organismen, war für Descartes eine Maschine, die sich im Prinzip vollständig verstehen ließ, indem man sie im Hinblick auf ihre kleinsten Teile untersuchte.

Das von Galilei und Descartes errichtete Gedankengebäude – die Welt als vollkommene Maschine, die von exakten mathematischen Gesetzen beherrscht wird – wurde auf triumphale Weise von Isaac Newton vollendet, dessen großartige Synthese, die Newtonsche Mechanik, die krönende Leistung der Wissenschaft des 17. Jahrhunderts war. In der Biologie feierte das mechanistische Modell von Descartes seinen größten Erfolg in der Anwendung auf das Phänomen des Blutkreislaufs durch William Harvey. Angeregt durch Harveys Erfolg, versuchten die Physiologen seiner Zeit, die mechanistische Methode bei der Beschreibung anderer Körperfunktionen wie der Verdauung und des Stoffwechsels anzuwenden. Allerdings scheiterten diese Versuche kläglich, weil die Phänomene, die die Physiologen zu erklären suchten, mit chemischen Vorgängen zusammenhingen, die damals noch nicht bekannt waren und mit den Begriffen der Mechanik nicht beschrieben werden konnten. Das änderte sich schlagartig im 18. Jahrhundert, als Antoine de Lavoisier, der «Vater der modernen Chemie», nachwies, daß die Atmung eine spezielle Form der Oxidation ist, und damit die Relevanz chemischer Vorgänge für das Funktionieren lebender Organismen bestätigte.

Angesichts der neuen Wissenschaft der Chemie wurden die allzu einfachen mechanischen Modelle lebender Organismen zwar großenteils aufgegeben, aber im wesentlichen blieb die kartesianische Vorstellung erhalten. Tiere galten noch immer als Maschinen, auch wenn sie viel komplizierter waren als mechanische Uhrwerke und mit komplexen chemischen Vorgängen zusammenhingen. Folglich ging die kartesianische Mechanistik in das Dogma ein, daß sich die Gesetze der Biologie letztlich auf die der Physik und Chemie zurückführen ließen. Zugleich fand die starre mechanistische Physiologie ihren entschiedensten und ausgeklügeltsten Ausdruck in der polemischen Abhandlung *Der Mensch eine Maschine* von Julien de La Mettrie, deren Ruhm das 18. Jahrhundert überdauerte und viele Debatten und Kontroversen auslöste, teilweise sogar noch im 20. Jahrhundert.[6]

Die Romantik

Der erste entschiedene Widerstand gegen das mechanistische kartesianische Paradigma ging im späten 18. und frühen 19. Jahrhundert von der romantischen Bewegung in Kunst, Literatur und Philosophie aus. William Blake, der bedeutende mystische Dichter und Maler, der großen Einfluß auf die englische Romantik hatte, war ein leidenschaftlicher Kritiker Newtons. Seine Kritik faßte er in den berühmten Versen zusammen:

> Möge Gott uns bewahren
> vor Einäugigkeit und Newtons Schlaf.[7]

Die deutschen Dichter und Philosophen der Romantik besannen sich auf den anderen Traditionsstrang, der auf die frühe griechische Naturphilosophie, auf Jacob Böhme und Paracelsus zurückgeht. Sie konzentrierten sich auf das Wesen der organischen Gestalt. Goethe, die zentrale Figur dieser Bewegung, verwendete als einer der ersten den Begriff «Morphologie» für das Studium der biologischen Form aus einer dynamischen, entwicklungsgeschichtlichen Perspektive. Er bewunderte die «bewegliche Ordnung» der Natur und sah in «Metamorphose», «Gestalt» und «Typus» ein Muster von Beziehungen innerhalb eines geordneten Ganzen – eine Vorstellung, die dem neuesten Stand des zeitgenössischen Systemdenkens entspricht. «So ist jede Kreatur», schrieb Goethe, «nur ein Ton, eine Schattierung einer großen Harmonie . . .»[8] Die Romantiker waren vorwiegend an einem qualitativen Verständnis von Mustern interessiert, und daher war ihnen sehr daran gelegen, die Grundeigenschaften des Lebens mit visualisierten Formen zu erklären. Insbesondere Goethe vertrat die Ansicht, daß die visuelle Wahrnehmung das Tor zum Verstehen organischer Formen sei.[9]

Das Verstehen organischer Formen spielte auch in der Philosophie Immanuel Kants eine wichtige Rolle. Kant, der oft als bedeutendster moderner Philosoph angesehen wird, trennte als Idealist die Welt der Phänomene von einer Welt der «Dinge an sich». Er war der Überzeugung, daß die Wissenschaft nur mechanistische Erklärungen liefern könne, und wies mit Nachdruck darauf hin, daß die wissenschaftliche Erkenntnis auf Gebieten, wo diese Art von Erklärungen nicht ausreichten, durch die Vorstellung von der Zweckmäßigkeit der Natur ergänzt werden müsse. Das wichtigste dieser Gebiete ist nach Kant das Verstehen des Lebens.[10]

In seiner *Kritik der Urteilskraft* befaßte Kant sich auch mit der Natur lebender Organismen. Er erklärte, Organismen seien, im Gegensatz zu Maschinen, sich selbstreproduzierende, selbstorganisierende Ganze. In einer Maschine existieren nach Kant die Teile nur *für*einander, also sie unterstützen einander innerhalb eines funktionalen Ganzen. In einem Organismus existieren die Teile auch gerade aufgrund ihrer gemeinsamen Existenz, mit anderen Worten, sie *produzieren* einander.[11] «In einem solchen Produkte der Natur», schrieb Kant, «wird ein jeder Teil, so wie er durch alle übrigen da ist, auch als um der anderen und des Ganzen willen existierend, d. i. als Werkzeug (Organ) gedacht» und darüber hinaus «als ein die anderen Teile (folglich jeder den anderen wechselseitig) hervorbringendes Organ . . .; und nur dann und darum wird ein solches Produkt als organisiertes und sich selbstorganisierendes Wesen ein Naturzweck genannt werden können.»[12] Mit dieser Erklärung hat Kant nicht nur als erster den Begriff der «Selbstorganisation» verwendet, um das Wesen lebender Organismen zu definieren, sondern er hat ihn auch auf eine Weise verwendet, die einigen gegenwärtigen Vorstellungen bemerkenswert nahekommt.[13]

Das romantische Bild von der Natur als «einer großen Harmonie», wie Goethe es formulierte, bewog einige Wissenschaftler jener Zeit, ihre Suche nach Ganzheit auf den gesamten Planeten auszudehnen und in der Erde ein integriertes Ganzes, ein Lebewesen zu sehen. Die Ansicht, daß die Erde lebe, hat natürlich eine lange Tradition. Mutter Erde gehört zu den ältesten mythischen Bildern in der Religionsgeschichte. Gaia, die Erdgöttin, wurde im prähellenischen Griechenland als höchste Gottheit verehrt.[14] Noch früher, von der Steinzeit bis zur Bronzezeit, wurden in den Stammesgesellschaften Europas zahlreiche weibliche Gottheiten als Inkarnationen von Mutter Erde angebetet.[15]

Die Vorstellung von der Erde als einem lebenden, spirituellen Wesen wurde auch noch im Mittelalter und in der Renaissance aufrechterhalten, bis die ganze mittelalterliche Anschauung vom kartesianischen Bild von der Welt als einer Maschine abgelöst wurde. Als die Wissenschaftler des 18. Jahrhunderts sich die Erde als Lebewesen vorzustellen begannen, belebten sie somit eine alte Tradition wieder, die nur für relativ kurze Zeit geruht hatte.

In neuerer Zeit wurde die Vorstellung von einem lebenden Planeten in der modernen Wissenschaftssprache als die sogenannte «Gaia-Hypothese» formuliert, und interessanterweise enthalten die von Naturwissenschaftlern des 18. Jahrhunderts entwickelten Anschauungen über die lebende Erde einige Schlüsselelemente der gegenwärtigen Theorie.[16] Der schottische Geologe James Hutton vertrat die Ansicht, daß alle geologischen und biologischen Prozesse miteinander verknüpft seien, und verglich die Gewässer der Erde mit dem Blutgefäßsystem eines Tieres. Der deutsche Forscher und Entdecker Alexander von Humboldt, einer der größten Universalgelehrten des 18. und 19. Jahrhunderts, ging sogar noch weiter. Seine «Gewohnheit, den Globus als ein großes Ganzes zu betrachten», veranlaßte Humboldt, im Klima eine einheitliche globale Kraft zu erblicken und bei lebenden Organismen, beim Klima und in der Erdkruste eine gemeinsame Entwicklung am Werke zu sehen – eine Anschauung, die der gegenwärtigen Gaia-Hypothese sehr nahekommt.[17]

Am Ende des 18. und zu Beginn des 19. Jahrhunderts war der Einfluß der Romantik so stark, daß sich die Biologen in erster Linie mit dem Problem der biologischen Form befaßten und Fragen der materiellen Zusammensetzung als zweitrangig betrachteten. Dies galt besonders für die großen französischen Schulen der Vergleichenden Anatomie oder «Morphologie», allen voran für Georges Cuvier, der ein auf Ähnlichkeiten oder strukturellen Beziehungen beruhendes System der zoologischen Klassifikation eingeführt hatte.[18]

Das mechanistische Denken des 19. Jahrhunderts

Während der zweiten Hälfte des 19. Jahrhunderts schwang das Pendel wieder zurück zum Mechanismus, als das neu perfektionierte Mikroskop viele beachtliche Fortschritte in der Biologie ermöglichte.[19] Im 19. Jahrhundert wurde nicht nur das evolutionäre Denken eingeführt, sondern auch die Zelltheorie formuliert, die moderne Embryologie und die Mikrobiologie nahmen ihren Anfang, und die Gesetze der Vererbung wurden entdeckt. Diese bahnbrechenden Entdeckungen und Errungenschaften ließen die Biologie wieder auf Physik und Chemie aufbauen, und die Wissenschaftler bemühten sich erneut, nach physikalisch-chemischen Erklärungen des Lebens zu suchen.

Als Rudolf Virchow die Zelltheorie in ihrer modernen Form formulierte, verlagerte sich das Interesse der Biologen von den Organismen zu den Zellen. Nun spiegelten biologische Funktionen nicht mehr die Organisation des Organismus als Ganzem wider, sondern sie wurden als Ergebnisse von Wechselwirkungen zwischen den Zellbausteinen betrachtet.

Die Forschung in der Mikrobiologie – einem neuen Gebiet, das eine ungeahnte Reichhaltigkeit und Komplexität mikroskopisch kleiner lebender Organismen enthüllte – wurde von dem genialen Louis Pasteur beherrscht, dessen scharfsinnige Erkenntnisse und klare Formulierungen sich nachhaltig auf die Chemie, die Biologie und die Medizin auswirkten. Pasteur gelang es, die Rolle von Bakterien in bestimmten chemischen Vorgängen zu ermitteln und damit den Grundstein der neuen Wissenschaft der Biochemie zu legen, und er wies nach, daß es einen eindeutigen Zusammenhang zwischen «Keimen» (Mikroorganismen) und Krankheiten gebe.

Pasteurs Entdeckungen führten zu einer allzu einfachen «Theorie von den Krankheitskeimen», in der Bakterien als einzige Ursache von Krankheiten galten. Diese reduktionistische Sicht stellte eine alternative Theorie in den Schatten, die ein paar Jahre zuvor von Claude Bernard aufgestellt worden war, dem Begründer der modernen experimentellen Medizin. Bernard behauptete, es gebe eine innige Beziehung zwischen einem Organismus und seiner Umwelt, und wies als erster darauf hin, daß jeder Organismus auch ein inneres Milieu habe, in dem seine Organe und Gewebe leben. Bernard bemerkte, daß dieses innere Milieu in einem gesunden Organismus im wesentlichen konstant bleibt, auch wenn die äußere Umwelt erhebliche Schwankungen aufweist. Seine Vorstellung von der Konstanz des inneren Milieus nahm die bedeutende Idee der Homöostase vorweg, die von Walter Cannon in den zwanziger Jahren entwickelt wurde.

Die neue Wissenschaft der Biochemie machte ständig Fortschritte und vermittelte den Biologen die Gewißheit, daß sämtliche Eigenschaften und Funktionen lebender Organismen sich letztlich anhand chemischer und physikalischer Gesetze erklären ließen. Diese Ansicht wurde am deutlichsten von Jacques Loeb in seiner Abhandlung *The Mechanistic Conception of Life* zum Ausdruck gebracht, die von ungeheurem Einfluß auf das damalige biologische Denken war.

Vitalismus

Die Triumphe der Biologie des 19. Jahrhunderts – Zelltheorie, Embryologie und Mikrobiologie – verankerten die mechanistische Anschauung des Lebens im Bewußtsein der Biologen als ein unerschütterliches Dogma. Und doch trugen sie in sich bereits die Ansätze zur nächsten Gegenströmung: der sogenannten Schule der organismischen Biologie oder des «Organizismus». Während die Zellbiologie gewaltige Fortschritte im Hinblick auf das Verständnis der Strukturen und Funktionen vieler Zelluntereinheiten machte, erzielte sie jedoch nicht in gleicher Weise Erkenntnisse über die Art und Weise, wie diese Vorgänge koordiniert werden, damit die Zelle als Ganzes funktioniert.

Noch klarer traten die Grenzen des reduktionistischen Modells bei den Problemen der Zellentwicklung und -teilung zutage. In sehr frühen Entwicklungsstadien höherer Organismen wächst die Zahl ihrer Zellen von eins auf zwei auf vier usw., indem sie sich also mit jedem Schritt verdoppelt. Da die genetische Information in jeder Zelle dieselbe ist, stellt sich die Frage, wie sich diese Zellen auf so vielfältige Weise spezialisieren und Muskelzellen, Blutzellen, Knochenzellen, Nervenzellen und so weiter werden können. Dieses Grundproblem der Entwicklung, das in vielen Variationen überall in der Biologie auftritt, führt die mechanistische Anschauung vom Leben ad absurdum.

Bevor der Organizismus aufkam, durchliefen nicht wenige hervorragende Biologen eine Phase des Vitalismus, und über viele Jahre wurde die Auseinandersetzung zwischen Mechanismus und Holismus als Debatte zwischen Mechanismus und Vitalismus geführt.[20] Ein klares Verständnis der vitalistischen Vorstellung ist sehr nützlich, denn sie steht in scharfem Gegensatz zur systemischen Anschauung des Lebens, die sich aus der organismischen Biologie des 20. Jahrhunderts entwickeln sollte. Vitalismus und Organizismus sind gleichermaßen gegen die Reduzierung der Biologie auf Physik und Chemie. Beide Schulen räumen zwar ein, daß sich die Gesetze von Physik und Chemie auf Organismen anwenden lassen, behaupten aber, daß sie nicht ausreichen, um das Phänomen des Lebens umfassend zu verstehen. Das Verhalten eines lebenden Organismus als einem integrierten Ganzen läßt sich nicht allein durch das Studium seiner Teile verstehen. Oder, wie die Systemtheoretiker es Jahrzehnte später formulierten: Das Ganze ist mehr als die Summe seiner Teile.

Vitalistische und organismische Biologen unterscheiden sich deutlich bei der Antwort auf die Frage: In welchem Sinne genau ist das Ganze mehr als die Summe seiner Teile? Die Vitalisten versichern, zu den Gesetzen von Physik und Chemie müsse noch irgendein nichtphysikalisches Wesen, eine Kraft oder ein Feld, kommen, damit man das Leben verstehen kann. Organismische Biologen behaupten demgegenüber, das zusätzliche Element sei das Verständnis der «Organisation» oder der «organisierenden Beziehungen».

Da diese organisierenden Beziehungen Beziehungsmuster sind, die der physikalischen Struktur des Organismus innewohnen, versichern die organismischen Biologen, daß zum Verstehen des Lebens kein eigenes, nichtphysikalisches Wesen erforderlich sei. Später werden wir sehen, daß der Begriff der Organisation in den gegenwärtigen Theorien von lebenden Systemen zu dem Begriff der «Selbstorganisation» verfeinert worden ist und daß das Verständnis des Selbstorganisationsmusters der Schlüssel zum Verständnis der wahren Natur des Lebens ist.

Während die organismischen Biologen den kartesianischen Vergleich mit einer Maschine dadurch in Frage stellten, daß sie biologische Formen im Sinne einer umfassenderen Bedeutung von Organisation zu verstehen suchten, gingen die Vitalisten eigentlich nicht über das kartesianische Paradigma hinaus. Ihre Sprache beschränkte sich auf dieselben Bilder und Metaphern – sie fügten nur ein nichtphysikalisches Wesen hinzu, als Schöpfer oder Leiter jener organisierenden Vorgänge, die sich mechanistischen Erklärungen entziehen. Damit führte die kartesianische Trennung von Geist und Körper sowohl zum Mechanismus wie zum Vitalismus. Als Descartes' Anhänger den Geist aus der Biologie verbannten und sich den Körper als Maschine vorstellten, kehrte der Geist als «Gespenst in der Maschine» – um es mit Arthur Koestler zu sagen[21] – schon bald in den vitalistischen Theorien wieder.

Der deutsche Embryologe Hans Driesch leitete die Abkehr von der mechanistischen Biologie um die Jahrhundertwende mit seinen bahnbrechenden Experimenten an Seeigeleiern ein, nach denen er die erste Theorie des Vitalismus formulierte. Als Driesch eine der Zellen eines Embryos im ganz frühen Zwei-Zellen-Stadium zerstörte, entwickelte sich die verbleibende Zelle nicht zu einem halben Seeigel, sondern zu einem vollständigen, wenn auch kleineren Organismus. Auf die gleiche Weise entwickelten sich vollständige kleinere Organismen nach der Zerstörung von zwei oder drei Zellen in vierzelligen Embryos. Driesch erkannte, daß seine Seeigeleier etwas fertiggebracht hatten, was einer Maschine nie gelänge: Sie hatten Ganze aus einigen ihrer Teile regeneriert.

Um dieses Phänomen der Selbstregulierung zu erklären, hielt Driesch offenbar hartnäckig nach dem fehlenden Muster der Organisation Ausschau.[22] Aber statt sich mit der Vorstellung des Musters zu befassen, postulierte er einen kausalen Faktor, für den er auf den aristotelischen Begriff der *Entelechie* zurückgriff. Doch während Entelechie bei Aristoteles einen Prozeß der Selbstverwirklichung darstellt, der Materie und Form vereint, ist die von Driesch postulierte Entelechie ein eigenes Wesen, das auf das physikalische System einwirkt, ohne ein Teil davon zu sein.

In neuerer Zeit ist die Idee des Vitalismus in viel raffinierterer Form von Rupert Sheldrake wiederbelebt worden, der die Existenz nichtphysikalischer *morphogenetischer* («formbildender») Felder postuliert, die kausal zur Entwicklung und Erhaltung biologischer Formen führen.[23]

Organismische Biologie

Zu Beginn des 20. Jahrhunderts griffen organismische Biologen, die gegen den Mechanismus wie gegen den Vitalismus waren, das Problem der biologischen Formen mit neuem Schwung auf, indem sie viele wichtige Erkenntnisse von Aristoteles, Goethe, Kant und Cuvier ausarbeiteten und verbesserten. Einige der Hauptmerkmale unseres heutigen Systemdenkens haben sich aus ihren intensiven Überlegungen entwickelt.[24]

Ross Harrison, einer der frühen Vertreter der organismischen Schule, untersuchte den Begriff der Organisation, der nach und nach die alte Idee der Funktion in der Physiologie ablöste. Dieser Wechsel von der Funktion zur Organisation stellt einen Wechsel vom mechanistischen zum systemischen Denken dar, weil Funktion im Grunde ein mechanistischer Begriff ist. Harrison bezeichnete die Konfiguration und die Beziehung als zwei wichtige Aspekte der Organisation, die später im Begriff des Musters als einer Konfiguration von geordneten Beziehungen zusammengeführt wurden.

Einigen Einfluß übte auch der Biochemiker Lawrence Henderson aus, indem er schon früh den Begriff «System» zur Bezeichnung sowohl von lebenden Organismen als auch von sozialen Systemen verwendete.[25] Seitdem versteht man unter einem System ein integriertes Ganzes, dessen wesentliche Eigenschaften sich aus den Beziehungen zwischen seinen Teilen ergeben, und unter «Systemdenken» das Verständnis eines Phänomens innerhalb des Kontextes eines größeren Ganzen. Dies ist eigentlich die Grundbedeutung des Wortes «System», das aus dem griechischen *synistánai* («zusammenstellen») abgeleitet ist. Dinge systemisch verstehen heißt wörtlich: sie in einen Kontext stellen, das Wesen ihrer Beziehungen feststellen.[26]

Der Biologe Joseph Woodger behauptete, Organismen ließen sich vollständig aufgrund ihrer chemischen Elemente beschreiben – «plus der sie organisierenden Beziehungen». Diese Formulierung hatte erheblichen Einfluß auf Joseph Needham, der erklärte, die Veröffentlichung von Woodgers *Biological Principles* im Jahre 1936 habe das Ende der Debatte zwischen Mechanisten und Vitalisten markiert.[27] Needham, der sich durch seine frühen Arbeiten mit den Problemen in der Biochemie der Entwicklung befaßte, interessierte sich immer besonders für die philosophischen und historischen Dimensionen der Naturwissenschaft. Er schieb zahlreiche Essays zur Verteidigung des mechanistischen Paradigmas, übernahm aber später die organismische Anschauung. «Eine logische Analyse der Idee des Organismus», schrieb er 1935, «führt dazu, daß wir auf allen Ebenen der lebenden Struktur – höheren und tieferen, groben und feinen – nach organisierenden Beziehungen Ausschau halten.»[28] Später kehrte Needham der Biologie den Rücken und wurde einer der führenden Historiker der chinesischen Wissenschaft und als solcher ein leidenschaftlicher Verfechter des organismischen Weltbilds, das die Grundlage des chinesischen Denkens darstellt.

Woodger und viele andere Wissenschaftler betonten, eines der Hauptmerkmale der Organisation lebender Organismen sei ihre hierarchische Natur. In der Tat ist eine herausragende Eigenschaft allen Lebens die Tendenz, vielschichtige Strukturen von Systemen innerhalb anderer Systeme zu bilden. Jedes dieser Subsysteme bildet ein Ganzes im Hinblick auf seine Teile, während es zugleich selbst Teil eines größeren Ganzen ist. Somit verbinden sich Zellen, um Gewebe, Gewebe, um Organe, und Organe, um Organismen zu bilden. Diese wiederum existieren innerhalb von sozialen Systemen und Ökosystemen. Wir sehen, wie in der gesamten Lebenswelt Systeme in anderen Systemen nisten.

In der organismischen Biologie wurden diese vielschichtigen Strukturen von Anfang an als Hierarchien bezeichnet. Allerdings kann dieser Begriff ausgesprochen irreführend sein, weil er von menschlichen Hierarchien abgeleitet wird. Diese aber sind recht starre Herrschafts- und Kontrollstrukturen und mit der in der Natur anzutreffenden vielschichtigen Ordnung nicht zu vergleichen. Wie wir noch sehen werden, ermöglicht der wichtige Begriff des Netzwerks – das Netz des Lebens – einen neuen Blick auf die sogenannten «Hierarchien» der Natur.

Die frühen Systemdenker waren sich durchaus darüber im klaren, daß es verschiedene Ebenen der Komplexität gibt, auf denen jeweils verschiedene Arten von Gesetzen herrschen. Ja, der Begriff der «organisierten Komplexität» wurde das eigentliche Thema des systemischen Ansatzes.[29] Auf jeder Komplexitätsebene weisen die beobachteten Phänomene Eigenschaften auf, die auf einer niedrigeren Ebene nicht existieren. So ist zum Beispiel der Begriff der Temperatur, der für die Thermodynamik von zentraler Bedeutung ist, ohne jede Bedeutung auf der Ebene der einzelnen Atome, auf der die Gesetze der Quantentheorie gelten. Ebensowenig kommt der Geschmack von Zucker in den Kohlenstoff-, Wasserstoff- und Sauerstoffatomen vor, aus denen er zusammengesetzt ist. Anfang der zwanziger Jahre prägte der Philosoph C. D. Broad den Begriff «emergente (neu auftretende) Eigenschaften» für jene Eigenschaften, die auf einer bestimmten Ebene der Komplexität spontan auftreten, aber auf niedrigeren Ebenen nicht existieren.

Systemdenken

Die von den organismischen Biologen in der ersten Hälfte dieses Jahrhunderts dargelegten Ideen trugen dazu bei, daß sich eine neue Denkweise – «Systemdenken» – entwickelte, die sich mit Begriffen wie Zusammenhang, Beziehungen, Kontext befaßte. Nach dieser Systemanschauung sind die wesentlichen Eigenschaften eines Organismus oder lebenden Systems Eigenschaften des Ganzen, die keiner seiner Teile besitzt. Sie gehen vielmehr aus den Wechselwirkungen und Beziehungen zwischen den Teilen hervor. Diese Eigenschaften werden vernichtet, wenn das System entweder physisch oder theoretisch in isolierte Elemente zerlegt wird. Wir können zwar in jedem System einzelne Teile ausmachen, aber diese Teile sind nicht voneinander isoliert, und das Ganze unterscheidet sich seinem Wesen nach stets von der bloßen Summe seiner Teile. Eine wunderschöne Veranschaulichung hat das Systembild des Lebens in den Schriften von Paul Weiss gefunden, der aus seinen früheren ingenieurwissenschaftlichen Arbeiten Systembegriffe auf die Lebenswissenschaft übertrug und sein Leben damit verbrachte, ein ganz und gar organisches Konzept der Biologie zu erforschen und zu propagieren.[30]

Die Entwicklung des Systemdenkens stellte eine tiefgreifende Umwälzung in der Geschichte des westlichen naturwissenschaftlichen Denkens dar. Der Glaube, daß sich in jedem komplexen System das Verhalten des Ganzen völlig aus den Eigenschaften seiner Teile verstehen ließe, ist von zentraler Bedeutung für das kartesianische Paradigma. Dies war Descartes' berühmte Methode des analytischen Denkens, die ein wesentliches Merkmal des modernen naturwissenschaftlichen Denkens ist. Nach der analytischen oder reduktionistischen Methode lassen sich die Teile nicht mehr weiter analysieren, außer wenn man sie auf noch kleinere Teile reduziert. Im Grunde hat sich die westliche Naturwissenschaft auf diese Weise weiterentwickelt, und auf jeder Stufe hat es eine Ebene von Grundbestandteilen gegeben, die nicht weiteranalysiert werden konnten.

Der große Schock für die Naturwissenschaft des 20. Jahrhunderts bestand darin, daß Systeme nicht durch Analyse verstanden werden können. Die Eigenschaften der Teile sind keine Eigenschaften an sich, sondern lassen sich nur im Kontext des größeren Ganzen verstehen. Damit hat sich die Beziehung zwischen den Teilen und dem Ganzen umgekehrt. Gemäß dem systemischen Ansatz lassen sich die Eigenschaften der Teile nur aus der Organisation des Ganzen verstehen. Dementsprechend konzentriert sich das Systemdenken nicht auf Grundbausteine, sondern vielmehr auf Grundprinzipien der Organisation. Systemdenken ist «kontextbezogen», und das ist das Gegenteil von analytischem Denken. Analyse heißt, daß etwas auseinandergenommen wird, um es zu verstehen – Systemdenken heißt, daß etwas in den Kontext eines größeren Ganzen gestellt wird.

Quantenphysik

Die Erkenntnis, daß Systeme integrierte Ganze sind, die sich durch Analyse nicht verstehen lassen, hat in der Physik sogar einen noch größeren Schock ausgelöst als in der Biologie. Seit Newton hatten die Physiker geglaubt, daß alle physikalischen Phänomene auf die Eigenschaften harter und fester Materieteilchen reduziert werden könnten. In den zwanziger Jahren jedoch zwang sie die Quantentheorie, die Tatsache zu akzeptieren, daß sich die festen materiellen Objekte der klassischen Physik auf der subatomaren Ebene in wellenartige Wahrscheinlichkeitsmuster auflösen. Darüber hinaus stellen diese Muster keine Wahrscheinlichkeiten von Dingen dar, sondern vielmehr Wahrscheinlichkeiten von wechselseitigen Verbindungen. Die subatomaren Teilchen haben keine Bedeutung als isolierte Einheiten, sondern lassen sich nur als wechselseitige Verbindungen oder Korrelationen zwischen verschiedenen Beobachtungs- und Meßvorgängen verstehen. Mit anderen Worten: Subatomare Teilchen sind keine «Dinge», sondern wechselseitige Verbindungen zwischen Dingen, und diese wiederum sind wechselseitige Verbindungen zwischen anderen Dingen und so weiter. In der Quantentheorie landen wir nie bei irgendwelchen «Dingen» – hier haben wir es stets mit wechselseitigen Verbindungen zu tun.

Somit zeigt die Quantenphysik, daß wir die Welt nicht in unabhängig voneinander existierende elementare Einheiten zerlegen können. Wenn wir unsere Aufmerksamkeit nicht den makroskopischen Objekten, sondern den Atomen und subatomaren Teilchen zuwenden, weist die Natur keine isolierten Bausteine auf, sondern erscheint vielmehr als ein komplexes Netz von Beziehungen zwischen den verschiedenen Teilen eines einheitlichen Ganzen. Oder, wie es Werner Heisenberg, einer der Begründer der Quantentheorie, formuliert hat: «Die Welt erscheint in dieser Weise als ein kompliziertes Gewebe von Vorgängen, in dem sehr verschiedenartige Verknüpfungen sich abwechseln, sich überschneiden und zusammenwirken und in dieser Weise schließlich die Struktur des ganzen Gewebes bestimmen.»[31]

Moleküle und Atome – also die von der Quantenphysik beschriebenen Strukturen – bestehen aus einzelnen Teilchen. Doch diese Bestandteile, die subatomaren Teilchen, lassen sich nicht als isolierte Einheiten verstehen, sondern müssen durch ihre wechselseitigen Beziehungen definiert werden. Oder, um es mit Henry Stapps Worten zu sagen: «Ein Elementarteilchen ist keine unabhängig existierende, analysierbare Einheit. Es ist im Grunde eine Reihe von Zusammenhängen, die sich nach außen zu anderen Dingen hin erstrecken.»[32]

In der formalen Sprache der Quantentheorie werden diese Zusammenhänge in Form von Wahrscheinlichkeiten ausgedrückt, und die Wahrscheinlichkeiten hängen von der Dynamik des ganzen Systems ab. Während in der klassischen Mechanik die Eigenschaften und das Verhalten der Teile die Eigenschaften und das Verhalten des Ganzen bestimmen, verhält es sich in der Quantenmechanik genau umgekehrt: Das Ganze bestimmt das Verhalten der Teile.

In den zwanziger Jahren bemühten sich die Quantenphysiker, den gleichen gedanklichen Wandel von den Teilen zum Ganzen zu vollziehen, der zur Bildung der Schule der organismischen Biologie geführt hatte. Ja, eigentlich wäre es den Biologen wahrscheinlich viel schwerer gefallen, den kartesianischen Mechanismus zu überwinden, wenn er nicht auf so spektakuläre Weise in der Physik zusammengebrochen wäre, in der ja das kartesianische Paradigma drei Jahrhunderte lang Triumphe gefeiert hatte. Heisenberg sah im Wechsel von den Teilen zum Ganzen den zentralen Aspekt jener gedanklichen Revolution, und er war davon so beeindruckt, daß er seiner wissenschaftlichen Autobiographie den Titel *Der Teil und das Ganze* gab.[33]

Gestaltpsychologie

Als sich die ersten organismischen Biologen mit dem Problem der organischen Form befaßten und über die relativen Vorzüge von Mechanismus und Vitalismus diskutierten, waren deutsche Psychologen von Anfang an an diesem Dialog beteiligt.[34] Damals nannte man das vieldiskutierte Problem der organischen Form das Gestaltproblem. Der Philosoph Christian von Ehrenfels hatte um die Jahrhundertwende als erster das Wort Gestalt im Sinne eines nicht mehr reduzierbaren Wahrnehmungsmusters verwendet und war damit einer der Wegbereiter der Schule der Gestaltungspsychologie geworden. Ehrenfels charakterisierte eine Gestalt damit, daß er erklärte, das Ganze sei mehr als die Summe seiner Teile, was später dann die Schlüsselformel der Systemdenker werden sollte.[35]

Die Gestaltpsychologen, allen voran Max Wertheimer und Wolfgang Köhler, sahen in der Existenz nichtreduzierbarer Ganzheiten einen wichtigen Aspekt der Wahrnehmung. Lebende Organismen, erklärten sie, nähmen Dinge nicht als isolierte Elemente wahr, sondern als integrierte Wahrnehmungsmuster – als sinnvoll organisierte Ganze, die Eigenschaften aufwiesen, welche in ihren Teilen fehlten. Der Gedanke des Musters tauchte immer wieder in den Schriften der Gestaltpsychologen auf, die oft den Vergleich mit einem musikalischen Thema heranzogen, das sich in verschiedenen Tonarten spielen läßt, ohne seine wesentlichen Merkmale zu verlieren.

Wie die organismischen Biologen sahen auch die Gestaltpsychologen in ihrer Denkrichtung einen dritten Weg jenseits von Mechanismus und Vitalismus. Die Gestaltlehre lieferte bedeutende Beiträge zur Psychologie, insbesondere auf dem Gebiet der Lernforschung und über das Wesen von Assoziationen. Mehrere Jahrzehnte später, in den sechziger Jahren, regte die ganzheitliche Methode der Psychologie eine entsprechende psychotherapeutische Schule an, die sogenannte Gestalttherapie, die die Integration persönlicher Erlebnisse in einem sinnvollen Ganzen betont.[36]

Im Deutschland der zwanziger Jahre, während der Weimarer Republik, waren organismische Biologie und Gestaltpsychologie in einen umfassenderen intellektuellen Trend eingebunden, der sich selbst als Protestbewegung gegen die zunehmende Fragmentierung und Entfremdung des Menschen verstand. Die gesamte Kultur dieser Zeit zeichnete sich durch eine antimechanistische Anschauung aus, einen «Hunger nach Ganzheit»[37]. Aus diesem ganzheitlichen Zeitgeist gingen die organismische Biologie, die Gestaltpsychologie, die Ökologie und später auch die allgemeine Systemtheorie hervor.

Ökologie

Während die organismischen Biologen in Organismen, die Quantenphysiker in atomaren Phänomenen und die Gestaltpsychologen in der Wahrnehmung auf die nichtreduzierbare Ganzheit stießen, begegneten ihr die Ökologen bei ihren Untersuchungen der Tier- und Pflanzengemeinschaften. Die neue Wissenschaft der Ökologie entwickelte sich aus der organismischen Schule der Biologie im Laufe des 19. Jahrhunderts, als die Biologen Gemeinschaften von Organismen zu untersuchen begannen.

Die Ökologie – von griechisch *oíkos* («Haushalt») – ist das Studium des Haushalts der Erde. Genauer gesagt: Sie ist das Studium der Zusammenhänge, die alle Angehörigen des Erdhaushalts miteinander verbinden. Der Begriff wurde 1866 von dem deutschen Biologen Ernst Haeckel geprägt, der die Ökologie als «Wissenschaft von den Beziehungen des Organismus zur umgebenden Außenwelt»[38] definierte. Im Jahre 1909 wurde das Wort Umwelt zum erstenmal von dem baltischen Biologen und Ökologiepionier Jakob von Uexküll verwendet.[39] In den zwanziger Jahren konzentrierten sich die Ökologen auf die funktionalen Beziehungen innerhalb der Tier- und Pflanzengemeinschaften.[40] In seinem bahnbrechenden Buch *Animal Ecology* führte Charles Elton die Begriffe Nahrungskette und Nahrungszyklus ein, wobei er in den Ernährungsverhältnissen innerhalb von biologischen Gemeinschaften deren zentrales Organisationsprinzip erblickte.

Da die frühen Ökologen sprachlich dem Vokabular der organismischen Biologie sehr nahestanden, überrascht es nicht, daß sie biologische Gemeinschaften mit Organismen verglichen. So sah beispielsweise Frederic Clements, ein amerikanischer Pflanzenökologe und ein Pionier des Studiums der gesetzmäßigen Folge von Pflanzengesellschaften (Sukzession), in Pflanzengemeinschaften «Superorganismen». An diesem Begriff entzündete sich eine lebhafte Debatte, die über ein Jahrzehnt anhielt, bis der britische Pflanzenökologe A. G. Tansley die Vorstellung von Superorganismen ablehnte und dafür den Begriff «Ökosystem» einführte, um Tier- und Pflanzengemeinschaften zu charakterisieren. Der Begriff des Ökosystems – heute definiert als «eine Gemeinschaft von Organismen und ihrer physischen Umwelt, die als ökologische Einheit miteinander agiert»[41] – hat in der Folge das gesamte ökologische Denken geprägt und allein schon dadurch ein Systemdenken in der Ökologie gefördert.

Der Begriff «Biosphäre» wurde erstmals im späten 19. Jahrhundert von dem österreichischen Geologen Eduard Sueß verwendet, der damit die Schicht des Lebens bezeichnete, die die Erde umgibt. Ein paar Jahrzehnte später entwickelte der russische Geochemiker Wladimir Wernadskij in seinem bahnbrechenden Buch *Die Biosphäre* aus dem Begriff eine regelrechte Theorie.[42] Indem er auf Ideen von Goethe, Humboldt und Sueß zurückgriff, sah Wernadskij im Leben eine «geologische Kraft», die die planetarische Umwelt teils erschafft und teils steuert. Von allen frühen Theorien über die lebende Erde kommt die von Wernadskij der gegenwärtigen Gaia-Theorie am nächsten, wie sie von James Lovelock und Lynn Margulis in den siebziger Jahren entwickelt worden ist.[43]

Die neue Wissenschaft der Ökologie bereicherte die aufkommende systemische Denkweise durch die Einführung von zwei neuen Begriffen: Gemeinschaft und Netzwerk. Indem die Ökologen in einer ökologischen Gemeinschaft eine Ansammlung von Organismen erblickten, die durch ihre wechselseitigen Beziehungen in ein funktionales Ganzes eingebunden sind, erleichterten sie den ständigen Perspektivenwechsel zwischen Organismen und Gemeinschaften, wobei sie ein und denselben begrifflichen Apparat auf verschiedenen Systemebenen anwandten.

Heute wissen wir, daß die meisten Organismen nicht nur ökologischen Gemeinschaften angehören, sondern auch ihrerseits komplexe Ökosysteme sind und eine ganze Reihe kleinerer Organismen enthalten, die eine beachtliche Autonomie besitzen und doch harmonisch in den Funktionszusammenhang des Ganzen integriert sind. Somit gibt es drei Arten lebender Systeme: Organismen, Teile von Organismen und Gemeinschaften von Organismen, und alle sind integrierte Ganze, deren wesentliche Eigenschaften aus den Wechselwirkungen und der wechselseitigen Abhängigkeit ihrer Teile resultieren.

Im Laufe von Milliarden Jahren der Evolution haben viele Arten überaus eng verknüpfte Gemeinschaften gebildet, so daß das ganze System einem großen, aus vielen Wesen bestehenden Organismus gleicht.[44] Bienen und Ameisen beispielsweise können nicht als Einzelwesen überleben, aber in großer Zahl agieren sie fast wie die Zellen eines komplexen Organismus mit einer kollektiven Intelligenz und Anpassungsfähigkeiten, die denen der einzelnen Individuen weit überlegen sind. Eine ähnlich enge Koordination von Aktivitäten kommt auch zwischen verschiedenen Arten vor, in der sogenannten Symbiose – auch hier weisen die sich daraus ergebenden lebenden Systeme die Eigenschaften einzelner Organismen auf.[45]

Seit dem Aufkommen der Ökologie sieht man in ökologischen Gemeinschaften ein Miteinander von Organismen, die auf netzartige Weise durch Ernährungsbeziehungen miteinander verknüpft sind. Dieser Gedanke tauchte bereits wiederholt in den Schriften von Naturforschern des 19. Jahrhunderts auf, und als man in den zwanziger Jahren Nahrungsketten und Nahrungszyklen zu untersuchen begann, gingen diese Begriffe bald im heute noch verwendeten Konzept des Nahrungsnetzes auf.

Das «Lebensnetz» ist natürlich eine alte Idee, auf die Dichter, Philosophen und Mystiker zu allen Zeiten zurückgriffen, um damit die Verwobenheit und wechselseitige Abhängigkeit aller Phänomene zum Ausdruck zu bringen. Eines der schönsten Beispiele findet sich in der berühmten Rede, die Häuptling Seattle zugeschrieben wird, und ist diesem Buch als Motto vorangestellt.

Als der Begriff des Netzwerks in der Ökologie mehr und mehr an Bedeutung gewann, begannen Systemdenker, Netzwerkmodelle auf allen Systemebenen zu verwenden, indem sie in Organismen Netzwerke aus Zellen, Organen und Organsystemen erblickten und Ökosysteme als Netzwerke individueller Organismen verstanden. Dementsprechend wurden die Ströme von Materie und Energie durch Ökosysteme als Fortsetzung der Stoffwechselwege durch Organismen betrachtet.

Die Anschauung, daß lebende Systeme Netzwerke sind, gewährt eine neue Sicht auf die sogenannten «Hierarchien» der Natur.[46] Da lebende Systeme auf allen Ebenen Netzwerke sind, müssen wir uns das Netz des Lebens als lebende Systeme (Netzwerke) vorstellen, die auf netzartige Weise mit anderen Systemen (Netzwerken) verknüpft sind. Beispielsweise können wir ein Ökosystem schematisch als ein Netz mit ein paar Knoten darstellen. Jeder Knoten steht für einen Organismus, und das heißt nichts anderes, als daß jeder Knoten, wenn man ihn vergrößert, seinerseits als Netzwerk erscheint. Jeder Knoten in diesem neuen Netzwerk kann für ein Organ stehen, das wiederum als Netzwerk erscheint, wenn man es vergrößert, und so fort.

Mit anderen Worten: Das Netz des Lebens besteht aus Netzwerken innerhalb von Netzwerken. In jedem Maßstab erweisen sich bei genauerer Untersuchung die Knoten des Netzwerks ihrerseits als kleinere Netzwerke. Wir stellen diese Systeme, die alle innerhalb von größeren Systemen nisten, gewöhnlich in einem hierarchischen Schema dar, indem wir die größeren Systeme pyramidenartig über den kleineren anordnen. Aber das ist nichts weiter als eine menschliche Projektion. In der Natur gibt es kein «oben» oder «unten» und auch keine Hierarchien. Hier gibt es nur Netzwerke, die in anderen Netzwerken nisten.

In den letzten Jahrzehnten hat die Netzwerkperspektive zunehmend einen zentralen Stellenwert in der Ökologie bekommen. So hat der Ökologe Bernard Patten in seinen abschließenden Bemerkungen auf einer Konferenz über ökologische Netzwerke vor ein paar Jahren erklärt: «Ökologie *heißt* Netzwerke . . . Ökosysteme zu verstehen bedeutet letztlich, Netzwerke zu verstehen.»[47] Ja, in der zweiten Hälfte dieses Jahrhunderts ist der Begriff des Netzwerks zum Schlüssel zu wesentlichen Fortschritten im wissenschaftlichen Verständnis nicht nur der Ökosysteme, sondern der Natur des Lebens überhaupt geworden.

3 Systemtheorien

Noch vor Ablauf der dreißiger Jahre hatten organismische Biologen, Gestaltpsychologen und Ökologen die wesentlichen Kriterien des systemischen Denkens formuliert. Auf all diesen Gebieten waren die Wissenschaftler durch die Erforschung lebender Systeme – von Organismen, Teilen von Organismen und Gemeinschaften von Organismen – zu einer neuen Denkweise gelangt, die nach Verbundenheit, Zusammenhängen und Kontext Ausschau halten ließ. Sie wurde auch von den revolutionären Entdeckungen der Quantenphysik im Reich der Atome und der subatomaren Teilchen gefördert.

Kriterien des Systemdenkens

Es lohnt sich vielleicht, an diesem Punkt einmal die wichtigsten Merkmale des Systemdenkes zusammenzufassen. Das erste und allgemeinste Kriterium ist der Wechsel in der Betrachungsweise von den Teilen zum Ganzen. Lebende Systeme sind integrierte Ganze, deren Eigenschaften sich nicht auf die Eigenschaften kleinerer Teile reduzieren lassen. Ihre wesentlichen oder «systemischen» Eigenschaften sind Eigenschaften des Ganzen, die keiner der Teile besitzt. Sie entstehen aus den «organisierenden Beziehungen» der Teile, d. h. aus einer Konfiguration geordneter Zusammenhänge, die für die jeweilige Klasse von Organismen oder anderen Systemen charakteristisch ist. Systemische Eigenschaften werden vernichtet, wenn ein System in isolierte Elemente zerlegt wird.

Ein weiteres wichtiges Kriterium des Systemdenkens ist die Fähigkeit, sich wechselweise verschiedenen Systemebenen zuzuwenden. Überall in der Lebenswelt sehen wir, wie Systeme innerhalb anderer Systeme nisten, und indem wir die gleichen Begriffe auf verschiedene Systemebenen anwenden – z. B. den Begriff Streß auf einen Organismus, eine Stadt oder eine Wirtschaft –, können wir oft wichtige Erkenntnisse gewinnen. Auf der anderen Seite müssen wir uns darüber im klaren sein, daß unterschiedliche Systemebenen im allgemeinen auch Ebenen von unterschiedlicher Komplexität darstellen. Auf jeder Ebene weisen die beobachteten Phänomene Eigenschaften auf, die auf niedrigeren Ebenen nicht existieren. Die systemischen Eigenschaften einer bestimmten Ebene werden «neu auftretende» (emergente) Eigenschaften genannt, da sie erst auf dieser bestimmten Ebene auftreten.

Durch den Wechsel vom mechanistischen Denken zum Systemdenken hat sich die Beziehung zwischen den Teilen und dem Ganzen umgekehrt. Die kartesianische Wissenschaft vertrat die Ansicht, daß in jedem komplexen System das Verhalten des Ganzen anhand der Eigenschaften der Teile analysiert werden könne. Die Systemwissenschaft zeigt hingegen, daß lebende Systeme nicht durch eine Analyse verstanden werden können. Die Eigenschaften der Teile sind keine ihnen selbst innewohnenden Eigenschaften, sondern lassen sich nur im Kontext des größeren Ganzen verstehen. Somit ist das Systemdenken ein «kontextbezogenes» Denken, und da das Erklären von Dingen im Hinblick auf ihren Kontext bedeutet, daß man sie im Hinblick auf ihre Umwelt erklärt, können wir auch sagen, daß Systemdenken Umweltdenken ist.

Letztlich gibt es – wie die Quantenphysik so eindringlich nachgewiesen hat – überhaupt keine Teile. Was wir einen Teil nennen, ist nichts weiter als ein Muster in einem untrennbaren Netz von Beziehungen. Daher läßt sich der Wechsel von den Teilen zum Ganzen auch als Wechsel von Objekten zu Beziehungen verstehen. In gewisser Hinsicht ist dies eine Figur-Hintergrund-Verschiebung. Aus mechanistischer Sicht ist die Welt eine Ansammlung von Objekten. Zwischen diesen gibt es natürlich Wechselbeziehungen und daher auch Zusammenhänge. Aber diese Zusammenhänge sind sekundär, wie es in Abbildung 3–1 links schematisch veranschaulicht wird. Nehmen wir dagegen die systemische Sicht ein, so erkennen wir, daß die Objekte selbst Netzwerke von Zusammenhängen sind, eingebettet in größere Netzwerke. Für den Systemdenker sind die Zusammenhänge primär. Die Grenzen der erkennbaren Muster («Objekte») sind dagegen sekundär, wie dies – erneut überaus vereinfacht – in Abbildung 3–1 rechts dargestellt wird.

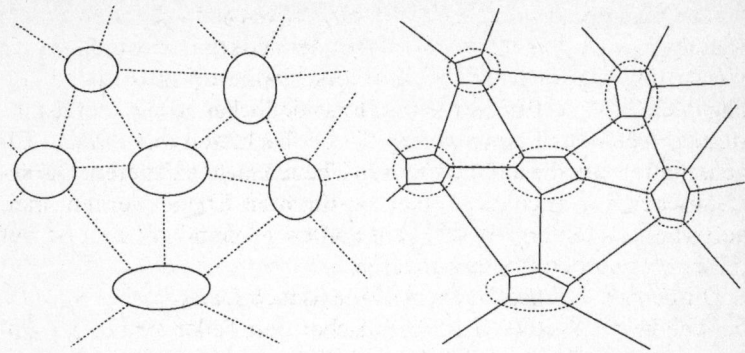

Abbildung 3–1: Figur-Hintergrund-Verschiebung von Objekten zu Zusammenhängen.

Die Wahrnehmung der Lebenswelt als ein Netzwerk von Zusammenhängen hat das Denken in Netzwerken, das «vernetzte» Denken, zu einem weiteren wichtigen Merkmal des Systemdenkens gemacht. Dieses vernetzte Denken hat nicht nur unsere Sicht der Natur beeinflußt, sondern auch die Art und Weise, wie wir über wissenschaftliche Erkenntnisse sprechen. Seit Jahrtausenden haben westliche Wissenschaftler und Philosophen die Metapher vom Wissen als einem Gebäude gebraucht, zusammen mit vielen anderen daraus abgeleiteten architektonischen Metaphern.[1] Wir sprechen von *fundamentalen* Gesetzen und Prinzipien, *Grundbausteinen* usw. und erklären, das *Denkgebäude* der Wissenschaft müsse auf festen *Grundlagen* errichtet werden. Wann immer es zu bedeutenden wissenschaftlichen Umwälzungen kam, war man der Meinung, die Grundlagen der Naturwissenschaft gerieten in Bewegung. So schrieb Descartes in seinem berühmten *Discours de la Méthode*:

> Soweit die Naturwissenschaften ihre Prinzipien der Philosophie entlehnen, war ich der Ansicht, auf so schwankenden Fundamenten könne nichts Solides erbaut werden.[2]

Dreihundert Jahre später schrieb Heisenberg in *Physik und Philosophie*, die Fundamente der klassischen Physik, also des von Descartes errichteten Gebäudes, gerieten ins Wanken:

Diese heftige Reaktion auf die jüngste Entwicklung der modernen Physik kann man nur verstehen, wenn man erkennt, daß hier die Fundamente der Physik und vielleicht der Naturwissenschaften überhaupt in Bewegung geraten waren und daß diese Bewegung ein Gefühl hervorgerufen hat, als würde der Boden, auf dem die Naturwissenschaft steht, uns unter den Füßen weggezogen.[3]

In seiner Autobiographie beschrieb Einstein seine Gefühle mit Ausdrücken, die denen Heisenbergs sehr ähnlich sind:

Es war, als ob mir der Boden unter den Füßen weggezogen würde, mit keinem festen Fundament irgendwo in Sicht, auf dem man hätte bauen können.[4]

Im neuen Systemdenken wird die Metapher des Wissens als einem Gebäude durch die des Netzwerks ersetzt. Wenn wir die Realität als ein Netzwerk von Zusammenhängen wahrnehmen, bilden auch unsere Beschreibungen ein Netzwerk von Begriffen und Modellen, in dem es keine Fundamente gibt. Für die meisten Wissenschaftler ist ein derartiges Bild vom Wissen als einem Netzwerk ohne feste Fundamente überaus beunruhigend, und heutzutage wird es noch keineswegs allgemein akzeptiert. Aber da vernetztes Denken in wissenschaftlichen Kreisen immer mehr Fuß faßt, wird die Vorstellung vom Wissen als einem Netzwerk zweifellos zunehmend Anerkennung finden.

Der Gedanke, das wissenschaftliche Wissen sei ein Netzwerk von Begriffen und Modellen, in dem kein Teil mehr grundlegender als die anderen ist, wurde in den siebziger Jahren von Geoffrey Chew in seiner «Bootstrap-Theorie» formal in die Physik eingeführt.[5] Die Bootstrap-Theorie verzichtet nicht nur auf die Vorstellung von Grundbausteinen der Materie, sondern akzeptiert überhaupt keine fundamentalen Einheiten mehr – weder fundamentale Konstanten noch Gesetze oder Gleichungen. Das materielle Universum wird als ein dynamisches Netz von wechselseitig miteinander zusammenhängenden Vorgängen angesehen. Keine Eigenschaft irgendeines Teils in diesem Netz ist fundamental – sie ergeben sich alle aus den Eigenschaften der anderen Teile, und die allgemeine Stimmigkeit ihrer wechselseitigen Beziehungen bestimmt die Struktur des gesamten Netzes.

Wenn dieser Ansatz auf die Naturwissenschaften insgesamt angewendet wird, dann folgt daraus, daß die Physik nicht mehr als fundamentalste Ebene der Wissenschaft angesehen werden kann. Da es im Netzwerk keine Fundamente gibt, sind die von der Physik beschriebenen Phänomene nicht grundlegender als etwa die von der Biologie oder der Psychologie dargestellten Phänomene. Sie gehören zwar verschiedenen Systemebenen an, aber keine dieser Ebenen ist in irgendeiner Weise grundlegender als die anderen.

Eine andere bedeutsame Konsequenz, die aus der Auffassung der Realität als einem unteilbaren Netzwerk von Beziehungen folgt, betrifft die überlieferten Vorstellungen von der wissenschaftlichen Objektivität. Im kartesianischen Paradigma werden wissenschaftliche Beschreibungen für objektiv gehalten, d. h. für unabhängig vom menschlichen Beobachter und vom Prozeß des Erkennens. Das neue Paradigma hat zur Folge, daß die Epistemologie – also das Verstehen des Erkenntnisprozesses selbst – ausdrücklich in die Beschreibung natürlicher Phänomene mit einbezogen werden muß.

Diese Erkenntnis hat mit Werner Heisenberg Eingang in die Wissenschaft gefunden und hängt eng mit dem Bild der physischen Realität als einem Netz von Beziehungen zusammen. Wenn wir uns das oben in Abbildung 3–1 rechts abgebildete Netzwerk als viel komplexer vorstellen, vielleicht so ähnlich wie einen Tintenklecks in einem Rorschach-Test, dann können wir leicht verstehen, daß es ein wenig willkürlich wäre, ein Muster in diesem komplexen Netzwerk zu isolieren, indem eine Grenze darum gezogen und es dann ein «Objekt» genannt wird.

Doch genau das geschieht, wenn wir von Objekten in unserer Umwelt sprechen. Wenn wir beispielsweise ein Netzwerk von Zusammenhängen zwischen Blättern, Zweigen, Ästen und einem Stamm sehen, nennen wir es einen «Baum». Wenn wir das Bild eines Baums zeichnen, werden die meisten von uns die Wurzeln nicht mitzeichnen. Doch oft sind die Wurzeln eines Baums genauso ausgedehnt wie die Teile, die wir sehen. Darüber hinaus hängen in einem Wald die Wurzeln aller Bäume miteinander zusammen und bilden ein dichtes unterirdisches Netzwerk, in dem es keine präzisen Grenzen zwischen einzelnen Bäumen gibt.

Kurz gesagt, was wir einen Baum nennen, hängt eigentlich von unserer Wahrnehmung ab. Es hängt, wissenschaftlich gesprochen, von unseren Beobachtungs- und Meßmethoden ab. Mit Heisenbergs Worten: «Was wir beobachten, ist nicht die Natur selbst, sondern Natur, die unserer Art der Fragestellung ausgesetzt ist.»[6] Somit hat das Systemdenken einen Wechsel von objektiver zu «epistemischer» Wissenschaft zur Folge: zu einem Denksystem, in dem die Epistemologie – die «Art der Fragestellung» – ein integraler Bestandteil wissenschaftlicher Theorien wird.

Die in dieser kurzen Zusammenfassung beschriebenen Kriterien des Systemdenkens hängen alle eng miteinander zusammen. Die Natur wird als ein Netzwerk von Zusammenhängen gesehen, in dem die Identifikation spezifischer Muster als «Objekte» vom menschlichen Beobachter und vom Prozeß des Erkennens abhängt. Dieses Netz von Zusammenhängen wird in Form eines entsprechenden Netzwerks von Begriffen und Modellen beschrieben, von denen keiner und keines fundamentaler ist als die anderen.

Angesichts dieser neuen wissenschaftlichen Vorgehensweise stellt sich sofort eine wichtige Frage. Wenn alles mit allem verbunden ist – wie dürfen wir dann jemals hoffen, irgend etwas zu verstehen? Da alle Naturphänomene letztlich miteinander verbunden sind, müssen wir, um irgendeines zu erklären, alle anderen verstehen, was offenkundig unmöglich ist.

Was den systemischen Ansatz dennoch wissenschaftlich fruchtbar macht, ist die Entdeckung, daß es ein näherungsweises Wissen gibt. Diese Erkenntnis ist für die gesamte moderne Naturwissenschaft überaus wichtig. Das alte Paradigma beruht auf dem kartesianischen Glauben an die Gewißheit wissenschaftlicher Erkenntnis, das neue Paradigma auf der Einsicht, daß alle wissenschaftlichen Begriffe und Theorien begrenzt und näherungsweise gültig sind. Naturwissenschaft kann niemals zu einem vollständigen und definitiven Verständnis führen.

Dies läßt sich leicht durch ein einfaches Experiment veranschaulichen, das oft in Einführungskursen zur Physik vorgeführt wird. Der Dozent läßt ein Objekt aus einer gewissen Höhe fallen und zeigt den Studenten, wie sich mit einer schlichten Formel aus der Newtonschen Physik die Zeit berechnen läßt, die das Objekt benötigt, um den Boden zu erreichen. Wie meist in der Newtonschen Physik wird diese Berechnung den Luftwiderstand vernachlässigen und daher nicht absolut präzise sein. Und wenn das fallengelassene Objekt gar eine Feder wäre, würde das Experiment überhaupt nicht funktionieren.

Der Dozent mag sich mit dieser «ersten Näherung» zufriedengeben oder vielleicht einen Schritt weitergehen und den Luftwiderstand mit einbeziehen, indem er die Formel um einen simplen Term erweitert. Das Ergebnis – die zweite Näherung – wird zwar genauer sein, aber noch immer nicht absolut genau, weil der Luftwiderstand von der Temperatur und dem Druck der Luft abhängt. Falls der Dozent sehr ehrgeizig ist, wendet er vielleicht eine viel kompliziertere Formel als dritte Näherung an, die diese Variablen mit einbezieht.

Allerdings hängt der Luftwiderstand nicht nur von der Temperatur und vom Luftdruck ab, sondern auch von der Luftkonvektion, d. h. von der gesamten Zirkulation der Luftteilchen im Raum. Vielleicht werden die Studenten bemerken, daß diese Luftkonvektion nicht nur durch ein offenes Fenster, sondern auch durch ihre Atemmuster verursacht wird – und an diesem Punkt wird der Dozent vermutlich das Verfahren abbrechen, die Näherung schrittweise zu verbessern.

Dieses einfache Beispiel zeigt, daß der freie Fall eines Objekts auf vielerlei Art und Weise mit seiner Umgebung zusammenhängt – und letzten Endes mit dem gesamten Universum. Ganz gleich, wie viele Zusammenhänge wir in unsere wissenschaftliche Beschreibung eines Phänomens einbeziehen – immer werden wir gezwungen sein, andere wegzulassen. Daher können Naturwissenschaftler nie zur Wahrheit gelangen, jedenfalls nicht zur Wahrheit im Sinne einer präzisen Übereinstimmung zwischen der Beschreibung und dem beschriebenen Phänomen. In der Naturwissenschaft haben wir es stets mit begrenzten und näherungsweisen Beschreibungen der Realität zu tun. Das mag sich frustrierend anhören, aber Systemdenker beziehen Zuversicht und Kraft aus der Tatsache, daß wir immerhin näherungsweises Wissen über ein unendliches Netz von wechselseitig verknüpften Mustern erlangen können. Louis Pasteur hat das sehr schön ausgedrückt: «Die Wissenschaft schreitet mittels tastender Antworten fort zu einer Reihe von zunehmend verfeinerten Fragen, die tiefer und tiefer in das eigentliche Wissen der Naturerscheinungen hineinreichen.»[7]

Prozeßdenken

Alle bislang erörterten Systembegriffe lassen sich als verschiedene Aspekte einer bedeutenden Richtung des Systemdenkens ansehen, die wir kontextbezogenes Denken nennen können. Eine andere, genauso bedeutende Richtung in der Wissenschaft des 20. Jahrhunderts entwickelte sich etwas später. Diese zweite Richtung ist das Prozeßdenken. Im Rahmen der kartesianischen Naturwissenschaft spricht man von Grundstrukturen sowie Kräften und Mechanismen, durch die diese Strukturen in Wechselbeziehungen zueinander treten und damit Prozesse auslösen. In der Systemwissenschaft wird jede Struktur als Manifestation von zugrundeliegenden Prozessen angesehen. Systemdenken ist stets Prozeßdenken.

In der Entwicklung des Systemdenkens während der ersten Hälfte dieses Jahrhunderts wurde der Prozeßaspekt erstmals von dem österreichischen Biologen Ludwig von Bertalanffy in den späten dreißiger Jahren hervorgehoben und während der vierziger Jahre in der Kybernetik weiter erforscht. Sobald die Kybernetiker Rückkopplungsschleifen und andere dynamische Muster zu einem zentralen Thema der wissenschaftlichen Untersuchung erhoben hatten, begannen die Ökologen die zyklischen Materie- und Energieströme durch Ökosysteme zu untersuchen. So stellte zum Beispiel Eugene Odums Text *Fundamentals of Ecology*, der eine ganze Generation von Ökologen beeinflußt hat, Ökosysteme in Form von einfachen Fließdiagrammen dar.[8]

Natürlich gab es sowohl für das Prozeßdenken als auch das kontextbezogene Denken Vorläufer – sogar schon in der griechischen Antike. Bereits in der Frühzeit der westlichen Wissenschaft begegnen wir Heraklits berühmtem Diktum «Alles fließt». Während der zwanziger Jahre formulierte der englische Mathematiker und Philosoph Alfred North Whitehead eine entschieden prozeßorientierte Philosophie.[9] Zur selben Zeit griff der Physiologe Walter Cannon Claude Bernards Prinzip der Konstanz der «inneren Umwelt» eines Organismus auf und entwickelte daraus den subtileren Begriff der Homöostase – des Selbstregelungsmechanismus, der es Organismen erlaubt, einen Zustand des dynamischen Gleichgewichts aufrechtzuerhalten, wobei ihre Variablen innerhalb gewisser Toleranzgrenzen schwanken.[10]

Mittlerweile war durch detaillierte experimentelle Untersuchungen von Zellen klargeworden, daß im Stoffwechsel lebender Zellen Ordnung und Aktivität auf eine Weise miteinander kombiniert sind, die sich nicht durch mechanistische Ansätze beschreiben läßt. Dabei kommt es zu Tausenden von chemischen Reaktionen, die alle gleichzeitig stattfinden, um die Nährstoffe der Zellen umzuwandeln, ihre Grundstrukturen synthetisch aufzubauen und ihre Abfallprodukte zu beseitigen. Der Stoffwechsel ist eine kontinuierliche, komplexe und hochorganisierte Aktivität.

Whiteheads Prozeßphilosophie, Cannons Begriff der Homöostase und die Stoffwechseluntersuchungen übten einen starken Einfluß auf die Arbeit von Ludwig von Bertalanffy aus und veranlaßten ihn, eine neue Theorie der «offenen Systeme» zu formulieren. Später, während der vierziger Jahre, erweiterte Bertalanffy sein Denksystem und versuchte die verschiedenen Begriffe des Systemdenkens und der organismischen Biologie in einer formalen Theorie lebender Systeme zu vereinen.

Tektologie

Gemeinhin gilt Ludwig von Bertalanffy als Urheber der ersten Formulierung eines umfassenden theoretischen Denksystems, das die Organisationsprinzipien lebender Systeme beschreibt. Doch zwanzig bis dreißig Jahre vor der Veröffentlichung der ersten Beiträge zu seiner «Allgemeinen Systemlehre» hat Alexander Bogdanow, ein russischer Medizinwissenschaftler, Philosoph und Wirtschaftswissenschaftler, eine gleichermaßen komplexe und umfassende Systemtheorie entwickelt, die außerhalb von Rußland leider noch immer weithin unbekannt ist.[11] Bogdanow nannte seine Theorie «Tektologie», nach dem griechischen *tekton* («Baumeister») – frei übersetzt war dies «die Wissenschaft der Strukturen». Sein Hauptziel war die Herausarbeitung und Verallgemeinerung der Organisationsprinzipien aller lebenden und nichtlebenden Strukturen:

Die Tektologie muß die Organisationsarten herausarbeiten, die in der Natur und im menschlichen Handeln wahrgenommen werden; dann muß sie diese verallgemeinern und systematisieren; ferner muß sie sie erklären, das heißt, sie muß abstrakte Schemata ihrer Tendenzen und Gesetze aufstellen ... Die Tektologie befaßt sich nicht mit den organisatorischen Erfahrungen dieses oder jenes speziellen Gebietes, sondern all dieser Gebiete zusammen. Mit anderen Worten: Die Tektologie beschäftigt sich mit dem Stoff aller anderen Wissenschaften.[12]

Die Tektologie versuchte erstmals in der Wissenschaftsgeschichte, die in lebenden und nichtlebenden Systemen wirksamen Organisationsprinzipien systematisch zu formulieren.[13] Damit nahm sie nicht nur das Begriffssystem der allgemeinen Systemtheorie Ludwig von Bertalanffys vorweg, sondern auch eine Reihe bedeutsamer Gedanken, die vier Jahrzehnte später, in einer anderen Sprache, als Hauptprinzipien der Kybernetik durch Norbert Wiener und Ross Ashby formuliert wurden.[14]

Bogdanow wollte eine «universale Wissenschaft der Organisation» formulieren. Er definierte die Organisationsform als «die Gesamtheit von Verbindungen zwischen systemischen Elementen», was praktisch identisch ist mit unserer heutigen Definition des Organisationsmusters.[15] Bogdanow, der abwechselnd und austauschbar die Ausdrücke «Komplex» und «System» verwendete, unterschied drei Arten von Systemen: organisierte Komplexe, bei denen das Ganze größer als die Summe seiner Teile ist; desorganisierte Komplexe, bei denen das Ganze kleiner als die Summe seiner Teile ist; und neutrale Komplexe, bei denen die organisierenden und desorganisierenden Aktivitäten einander aufheben.

Stabilität und Entwicklung aller Systeme lassen sich nach Bogdanow in Form zweier einfacher Organisationsmechanismen verstehen: Bildung und Regulierung. Bogdanow untersuchte beide Formen der Organisationsdynamik und veranschaulichte sie anhand zahlreicher Beispiele aus natürlichen und sozialen Systemen, und damit hat er mehrere Schlüsselideen erforscht, mit denen sich organismische Biologen *und* Kybernetiker befaßt haben.

Die Dynamik der Bildung besteht im Zusammenschluß von Komplexen durch verschiedene Arten von Verbindungen, die Bogdanow eingehend analysiert hat. Insbesondere betont er, daß die Spannung zwischen Krise und Umwandlung für die Bildung von komplexen Systemen von zentraler Bedeutung ist. Indem er die Arbeit von Ilya Prigogine[16] vorwegnahm, hat Bogdanow gezeigt, daß sich eine Organisationskrise als Zusammenbruch des bestehenden systemischen Gleichgewichts manifestiert und gleichzeitig einen organisatorischen Übergang zu einem neuen Gleichgewichtszustand darstellt. Und als Bogdanow Kategorien von Krisen definierte, hat er sogar den von dem französischen Mathematiker René Thom entwickelten Begriff der Katastrophe vorweggenommen, der ein Schlüsselelement in der jetzt entstehenden neuen Mathematik der Komplexität ist.[17]

Wie Bertalanffy erkannte auch Bogdanow, daß lebende Systeme offene Systeme sind, die sich ganz und gar nicht im Gleichgewicht befinden, und sorgfältig untersuchte er ihre Regulierungs- und Selbstregulierungsprozesse. Ein System, das keiner äußeren Regulierung bedarf, weil es sich selbst reguliert, heißt in Bogdanows Sprache «Bi-Regulator». Indem er, genau wie Jahrzehnte später die Kybernetiker, am Beispiel der Dampfmaschine das Prinzip der Selbstregulierung veranschaulichte, hat Bogdanow im Grunde den von Norbert Wiener als Feedback oder Rückkopplung definierten Mechanismus beschrieben, der ein zentraler Begriff der Kybernetik wurde.[18] Bogdanow hat zwar nicht versucht, seine Ideen mathematisch zu formulieren, aber er hat sich immerhin die künftige Entwicklung eines abstrakten «tektologischen Symbolismus» vorgestellt, einer neuartigen Mathematik zur Analyse der von ihm entdeckten Organisationsmuster. Ein halbes Jahrhundert später ist diese neue Mathematik tatsächlich entstanden.[19]

Bogdanows bahnbrechendes Buch *Tektologie* erschien auf russisch in drei Bänden zwischen 1912 und 1917. 1928 kam eine zweibändige deutsche Ausgabe heraus und wurde viel besprochen. Allerdings weiß man im Westen nur noch sehr wenig über diesen Vorläufer der Kybernetiker, der die erste Version einer allgemeinen Systemtheorie vorlegte. Selbst in Ludwig von Bertalanffys 1968 erschienenen «Allgemeinen Systemtheorie», die auch einen Abschnitt über die Geschichte der Systemtheorie enthält, findet sich kein einziger Hinweis auf Bogdanow. Es ist kaum verständlich, daß Bertalanffy, der außerordentlich belesen war und seine eigenen frühen Arbeiten auf deutsch veröffentlichte, nicht auf Bogdanows Werk gestoßen war.[20]

Von seinen Zeitgenossen wurde Bogdanow großenteils mißver-

standen, weil er seiner Zeit so weit voraus war. Darauf hat der aser-
baidschanische Wissenschaftler A. L. Tachtadschian hingewiesen:
«In ihrer Universalität dem wissenschaftlichen Denken der Zeit
fremd, wurde die Idee einer allgemeinen Organisationstheorie nur
von einer Handvoll Menschen verstanden und fand daher keine
Verbreitung.»[21]

Seinerzeit wurden Bogdanows Ideen von marxistischen Philosophen angefeindet, weil sie in der Tektologie ein neues philosophi-
sches System erblickten, das den Marxismus ersetzen sollte, auch
wenn Bogdanow wiederholt gegen die Verwechslung seiner Univer-
salwissenschaft der Organisation mit der Philosophie protestierte.
Lenin griff Bogdanow unbarmherzig als Philosophen an, und folglich wurden seine Werke in der Sowjetunion fast ein halbes Jahrhundert lang unterdrückt. Seit einiger Zeit allerdings, im Gefolge
von Gorbatschows Perestroika, haben Bogdanows Schriften große
Aufmerksamkeit unter russischen Wissenschaftlern und Philosophen gefunden. Daher ist zu hoffen, daß Bogdanows bahnbrechende Arbeit nunmehr auch außerhalb Rußlands auf breiterer Basis wahrgenommen wird.

Allgemeine Systemtheorie

Vor den vierziger Jahren waren die Ausdrücke «System» und «Systemdenken» zwar schon von mehreren Wissenschaftlern verwendet worden, aber erst Bertalanffys Begriffe eines offenen Systems
und einer allgemeinen Systemtheorie haben das Systemdenken zu
einer wichtigen wissenschaftlichen Bewegung gemacht.[22] Aufgrund
der späteren entschiedenen Mitwirkung der Kybernetiker sind die
Begriffe Systemdenken und Systemtheorie integrale Bestandteile
der etablierten wissenschaftlichen Sprache geworden und haben zu
zahlreichen neuen Methodologien und Anwendungen geführt wie
Systemtechnik, Systemanalyse, Systemdynamik usw.[23]

Ludwig von Bertalanffys Karriere als Biologe begann im Wien
der zwanziger Jahre. Schon bald schloß er sich einer Gruppe von
Wissenschaftlern und Philosophen an, die international als Wiener
Kreis bekannt war, und von Anfang an befaßte er sich auch mit umfassenderen philosophischen Themen.[24] Wie andere organismische

Biologen war er entschieden der Ansicht, daß biologische Phänomene neue Denkweisen erforderten, die die traditionellen Methoden der Naturwissenschaften hinter sich ließen. Er nahm sich vor,
die mechanistischen Grundlagen der Wissenschaft durch eine ganzheitliche Sicht zu ersetzen:

> Die allgemeine Systemtheorie ist eine allgemeine Wissenschaft
> der «Ganzheit», die bislang als vager, nebulöser und halbmeta-
> physischer Begriff galt. In ausgearbeiteter Form wäre sie eine ma-
> thematische Disziplin, in sich rein formal, aber anwendbar auf die
> verschiedenen empirischen Wissenschaften. Für Wissenschaften,
> die sich mit «organisierten Ganzen» befassen, wäre sie von ähnli-
> cher Bedeutung, wie es die Wahrscheinlichkeitstheorie für Wis-
> senschaften ist, die sich mit «Zufallsereignissen» befassen.[25]

Ungeachtet dieser Vision einer künftigen formalen, mathematischen Theorie suchte Bertalanffy seine allgemeine Systemtheorie
auf einer soliden biologischen Basis zu errichten. Er stieß sich an der
beherrschenden Position der Physik in der modernen Naturwissenschaft und betonte den entscheidenden Unterschied zwischen physikalischen und biologischen Systemen.

Zur Erklärung verwies Bertalanffy auf ein Dilemma, das die Wissenschaftler seit dem 19. Jahrhundert irritiert hatte, als die neuartige
Idee der Evolution Eingang ins wissenschaftliche Denken gefunden
hatte. Während die Newtonsche Mechanik eine Wissenschaft der
Kräfte und Flugbahnen war, erforderte das evolutionäre Denken –
das Denken über Veränderung, Wachstum und Entwicklung – eine
neue Wissenschaft der Komplexität.[26] Die erste Formulierung dieser neuen Wissenschaft war die klassische Thermodynamik mit
ihrem berühmten «Zweiten Hauptsatz», dem Gesetz über den Verlust der Energie.[27] Nach dem Zweiten Hauptsatz der Thermodynamik, den erstmals der französische Physiker Sadi Carnot im Zusammenhang mit Wärmekraftmaschinen formuliert hatte, gibt es in
physikalischen Phänomenen einen Trend von der Ordnung zur Unordnung. Jedes isolierte oder «geschlossene» physikalische System
entwickelt sich spontan in Richtung einer ständig zunehmenden Unordnung.

Um diese Richtung in der Entwicklung physikalischer Systeme in präziser mathematischer Form auszudrücken, haben die Physiker eine neue Quantität namens «Entropie» eingeführt.[28] Nach dem Zweiten Hauptsatz nimmt die Entropie eines geschlossenen physikalischen Systems weiter zu, und weil diese Entwicklung von zunehmender Unordnung begleitet ist, läßt sich die Entropie auch als ein Maß der Unordnung verstehen.

Mit dem Begriff der Entropie und der Formulierung des Zweiten Hauptsatzes führte die Thermodynamik die Idee irreversibler Prozesse, eines «Zeitpfeils», in die Wissenschaft ein. Nach dem Zweiten Hauptsatz geht eine gewisse mechanische Energie stets in Form von Wärme verloren und läßt sich nicht mehr völlig zurückgewinnen. Somit läuft die gesamte Weltmaschine ab und wird schließlich zum endgültigen Stillstand kommen.

Dieses trostlose Bild der kosmischen Evolution stand in scharfem Widerspruch zum evolutionären Denken unter Biologen des 19. Jahrhunderts, die beobachtet hatten, wie sich das lebende Universum aus Unordnung zur Ordnung entwickelt, auf einen Zustand der ständig zunehmenden Komplexität hin. Am Ende des 19. Jahrhunderts war die Newtonsche Mechanik, die Wissenschaft der ewigen, umkehrbaren Flugbahnen, durch zwei einander diametral entgegengesetzte Anschauungen über die evolutionäre Veränderung ergänzt worden: die einer lebenden Welt, die sich auf eine zunehmende Ordnung und Komplexität hin entfaltet, und die einer ablaufenden Maschine, einer Welt der ständig zunehmenden Unordnung. Wer hatte nun recht – Darwin oder Carnot?

Ludwig von Bertalanffy konnte dieses Dilemma nicht auflösen, aber immerhin tat er den ersten wichtigen Schritt, indem er erkannte, daß lebende Organismen offene Systeme sind, die sich nicht durch die klassische Thermodynamik beschreiben lassen. Er nannte derartige Systeme «offen», weil sie durch einen ständigen Zustrom von Materie und Energie aus ihrer Umwelt gespeist werden müssen, um am Leben zu bleiben:

Der Organismus ist kein statisches System, das gegenüber der Außenwelt geschlossen ist und stets identische Komponenten enthält; es ist ein offenes System in einem (quasi-)beständigen Zustand . . ., in dem ein ständiger stofflicher Austausch mit der äußeren Umwelt stattfindet.[29]

Im Unterschied zu geschlossenen Systemen, die einen Zustand des thermischen Gleichgewichts erreichen, halten sich offene Systeme fern von jedem Gleichgewicht in diesem «beständigen Zustand» aufrecht, der sich durch einen ständigen Fluß und Wechsel auszeichnet. Bertalanffy prägte den Begriff «Fließgleichgewicht», um einen derartigen Zustand des dynamischen Gleichgewichts zu beschreiben. Er war sich darüber im klaren, daß die klassische Thermodynamik, die sich mit geschlossenen Systemen im oder nahe dem Gleichgewicht befaßt, für die Beschreibung offener Systeme im Fließgleichgewicht ungeeignet ist.

In offenen Systemen, spekulierte Bertalanffy, nimmt die Entropie (oder Unordnung) vielleicht ab, und dann kann der Zweite Hauptsatz der Thermodynamik nicht gelten. Er postulierte, daß die klassische Wissenschaft durch eine neue Thermodynamik offener Systeme ergänzt werden müsse. Allerdings standen die für eine derartige Ausweitung der Thermodynamik erforderlichen mathematischen Techniken Bertalanffy in den vierziger Jahren nicht zur Verfügung. Die Formulierung der neuen Thermodynamik offener Systeme mußte bis zu den siebziger Jahren warten. Dies war die großartige Leistung von Ilya Prigogine, der zur Neuformulierung des Zweiten Hauptsatzes eine neue Mathematik heranzog, wobei er die traditionellen wissenschaftlichen Vorstellungen über Ordnung und Unordnung radikal neu durchdachte, so daß er die beiden einander widersprechenden Anschauungen des 19. Jahrhunderts über Evolution unzweideutig miteinander in Einklang bringen konnte.[30]

Korrekterweise erkannte Bertalanffy in den Merkmalen des Fließgleichgewichts diejenigen des Stoffwechselprozesses, so daß er in der Lage war, die Selbstregelung als weitere Schlüsseleigenschaft offener Systeme zu postulieren. Dieser Gedanke wurde von Prigogine dreißig Jahre später in Form der Selbstorganisation «dissipativer Strukturen» verfeinert.[31]

Ludwig von Bertalanffys Vision einer «allgemeinen Wissenschaft der Ganzheit» beruhte auf seiner Beobachtung, daß systemische Begriffe und Prinzipien sich auf den verschiedensten Untersuchungsgebieten anwenden lassen: «Die Parallelität allgemeiner Vorstellungen oder gar spezieller Gesetze auf verschiedenen Gebieten», erklärte er, «folgt aus der Tatsache, daß sie sich mit ‹Systemen› befassen und daß bestimmte allgemeine Prinzipien sich auf Systeme ungeachtet ihrer Natur anwenden lassen.»[32] Da lebende Systeme eine ungeheure Vielfalt von Phänomenen umfassen, einschließlich individueller Organismen und ihrer Teile, sozialer Systeme und Ökosysteme, glaubte Bertalanffy, daß eine allgemeine Systemtheorie den idealen begrifflichen Rahmen zur Vereinheitlichung verschiedener wissenschaftlicher Disziplinen darstellen würde, die isoliert und fragmentiert worden waren:

> Die allgemeine Systemtheorie sollte . . . ein wichtiges Mittel zur Steuerung und Anregung des Prinzipientransfers von einem Gebiet auf ein anderes sein, und es wird nicht mehr nötig sein, die Entdeckung desselben Prinzips auf verschiedenen, voneinander isolierten Gebieten zu duplizieren oder zu triplizieren. Gleichzeitig wird die allgemeine Systemtheorie durch die Formulierung exakter Kriterien oberflächliche Analogien verhindern, die in der Wissenschaft unbrauchbar sind.[33]

Bertalanffy hat die Verwirklichung seiner Vision nicht erlebt, und eine allgemeine Wissenschaft der Ganzheit, wie sie ihm vorschwebte, wird vielleicht nie formuliert werden. Doch in den zwei Jahrzehnten nach seinem Tod im Jahre 1972 begann sich eine systemische Vorstellung von Leben, Geist und Bewußtsein zu entwickeln, die die Fachgrenzen überschreitet und in der Tat eine Vereinheitlichung verschiedener Untersuchungsgebiete verheißt, die früher voneinander getrennt waren. Auch wenn diese neue Vorstellung vom Leben eher auf die Kybernetik als auf die allgemeine Systemtheorie zurückgeht, verdankt sie ganz sicher eine ganze Menge dem begrifflichen Apparat und der Denkweise, wie sie durch Ludwig von Bertalanffy in die Wissenschaft eingebracht worden sind.

4   Die Logik des Geistes

Während Ludwig von Bertalanffy an seiner allgemeinen Systemtheorie arbeitete, führten Versuche zur Konstruktion selbststeuern-
der und selbstregelnder Maschinen zu einem völlig neuen Untersu-
chungsgebiet, das sich auf die weitere Entwicklung der systemischen
Sicht des Lebens erheblich auswirkte. Die auf mehrere Disziplinen
zurückgreifende neue Wissenschaft stellte einen einheitlichen Umgang mit Problemen der Kommunikation und der Steuerung dar
und löste die Entstehung eines ganzen Komplexes neuartiger Ideen
aus. Er inspirierte Norbert Wiener, dafür einen besonderen Namen
zu erfinden: «Kybernetik». Das Wort ist aus dem griechischen *ky-
bernetes* («Steuermann») abgeleitet, und Wiener definierte die Kybernetik als die Wissenschaft der «Regelung und Kommunikation
im Lebewesen und in der Maschine»[1].

Die Kybernetiker

Die Kybernetik wurde schon bald eine einflußreiche intellektuelle
Bewegung, die sich unabhängig von der organismischen Biologie
und der allgemeinen Systemtheorie entwickelte. Die Kybernetiker
waren weder Biologen noch Ökologen – sie waren Mathematiker,
Gehirnwissenschaftler, Sozialwissenschaftler und Ingenieure. Sie
befaßten sich mit einer anderen Ebene der Beschreibung als bisher
üblich und konzentrierten sich auf Kommunikationsmuster, insbesondere in geschlossenen Schleifen und Netzwerken. Ihre Untersuchungen führten sie zu den Begriffen Rückkopplung und Selbstregelung und später dann zur Selbstorganisation.
   Diese Konzentration auf Organisationsmuster, die auch das An-
liegen der organismischen Biologie und der Gestaltpsychologie war,
wurde das ausdrückliche Interessengebiet der Kybernetiker. Insbe-

sondere Wiener erkannte, daß die neuen Begriffe Nachricht, Steuerung und Rückkopplung Organisationsmuster – d. h. nichtmaterielle Einheiten – bezeichneten, die äußerst wichtig für eine vollständige wissenschaftliche Beschreibung des Lebens sind. Später erweiterte Wiener den Begriff des Musters: von den Mustern der Kommunikation und Steuerung, die Lebewesen und Maschinen miteinander gemeinsam haben, zur allgemeinen Idee des Musters als einem Schlüsselmerkmal des Lebens. Gerne benutzte er die Metapher, daß wir Menschen nichts weiter als Strudel in einem Fluß mit ständig fließendem Wasser seien – kein Stoff, der unveränderlich bestehen bleibe, sondern Muster, die sich selbst fortsetzten.[2]

Die Kybernetik-Bewegung begann während des Zweiten Weltkriegs, als eine Gruppe von Mathematikern, Gehirnwissenschaftlern und Ingenieuren – unter anderem Norbert Wiener, John von Neumann, Claude Shannon und Warren McCulloch – sich zu einem inoffiziellen Netzwerk zusammenschloß, um gemeinsame wissenschaftliche Interessen zu verfolgen.[3] Ihre Arbeit war eng mit der militärischen Forschung verbunden, die sich mit den Problemen der Verfolgung und des Abschusses von Flugzeugen befaßte und vom Militär finanziert wurde, was übrigens auch später bei der Kybernetikforschung meist der Fall war.

Die ersten Kybernetiker (wie sie sich mehrere Jahre später nennen würden) stellten sich der Herausforderung, die geistigen Phänomenen zugrunde liegenden Mechanismen im Gehirn aufzudecken und sie in klarer mathematischer Sprache auszudrücken. Während die organismischen Biologen mit der materiellen Seite der kartesianischen Teilung befaßt waren, indem sie gegen den Mechanismus aufbegehrten und das Wesen der biologischen Form erforschten, wandten sich die Kybernetiker somit der geistigen Seite zu. Von Anfang an beabsichtigten sie, eine exakte Wissenschaft des Geistes zu begründen.[4] So mechanistisch ihr methodischer Ansatz auch war, indem er sich auf Muster konzentrierte, die Lebewesen und Maschinen miteinander gemeinsam waren – er zeitigte doch viele neuartige Ideen, die spätere systemische Vorstellungen von geistigen Phänomenen stark beeinflußten. Ja, die heutige Kognitionswissenschaft, die eine einheitliche wissenschaftliche Vorstellung von Gehirn und Geist anbietet, läßt sich direkt bis in die Pionierzeit der Kybernetik zurückverfolgen.

Das Begriffssystem der Kybernetik wurde in einer Reihe legendärer Sitzungen in New York entwickelt, den sogenannten Macy-Konferenzen.[5] Diese Sitzungen – insbesondere die erste im Jahre 1946 – waren überaus anregend und brachten eine einzigartige Gruppe höchst kreativer Menschen zusammen, die sich an intensiven interdisziplinären Dialogen beteiligten, um neue Ideen und Denkweisen zu erkunden. Die Teilnehmer gehörten zwei Kerngruppen an. Die erste bildete sich um die ursprünglichen Kybernetiker und bestand aus Mathematikern, Ingenieuren und Gehirnwissenschaftlern. Die andere Gruppe setzte sich aus Geisteswissenschaftlern zusammen, die sich um Gregory Bateson und Margaret Mead scharrten. Von der ersten Sitzung an gaben sich die Kybernetiker große Mühe, die akademische Kluft zwischen ihnen und den Geisteswissenschaftlern zu überbrücken.

Norbert Wiener war die beherrschende Gestalt auf all diesen Konferenzen, die er mit seinem leidenschaftlichen Engagement für die Wissenschaft belebte, während er seine Kollegen mit seinen brillanten Ideen und seinen oft respektlosen Methoden hinriß. Viele Augenzeugen haben berichtet, daß Wiener bei diesen Diskussionen oft einschlief und sogar schnarchte, wobei ihm aber offenbar nicht entging, worüber gesprochen wurde. Denn nach dem Erwachen gab er augenblicklich ausführliche und scharfsinnige Kommentare zum besten oder verwies auf logische Unstimmigkeiten. Er genoß diese Diskussionen und seine zentrale Rolle darin ganz offensichtlich.

Wiener war nicht nur ein großartiger Mathematiker, sondern auch ein wortgewandter Philosoph. (Schließlich hatte er in Harvard in Philosophie promoviert.) Leidenschaftlich interessierte er sich für Biologie und bewunderte die Reichhaltigkeit natürlicher, lebender Systeme. Über die Kommunikations- und Steuerungsmechanismen hinaus richtete er den Blick auf größere Organisationsmuster und versuchte seine Ideen auf ein breites Spektrum sozialer und kultureller Fragen zu übertragen.

John von Neumann war der zweite Anziehungspunkt auf den Macy-Konferenzen. Als mathematisches Genie hatte er eine klassische Abhandlung über Quantentheorie geschrieben, er war der Begründer der Spieltheorie und wurde weltberühmt als Erfinder des digitalen Computers. Von Neumann besaß ein phänomenales Gedächtnis, und sein Verstand arbeitete mit ungeheurer Geschwindigkeit. Wie es hieß, konnte er das Prinzip eines mathematischen Problems fast augenblicklich verstehen und jedes mathematische oder praktische Problem so klar und erschöpfend analysieren, daß es keiner weiteren Diskussion bedurfte.

Auf den Macy-Sitzungen war von Neumann von den Prozessen im menschlichen Gehirn fasziniert, und in der Beschreibung der Gehirnfunktionen in formallogischen Begriffen erblickte er die größte Herausforderung der Wissenschaft. Sein Vertrauen in die Kraft der Logik und sein Glaube an die Technik waren unerschütterlich, und zeitlebens hielt er bei seiner Arbeit Ausschau nach universallogischen Strukturen der wissenschaftlichen Erkenntnis.

Von Neumann und Wiener hatten viel miteinander gemeinsam.[6] Beide wurden als mathematische Genies bewundert, und sie hatten viel mehr Einfluß auf die Gesellschaft als andere Mathematiker ihrer Generation. Beide vertrauten auch ihrem Unterbewußtsein. Wie viele Dichter und Künstler hatten sie die Gewohnheit, Bleistift und Papier griffbereit neben dem Bett liegen zu haben, und machten in ihrer Arbeit von ihren Traumbildern Gebrauch. Allerdings unterschieden sich diese beiden Pioniere der Kybernetik erheblich in ihrer wissenschaftlichen Vorgehensweise. Während von Neumann an Kontrolle, an einem Programm interessiert war, schätzte Wiener die Reichhaltigkeit natürlicher Muster, er suchte nach einer umfassenden begrifflichen Synthese.

Es entsprach diesen Charaktereigenschaften, daß sich Wiener von Menschen mit politischer Macht fernhielt, während von Neumann sich in deren Gesellschaft sehr wohl fühlte. Auf den Macy-Konferenzen war ihre unterschiedliche Haltung gegenüber der Macht, insbesondere gegenüber militärischer Macht, die Ursache für zunehmende Reibereien, die schließlich zum völligen Bruch führten. Während von Neumann in seiner gesamten Karriere ein militärischer Berater blieb und sich auf die Anwendung von Computern auf Waffensysteme spezialisierte, beendete Wiener seine militärische Arbeit kurz nach der ersten Macy-Sitzung. «Ich glaube nicht, daß ich in Zukunft noch irgendein Werk veröffentlichen werde», schrieb er Ende 1946, «das in den Händen unverantwortlicher Militaristen Schaden anrichten kann.»[7]

Norbert Wiener hatte einen starken Einfluß auf Gregory Bateson, mit dem er während der Macy-Konferenzen sehr gut harmonierte. Intellektuell bewegte sich Bateson ebenso wie Wiener frei durch die verschiedensten Disziplinen. Er stellte die Grundvoraussetzungen und Methoden mehrerer Wissenschaften in Frage, indem er nach allgemeinen Mustern und überzeugenden universalen Abstraktionen suchte. Bateson verstand sich selbst in erster Linie als Biologe und betrachtete die vielen Gebiete, mit denen er sich befaßte – Anthropologie, Epistemologie, Psychiatrie und andere – als Zweige der Biologie. Die große Leidenschaft, die er der Wissenschaft entgegenbrachte, galt der ganzen Vielfalt der mit dem Leben verbundenen Phänomene, und sein Hauptanliegen war es, in dieser Vielfalt allgemeine Organisationsprinzipien zu entdecken – «das verbindende Muster», wie er es viele Jahre später nannte.[8] Auf den Kybernetik-Konferenzen suchten Bateson wie Wiener nach umfassenden, ganzheitlichen Beschreibungen, während sie darauf achteten, die Grenzen der Wissenschaft nicht zu überschreiten. Auf diese Weise ermöglichten sie einen systemischen Denkansatz gegenüber einer großen Vielfalt von Phänomenen.

Die Gespräche mit Wiener und den anderen Kybernetikern wirkten sich nachhaltig auf Batesons spätere Arbeit aus. Er war einer der Pioniere in der Anwendung des Systemdenkens auf die Familientherapie, entwickelte ein kybernetisches Modell des Alkoholismus und erarbeitete die Double-bind-Theorie der Schizophrenie, die sich prägend auf die Arbeit von R. D. Laing und vieler anderer Psychiater auswirkte. Doch Batesons bedeutendster Beitrag zur Wissenschaft und zur Philosophie war vielleicht die auf kybernetischen Prinzipien basierende Vorstellung vom Geist, die er in den sechziger Jahren entwickelte. Diese revolutionäre Arbeit eröffnete die Möglichkeit, das Wesen des Geistes als ein Systemphänomen zu verstehen, und war der erste erfolgreiche Versuch in der Wissenschaft, die kartesianische Trennung zwischen Geist und Körper zu überwinden.[9]

Leiter der zehn Macy-Konferenzen war Warren McCulloch, Professor für Psychiatrie und Physiologie an der University of Illinois, der einen guten Ruf in der Hirnforschung hatte und dafür sorgte, daß die Forderung nach einem neuen Verständnis von Geist und Gehirn stets im Mittelpunkt der Gespräche stand.

Die Pionierzeit der Kybernetik führte über den nachhaltigen Einfluß auf das Systemdenken insgesamt hinaus zu einer eindrucksvollen Reihe konkreter Ergebnisse, und erstaunlicherweise wurden die meisten neuartigen Ideen und Theorien zumindest im Ansatz bereits auf der allerersten Konferenz diskutiert.[10] Diese wurde mit einer ausführlichen Darstellung der digitalen Computer (die noch gar nicht gebaut worden waren) durch John von Neumann eröffnet, und daran schloß sich von Neumanns überzeugende Präsentation von Analogien zwischen dem Computer und dem Gehirn an. Grundlage dieser Analogien, die das Bild der Kybernetiker vom Erkenntnisvorgang in den folgenden drei Jahrzehnten beherrschen sollten, war die Anwendung der mathematischen Logik auf das Verständnis der Gehirnfunktionen. Dies war eine der herausragenden Leistungen der Kybernetik.

Von Neumanns Vorträgen schloß sich Norbert Wieners ausführliche Erörterung der zentralen Idee in seinem Werk an, des Begriffs der Rückkopplung. Wiener stellte sodann einen Komplex neuer Ideen vor, die im Laufe der Jahre zur Informations- und Kommunikationstheorie führten. Gregory Bateson und Margaret Mead schlossen die Vortragsreihe mit einer kritischen Betrachtung des Begriffssystems der Sozialwissenschaften ab, das sie für unzureichend und einer theoretischen Basis bedürftig hielten, die von den neuen kybernetischen Konzepten inspiriert war.

Rückkopplung

Alle wichtigen Leistungen der Kybernetik resultierten aus Vergleichen zwischen Organismen und Maschinen, d. h. aus mechanistischen Modellen lebender Systeme. Allerdings sind die kybernetischen Maschinen etwas ganz anderes als Descartes' Uhrwerke. Der entscheidende Unterschied liegt in Norbert Wieners Idee des Feedback, der Rückkopplung; er wird schon im Wortsinn von «Kybernetik» ausgedrückt. Eine Rückkopplungsschleife ist eine kreisförmige Anordnung von kausal miteinander verbundenen Elementen, in der sich eine Anfangsursache entlang der Verbindungsglieder der Schleife fortpflanzt, so daß jedes Element eine Wirkung auf das nächste ausübt, bis das letzte die Wirkung in das erste Element des Kreislaufs «zurückspeist», was «feed back» wörtlich bedeutet (siehe Abb. 4–1). Aus dieser Anordnung ergibt sich, daß das erste Glied

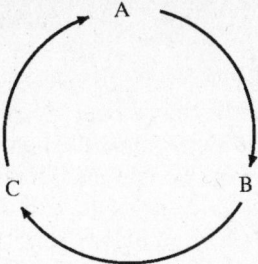

Abbildung 4–1: Zirkuläre Kausalität einer Rückkopplungsschleife.

(«input») vom letzten («output») beeinflußt wird, was zu einer Selbstregelung des gesamten Systems führt, da die Anfangswirkung jedesmal, wenn sie sich im Kreislauf fortpflanzt, modifiziert wird. Rückkopplung ist, nach Wieners Definition, die «Regelung einer Maschine auf der Grundlage ihrer *tatsächlichen* statt ihrer *erwarteten* Verrichtung»[11]. In einem allgemeineren Sinne bedeutet Rückkopplung die Übermittlung von Information über das Ergebnis irgendeines Prozesses oder einer Aktivität an dessen oder deren Quelle.

Wieners ursprüngliches Beispiel des Steuermanns ist eines der einfachsten Beispiele einer Rückkopplungsschleife (siehe Abb. 4–2). Wenn das Boot vom vorgegebenen Kurs etwa nach rechts abweicht, schätzt der Steuermann die Kursabweichung ein und steuert

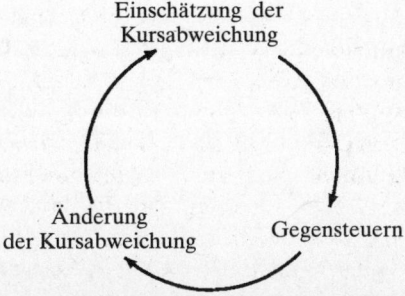

Abbildung 4–2: Rückkopplungsschleife beim Steuern eines Bootes.

dann gegen, indem er das Ruder nach links bewegt. Dies verringert die Kursabweichung des Bootes, vielleicht sogar so sehr, daß es durch die korrekte Position läuft und dann nach links abweicht. Irgendwann im Laufe dieser Bewegung nimmt der Steuermann eine neue Einschätzung der Kursabweichung des Bootes vor, steuert entsprechend gegen, schätzt die Kursabweichung erneut ein und so weiter. Somit ist er auf eine ständige Rückkopplung angewiesen, um das Boot auf Kurs zu halten, wobei seine tatsächliche Bahn um die vorgegebene Richtung schwankt. Die Kunst, ein Boot zu steuern, besteht darin, daß diese Schwankungen so sanft wie möglich erfolgen.

Ein ähnlicher Rückkopplungsmechanismus spielt sich ab, wenn wir Fahrrad fahren. Anfangs, wenn wir es erlernen, haben wir Mühe, die Rückkopplung aus den ständigen Gleichgewichtsänderungen zu überwachen und das Fahrrad entsprechend zu lenken. Daher wird das Vorderrad bei einem Anfänger im allgemeinen stark schwanken. Aber mit zunehmender Erfahrung wird die Rückkopplung von unserem Gehirn automatisch überwacht und eingeschätzt, und die Schwankungen des Vorderrads glätten sich zu einer geraden Linie.

Selbstregelnde Maschinen, die mit Rückkopplungsschleifen arbeiten, hat es schon lange vor der Kybernetik gegeben. Der Fliehkraftregler an der von James Watt im späten 18. Jahrhundert erfundenen Dampfmaschine ist ein klassisches Beispiel, ja die ersten Thermostaten wurden sogar noch früher entwickelt.[12] Die Techniker, die diese frühen Rückkopplungsvorrichtungen konstruierten, haben sehr wohl ihre Wirkungsweise beschrieben und ihre mechanischen Komponenten in Konstruktionszeichnungen abgebildet. Aber sie waren sich nie über das Muster der zirkulären Verursachung im klaren, das sich in ihnen verkörperte. Im 19. Jahrhundert verfaßte der berühmte Physiker James Clerk Maxwell eine formale mathematische Analyse des Dampffliehkraftreglers, ohne das zugrundeliegende Schleifenmuster je zu erwähnen. Ein weiteres Jahrhundert mußte vergehen, bis der Zusammenhang zwischen Rückkopplung und zirkulärer Verursachung erkannt wurde. Damals, in der Pionierzeit der Kybernetik, wurden mit Rückkopplungsschleifen arbeitende Maschinen ein zentrales Interessensgebiet der Technik, und seither nennt man sie «kybernetische Maschinen».

Die erste ausführliche Erörterung von Rückkopplungsschleifen stand in einem Artikel von Norbert Wiener, Julian Bigelow und Arturo Rosenblueth, der 1943 erschien und den Titel «Behavior, Purpose, and Teleology» («Verhalten, Ziel und Teleologie») trug.[13] In diesem bahnbrechenden Beitrag führten die Autoren die Idee der zirkulären Verursachung als das dem technischen Konzept der Rückkopplung zugrundeliegende logische Muster ein. Darüber hinaus wandten sie es auch zum erstenmal an, um das Verhalten lebender Organismen modellhaft zu demonstrieren. Indem sie einen strikt behavioristischen Standpunkt vertraten, erklärten sie, daß das Verhalten jeder Maschine oder jedes Organismus, bei der oder dem eine Selbstregelung durch Rückkopplung stattfinde, «gezielt» genannt werden könne, da es sich um ein auf ein Ziel gerichtetes Verhalten handle. Sie veranschaulichten ihr Modell dieses zielgerichteten Verhaltens an zahlreichen Beispielen – eine Katze, die eine Maus fängt, ein Hund, der einer Spur folgt, ein Mensch, der ein Glas von einem Tisch hochhebt usw. –, wobei sie sie anhand der zugrundeliegenden zirkulären Rückkopplungsmuster analysierten.

Wiener und seine Kollegen erkannten in der Rückkopplung auch den entscheidenden Mechanismus der Homöostase, der Selbstregelung, die es lebenden Organismen erlaubt, sich in einem Zustand des dynamischen Gleichgewichts zu halten. Walter Cannon hatte ein Jahrzehnt zuvor den Begriff der Homöostase in seinem einflußreichen Buch *The Wisdom of the Body*[14] eingeführt. Er beschrieb darin zwar ausführlich eine Vielzahl selbstregelnder Stoffwechselvorgänge, verwies aber nie ausdrücklich auf die darin enthaltenen geschlossenen kausalen Schleifen. Somit führte der von den Kybernetikern eingeführte Begriff der Rückkopplungsschleife zu neuen Erkenntnissen über die vielen selbstregelnden Prozesse, die für das Leben so charakteristisch sind. Heute wissen wir, daß Rückkopplungsschleifen überall in der Lebenswelt anzutreffen sind. Sie sind ein besonderes Merkmal der nichtlinearen Netzwerkmuster, die typisch für lebende Systeme sind.

Die Kybernetiker unterschieden zwei Arten von Rückkopplung: die selbstausgleichende (oder «negative») und die selbstverstärkende (oder «positive») Rückkopplung. Beispiele der letzteren sind die bekannten «Selbstläufer»-Effekte oder Teufelskreise, bei denen der Anfangseffekt ständig verstärkt wird, während er sich wiederholt in der Schleife fortpflanzt. Da die fachliche Bedeutung von «ne-

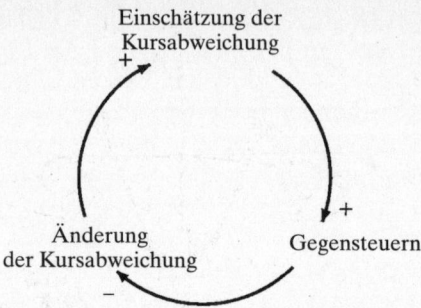

Abbildung 4–3: Positive und negative Kausalverbindungen.

gativ» und «positiv» in diesem Kontext leicht verwirren kann, lohnt es sich, sie einmal etwas ausführlicher zu erläutern.[15] Ein kausaler Einfluß von A auf B wird als positiv definiert, wenn er eine Veränderung in A eine Veränderung in B in derselben Richtung bewirkt, d. h. eine Zunahme von B, wenn A zunimmt, und eine Abnahme von B, wenn A abnimmt. Die kausale Verbindung wird als negativ definiert, wenn sich B in entgegengesetzter Richtung verändert, also abnimmt, wenn A zunimmt, und zunimmt, wenn A abnimmt.

So ist beispielsweise in der Rückkopplungsschleife, die in Abbildung 4–3 das Steuern eines Bootes illustriert, die Verbindung zwischen «Einschätzen der Kursabweichung» und «Gegensteuern» positiv – je größer die Abweichung vom vorgegebenen Kurs, desto größer der Aufwand des Gegensteuerns. Die nächste Verbindung ist dagegen negativ – je stärker das Gegensteuern zunimmt, desto stärker wird die Abweichung abnehmen. Die letzte Verbindung schließlich ist wieder positiv. Wenn die Abweichung abnimmt, wird ihr neu eingeschätzter Wert kleiner sein als der zuvor eingeschätzte. Zu beachten ist, daß sich die Vorzeichen «+» und «−» nicht auf eine Wertzunahme oder -abnahme beziehen, sondern auf die *relative Richtung der Veränderung* der miteinander verbundenen Elemente: «+» steht für dieselbe Richtung, «−» für die entgegengesetzte Richtung. Diese Vorzeichen sind deshalb so zweckmäßig, weil sie eine ganz einfache Regel ermöglichen, nach der sich der Gesamtcharakter der Rückkopplungsschleife bestimmen läßt. Sie ist selbstausgleichend («negativ»), wenn sie eine ungerade Anzahl von negativen

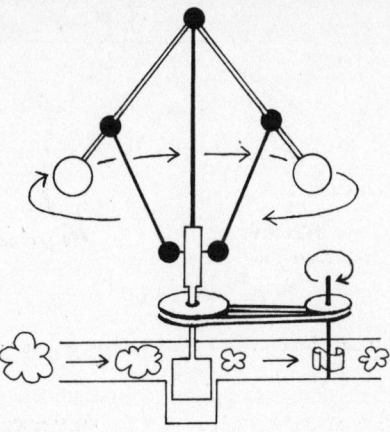

Abbildung 4–4: Fliehkraftregler.

Verbindungen enthält, und selbstverstärkend («positiv»), wenn sie eine gerade Anzahl von negativen Verbindungen enthält.[16] In unserem Beispiel gibt es nur eine negative Verbindung – daher ist die gesamte Schleife negativ oder selbstausgleichend. Rückkopplungsschleifen sind häufig aus positiven wie aus negativen Kausalverbindungen zusammengesetzt, und ihr Gesamtcharakter läßt sich leicht bestimmen, indem man die Zahl der negativen Verbindungen in der Schleife zählt.

An den Beispielen Bootssteuerung und Fahrradfahren läßt sich der Begriff der Rückkopplung auf ideale Weise veranschaulichen, weil sie als bekannte Erfahrungstatsachen sofort verständlich sind. Um ein und dieselben Prinzipien an einer mechanischen Vorrichtung zur Selbstregelung zu demonstrieren, griffen Wiener und seine Kollegen oft auf eines der ältesten und einfachsten Beispiele der Rückkopplungstechnik zurück: den Fliehkraftregler einer Dampfmaschine (siehe Abb. 4–4). Er besteht aus einer rotierenden Spindel, an der zwei Gewichte («Pendelgewichte») so befestigt sind, daß sie sich aufgrund der Zentrifugalkraft voneinander wegbewegen, wenn die Umdrehungsgeschwindigkeit zunimmt. Der Regler sitzt oben auf dem Zylinder der Dampfmaschine, und die Gewichte sind mit einem Kolben verbunden, der den Dampf blockiert, wenn sie

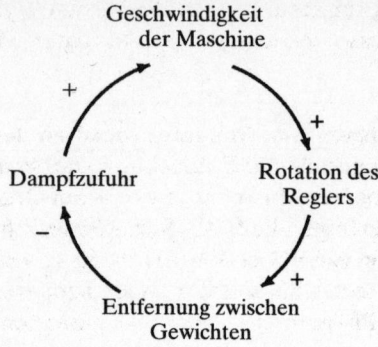

Abbildung 4–5: Rückkopplungsschleife für eine Fliehkraftregler.

sich auseinanderbewegen. Der Dampfdruck treibt die Maschine und diese ein Schwungrad an. Dieses wiederum treibt den Regler an, und damit ist die Schleife von Ursache und Wirkung geschlossen.

Die Rückkopplungssequenz läßt sich leicht vom Schleifenschema in Abbildung 4–5 ablesen. Bei einer Geschwindigkeitszunahme der Maschine nimmt die Rotationsgeschwindigkeit des Reglers zu. Dadurch vergrößert sich die Entfernung zwischen den Gewichten, wodurch die Dampfzufuhr gedrosselt wird. Wenn die Dampfzufuhr abnimmt, geht auch die Geschwindigkeit der Maschine zurück; die Rotation des Reglers verlangsamt sich; die Gewichte rücken einander näher; die Dampfzufuhr nimmt zu; die Maschine beschleunigt wieder und so weiter. Die einzige negative Verbindung in der Schleife ist die zwischen «Entfernung zwischen Gewichten» und «Dampfzufuhr», und daher ist die gesamte Rückkopplungsschleife negativ oder selbstausgleichend.

Seit den Anfängen der Kybernetik war sich Norbert Wiener darüber im klaren, daß die Rückkopplung nicht nur ein wichtiger Begriff für die modellhafte Darstellung lebender Organismen, sondern auch von sozialen Systemen ist. So schrieb er in *Kybernetik*:

Es ist bestimmt so, daß das soziale System eine Organisation ähnlich dem Einzelwesen ist, daß es durch ein System der Nachrichtenübertragung verbunden ist und daß es eine Dynamik besitzt, in der Kreisprozesse mit Rückkopplungsnatur eine bedeutende Rolle spielen.[17]

Was Gregory Bateson und Margaret Mead an der Kybernetik so faszinierte, war ja gerade die Entdeckung, daß sich die Rückkopplung als ein allgemeines Muster des Lebens auf Organismen und soziale Systeme übertragen ließ. Als Sozialwissenschaftler hatten sie viele Beispiele von zirkulärer Verursachung in sozialen Phänomenen beobachtet, und während der Macy-Konferenzen wurde die Dynamik dieser Phänomene in einem zusammenhängenden einheitlichen Muster verdeutlicht.

In der Geschichte der Sozialwissenschaften sind immer wieder Metaphern zur Beschreibung selbstregelnder Prozesse im sozialen Leben herangezogen worden. Am bekanntesten sind vielleicht die «unsichtbare Hand», die in der Wirtschaftstheorie von Adam Smith den Markt reguliert, die institutionellen Gegengewichte («checks and balances») in der Verfassung der USA und das Zusammenspiel von These und Antithese in der Dialektik von Hegel und Marx. Die von diesen Modellen und Metaphern beschriebenen Phänomene weisen alle auf zirkuläre Verursachungsmuster hin, die sich durch Rückkopplungsschleifen darstellen lassen, aber keiner ihrer Urheber wies auf diese Tatsache ausdrücklich hin.[18]

Während das zirkuläre logische Muster der selbstausgleichenden Rückkopplung vor der Kybernetik nicht erkannt worden war, kennt man das Muster der selbstverstärkenden Rückkopplung im allgemeinen Sprachgebrauch seit Jahrhunderten unter dem Begriff «Circulus vitiosus» oder «Teufelskreis». Die ausdrucksvolle Metapher bezeichnet eine schlimme Situation, die sich durch eine zirkuläre Abfolge von Ereignissen selbst verschlimmert. Möglicherweise aus ganz einfachem Grund wurde die zirkuläre Natur derartiger selbstverstärkender, «Kettenreaktionen» auslösender Rückkopplungsschleifen so viel früher erkannt: Ihre Wirkung ist viel dramatischer als der Selbstausgleich der negativen Rückkopplungsschleifen, die in der Lebenswelt so weit verbreitet sind.

Zur Bezeichnung selbstverstärkender Rückkopplungsphänomene werden üblicherweise auch noch andere Metaphern herangezogen.[19] Zwei bekannte Beispiele sind die «sich selbst erfüllende

Prophezeiung», bei der ursprünglich unbegründete Ängste zu Handlungen führen, die diese Ängste bewahrheiten, sowie der «Nachahmungseffekt»: die Tendenz, daß eine Sache einfach aufgrund der wachsenden Zahl ihrer Anhänger Erfolg hat.

Ungeachtet des umfassenden Alltagswissens über die selbstverstärkende Rückkopplung spielte sie in der ersten Phase der Kybernetik kaum eine Rolle. Die Kybernetiker um Norbert Wiener nahmen zwar zur Kenntnis, daß es Rückkopplungsphänomene mit Kettenreaktionseffekten gab, untersuchten sie aber nicht weiter. Statt dessen konzentrierten sie sich auf die selbstregelnden homöostatischen Prozesse in lebenden Organismen. Tatsächlich kommen reine selbstverstärkende Rückkopplungsphänomene in der Natur nur selten vor, da sie normalerweise durch negative Rückkopplungsschleifen ausgeglichen werden, die ihre Kettenreaktionstendenzen begrenzen.

In einem Ökosystem beispielsweise hat jede Spezies zwar das Potential zu einem exponentiellen Populationswachstum, aber diese Tendenzen werden durch verschiedene ausgleichende Wechselwirkungen innerhalb des Systems in Schach gehalten. Zu exponentiellen Kettenreaktionen kommt es nur, wenn das Ökosystem schwer gestört wird. Dann werden manche Pflanzen zu «Unkräutern», manche Tiere zu «Ungeziefer», andere Arten werden ausgelöscht, und damit wird das Gleichgewicht des ganzen Systems bedroht.

In den sechziger Jahren befaßte sich der Anthropologe und Kybernetiker Magoroh Maruyama mit dem Studium selbstverstärkender oder «abweichungsverstärkender» Rückkopplungsprozesse, und zwar in einem vielgelesenen Artikel mit dem Titel «The Second Cybernetics»[20]. Er hat die Rückkopplungsschemata mit den Vorzeichen «+» und «−» bei den jeweiligen Kausalverbindungen eingeführt und diese praktische Notation für eine detaillierte Analyse des Zusammenspiels negativer und positiver Rückkopplungsprozesse in biologischen und sozialen Phänomenen verwendet. Dabei verknüpfte er den Rückkopplungsbegriff der Kybernetik mit dem Gedanken einer «wechselseitigen Kausalität», wie er inzwischen von Sozialwissenschaftlern entwickelt worden war, und damit verstärkte er entscheidend den Einfluß kybernetischer Prinzipien auf die Gesellschaftswissenschaften.[21]

Als folgenreich für die Geschichte des Systemdenkens erwies sich die Erkenntnis der Kybernetiker, daß Rückkopplungsschleifen Organisationsmuster darstellen. Die zirkuläre Verursachung in einer Rückkopplungsschleife besagt nicht, daß die Elemente in den entsprechenden physikalischen Systemen kreisförmig angeordnet sein müssen. Rückkopplungsschleifen sind abstrakte Beziehungsmuster, die in physikalische Strukturen oder in die Aktivitäten lebender Organismen eingebettet sind. Zum erstenmal in der Geschichte des Systemdenkens unterschieden die Kybernetiker das Organisationsmuster eines Systems klar von seiner physikalischen Struktur – eine Unterscheidung, die in der gegenwärtigen Theorie lebender Systeme höchst wichtig ist.[22]

Informationstheorie

Ein wichtiger Bereich der Kybernetik war die von Norbert Wiener und Claude Shannon Ende der vierziger Jahre entwickelte Informationstheorie. Ihre Anfänge gehen auf Shannons Versuche an den Bell Telephone Laboratories zurück, durch Telegrafen- und Telefonleitungen übermittelte Informationen zu definieren und zu messen, um die Leistungsfähigkeit zu ermitteln und eine Basis zur Gebührenberechnung zu gewinnen.

Der Ausdruck «Information» wird in der Informationstheorie in einem hochfachlichen Sinne verwendet, und zwar ganz anders als im Alltagsgebrauch des Wortes – mit Bedeutung hat er nichts zu tun. Das hat zu endloser Verwirrung geführt. Nach Heinz von Foerster, der regelmäßig an den Macy-Konferenzen teilnahm und die schriftlichen Protokolle herausgab, beruht das ganze Problem auf einem ganz unglücklichen sprachlichen Fehler: der Verwechslung von «Information» und «Signal», so daß die Kybernetiker ihre Theorie fälschlicherweise als eine Informationstheorie bezeichnet hätten statt als Signaltheorie.[23]

Demnach befaßt sich die Informationstheorie vorwiegend mit dem Problem, wie man eine als Signal kodierte Nachricht durch einen rauschenden Kanal empfängt. Allerdings hat Norbert Wiener auch betont, daß diese kodierte Nachricht im Prinzip ein Organisationsmuster sei, und indem er einen Vergleich zwischen den gegebenen Kommunikationsmustern und den Organisationsmustern in

Organismen zog, leistete er weitere Vorarbeit, um das Verständnis lebender Systeme mit Hilfe des Begriffs des Musters voranzutreiben.

Die Kybernetik des Gehirns

In den fünfziger und sechziger Jahren wurde Ross Ashby zum führenden Theoretiker der Kybernetikbewegung. Wie McCulloch war auch Ashby von Haus aus Neurologe, aber bei der Untersuchung des Nervensystems und der Konstruktion kybernetischer Modelle von Gehirnprozessen ging er viel weiter als McCulloch. In seinem Buch *Design for a Brain* versuchte Ashby das einzigartige Anpassungsverhalten des Gehirns, seine Speicherfähigkeit und andere Muster von Gehirnfunktionen auf rein mechanistische und deterministische Weise zu erklären. «Man wird davon ausgehen können», schrieb er, «daß eine Maschine oder ein Lebewesen sich in einem bestimmten Augenblick auf eine bestimmte Weise verhielt, weil ihm ihre oder seine physikalische und chemische Beschaffenheit in diesem Augenblick keine andere Handlungsweise erlaubte.»[24]

Ganz offensichtlich war Ashby in seinem kybernetischen Denkansatz viel kartesianischer als Norbert Wiener, der klar zwischen einem mechanistischen Modell und dem damit dargestellten nichtmechanistischen Lebenssystem unterschied. Wenn er den lebenden Organismus mit einer Maschine verglich, meinte er damit überhaupt nicht, daß die spezifischen physikalischen, chemischen und geistigen Prozesse des Lebens, wie wir es normalerweise kennen, dieselben seien wie bei Leben imitierenden Maschinen.[25]

Ungeachtet seiner strikt mechanistischen Einstellung brachte Ross Ashby die noch junge Disziplin der Kognitionswissenschaft mit seinen detaillierten Analysen hochentwickelter kybernetischer Modelle von Gehirnprozessen erheblich weiter. Insbesondere erkannte er klar, daß lebende Systeme energetisch offen, aber – nach heutiger Terminologie – organisatorisch geschlossen sind. «Die Kybernetik», schrieb Ashby, «könnte als das Studium von Systemen definiert werden, die offen sind für Energie, aber geschlossen für Information und Kontrolle – von Systemen also, die ‹informationsdicht› sind.»[26]

Das Computermodell der Kognition

Als die Kybernetiker Kommunikations- und Steuerungsmuster erforschten, stand die Herausforderung, die «Logik des Geistes» zu
verstehen und in mathematischer Sprache auszudrücken, stets im
Mittelpunkt ihrer Diskussion. Über ein Jahrzehnt lang wurden somit die Schlüsselideen der Kybernetik in einem faszinierenden Zusammenspiel von Biologie, Mathematik und Technik entwickelt.
Detaillierte Untersuchungen des menschlichen Nervensystems
führten zum Modell des Gehirns als einem logischen Schaltkreis, in
dem die Neuronen die Grundelemente bilden. Diese Anschauung
war von entscheidender Bedeutung für die Entwicklung digitaler
Computer, und dieser technische Durchbruch lieferte wiederum die
begriffliche Grundlage für einen neuen Ansatz zur wissenschaftlichen Untersuchung des Geistes. John von Neumanns Erfindung des
Computers und sein Vergleich zwischen Computer- und Gehirnfunktionen sind so eng miteinander verbunden, daß sich nur schwer
sagen läßt, was zuerst da war.

Das Computermodell der geistigen Tätigkeit wurde die geläufig-
ste Metapher der Kognitionswissenschaft und beherrschte in den
nächsten dreißig Jahren die gesamte Hirnforschung. Der Grundge-
danke bestand darin, daß die menschliche Intelligenz der Intelligenz
eines Computers gleiche, und zwar so sehr, daß sich die Kognition –
also der Prozeß des Erkennens – als Informationsverarbeitung definieren lasse, d. h. als Manipulation von Symbolen, die auf einer
Reihe von Regeln beruhe.[27] Als eine direkte Konsequenz aus dieser
Anschauung entwickelte sich das Gebiet der Künstlichen Intelligenz, und bald war die Literatur voller haarsträubender Behauptun-
gen über die «Intelligenz» von Computern. So schrieben Herbert
Simon und Allen Newell bereits 1958:

Es gibt nunmehr in der Welt Maschinen, die denken, lernen und
schöpferisch tätig sind. Darüber hinaus wächst ihre Fähigkeit auf
diesen Gebieten zunehmend, bis – in absehbarer Zukunft – der
Bereich von Problemen, die sie bearbeiten können, sich mit dem
Bereich deckt, der bis jetzt dem menschlichen Denken allein vorbehalten war.[28]

Diese Vorhersage ist heute genauso absurd, wie sie es vor fast vierzig Jahren war, und doch glaubt man noch immer weithin daran. Die Begeisterung, mit der Wissenschaftler wie die Öffentlichkeit den Computer als Metapher für das menschliche Gehirn verwenden, hat eine interessante Parallele in der Begeisterung Descartes' und seiner Zeitgenossen für die Uhr als Metapher für den Körper.[29] Für Descartes war die Uhr eine einzigartige Maschine. Sie war die einzige Maschine, die automatisch funktionierte, indem sie von selbst lief, sobald sie einmal aufgezogen war. In der Barockzeit wurden Uhrwerkmechanismen überall zum Bau kunstvoller «lebensechter» Maschinen verwendet, die die Menschen mit dem Zauber ihrer scheinbar spontanen Bewegungen entzückten. Wie die meisten seiner Zeitgenossen war Descartes von diesen Automaten fasziniert, und er hielt es für ganz natürlich, ihre Funktionsweise mit der lebender Organismen zu vergleichen:

> Wir sehen Uhren, künstliche Brunnen, Mühlen und ähnliche Maschinen, die, obwohl nur von Menschenhand gemacht, doch fähig sind, sich von selbst auf verschiedene Weise zu bewegen ... Ich sehe keinerlei Unterschied zwischen Maschinen, die von Handwerkern hergestellt wurden, und den Körpern, die allein die Natur zusammengesetzt hat.[30]

Die Uhrwerke des 17. Jahrhunderts waren die ersten autonomen Maschinen, und drei Jahrhunderte lang waren sie die einzigen Maschinen dieser Art – bis zur Erfindung des Computers. Auch der Computer ist wieder eine neue und einzigartige Maschine. Er bewegt sich nicht nur autonom, sobald er programmiert und eingeschaltet worden ist, sondern er tut auch etwas völlig Neues: Er verarbeitet Information. Und da von Neumann und die frühen Kybernetiker glaubten, auch das menschliche Gehirn verarbeite Information, war es für sie ganz natürlich, den Computer als Metapher für das Gehirn zu verwenden, ja sogar für den Geist, genauso wie Descartes seinerzeit die Uhr als Metapher für den Körper herangezogen hatte.

Wie das kartesianische Modell des Körpers als Uhrwerk war auch das Computermodell des Gehirns anfangs sehr nützlich, stellte es doch ein faszinierendes Denksystem für ein neues wissenschaftliches Verständnis der Kognition dar, zudem ermöglichte es zahlreiche neue Forschungsansätze. Mitte der sechziger Jahre freilich war das ursprüngliche Modell, das immerhin die Erkundung seiner eigenen Grenzen und die Diskussion von Alternativen angeregt hatte, zu einem Dogma erstarrt, wie dies so oft in der Wissenschaft geschieht. Im darauffolgenden Jahrzehnt wurde fast die gesamte Neurobiologie von der Informationsverarbeitungsperspektive beherrscht. Deren Ursprünge und Grundvoraussetzungen wurden kaum noch in Frage gestellt.

Computerwissenschaftler trugen erheblich zur Verankerung des Dogmas der Informationsverarbeitung bei, indem sie Computer mit Hilfe von Ausdrücken wie «Intelligenz», «Gedächtnis» und «Sprache» beschrieben. Dies verführte die meisten Menschen – einschließlich der Wissenschaftler selbst – zu der Annahme, daß die Funktion dieser Maschinen mit bekannten menschlichen Fähigkeiten vergleichbar seien. Dies allerdings ist ein gravierendes Mißverständnis, das dazu beigetragen hat, das kartesianische Bild vom Menschen als Maschine am Leben zu erhalten und sogar noch zu verstärken.

Neuere Entwicklungen in der Kognitionswissenschaft haben deutlich gemacht, daß menschliche Intelligenz sich völlig von der «künstlichen» Intelligenz einer Maschine unterscheidet. Das menschliche Nervensystem verarbeitet keine Informationen (im Sinne einzelner Elemente, die fix und fertig in der Außenwelt existieren, um vom kognitiven System aufgegriffen zu werden), sondern steht im Dialog mit der Umwelt, indem es ständig seine eigene Struktur moduliert.[31] Darüber hinaus haben Gehirnwissenschaftler überzeugende Beweise dafür gefunden, daß die Intelligenz, das Gedächtnis und die Entscheidungen des Menschen niemals völlig rational, sondern stets von Emotionen beeinflußt sind, wie wir alle aus Erfahrung wissen.[32] Unser Denken wird immer von körperlichen Empfindungen und Vorgängen begleitet. Auch wenn wir oft dazu neigen, diese zu unterdrücken, denken wir immer *auch* mit unserem Körper; und da Computer keinen vergleichbaren Körper besitzen, werden wahrhaft menschliche Probleme ihrer Intelligenz stets fremd sein.

Aus diesen Überlegungen folgt, daß gewisse Aufgaben niemals Computern überlassen werden sollten, wie Joseph Weizenbaum in seinem klassischen Buch *Computer Power and Human Reason* (deutsch: *Die Macht der Computer und die Ohnmacht der Vernunft*) nachdrücklich erklärt hat. Diese Aufgaben umfassen all das, was genuine menschliche Eigenschaften wie Weisheit, Mitgefühl, Achtung, Verständnis oder Liebe erfordert. Vollzögen Computer Entscheidungen und Kommunikationsformen, die auf diesen Eigenschaften beruhen, würde unser Leben dadurch seiner Menschlichkeit beraubt. Um Weizenbaum zu zitieren:

> Letztlich muß zwischen der Intelligenz von Menschen und der von Maschinen ein Trennungsstrich gezogen werden. Wenn es einen solchen Strich nicht gibt, dann sind die Befürworter einer Psychotherapie, die über Computer erfolgt, vielleicht die Vorboten eines Zeitalters, in dem der Mensch schließlich nur noch als ein Uhrwerk betrachtet werden kann ... Allein schon die ausgesprochene Frage: «Gibt es irgend etwas, das ein Richter (oder ein Psychiater) weiß, was wir einem Computer nicht mitteilen können?» ist eine ungeheure Schamlosigkeit.[33]

Gesellschaftliche Auswirkungen

Wegen ihrer Verbindung zur mechanistischen Wissenschaft und ihrer engen Beziehungen zum Militär genoß die Kybernetik von Anfang an ein sehr hohes Prestige im wissenschaftlichen Establishment. Im Laufe der Jahre hat sich dieses Prestige noch verstärkt, als Computer rasch weite Verbreitung in allen Schichten der Industriegesellschaft fanden und damit für tiefgreifende Veränderungen in sämtlichen Lebensbereichen sorgten. Norbert Wiener hat in der Frühzeit der Kybernetik diese Veränderungen vorhergesagt, die oft mit einer zweiten industriellen Revolution verglichen worden sind. Darüber hinaus erkannte er die Schattenseite der neuen Technologien, die er mit erschaffen hatte, in aller Deutlichkeit:

> Diejenigen von uns, die zu der neuen Wissenschaft Kybernetik beigetragen haben, sind in einer moralischen Lage, die, um es gelinde auszudrücken, nicht sehr bequem ist. Wir haben zu der Einführung einer neuen Wissenschaft beigesteuert, die ... technische

Entwicklungen mit großen Möglichkeiten für Gut oder Böse umschließt.[34]

Erinnern wir uns, daß der Automat . . . das genaue wirtschaftliche Äquivalent des Sklaven ist. Jede Arbeit, die sich mit Sklavenarbeit mißt, muß sich an die wirtschaftlichen Bedingungen der Sklavenarbeit angleichen. Es ist völlig klar, daß das eine Arbeitslosigkeitslage herbeiführen wird, mit der verglichen die augenblicklichen Rückgänge und sogar die Depression der dreißiger Jahre als harmloser Spaß erscheinen werden.[35]

Aus diesen und anderen ähnlichen Passagen in Wieners Schriften geht klar hervor, daß er mehr Klugheit und Weitblick in seiner Einschätzung der sozialen Auswirkungen von Computern bewies als die, die nach ihm kamen. Heute, gut vierzig Jahre später, entwickeln sich Computer und die vielen anderen inzwischen entstandenen «Informationstechnologien» rapide zu autonomen und totalitären Phänomenen, indem sie unsere Grundwerte neu definieren und alternative Weltanschauungen eliminieren. Neil Postman, Jerry Mander und andere Technologiekritiker haben darauf hingewiesen, daß dies typisch für die «Megatechnologien» ist, die mittlerweile die Industriegesellschaften auf der ganzen Welt beherrschen.[36] Zunehmend werden alle Kulturformen der Technik untergeordnet, und statt der Zunahme des menschlichen Wohlergehens ist die technologische Innovation ein Synonym des Fortschritts geworden.

Die geistige Verarmung und der Verlust der kulturellen Vielfalt infolge des übertriebenen Gebrauchs des Computers ist besonders bedenklich auf dem Gebiet von Bildung und Erziehung. Neil Postman hat es auf den Punkt gebracht, indem er darauf aufmerksam machte, daß sich der Sinn von «Lernen» verändere, wenn ein Computer zum Lernen verwendet wird.[37] Die Verwendung des Computers auf dem Gebiet von Bildung und Erziehung wird oft als eine Revolution gepriesen, die praktisch jede Facette des Erziehungsprozesses verwandeln werde. Propagiert wird diese Ansicht mit aller Entschiedenheit von der mächtigen Computerindustrie, die Lehrer dazu ermutigt, Computer als Erziehungsinstrumente auf allen Ebenen einzusetzen – sogar im Kindergarten und im Vorschulalter! Dabei wird nicht ein einziges Wort über die zahllosen schädlichen Nebenwirkungen verloren, die aus dieser unverantwortlichen Praxis folgen können.[38]

Die Verwendung des Computers in Schulen beruht auf der inzwischen überholten Ansicht, Menschen seien Informationsverarbeiter, einer Ansicht, die beständig falsche mechanistische Vorstellungen von Denken, Erkennen und Kommunikation bestätigt. Die Information wird als Basis des Denkens unterstellt, während der menschliche Geist in Wirklichkeit mit Vorstellungen und Ideen und nicht mit Informationen denkt. Ausführlich hat Theodore Roszak in *The Cult of Information* aufgezeigt, daß Information keine Ideen erzeugt – vielmehr erzeugen Ideen Information. Ideen sind integrierende Muster, die sich nicht aus der Information, sondern aus der Erfahrung herleiten.[39]

Im Computermodell der Kognition wird Erkennen als kontext- und wertfrei betrachtet, basierend auf abstrakten Daten. Aber alles sinnvolle Wissen ist kontextbezogenes Wissen, und ein Großteil davon ist stillschweigend vorhandenes Erfahrungswissen. In ähnlicher Weise wird Sprache als eine Art Übermittlungssystem angesehen, durch das «objektive» Information kommuniziert wird. In Wirklichkeit ist Sprache, wie C. A. Bowers überzeugend dargelegt hat, metaphorisch und vermittelt stillschweigende Übereinkünfte innerhalb einer Kultur.[40] In diesem Zusammenhang ist es auch wichtig, darauf hinzuweisen, daß die von Computerwissenschaftlern und -technikern verwendete Sprache voller Metaphern ist, die aus dem militärischen Sprachgebrauch stammen: «Befehl», «escape» (Flucht), «fail safe» (ausfallsicher), «target» (Schußziel) usw. Dadurch wird das Entstehen kultureller Voreingenommenheiten begünstigt, Klischees verstärkt und bestimmte Gruppen, vor allem Mädchen, daran gehindert, voll und ganz an der Lernerfahrung teilzunehmen.[41] Eng damit verbunden ist der Problembereich von Computer und Gewalt sowie der militaristische Charakter der meisten computergesteuerten Videospiele.

Nachdem das Dogma der Informationsverarbeitung die Hirnforschung und die Kognitionswissenschaft dreißig Jahre lang beherrscht und ein technologiebezogenes Paradigma geschaffen hatte, das noch heute weit verbreitet ist, wurde dieses Dogma endlich ernsthaft in Frage gestellt.[42] Kritische Einwände waren bereits in der Pionierzeit der Kybernetik erhoben worden. So wurde beispielsweise argumentiert, daß es im echten Gehirn keine Regeln gebe – darin befinde sich kein zentraler Logikprozessor, und Information werde nicht lokal gespeichert. Gehirne arbeiten offenbar auf der Basis massiver Vernetzung, speichern Information verteilt ab und besitzen eine Fähigkeit zur Selbstorganisation, wie man sie nirgendwo in Computern findet. Diese alternativen Ideen wurden jedoch zugunsten der dominierenden Computeranschauung unterdrückt, bis sie dreißig Jahre später, in den siebziger Jahren, wieder aufkamen, als Systemdenker von einem neuen Phänomen mit einem magischen Namen fasziniert waren: der Selbstorganisation.

III

Die Teile
des Puzzles

5 Modelle der Selbstorganisation

Angewandtes Systemdenken

Während der fünfziger und sechziger Jahre nahm das Systemdenken starken Einfluß auf Technik und Management, wo Systemkonzepte – auch aus der Kybernetik – zur Lösung praktischer Probleme dienten. Diese Anwendungen führten dann zu den neuen Disziplinen Systemtechnik, Systemanalyse und Systemmanagement.[1]

Die Entwicklung neuer chemischer, elektronischer und Kommunikationstechnologien brachte es mit sich, daß Industrieunternehmen zunehmend komplexer wurden. Also mußten sich Manager und Techniker nicht nur mit zahlreichen Einzelbestandteilen befassen, sondern auch mit den Effekten, die sich – in physikalischen wie organisatorischen Systemen – aus den Wechselwirkungen dieser Bestandteile ergaben. Daher begannen Ingenieure und Projektmanager in Großunternehmen Strategien und Methodologien zu entwerfen, die sich ausdrücklich auf Systembegriffe bezogen. Passagen wie die folgende standen in vielen Büchern über Systemtechnik, wie sie in den sechziger Jahren erschienen:

> Der Systemtechniker muß auch in der Lage sein, die neu auftretenden Eigenschaften des Systems vorherzusagen, jene Eigenschaften also, die zum System gehören, aber nicht zu seinen Teilen.[2]

Die Methode des strategischen Denkens, die unter der Bezeichnung «Systemanalyse» bekannt geworden ist, wurde erstmals von der RAND Corporation eingeführt, einer in den späten vierziger Jahren gegründeten militärischen Forschungs- und Entwicklungseinrichtung, die das Vorbild für zahlreiche «Think Tanks» wurde, die sich auf die Erarbeitung politischer Richtlinien und die Vermittlung von

Technologie spezialisierten.[3] Die Systemanalyse entwickelte sich aus der Operationsforschung, der Analyse und Planung militärischer Operationen während des Zweiten Weltkriegs. Dazu gehörte auch die Koordination des Radareinsatzes bei Flugabwehrmaßnahmen. Dies waren auch die Probleme, welche Pate bei der Entwicklung der theoretischen Grundlagen der Kybernetik standen.

In den fünfziger Jahren ging die Systemanalyse über militärische Anwendungen hinaus und wurde zur umfassenden systematischen Verfahrensweise bei der Kosten-Nutzen-Analyse, die mit Hilfe mathematischer Modelle eine Reihe alternativer Programme zur Erreichung eines genau definierten Ziels untersuchte. So hieß es in einem populärwissenschaftlichen Text, der 1968 erschien:

«Man bemüht sich, das gesamte Problem als Ganzes, im Kontext zu betrachten und Alternativen im Licht ihrer möglichen Ergebnisse miteinander zu vergleichen.»[4]

Kurz nach der Entwicklung der Systemanalyse als einer Methode zur Behandlung komplexer organisatorischer Probleme im militärischen Bereich begannen Manager damit, das neue Verfahren zur Lösung ähnlicher Probleme in der Wirtschaft einzusetzen. «Systemorientiertes Management» wurde ein neues Schlagwort, und in den sechziger und siebziger Jahren kam eine ganze Reihe von Managementbüchern heraus, deren Titel das Wort «System» enthielten.[5] Die von Jay Forrester entwickelte Modelltechnik der «Systemdynamik» und die «Managementkybernetik» von Stafford Beer sind Beispiele für umfassende frühe Formulierungen des systemischen Ansatzes für das Management.[6]

Ein Jahrzehnt später wurde eine ähnliche, aber viel subtilere Managementmethode von Hans Ulrich an der Hochschule für Wirtschafts- und Sozialwissenschaften im Schweizer St. Gallen entwickelt.[7] Ulrichs Methode hat sich in europäischen Managementkreisen als das «St. Galler Modell» einen Namen gemacht. Es basiert auf dem Verständnis des Unternehmens als einem lebenden sozialen System und hat im Laufe der Jahre viele Ideen aus der Biologie, der Kognitionswissenschaft, der Ökologie und der Evolutionstheorie übernommen. Aus diesen jüngeren Entwicklungen ist die neue Disziplin des «systemischen Managements» hervorgegangen, die heute an europäischen Wirtschaftsschulen gelehrt und von Unternehmensberatern vertreten wird.[8]

Der Aufschwung der Molekularbiologie

Während der systemische Ansatz in den fünfziger und sechziger Jahren erheblichen Einfluß auf Management und Technik hatte, war sein Einfluß auf die Biologie in dieser Zeit seltsamerweise fast unbedeutend. Die fünfziger Jahre waren das Jahrzehnt der spektakulären Triumphe der Genetik, der Entschlüsselung der physikalischen Struktur der DNS, die als größte Entdeckung in der Biologie seit Darwins Evolutionstheorie gefeiert worden ist. Jahrzehntelang stellte dieser triumphale Erfolg die systemische Sicht des Lebens völlig in den Schatten. Wieder einmal schwang das Pendel in Richtung des mechanistischen Denkens zurück.

Die Errungenschaften der Genetik führten einen bedeutenden Wandel in der biologischen Forschung herbei, eine neue Perspektive, die noch heute in unseren akademischen Institutionen vorherrschend ist. Während im 19. Jahrhundert Zellen als Grundbausteine lebender Organismen angesehen wurden, verlagerte sich um die Mitte des 20. Jahrhunderts das Interesse von Zellen zu Molekülen, als die Genetiker die Molekularstruktur des Gens zu erforschen begannen.

Indem die Biologen bei der Erkundung der Phänomene des Lebens in immer kleinere Dimensionen vorstießen, entdeckten sie, daß die Eigenschaften aller lebenden Organismen – von den Bakterien bis zum Menschen – in ihren Chromosomen in ein und denselben chemischen Substanzen kodiert waren und sich dabei derselben Kodeschrift bedienten. Nach zwei Jahrzehnten intensiver Forschung wurden die genauen Details dieses Kodes entschlüsselt. Die Biologen hatten das Alphabet einer wahrhaft universalen Sprache des Lebens entdeckt.[9]

Dieser Triumph der Molekularbiologie führte zu dem weitverbreiteten Glauben, alle biologischen Funktionen ließen sich in Form von molekularen Strukturen und Mechanismen erklären. Daher sind die meisten Biologen leidenschaftliche Reduktionisten geworden, die sich nur noch für molekulare Details interessieren. Inzwischen ist die Molekularbiologie, ursprünglich ein kleiner Zweig der Lebenswissenschaften, eine universelle und ausschließliche Denkweise geworden, die zu einer bedenklichen Verzerrung der biologischen Forschung geführt hat.

Indessen wurden die Probleme, die dem mechanistischen Zugriff der Molekularbiologie widerstehen, in der zweiten Hälfte dieses Jahrhunderts noch offenkundiger. Während die Biologen die präzise Struktur von einigen Genen kennen, wissen sie nur sehr wenig über die Art und Weise, wie Gene bei der Entwicklung eines Organismus miteinander kommunizieren und kooperieren. Mit anderen Worten: Sie kennen zwar das Alphabet des genetischen Kodes, haben aber fast keine Ahnung von seiner Syntax. Inzwischen liegt es auf der Hand, daß der größte Teil der DNS – vielleicht bis zu 95 Prozent – für integrative Aktivitäten genutzt werden kann, über die Biologen wahrscheinlich so lange nicht Bescheid wissen werden, solange sie an mechanistischen Modellen hängen.

Kritik des Systemdenkens

Mitte der siebziger Jahre waren die Grenzen der Molekularmethode im Hinblick auf das Verstehen des Lebens offenkundig: Für die Biologen freilich zeichnete sich kaum etwas anderes am Horizont ab. Der Ausschluß des Systemdenkens aus der reinen Wissenschaft war so komplett, daß es nicht als brauchbare Alternative galt. Ja, in mehreren kritischen Aufsätzen wurde der Systemtheorie sogar bescheinigt, sie sei intellektuell gescheitert. Robert Lilienfeld beispielsweise schloß sein ausgezeichnetes Buch *The Rise of Systems Theory*, das 1978 erschien, mit einer vernichtenden Kritik:

> Systemdenker sind von Definitionen, Begriffsbildungen und programmatischen Erklärungen von einer teils vage wohlwollenden, teils vage moralisierenden Art fasziniert... Sie sammeln Vergleiche zwischen den Phänomenen eines Gebiets und denen eines anderen..., deren Beschreibung ihnen ein ästhetisches Entzücken bereitet, das durch nichts als sich selbst gerechtfertigt ist... Bislang weist nichts darauf hin, daß die Systemtheorie zur Lösung irgendeines substantiellen Problems auf irgendeinem Gebiet mit Erfolg herangezogen wurde.[10]

Der letzte Teil dieser Kritik ist heutzutage durchaus nicht mehr gerechtfertigt, wie wir in den folgenden Kapiteln dieses Buches sehen werden, und vielleicht war sie sogar schon in den siebziger Jahren zu hart. Schon damals ließ sich nämlich dagegen einwenden, daß das Verständnis lebender Organismen als energetisch offene, aber organisatorisch geschlossene Systeme, die Entdeckung der Rückkopplung als grundlegendem Mechanismus der Homöostase und die kybernetischen Modelle von Gehirnprozessen – um nur drei Beispiele zu nennen, die damals bekannt waren – wichtige Fortschritte im wissenschaftlichen Verstehen des Lebens ermöglicht hatten.

Lilienfeld hatte allerdings insofern recht, als eine formale Systemtheorie in der Art, wie sie Bogdanow und Bertalanffy vorschwebte, auf keinem Gebiet erfolgreich angewendet worden war. Bertalanffys Ziel, seine allgemeine Systemtheorie in «eine mathematische Disziplin, in sich rein formal, aber anwendbar auf die verschiedenen empirischen Wissenschaften», zu überführen, war ganz sicher nie erreicht worden.

Der Hauptgrund für dieses «Scheitern» war das Fehlen mathematischer Methoden, die sich mit der Komplexität lebender Systeme befaßten. Bogdanow wie Bertalanffy waren sich darüber im klaren, daß in offenen Systemen die gleichzeitigen Wechselwirkungen vieler Variablen die für das Leben charakteristischen Organisationsmuster erzeugen. Sie beide aber verfügten nicht über die Mittel, das Entstehen dieser Muster mathematisch zu beschreiben. Fachlich gesprochen beschränkte sich die Mathematik ihrer Zeit auf lineare Gleichungen, die aber zur Beschreibung der ausgeprägt nichtlinearen Beschaffenheit lebender Systeme nicht geeignet sind.[11]

Die Kybernetiker konzentrierten sich zwar auf nichtlineare Phänomene wie Rückkopplungsschleifen und neuronale Netzwerke und entwickelten bereits die Anfänge einer entsprechenden nichtlinearen Mathematik, aber der eigentliche Durchbruch erfolgte doch erst mehrere Jahrzehnte später. Er war eng verbunden mit der Entwicklung einer neuen Generation leistungsstarker Computer.

Auch wenn die in der ersten Hälfte dieses Jahrhunderts entwickelten systemischen Ansätze nicht in einer formalen mathematischen Theorie resultierten, so schufen sie doch eine gewisse Denkweise, eine neue Sprache, neue Begriffe und ein ganz neues geistiges Klima, das in jüngster Zeit entscheidende wissenschaftliche Fortschritte begünstigte. Statt einer formalen *Systemtheorie* erlebten die achtziger Jahre die Entwicklung einer Reihe erfolgreicher *systemi-*

scher Modelle, die verschiedene Aspekte des Phänomens Leben beschreiben. Aus diesen Modellen gehen nun endlich die Umrisse einer schlüssigen Theorie lebender Systeme zusammen mit der ihr angemessenen mathematischen Sprache hervor.

Die Bedeutung von Mustern

Die neueren Fortschritte in unserem Verständnis lebender Systeme beruhen auf zwei Entwicklungen, die aus den späten siebziger Jahren stammen, also genau aus der Zeit, in der Lilienfeld und andere Kritik am Systemdenken übten. Dies war zum einen die Entdeckung der neuen Mathematik der Komplexität, von der im folgenden Kapitel die Rede sein wird. Zum anderen war es das Aufkommen eines überzeugenden innovativen Konzeptes, nämlich dem der Selbstorganisation. Dieser Begriff war zwar bereits in den frühen Diskussionen der Kybernetiker verwendet worden, seine volle Tragweite kam aber erst nach dreißig Jahren zur Geltung.

Um das Phänomen der Selbstorganisation zu verstehen, müssen wir zunächst einmal die Bedeutung von Mustern erfassen. Die Idee eines Organisationsmusters – einer Konfiguration von Beziehungen, die typisch für ein bestimmtes System ist – stand ausdrücklich im Mittelpunkt des Systemdenkens in der Kybernetik und ist seither ein ganz wichtiger Begriff. Aus systemischer Sicht beginnt das Verstehen des Lebens mit dem Verstehen von Mustern.

Wie wir gesehen haben, wirkte sich in der Geschichte der westlichen Wissenschaft und Philosophie stets eine Spannung zwischen dem Studium der Substanz und dem Studium der Form aus.[12] Das Studium der Substanz beginnt mit der Frage: «Woraus besteht es?», das Studium der Form mit der Frage: «Was für ein Muster hat es?» Dies sind zwei ganz unterschiedliche Ansätze, die in der gesamten wissenschaftlichen und philosophischen Tradition miteinander konkurrierten.

Das Studium der Substanz begann im antiken Griechenland im 6. Jahrhundert v. Chr., als Thales, Parmenides und andere Philosophen fragten: Woraus besteht die Realität? Was sind die Grundbestandteile der Materie? Was ist ihr Wesen? Je nach ihrer Antwort auf diese Fragen definieren sich die verschiedenen Schulen in der

Frühzeit der griechischen Philosophie. Eine Antwort darauf war auch die Idee von den vier Elementen: Erde, Luft, Feuer, Wasser. In der Neuzeit wurden diese Elemente von den chemischen Elementen abgelöst. Inzwischen sind es über 100, aber noch immer schien die Materie aus einer endlichen Zahl von Grundelementen zu bestehen. Dann setzte Dalton die Elemente mit Atomen gleich, und mit der Einführung der Atom- und Kernphysik im 20. Jahrhundert wurden die Atome gar auf subatomare Teilchen reduziert.

In ähnlicher Weise waren die Grundelemente in der Biologie zunächst Organismen oder Arten. Im 18. Jahrhundert dann entwickelten die Biologen ausgeklügelte Klassifikationsschemata für Pflanzen und Tiere. Mit der Entdeckung der Zellen als den gemeinsamen Elementen in allen Organismen verlagerte sich das Interesse von Organismen auf Zellen. Schließlich wurde die Zelle in ihre Makromoleküle – Enzyme, Proteine, Aminosäuren usw. – zerlegt, und nun stellte die Molekularbiologie die neue Grenze der Forschung dar. Doch seit der griechischen Antike war unverändert die eine Grundfrage gestellt worden: Woraus besteht die Realität? Welches sind ihre Grundbestandteile?

Während der gesamten Philosophie- und Wissenschaftsgeschichte wurde indessen stets zugleich das Muster studiert. Das begann bei den Pythagoreern Griechenlands und ging weiter mit den Alchimisten, den romantischen Dichtern und verschiedenen anderen geistigen Bewegungen. Die meiste Zeit freilich stand das Studium des Musters im Schatten des Studiums der Substanz, bis es sich nachdrücklich wieder bemerkbar machte. Dies geschah, als die Systemdenker erkannten, wie wichtig es für das Verstehen des Lebens ist.

Ich werde noch darauf zu sprechen kommen, daß der Schlüssel zu einer umfassenden Theorie lebender Systeme in der Synthese dieser beiden ganz unterschiedlichen Ansätze liegt: dem Studium der Substanz (oder der Struktur) und dem Studium der Form (oder der Muster). Beim Studium der Struktur messen und wiegen wir Dinge. Muster dagegen können wir weder messen noch wiegen – sie müssen dargestellt werden. Um ein Muster zu verstehen, müssen wir eine Konfiguration von Beziehungen abbilden. Mit anderen Worten: Bei der Struktur geht es um Quantitäten, beim Muster um Qualitäten.

Das Studium von Mustern ist unabdingbar für das Verstehen lebender Systeme, weil systemische Eigenschaften, wie wir gesehen haben, aus einer Konfiguration geordneter Beziehungen entstehen.[13] Systemische Eigenschaften sind Eigenschaften eines Musters. Wenn ein lebender Organismus zerlegt wird, wird sein Muster zerstört. Die Bestandteile sind zwar noch da, aber die Konfiguration der Beziehungen zwischen ihnen – das Muster – ist zerstört, und damit stirbt der Organismus.

Die meisten reduktionistischen Wissenschaftler können die Kritik am Reduktionismus nicht nachvollziehen, weil sie die Bedeutung von Mustern nicht begreifen. Sie versichern, alle lebenden Organismen bestünden letztlich aus identischen Atomen und Molekülen, die die Bestandteile der anorganischen Materie seien. Gleichzeitig unterstellen sie, die Gesetze der Biologie ließen sich auf die der Physik und Chemie reduzieren. Es ist zwar richtig, daß alle lebenden Organismen letztlich aus Atomen und Molekülen bestehen, aber sie sind eben nicht «nur» Atome und Moleküle. Leben zeichnet noch etwas anderes, etwas Nichtmaterielles und Nichtreduzierbares aus: ein Organisationsmuster.

Netzwerke – die Muster des Lebens

Nachdem wir uns über die Bedeutung von Mustern für das Verstehen des Lebens klargeworden sind, können wir nun fragen: Läßt sich in allen lebenden Systemen ein gemeinsames Organisationsmuster feststellen? Wir werden noch sehen, daß dies tatsächlich der Fall ist. Dieses allen lebenden Systemen gemeinsame Organisationsmuster wird später ausführlich dargestellt.[14] Seine wichtigste Eigenschaft besteht darin, daß es ein Netzwerkmuster ist. Bei allen lebenden Systemen – Organismen, Teilen von Organismen oder Gemeinschaften von Organismen – bemerken wir, daß ihre Bestandteile in einem Netzwerk angeordnet sind. Wo immer wir Leben sehen, sehen wir stets Netzwerke vor uns.

Diese Einsicht hielt in den zwanziger Jahren Einzug in die Wissenschaft, als Ökologen Nahrungsnetze zu studieren begannen. Bald darauf übertrugen Systemdenker, die im Netzwerk das allgemeine Muster des Lebens erkannten, Netzwerkmodelle auf alle Systemebenen. Insbesondere die Kybernetiker versuchten das Gehirn als neuronales Netzwerk zu verstehen. Um seine Muster zu analysieren, entwickelten sie spezielle mathematische Techniken. Die Struktur des menschlichen Gehirns ist natürlich überaus komplex. Es enthält etwa zehn Milliarden Nervenzellen (Neuronen), die in einem riesigen Netzwerk durch eine Billiarde Verbindungen (Synapsen) miteinander verknüpft sind. Das ganze Gehirn läßt sich in einzelne Unterabschnitte oder Unternetzwerke einteilen, die miteinander netzartig kommunizieren. All das führt zu komplizierten Mustern von miteinander verwobenen Netzen, von Netzwerken, die in größeren Netzwerken nisten.[15]

Die erste und offenkundigste Eigenschaft jedes Netzwerks ist seine Nichtlinearität – es erstreckt sich in alle Richtungen. Somit sind die Beziehungen in einem Netzwerkmuster nichtlineare Beziehungen. Insbesondere vermag sich ein Einfluß oder eine Nachricht entlang eines kreisläufigen Pfades fortzupflanzen, aus dem eine Rückkopplungsschleife werden kann. Der Begriff der Rückkopplung ist eng mit dem Konzept des Netzwerkmusters verknüpft.[16]

Weil Kommunikationsnetzwerke Rückkopplungsschleifen zu erzeugen vermögen, können sie auch die Fähigkeit zur Selbstregelung erwerben. So wird beispielsweise eine Gemeinschaft, die ein aktives Kommunikationsnetzwerk unterhält, aus ihren Fehlern lernen, weil sich die Konsequenzen aus einem Fehler durch das Netzwerk ausbreiten und entlang von Rückkopplungsschleifen zum Ausgangspunkt zurückkehren. Daher kann die Gemeinschaft ihre Fehler korrigieren und sich selbst regeln und organisieren. Ja, man kann sagen, die Selbstorganisation ist zum zentralen Begriff der systemischen Anschauung vom Leben geworden. Wie die Begriffe Rückkopplung und Selbstregelung ist auch er eng mit Netzwerken verbunden. Das Muster des Lebens, so könnten wir postulieren, ist ein Netzwerkmuster, das zur Selbstorganisation fähig ist. Dies mag eine simple Definition sein, aber sie beruht auf ganz neuen wissenschaftlichen Entdeckungen.

Die Entstehung des Begriffs der Selbstorganisation

Der Begriff der Selbstorganisation stammt aus der Frühzeit der Kybernetik. Er kam auf, als Wissenschaftler mathematische Modelle zu konstruieren begannen, um die neuronalen Netzen innenwohnende Logik darzustellen. 1943 veröffentlichten der Gehirnwissenschaftler Warren McCulloch und der Mathematiker Walter Pitts einen bahnbrechenden Artikel mit dem Titel «A logical calculus of the ideas immanent in nervous activity» («Eine logische Berechnung von der Nerventätigkeit immanenten Vorstellungen»). Darin zeigten sie, daß die Logik jedes physiologischen Vorgangs und jedes Verhaltens sich in Regeln zur Konstruktion eines Netzwerks umwandeln lasse.[17]

In ihrem Artikel führten die Autoren idealisierte Neuronen ein, die durch binäre Schaltelemente – d. h. Elemente, die auf «an» oder «aus» schalten können – dargestellt waren. Ihr Modell des Nervensystems war ein komplexes Netzwerk aus diesen binären Schaltelementen. In diesem McCulloch-Pitts-Netzwerk sind die «An-Aus»-Knoten so aneinandergekoppelt, daß die Aktivität jedes Knotens von der vorangegangenen Aktivität anderer Knoten nach irgendeiner «Schaltregel» gesteuert wird. So kann beispielsweise ein Knoten im nächsten Augenblick nur dann anschalten, wenn eine bestimmte Zahl benachbarter Knoten in diesem Augenblick «an» sind. McCulloch und Pitts vermochten zu zeigen, daß binäre Netzwerke dieser Art zwar vereinfachende Modelle sind, aber eine gute Annäherung an die im Nervensystem eingebetteten Netzwerke darstellen.

In den fünfziger Jahren begannen Wissenschaftler tatsächlich Modelle von derartigen binären Netzwerken zu bauen, unter anderem einige, bei denen kleine Lampen an den Knoten an- und ausgingen. Zu ihrem großen Erstaunen entdeckten sie, daß sich in den meisten Netzwerken nach einer kurzen Zeit des willkürlichen An- und Ausgehens einige geordnete Muster einstellten. Sie sahen entweder Wellen durch das Netzwerk flackern, oder sie beobachteten sich wiederholende Zyklen. Selbst wenn der Ausgangszustand des Netzwerks beliebig gewählt worden war, tauchten diese geordneten Muster nach einer Weile spontan auf. Genau dieses spontane Auftauchen von Ordnung wurde als «Selbstorganisation» bezeichnet.

Sobald dieses Zauberwort in der Literatur auftauchte, übernahmen es die Systemdenker überall in verschiedene Zusammenhänge. Ross Ashby war vermutlich der erste, der in seinen frühen Arbeiten das Nervensystem als «selbstorganisierend» bezeichnete.[18] Der Physiker und Kybernetiker Heinz von Foerster wurde in den späten fünfziger Jahren ein wichtiger Vermittler der Idee der Selbstorganisation, als er Konferenzen zu diesem Thema organisierte, finanzielle Zuschüsse für viele Teilnehmer beschaffte und ihre Beiträge veröffentlichte.[19]

Zwei Jahrzehnte lang unterhielt Foerster eine interdisziplinäre Forschungsgruppe, die sich dem Studium selbstorganisierender Systeme widmete. Sie war im «Biological Computer Laboratory» der University of Illinois angesiedelt und bot Diskussionsmöglichkeiten im vertrauten Kreis von Freunden und Kollegen, die abseits vom reduktionistischen Mainstream arbeiteten. Ihre Ideen gelangten kaum an die Öffentlichkeit – sie waren ihrer Zeit einfach zu weit voraus. Dennoch wurden diese Ideen zu Keimzellen vieler erfolgreicher Modelle selbstorganisierender Systeme, wie sie in den späten siebziger und in den achtziger Jahren entwickelt wurden.

Heinz von Foerster selbst trug schon sehr früh zum theoretischen Verständnis der Selbstorganisation bei. Dabei setzte er beim Begriff der Ordnung an. Foerster fragte: Gibt es ein Maß der Ordnung, mit dessen Hilfe man die Zunahme von Ordnung definieren könnte, die mit dem Begriff «Organisation» zum Ausdruck kommt. Zur Lösung dieses Problems zog Foerster den Begriff der «Redundanz» heran, wie er von Claude Shannon in der Informationstheorie mathematisch definiert worden war, um die relative Ordnung eines Systems vor dem Hintergrund der maximalen Unordnung zu messen.[20]

Seither ist diese Methode von der neuen Mathematik der Komplexität abgelöst worden. In den späten fünfziger Jahren erlaubte sie es Foerster immerhin, ein frühes qualitatives Modell der Selbstorganisation in lebenden Systemen zu entwickeln. Er prägte die Formulierung «Ordnung aus Rauschen», um damit anzuzeigen, daß ein selbstorganisierendes System nicht einfach Ordnung aus seiner Umwelt «importiert», sondern energiereiche Materie aufnimmt, sie in seine eigene Struktur integriert und damit seine innere Ordnung vermehrt.

In den siebziger und achtziger Jahren wurden die entscheidenden Ideen dieses frühen Modells verbessert und ausgearbeitet, und zwar von Forschern verschiedener Länder, die das Phänomen der Selbstorganisation in diversen Systemen, von ganz kleinen bis zu ganz großen, untersuchten: Ilya Prigogine in Belgien, Hermann Haken und Manfred Eigen in Deutschland, James Lovelock in England, Lynn Margulis in den USA, Humberto Maturana und Francisco Varela in Chile.[21] Alle sich daraus ergebenden Modelle von selbstorganisierenden Systemen teilen bestimmte Schlüsselmerkmale: die Hauptelemente der sich entwickelnden einheitlichen Theorie lebender Systeme, die in diesem Buch vorgestellt wird.

Der erste entscheidende Unterschied zwischen dem frühen Begriff der Selbstorganisation in der Kybernetik und den verbesserten späteren Modellen besteht darin, daß letztere die Bildung neuer Strukturen und neuer Verhaltensweisen im Prozeß der Selbstorganisation in Rechnung ziehen. Für Ashby spielen sich alle möglichen strukturellen Veränderungen innerhalb eines gegebenen «Vielfaltspools» von Strukturen ab, und die Überlebenschancen des Systems hängen an der Reichhaltigkeit oder der «erforderlichen Vielfalt» dieses Pools. Hier gibt es keine Kreativität, keine Entwicklung, keine Evolution. Zu den späteren Modellen dagegen gehört die Kreation neuartiger Strukturen und Verhaltensweisen in den Prozessen der Entwicklung, gehören Lernen und Evolution.

Ein zweites gemeinsames Merkmal dieser Modelle besteht darin, daß sie sich alle mit offenen Systemen befassen, die fern vom Gleichgewicht operieren. Ein ständiger Energie- und Materiefluß durch das System ist notwendig, damit die Selbstorganisation stattfindet. Zur auffälligen Entwicklung neuer Strukturen und neuer Formen des Verhaltens, dem Grundmerkmal der Selbstorganisation, kommt es nur dann, wenn sich das System fern vom Gleichgewicht befindet.

Das dritte allen Modellen gemeinsame Merkmal der Selbstorganisation ist die nichtlineare Verknüpfung der Bestandteile des Systems. Kybernetisch gesehen, führt dieses nichtlineare Muster zu Rückkopplungsschleifen; mathematisch läßt es sich in Form von nichtlinearen Gleichungen beschreiben.

Im Hinblick auf diese drei Merkmale selbstorganisierender Systeme können wir zusammenfassend sagen: Selbstorganisation ist das spontane Auftauchen neuer Strukturen und neuer Verhaltensweisen in offenen Systemen fern vom Gleichgewicht, die durch innere Rückkopplungsschleifen charakterisiert sind und mathematisch durch nichtlineare Gleichungen beschrieben werden.

Dissipative Strukturen

Die erste und vielleicht einflußreichste ausführliche Beschreibung selbstorganisierender Systeme war die Theorie der «dissipativen Strukturen» des in Rußland geborenen Chemikers und Physikers Ilya Prigogine, Nobelpreisträger und Professor für physikalische Chemie an der Freien Universität in Brüssel. Prigogine entwickelte seine Theorie zwar aus Untersuchungen physikalischer und chemischer Systeme, aber nach seiner eigenen Erinnerung brachte ihn dazu das Nachdenken über das Wesen des Lebens:

> Ich interessierte mich sehr für das Problem des Lebens... Ich habe immer geglaubt, daß uns die Existenz des Lebens etwas sehr Wichtiges über die Natur sagen will.[22]

Am meisten faszinierte es Prigogine, daß lebende Organismen in der Lage sind, ihre Lebensprozesse unter den Bedingungen des Nichtgleichgewichts in Gang zu halten. Er begann Systeme fern vom thermischen Gleichgewicht zu untersuchen, um herauszufinden, unter welchen genauen Bedingungen Zustände des Nichtgleichgewichts stabil sein können.

Der entscheidende Durchbruch gelang Prigogine in den frühen sechziger Jahren, als er entdeckte, daß Systeme fern vom Gleichgewicht durch nichtlineare Gleichungen beschrieben werden müssen. Die klare Erkenntnis dieser Verbindung zwischen «fern vom Gleichgewicht» und «Nichtlinearität» eröffnete für Prigogine einen Weg der Forschung, der ein Jahrzehnt später in seiner Theorie der Selbstorganisation seinen Höhepunkt finden sollte.

Um das Rätsel der Stabilität fern vom Gleichgewicht zu lösen, untersuchte Prigogine keine lebenden Systeme, sondern wandte sich dem viel einfacheren Phänomen der Wärmekonvektion zu, der sogenannten «Bénard-Instabilität», die inzwischen als ein klassischer Fall von Selbstorganisation gilt. Zu Beginn dieses Jahrhunderts hatte der französische Physiker Henri Bénard entdeckt, daß die Er-

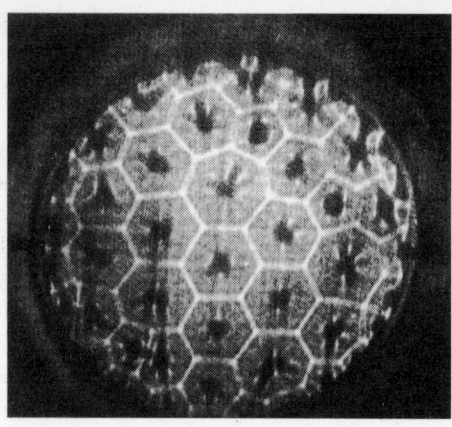

Abbildung 5–1: Muster von hexagonalen Bénard-Zellen in einem zylindrischen Behälter, von oben gesehen. Der Durchmesser des Behälters beträgt etwa 10 cm, die Höhe der Flüssigkeit etwa 0,5 cm; aus Bergé (1981).

wärmung einer dünnen Flüssigkeitsschicht zu seltsam geordneten Strukturen führen kann. Wenn die Flüssigkeit gleichmäßig von unten erwärmt wird, bildet sich ein konstanter Wärmefluß, der sich von unten nach oben bewegt. Die Flüssigkeit selbst behält ihren Ruhezustand bei; allein ihre Leitfähigkeit (Konduktion) gewährleistet die Übertragung der Wärme. Wenn jedoch der Temperaturunterschied zwischen der oberen und der unteren Grenzfläche einen bestimmten kritischen Wert erreicht, wird der Wärmefluß durch Wärmekonvektion ersetzt, bei der die Wärme durch die kohärente (d. h. zusammenhängende) Bewegung einer großen Zahl von Molekülen übertragen wird.

An diesem Punkt tritt ein ganz auffallend geordnetes Muster von hexagonalen Zellen («Honigwaben») auf, in dem heiße Flüssigkeit durch das Zentrum der Zellen aufsteigt, während die kühlere Flüssigkeit entlang der Zellwände zum Boden absinkt (siehe Abb. 5–1). Prigogine zeigt mit seiner detaillierten Analyse dieser «Bénard-Zellen», daß das System, wenn es sich weiter vom Gleichgewicht (d. h. aus einem Zustand der gleichförmigen Temperatur in der gesamten Flüssigkeit) entfernt, einen kritischen Punkt der Instabilität erreicht, an dem das geordnete hexagonale Muster auftaucht.[23]

Die Bénard-Instabilität ist ein spektakuläres Beispiel spontaner Selbstorganisation. Das Nichtgleichgewicht, das durch den ständigen Wärmefluß durch das System aufrechterhalten wird, erzeugt ein komplexes räumliches Muster, in dem sich Millionen von Molekülen kohärent bewegen, um die hexagonalen Konvektionszellen zu bilden. Bénard-Zellen sind übrigens nicht nur im Laborexperiment zu beobachten, sondern treten auch in der Natur unter verschiedensten Umständen auf. So kann beispielsweise der Abfluß warmer Luft von der Erdoberfläche in den Weltraum hexagonale Zirkulationsstrudel erzeugen, die ihre Abdrücke auf Sanddünen in der Wüste und auf arktischen Schneefeldern hinterlassen.[24]

Ein weiteres erstaunliches Phänomen der Selbstorganisation, das Prigogine und seine Kollegen in Brüssel untersucht haben, sind die sogenannten «chemischen Uhren». Dabei handelt es sich um Reaktionen fern vom chemischen Gleichgewicht, die sehr auffällige periodische Schwankungen hervorrufen.[25] Wenn es zum Beispiel in der Reaktion zwei Arten von Molekülen gibt, «rote» und «blaue», dann wird das System an einem gewissen Punkt durchgängig blau sei, dann seine Farbe abrupt ändern und rot werden, dann wieder blau und so weiter, und zwar in regelmäßigen Intervallen. Unter anderen experimentellen Bedingungen können auch Wellen von chemischer Aktivität auftreten (siehe Abb. 5–2).

Damit sich die Farbe schlagartig ändert, muß das chemische System als Ganzes agieren, indem es einen hohen Grad an Ordnung durch die kohärente Aktivität von Milliarden Molekülen erzeugt. Prigogine und seine Kollegen entdeckten, daß dieses kohärente

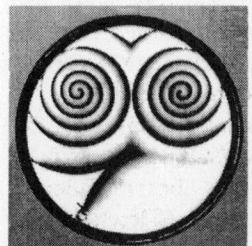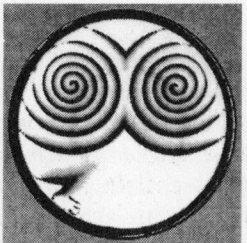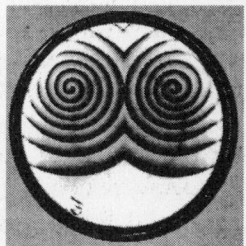

Abbildung 5–2: Wellenartige chemische Aktivität in der sogenannten Belusow-Zhabotinsky-Reaktion; aus Prigogine (1980).

Verhalten wie in der Bénard-Konvektion spontan an kritischen Punkten der Instabilität fern vom Gleichgewicht auftaucht.

In den sechziger Jahren entwickelte Prigogine eine nichtlineare Thermodynamik, um das Phänomen der Selbstorganisation in offenen Systemen fern vom Gleichgewicht zu beschreiben. «Die klassische Thermodynamik», so Prigogine, «führt zum Begriff der ‹Gleichgewichtsstrukturen›, wie sie etwa Kristalle darstellen. Die Bénard-Zellen sind ebenfalls Beispiele einer Struktur, aber von ganz anderer Art. Deshalb haben wir den Begriff der ‹dissipativen Struktur› eingeführt, um die zunächst durchaus paradoxe enge Verbindung zu betonen, die zwischen Struktur und Ordnung einerseits und Dissipation und Unordnung andererseits bestehen kann.»[26] In der klassischen Thermodynamik war die Dissipation, also der Verlust von Energie bei der Wärmeübertragung, der Reibung usw. stets mit Verschwendung verbunden. Prigogines Begriff einer dissipativen Struktur veränderte diese Sicht radikal, indem er zeigte, daß die Dissipation in offenen Systemen zu einer Quelle der Ordnung wird.

1967 stellte Prigogine seinen Begriff der dissipativen Strukturen zum erstenmal in einem Vortrag bei einem Nobel-Symposium in Stockholm vor[27], und vier Jahre später veröffentlichte er die erste Formulierung der vollständigen Theorie zusammen mit seinem Kollegen Paul Glansdorff.[28] Nach Prigogines Theorie erhalten sich dissipative Strukturen nicht nur in einem stabilen Zustand fern vom Gleichgewicht, sondern können sie sich sogar weiterentwickeln. Wenn der Energie- und Materiefluß durch sie zunimmt, können sie neue Instabilität durchlaufen und sich in neue Strukturen von zunehmender Komplexität umwandeln.

Prigogines detaillierte Analyse dieses verblüffenden Phänomens zeigte, daß dissipative Strukturen ihre Energie von außen empfangen, während die Instabilitäten und Sprünge zu neuen Organisationsformen das Ergebnis von Schwankungen sind, die durch positive Rückkopplungsschleifen verstärkt werden. Damit tritt die selbstverstärkende «Selbstläufer-Rückkopplung», die in der Kybernetik immer für destruktiv gehalten wurde, in der Theorie dissipativer Strukturen als eine Quelle von neuer Ordnung und Komplexität auf.

Lasertheorie

Anfang der sechziger Jahre, als Ilya Prigogine erkannte, wie wichtig die Nichtlinearität für die Beschreibung von selbstorganisierenden Systemen ist, gelangte der deutsche Physiker Hermann Haken zu einer ganz ähnlichen Erkenntnis. Sie gelang ihm, während er die Physik von Lasern untersuchte, die gerade erfunden worden waren. In einem Laser vollzieht sich ein Übergang vom normalen Lampenlicht, das aus einer «inkohärenten» (ungeordneten) Mischung von Lichtwellen unterschiedlicher Frequenzen und Phasen besteht, zum «kohärenten» Laserlicht, das durch einen einzigen kontinuierlichen, monochromatischen Wellenzug gekennzeichnet ist. Die hohe Kohärenz des Laserlichts wird durch die Koordination von Lichtemissionen aus den einzelnen Atomen im Laser bewirkt. Haken erkannte, daß diese koordinierte Emission, die zum spontanen Auftreten der Kohärenz oder Ordnung führt, ein Prozeß der Selbstorganisation ist und daß es einer nichtlinearen Theorie bedarf, um ihn richtig zu beschreiben. «Ich hatte damals», erinnert sich Haken, «ziemliche Auseinandersetzungen mit einer Reihe amerikanischer Theoretiker, die den Laser auch behandelt haben, aber mit einer linearen Theorie, und die also gar nicht erkannt haben, daß da an der Stelle qualitativ etwas Neues passiert.»[29]

Als das Laserphänomen entdeckt wurde, interpretierte man es als einen Verstärkungsprozeß, den Einstein bereits in der Frühzeit der Quantentheorie beschrieben hatte. Atome emittieren Licht, wenn sie «angeregt» werden, d. h., wenn ihre Elektronen auf höhere Umlaufbahnen gehoben worden sind. Nach einer Weile werden die Elektronen spontan auf niedrigere Umlaufbahnen zurückspringen und dabei Energie in Form von Lichtwellchen aussenden. Ein Strahl gewöhnlichen Lichts besteht aus einer inkohärenten Mischung dieser von einzelnen Atomen emittierten winzigen Wellchen.

Unter besonderen Umständen jedoch kann eine vorbeiziehende Lichtwelle ein angeregtes Atom «stimulieren» – oder «induzieren», wie Einstein es nannte –, seine Energie so von sich zu geben, daß die Lichtwelle verstärkt wird. Diese verstärkte Welle wiederum kann ein anderes Atom stimulieren, sie weiter zu verstärken, und schließlich kommt es zu einem lawinenartigen Anschwellen von Verstärkungen. Das daraus resultierende Phänomen wurde «Light Amplification Through Stimulated Emission of Radiation» (Lichtverstärkung durch stimulierte Emission von Strahlung), kurz: LASER genannt.

Das Problem bei dieser Beschreibung liegt darin, daß unterschiedliche Atome im Lasermaterial gleichzeitig unterschiedliche Lichtlawinen erzeugen, die sich in inkohärenter Weise aufeinander beziehen. Wie kommt es dann, fragte Haken, daß sich diese ungeordneten Wellen miteinander kombinieren, um einen einzelnen kohärenten Wellenzug zu erzeugen? Die Antwort ergab sich für ihn aus der Tatsache, daß ein Laser ein aus vielen Teilchen bestehendes System fern vom thermischen Gleichgewicht ist.[30] Es muß von außen «aufgepumpt» werden, um die Atome anzuregen, die dann Energie abstrahlen. Somit kommt es zu einem ständigen Energiefluß durch das System.

Als Haken dieses Phänomen in den sechziger Jahren intensiv studierte, stieß er auf mehrere Parallelen zu anderen Systemen fern vom Gleichgewicht. Daher spekulierte er, der Übergang vom normalen Licht zum Laserlicht könnte ein Beispiel jener Selbstorganisationsprozesse sein, die typisch für Systeme fern vom Gleichgewicht sind.[31] Haken prägte den Ausdruck «Synergetik», auch um damit die systematische Untersuchung jener Prozesse anzuregen, in denen die kombinierten Aktionen vieler einzelner Teile, wie etwa der Laseratome, ein kohärentes Verhalten des Ganzen erzeugen. 1985 erklärte Haken in einem Interview:

... und da gibt es ja an sich den Begriff der «kooperativen Effekte» in der Physik, aber die kooperativen Effekte sind eigentlich in Beschlag genommen vor allem für Systeme im thermischen Gleichgewicht ... und deshalb schien es mir geboten, ein neues Wort für Kooperation zu erfinden ... Mir ging es darum zu kennzeichnen, daß wir für diese Vorgänge eine neue Disziplin brauchen ... Das heißt also, die Synergetik könnte man, nachträglich gesehen, als eine Wissenschaft auffassen, die sich unter anderem, vielleicht nicht ausschließlich, mit dem Phänomen der Selbstorganisation befaßt ...[32]

1970 veröffentlichte Haken seine vollständige nichtlineare Lasertheorie im angesehenen *Handbuch der Physik*.[33] Indem er den

Laser als ein selbstorganisierendes System fern vom Gleichgewicht behandelte, zeigte er, daß die Laseraktion einsetzt, wenn die Stärke des äußeren Pumpens einen bestimmten kritischen Wert erreicht. Aufgrund einer speziellen Anordnung von Spiegeln an beiden Enden des Lasermediums kann nur Licht, das ganz nahe in Richtung der Laserachse emittiert wird, lange genug im Lasermedium verweilen, um den Verstärkungsprozeß in Gang zu setzen. Alle anderen Wellenzüge dagegen werden eliminiert.

Aus Hakens Theorie geht klar hervor, daß dem Laser zwar Energie von außen «zugepumpt» werden muß, damit er in einem Zustand fern vom Gleichgewicht bleibt, daß aber die Koordination der Emissionen vom Laserlicht selbst vollzogen wird – dies ist ein Prozeß der Selbstorganisation. Damit gelangte Haken von sich aus zu einer präzisen Beschreibung eines selbstorganisierenden Phänomens von der Art, die Prigogine eine dissipative Struktur nennen würde.

Die Vorhersagen der Lasertheorie sind unzweideutig bestätigt worden, und dank der bahnbrechenden Arbeit Hermann Hakens ist der Laser ein wichtiges Instrument zur Untersuchung der Selbstorganisation geworden. Auf einem Symposium aus Anlaß von Hakens 60. Geburtstag hat sein Mitarbeiter Robert Graham seine Arbeit eloquent gewürdigt:

Eine von Hakens großartigen Leistungen besteht darin, erkannt zu haben, daß Laser nicht nur überaus wichtige technische Instrumente sind, sondern auch an sich hochinteressante physikalische Systeme, die uns bedeutsame Erkenntnisse vermitteln können . . . Laser nehmen eine sehr interessante Stelle zwischen der Quantenwelt und der klassischen Welt ein, und Hakens Theorie sagt uns, wie sich diese Welten miteinander verbinden lassen . . . Der Laser steht sozusagen an der Kreuzung zwischen Quantenphysik und klassischer Physik, zwischen Gleichgewichts- und Nichtgleichgewichtsphänomenen, zwischen Phasenübergängen und Selbstorganisation und zwischen der regulären und der chaotischen Dynamik. Zugleich ist er ein System, das wir sowohl auf einer mikroskopischen quantenmechanischen wie auf einer makroskopischen klassischen Ebene verstehen. Somit bietet er einen festen Boden zur Entdeckung allgemeiner Begriffe der Physik des Nichtgleichgewichts.[34]

Hyperzyklen

Prigogine und Haken gelangten zu dem Begriff der Selbstorganisation durch das Studium physikalischer und chemischer Systeme, die Punkte der Instabilität durchlaufen und neue Formen der Ordnung erzeugen. Indessen zog der Biochemiker Manfred Eigen denselben Begriff heran, um der Lösung des Rätsels um den Ursprung des Lebens näherzukommen. Nach der üblichen darwinistischen Theorie bildeten sich lebende Organismen aus dem «molekularen Chaos» zufällig durch willkürliche Mutationen und natürliche Auslese. Die Wahrscheinlichkeit, daß selbst einfache Zellen während des bekannten Zeitraums des Bestehens der Erde auf diese Weise entstanden sein könnten, ist allerdings verschwindend gering, wie schon oft betont wurde.

Manfred Eigen, Nobelpreisträger für Chemie und Direktor des Max-Planck-Instituts für biophysikalische Chemie in Göttingen, legte zu Beginn der siebziger Jahre dar, daß der Ursprung des Lebens auf der Erde das Ergebnis eines Prozesses der fortschreitenden Organisation in chemischen Systemen fern vom Gleichgewicht gewesen sein könnte. Eigen zufolge könnten «Hyperzyklen» von vielfachen Rückkopplungsschleifen dabei eine wichtige Rolle gespielt haben. Im Endeffekt postulierte Eigen eine vorbiologische Phase der Evolution, in der Selektionsprozesse auf molekularer Ebene «als eine speziellen chemischen Systemen innewohnende materielle Eigenschaft»[35] in Erscheinung treten. Zur Beschreibung dieser vorbiologischen Evolutionsprozesse prägte er den Begriff der «molekularen Selbstorganisation»[36].

Die von Eigen untersuchten chemischen Systeme nennt man «katalytische Zyklen». Ein Katalysator ist eine Substanz, die das Tempo einer chemischen Reaktion erhöht, ohne selbst bei diesem Prozeß verändert zu werden. Katalytische Reaktionen sind ganz entscheidende Prozesse in der Chemie des Lebens. Die am weitesten verbreiteten und effizientesten Katalysatoren sind die Enzyme – Grundbestandteile der Zellen zur Förderung lebenswichtiger Stoffwechselvorgänge.

Eigen und seine Kollegen untersuchten in den sechziger Jahren katalytische Reaktionen unter Beteiligung von Enzymen. Dabei beobachteten sie, daß sich in biochemischen Systemen fern vom

Gleichgewicht, d. h. in Systemen, die Energieströmen ausgesetzt sind, verschiedene katalytische Reaktionen miteinander verbinden. Dabei bilden sie komplexe Netzwerke, die geschlossene Schleifen enthalten können. Abbildung 5–3 zeigt ein Beispiel eines solchen katalytischen Netzwerks, in dem 15 Enzyme die jeweilige Bildung der anderen so katalysieren, daß eine geschlossene Schleife oder ein katalytischer Zyklus entsteht.

Diese katalytischen Zyklen stehen im Zentrum selbstorganisierender Systeme wie den von Prigogine untersuchten chemischen Uhren, und sie spielen auch eine wesentliche Rolle in den Stoffwechselfunktionen lebender Organismen. Sie sind bemerkenswert stabil und können unter einer großen Vielfalt von Bedingungen weiterbestehen.[37] Eigen entdeckte, daß katalytische Zyklen bei genügend Zeit und einem ständigen Energiestrom dazu neigen, sich miteinander zu verbinden und geschlossene Schleifen zu bilden. Dabei

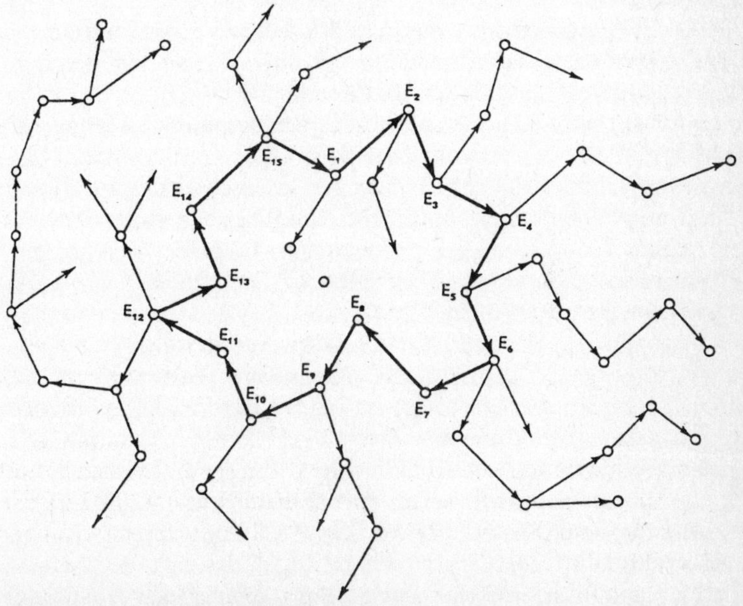

Abbildung 5–3: Ein katalytisches Netzwerk aus Enzymen mit einer geschlossenen Schleife (E1 ... E15); aus Eigen (1971).

agieren die in einem Zyklus produzierten Enzyme als Katalysator im nachfolgenden Zyklus. Für diese Schleifen, in denen jede Verbindung ein katalytischer Zyklus ist, prägte er den Begriff «Hyperzyklen».

Hyperzyklen erweisen sich nicht nur als bemerkenswert stabil, sondern sind auch fähig, sich selbst zu kopieren und Kopierfehler zu korrigieren. Das aber heißt, daß sie komplexe Informationen konservieren und übertragen können. Eigens Theorie zeigt, daß es zu einer derartigen Selbstreplikation – die man natürlich bei lebenden Organismen kennt – in chemischen Systemen vor der Entstehung des Lebens gekommen sein kann, also noch vor der Bildung einer genetischen Struktur. Diese chemischen Hyperzyklen sind demnach selbstorganisierende Systeme, die man nicht als «lebend» bezeichnen kann, weil ihnen einige entscheidende Merkmale des Lebens fehlen. Sie müssen vielmehr als Vorläufer lebender Systeme betrachtet werden. Das bedeutet jedoch, daß die Wurzeln des Lebens offenbar bis ins Reich der leblosen Materie hinabreichen.

Eine der bemerkenswertesten lebensähnlichen Eigenschaften von Hyperzyklen besteht darin, daß sie sich entwickeln können, indem sie Instabilitäten durchlaufen und anschließend höhere Organisationsebenen erschaffen, die sich durch eine zunehmende Vielfalt und Reichhaltigkeit von Bestandteilen und Strukturen auszeichnen.[38] Eigen verweist darauf, daß die auf diese Weise neugeschaffenen Hyperzyklen miteinander um die natürliche Auslese konkurrieren können, und bezieht sich ausdrücklich auf Prigogines Theorie, um diesen ganzen Prozeß zu beschreiben: «Das Auftreten einer Mutation mit selektivem Vorteil entspricht einer Instabilität, die mit Hilfe des Prinzips von Prigogine und Glansdorff . . . erklärt werden kann.»[39]

Manfred Eigens Theorie der Hyperzyklen verwendet identische Schlüsselbegriffe der Selbstorganisation wie Ilya Prigogines Theorie der dissipativen Strukturen und Hermann Hakens Lasertheorie: den Zustand des Systems fern vom Gleichgewicht, die Entwicklung von Verstärkungsprozessen durch positive Rückkopplungsschleifen und das Auftreten von Instabilitäten, das zur Bildung neuer Organisationsformen führt. Darüber hinaus tat Eigen den bahnbrechenden Schritt, einen darwinistischen Ansatz zur Beschreibung evolutionärer Phänomene auf einer vorbiologischen, molekularen Ebene heranzuziehen.

Autopoiese – die Organisation des Lebendigen

Die von Eigen untersuchten Hyperzyklen sind zur Selbstorganisation, Selbstreproduktion und Evolution fähig. Und doch zögert man, diese Zyklen chemischer Reaktionen «lebend» zu nennen. Welche Eigenschaften muß dann aber ein System besitzen, damit man es als wahrhaft lebend bezeichnen kann? Können wir klar unterscheiden zwischen lebenden und nichtlebenden Systemen? Worin besteht die genaue Verbindung zwischen Selbstorganisation und Leben?

Dies waren die Fragen, die sich der chilenische Gehirnwissenschaftler Humberto Maturana in den sechziger Jahren stellte. Nach sechs Jahren biologischer Studien und Forschungen in England und in den USA – wo er mit Warren McCullochs Gruppe am MIT zusammengearbeitet hatte und von der Kybernetik stark beeinflußt worden war – kehrte Maturana 1960 an die Universität von Santiago zurück. Dort wurde er Spezialist auf dem Gebiet der Gehirnwissenschaft, insbesondere für das Verständnis der Farbwahrnehmung.

Aus dieser Forschung schälten sich für Maturana zwei Kernfragen heraus. «Ich stand vor einer Situation», erinnerte er sich später, «in der mein akademisches Leben gespalten war; ich konzentrierte mich auf die Suche nach den Antworten auf zwei Fragen, die in entgegengesetzte Richtungen zu führen schienen, nämlich: ‹Was ist die Organisation des Lebendigen?› und: ‹Was findet im Phänomen der Wahrnehmung statt?›»[40]

Maturana rang mit diesen Fragen fast ein Jahrzehnt lang, und genialerweise fand er auf beide eine einzige Antwort. Dadurch ermöglichte er es, zwei Traditionen des Systemdenkens miteinander zu vereinen, die sich auf verschiedenen Seiten der kartesianischen Teilung bewegt hatten. Während die organismischen Biologen das Wesen der biologischen Form untersuchten, trachteten die Kybernetiker das Wesen des Geistes zu verstehen. Maturana erkannte in den späten sechziger Jahren, daß der Schlüssel zu beiden Rätseln im Verständnis der «Organisation des Lebendigen» liegt.

Im Herbst 1968 wurde Maturana von Heinz von Foerster eingeladen, sich seiner interdisziplinären Forschungsgruppe an der University of Illinois anzuschließen und an einem Symposium über Kognition teilzunehmen, das einige Monate später in Chicago abgehalten wurde. Dies war eine ideale Gelegenheit für ihn, seine Gedanken über Kognition als einem biologischen Phänomen vorzustellen.[41] Worin bestand nun Maturanas zentrale Erkenntnis? Lassen wir ihn selbst zu Wort kommen:

> Meine Untersuchungen zur Farbwahrnehmung führten zu einer für mich außergewöhnlichen wichtigen Entdeckung: Das Nervensystem operiert als ein geschlossenes Netzwerk von Interaktionen, in dem jede Veränderung der interaktiven Relationen zwischen bestimmten seiner Bestandteile stets zu einer Änderung der interaktiven Relationen zwischen denselben oder anderen Bestandteilen führt.[42]

Maturana zog zwei Schlußfolgerungen aus seiner Entdeckung, die ihm seine beiden Kernfragen beantworteten. Er stellte die Hypothese auf, daß die «kreisförmige Organisation» des Nervensystems die Grundorganisation aller lebenden Systeme sei: «Lebende Systeme ... (sind) in einem geschlossenen kausalen kreisförmigen Prozeß organisiert, der eine evolutionäre Veränderung der Art und Weise, wie die Kreisläufigkeit aufrechterhalten wird, aber nicht den Verlust der Kreisläufigkeit selbst zuläßt.»[43]

Da alle Veränderungen im System innerhalb dieser grundlegenden Kreisläufigkeit stattfinden, erklärte Maturana, daß die Bestandteile, die die kreisförmige Organisation bestimmen, ebenfalls von ihr erzeugt und aufrechterhalten werden müssen. Und er gelangte zu der Schlußfolgerung, daß dieses Netzwerkmuster – in dem jede Komponente die Funktion hat, bei der Erzeugung und Umwandlung anderer Bestandteile behilflich zu sein, während sie die gesamte Kreisläufigkeit des Netzwerks aufrechterhält – die grundlegende «Organisation des Lebendigen» ist.

Die zweite Schlußfolgerung, die Maturana aus der kreisförmigen Geschlossenheit des Nervensystems zog, lief auf ein radikal neues Verständnis der Kognition hinaus. Er postulierte, daß das Nervensystem nicht nur selbstorganisierend sei, sondern auch ständig selbstreferentiell, d. h. sich in seinen Aktivitäten ständig auf sich selbst beziehend. Das aber bedeute, daß die Wahrnehmung nicht als die Darstellung einer äußeren Realität angesehen werden dürfe, sondern als die ständige Herstellung neuer Beziehungen innerhalb des neuronalen Netzwerks verstanden werden müsse. Er belegte mit Experimenten, «daß die Aktivitäten der Nervenzellen keine vom Lebewesen unabhängige Umwelt spiegeln und folglich auch nicht die Konstruktion einer absolut existierenden Außenwelt ermöglichen».[44]

Nach Maturana wird eine äußere Wirklichkeit durch die Wahrnehmung und, allgemeiner, durch die Kognition nicht *dargestellt*, sondern vielmehr *bestimmt*, und zwar durch den kreisförmigen Organisationsprozeß des Nervensystems. Von dieser grundlegenden Annahme ausgehend, vollzog Maturana den radikalen Schritt, zu postulieren, daß der Prozeß der kreisförmigen Organisation selbst – mit oder ohne Nervensystem – identisch ist mit dem Prozeß der Kognition:

> Lebende Systeme sind kognitive Systeme, und Leben als ein Prozeß ist ein Prozeß der Kognition. Diese Feststellung gilt für alle Organismen, mit oder ohne Nervensystem.[45]

Eine derartige Gleichsetzung der Kognition mit dem Prozeß des Lebens selbst ist in der Tat eine radikal neue Vorstellung. Daraus ergeben sich weitreichende Folgerungen, die ausführlich später erörtert werden.[46]

Nachdem Maturana seine Ideen 1970 veröffentlicht hatte, begann er eine langjährige Zusammenarbeit mit Francisco Varela, einem jüngeren Gehirnwissenschaftler an der Universität von Santiago, der Maturanas Schüler war, ehe er sein Mitarbeiter wurde. Laut Maturana begann ihre Zusammenarbeit, als Varela ihn in einem Gespräch herausforderte, eine formale und vollständigere Beschreibung für den Begriff der kreisförmigen Organisation zu finden.[47] Sie machten sich augenblicklich daran, eine vollständige verbale Beschreibung von Maturanas Idee zu erarbeiten, bevor sie ein mathematisches Modell zu konstruieren versuchten, und sie fingen damit an, indem sie dafür eine neuen Namen erfanden: *Autopoiese*.

Auto bedeutet «selbst» und bezeichnet hier die Autonomie selbstorganisierender Systeme, *poiese* – aus derselben griechischen Wurzel wie das Wort «Poesie» – bedeutet «machen». Somit heißt *Autopoiese* wörtlich «Selbstmachen». Da damit ein neues, historisch unbelastetes Wort geprägt worden war, ließ sich dieses ohne weiteres als Fachausdruck für die unverwechselbare Organisation lebender Systeme verwenden. Zwei Jahre später veröffentlichten Maturana und Varela ihre erste Beschreibung der Autopoiese in einem langen Aufsatz[48], und 1974 hatten sie zusammen mit ihrem Kollegen Ricardo Uribe ein entsprechendes mathematisches Modell für das einfachste autopoietische System entwickelt: die lebende Zelle.[49]

Am Anfang ihres Aufsatzes über Autopoiese charakterisieren Maturana und Varela ihre Methode als «mechanistisch», um sie von vitalistischen Theorien über das Wesen des Lebens zu unterscheiden: «Unsere Methode wird mechanistisch sein: Hier werden keine Kräfte oder Prinzipien angeführt, die sich nicht im physikalischen Universum befinden.» Doch schon aus dem nächsten Satz geht unzweideutig hervor, daß die Autoren keine kartesianischen Mechanisten, sondern Systemdenker sind:

> Doch unser Problem ist die lebende Organisation, und daher richtet sich unser Interesse nicht auf Eigenschaften von Bestandteilen, sondern auf Prozesse und Beziehungen zwischen Prozessen, die durch Bestandteile realisiert werden.[50]

Sodann differenzieren sie ihre Position durch die wichtige Unterscheidung zwischen «Organisation» und «Struktur», die zwar in der gesamten Geschichte des Systemdenkens ein implizites Thema gewesen, aber bis zur Entwicklung der Kybernetik nicht explizit angesprochen worden war.[51] Bei Maturana und Varela nun wird diese Unterscheidung absolut klar. Die Organisation eines lebenden Systems, erklären sie, ist die Gesamtheit von Beziehungen zwischen seinen Bestandteilen, denen zufolge das System einer bestimmten Klasse angehört (z. B. eine Bakterie, eine Sonnenblume, eine Katze oder ein menschliches Gehirn). Die Beschreibung dieser Organisation ist eine abstrakte Beschreibung von Beziehungen und bestimmt nicht die einzelnen Bestandteile. Die Autoren gehen davon aus, daß die Autopoiese ein allgemeines Organisationsmuster ist, das allen lebenden Systemen gemeinsam ist, wie auch immer ihre Bestandteile beschaffen sein mögen.

Die Struktur eines lebenden Systems dagegen besteht aus den tatsächlichen Beziehungen zwischen den physikalischen Bestandtei-

len. Mit anderen Worten: Die Struktur des Systems ist die Verkörperung seiner Organisation. Wie Maturana und Varela betonen, ist
die Organisation des Systems unabhängig von den Eigenschaften
seiner Bestandteile, so daß eine bestimmte Organisation sich auf
viele verschiedene Weisen durch viele verschiedene Arten von Bestandteilen verkörpern kann.

Nachdem sie klargemacht haben, daß ihr Interesse der Organisation und nicht der Struktur gilt, definieren die Autoren sodann den
Begriff der Autopoiese, also der Organisation, die allen lebenden
Systemen gemeinsam ist. Sie ist ein Netzwerk von Produktionsprozessen, in denen jeder Bestandteil die Funktion hat, sich an der Produktion oder Umwandlung anderer Bestandteile im Netzwerk zu
beteiligen. Auf diese Weise ist das gesamte Netzwerk ständig damit
befaßt, «sich selbst zu machen». Es wird durch seine Bestandteile
produziert und produziert wiederum diese Bestandteile. «In einem
lebenden System», erklären die Autoren, «ist das Produkt seiner
Operation seine eigenè Organisation.»[52]

Ein wichtiges Merkmal lebender Systeme besteht darin, daß zu
ihrer autopoietischen Organisation auch die Errichtung einer
Grenze gehört, die die Domäne der Operationen des Netzwerks bestimmt und das System als eine Einheit definiert. Die Autoren weisen darauf hin, daß insbesondere katalytische Zyklen keine lebenden Systeme sind, weil ihre Grenze durch Faktoren (etwa einen
materiellen Behälter) festgelegt ist, die unabhängig von den katalytischen Prozessen bestehen.

Interessanterweise formulierte der Physiker Geoffrey Chew
seine sogenannte «Bootstrap-Hypothese» über die Zusammensetzung und die Wechselwirkungen subatomarer Teilchen, die dem
Begriff der Autopoiese sehr ähnlich ist, etwa ein Jahrzehnt bevor
Maturana zum erstenmal seine Ideen veröffentlichte.[53] Chew zufolge bilden die stark wechselwirksamen Teilchen oder «Hadronen» ein Netzwerk von Interaktionen, und darin «hilft jedes Teilchen, andere Teilchen zu erzeugen, die wiederum es selbst erzeugen».[54]

Allerdings gibt es zwei wesentliche Unterschiede zwischen dem
Hadron-Bootstrap und der Autopoiese. Hadronen sind potentiell
«gebundene Zustände» im probabilistischen Sinn der Quantentheorie, die sich auf Maturanas «Organisation des Lebendigen» nicht

anwenden läßt. Darüber hinaus läßt sich ein Netzwerk von subatomaren Teilchen, die aufgrund von Kollisionen in Wechselwirkung
treten, nicht als autopoietisch bezeichnen, weil es keine Grenze bildet.

Nach Maturana und Varela ist der Begriff der Autopoiese notwendig und ausreichend, um die Organisation lebender Systeme zu charakterisieren. Allerdings enthält diese Charakterisierung keine Information über die physikalische Verfassung der Bestandteile des
Systems. Um die Eigenschaften der Komponenten und ihre physikalischen Wechselwirkungen zu verstehen, muß die abstrakte Beschreibung der Organisation um eine Beschreibung der Struktur des
Systems in der Sprache der Physik und Chemie ergänzt werden. Die
klare Unterscheidung dieser beiden Beschreibungen – der Struktur
bzw. der Organisation – ermöglicht es, strukturorientierte Modelle
der Selbstorganisation (z. B. von Prigogine und Haken) und organi-
sationsorientierte Modelle (z. B. von Eigen und Maturana-Varela) in
einer folgerichtigen Theorie lebender Systeme zusammenzufassen.[55]

Gaia – die lebende Erde

Die oben dargestellten Schlüsselideen, die den verschiedenen Modellen selbstorganisierender Systeme zugrunde liegen, haben sich
Anfang der sechziger Jahre in kurzer Zeit herauskristallisiert. In den
USA stellte Heinz von Foerster seine interdisziplinäre Forschungsgruppe zusammen und hielt mehrere Konferenzen über Selbstorganisation ab; in Belgien erkannte Ilya Prigogine die entscheidende
Verbindung zwischen Nichtgleichgewichtssystemen und Nichtlinearität; in Deutschland entwickelte Hermann Haken seine nichtlineare
Lasertheorie, und Manfred Eigen arbeitete an katalytischen Zyklen;
in Chile schließlich befaßte sich Humberto Maturana mit der Organisation lebender Systeme.

Zur selben Zeit hatte der Atmosphärechemiker James Lovelock
eine aufschlußreiche Erkenntnis gewonnen, die ihn ein Modell formulieren ließ, das das Phänomen der Selbstorganisation vielleicht
am überraschendsten und am schönsten zum Ausdruck bringt – die
Vorstellung nämlich, daß der Planet Erde als Ganzes ein lebendes,
selbstorganisierendes System ist.

Die Ursprünge von Lovelocks kühner Hypothese liegen in der Frühzeit des Weltraumprogramms der NASA. Natürlich ist der Gedanke, daß die Erde lebendig sei, schon sehr alt, und spekulative Theorien über den Planeten als einem lebenden System waren schon mehrmals aufgestellt worden.[56] Doch erst die Raumflüge Anfang der sechziger Jahre ermöglichten es, daß Menschen unseren Planeten aus dem Weltall betrachten und ihn als integriertes Ganzes wahrnehmen konnten. Diese Wahrnehmung der Erde in all ihrer Schönheit – als blauweiße Kugel, die in der Schwärze des Weltalls dahintreibt – hat die Astronauten tief bewegt und war für sie, wie mehrere von ihnen später erklärt haben, eine weitreichende spirituelle Erfahrung, die für immer ihr Verhältnis zur Erde veränderte.[57] Die prachtvollen Fotografien der ganzen Erde, die sie zurückbrachten, lieferten der weltweiten Ökologiebewegung das gefühlsstärkste ihrer Symbole.

Während die Astronauten den Planeten betrachteten und seine Schönheit wahrnahmen, wurde auch die Umwelt der Erde aus dem Weltall durch die Sensoren wissenschaftlicher Instrumente untersucht, ebenso wie die Umwelt des Mondes und der benachbarten Planeten. In den sechziger Jahren starteten im Rahmen der sowjetischen und amerikanischen Raumfahrtprogramme über 50 Raumsonden; die meisten von ihnen erkundeten den Mond, einige flogen weiter zu Venus und Mars.

Damals lud die NASA James Lovelock an die Jet Propulsion Laboratories im kalifornischen Pasadena ein, wo er an der Konstruktion von Instrumenten für die Suche nach Leben auf dem Mars mitwirken sollte.[58] Die NASA wollte ein Raumschiff zum Mars schicken, das am Landeplatz mit Hilfe einer Reihe von Experimenten mit dem Marsboden nach Leben suchen sollte. Während Lovelock sich mit technischen Problemen des Instrumentenbaus befaßte, stellte er sich auch eine allgemeinere Frage: «Wie können wir sicher sein, daß die Form des Lebens auf dem Mars, wenn es denn eins gibt, durch Tests zu ermitteln ist, die auf dem Lebensstil der Erde basieren?» Im Laufe der nächsten Monate und Jahre veranlaßte ihn diese Frage, eingehend über das Wesen des Lebens nachzudenken und auch darüber, wie man es verstehen könnte.

Bei der Beschäftigung mit diesem Problem erkannte Lovelock schließlich in der Tatsache, daß alle lebenden Organismen Energie und Materie aufnehmen und Abfallprodukte von sich geben, das allgemeinste Merkmal des Lebens, das er ermitteln konnte. Ähnlich wie Prigogine glaubte er zunächst, daß man dieses entscheidende Merkmal mathematisch mit dem Begriff der Entropie ausdrücken müsse. Dann aber gingen seine Überlegungen in eine andere Richtung. Lovelock nahm an, daß das Leben auf jedem Planeten die Atmosphäre und die Ozeane als fließende Medien für Rohstoffe und Abfallprodukte benutzte. Daher, spekulierte er, könnte man doch irgendwie die Existenz von Leben nachweisen, indem man die chemische Zusammensetzung der Atmosphäre eines Planeten analysierte. Somit müßte die Marsatmosphäre, falls es Leben auf dem Mars gäbe, irgendeine spezielle Kombination von Gasen aufweisen, irgendeine charakteristische «Signatur», die man sogar von der Erde aus erkennen könnte.

Diese Spekulationen fanden eine aufregende Bestätigung, als Lovelock und sein Kollege Dian Hitchcock die Marsatmosphäre systematisch zu untersuchen begannen, indem sie Beobachtungen von der Erde aus mit einer ähnlichen Analyse der Erdatmosphäre verglichen. Sie entdeckten, daß die chemische Zusammensetzung der beiden Atmosphären auffallende Unterschiede aufweist. Während es in der Marsatmosphäre ganz wenig Sauerstoff, eine Menge Kohlendioxid (CO_2) und kein Methan gibt, enthält die Erdatmosphäre riesige Mengen von Sauerstoff, fast kein CO_2 und eine Menge Methan.

Lovelock erkannte, daß der Mars deshalb sein charakteristisches Atmosphärenprofil aufweist, weil auf einem Planeten ohne Leben alle chemischen Reaktionen zwischen den Gasen in der Atmosphäre schon vor langer Zeit abgeschlossen sind. Heute sind auf dem Mars keine chemischen Reaktionen mehr möglich – es herrscht ein vollständiges chemisches Gleichgewicht in seiner Atmosphäre.

Die Situation auf der Erde stellt das genaue Gegenteil dar. Die terrestrische Atmosphäre enthält Gase wie Sauerstoff und Methan, die leicht miteinander reagieren, aber denoch in hohen Proportionen miteinander existieren, was zu einem Gasgemisch fern vom chemischen Gleichgewicht führt. Lovelock erkannte, daß dieser spezielle Zustand auf das Vorhandensein von Leben auf der Erde zurückgeführt werden muß. Pflanzen produzieren ständig Sauerstoff, und andere Organismen produzieren andere Gase, so daß die

Atmosphäregase ständig ergänzt werden, während sie chemisch miteinander reagieren. Mit anderen Worten: Lovelock erkannte in der Erdatmosphäre ein offenes System, fern vom Gleichgewicht, das durch einen ständigen Energie- und Materiefluß charakterisiert ist. Seine chemische Analyse hatte das entscheidende Merkmal des Lebens ermittelt. Diese Erkenntnis war für Lovelock so bedeutsam, daß er sich viele Jahre später noch genau an den Augenblick erinnerte, da sie ihm aufging:

> Für mich kam die Offenbarung Gaias ganz plötzlich, wie eine blitzhafte Eingebung. Das war in einem kleinen Zimmer im obersten Stockwerk eines Gebäudes des Jet Propulsion Laboratory in Pasadena, Kalifornien. Es war Herbst, 1965, ... und ich sprach mit meinem Kollegen Dian Hitchcock über ... ein Thema, zu dem wir einen Bericht vorlegen wollten ... Das war der Moment, in dem Gaia mir plötzlich gegenwärtig war. Mir kam ein ungeheuerlicher Gedanke: Die Erdatmosphäre ist ein unwahrscheinliches und chemisch instabiles Gasgemisch und bleibt doch über lange Zeiträume in seiner Zusammensetzung konstant; könnte es sein, daß das Leben die Atmosphäre nicht nur gemacht hat, sondern auch *reguliert*, sie also auf einem für das Leben erforderlichen Niveau konstant hält?[59]

Der Prozeß der Selbstregelung ist der Schlüssel zu Lovelocks Idee. Aus der Astrophysik war ihm bekannt, daß die Sonnenwärme um 25 Prozent zugenommen hat, seit das Leben auf der Erde begann. Trotz dieser Zunahme ist die Oberflächentemperatur der Erde konstant geblieben, und zwar auf einem Niveau, das in diesen vier Milliarden Jahren für das Leben angenehm blieb. Und wenn die Erde nun, fragte er, in der Lage wäre, ihre Temperatur ebenso wie andere planetarische Bedingungen – die Zusammensetzung ihrer Atmosphäre, den Salzgehalt ihrer Ozeane usw. – zu regulieren, so, wie lebende Organismen sich selbst regeln und ihre Körpertemperatur und andere Variablen konstant halten können? Lovelock war sich darüber im klaren, daß diese Hypothese auf einen radikalen Bruch mit der herkömmlichen Wissenschaft hinauslief. (In seinen eigenen Worten:)

Ich möchte nur, daß Sie die Gaia-Theorie als Alternative zu der landläufigen Anschauung betrachten, daß die Erde ein vom Leben nur bewohnter, ansonsten aber lebloser Planet aus Gestein, Wasser und Luft ist. Nehmen Sie an, Gaia sei wirklich ein System, in dem alles Leben und seine gesamte Umwelt so eng miteinander verkoppelt sind, daß sie eine selbstregulierende Ganzheit bilden.[60]

Den Raumfahrtwissenschaftlern bei der NASA übrigens gefiel Lovelocks Entdeckung ganz und gar nicht. Da hatten sie also eine eindrucksvolle Reihe von Lebenserkennungsexperimenten für ihre Viking-Mission zum Mars entwickelt, und nun erklärte Lovelock ihnen, es sei eigentlich gar nicht nötig, auf der Suche nach Leben ein Raumschiff zum roten Planeten zu schicken. Sie bräuchten nichts weiter als eine Spektralanalyse der Marsatmosphäre, und die könne leicht durch ein Teleskop auf der Erde erstellt werden. Kein Wunder, daß die NASA Lovelocks Empfehlung ignorierte und mit dem Viking-Programm fortfuhr. Mehrere Jahre später landete ihr Raumschiff auf dem Mars, und wie Lovelock es vorhergesagt hatte, fand man dort keine Spur von Leben.

1969 präsentierte Lovelock seine Hypothese über die Erde als einem selbstregelnden System erstmals auf einer wissenschaftlichen Konferenz in Princeton.[61] Kurz danach erkannte ein befreundeter Romanautor, daß Lovelocks Idee die Wiedergeburt eines antiken Mythos bedeutete. Daraufhin schlug er die Bezeichnung «Gaia-Hypothese» zu Ehren der griechischen Göttin der Erde vor. Lovelock griff diesen Vorschlag dankbar auf und veröffentlichte 1972 die erste ausführliche Fassung einer Theorie in einem Artikel mit dem Titel «Gaia as seen through the atmosphere» («Gaia durch die Atmosphäre betrachtet»).[62]

Damals hatte Lovelock keine Ahnung, wie die Erde ihre Temperatur und die Zusammensetzung ihrer Atmosphäre regeln könnte – er wußte nur, daß es für die selbstregelnden Prozesse Organismen in der Biosphäre geben mußte. Nur: Welche Organismen produzierten welche Gase? Zur selben Zeit allerdings untersuchte die amerikanische Mikrobiologin Lynn Margulis genau die Prozesse, die Lovelock nicht verstand: die Produktion und die Beseitigung von Gasen durch verschiedene Organismen, insbesondere durch die Myriaden von Bakterien im Erdboden. Margulis erinnerte sich später, wie ihr ständig die Frage im Kopf herumging: «Alle sind sich darüber einig, daß der Sauerstoff der Atmosphäre ... aus Leben entsteht, aber warum spricht niemand davon, daß auch die anderen Atmosphäregase aus Leben entstehen?»[63] Da empfahlen ihr mehrere Kollegen, doch mit James Lovelock zu sprechen, und die sich daraus entwickelnde lange und fruchtbare Zusammenarbeit führte schließlich zur vollständigen wissenschaftlichen Gaia-Hypothese.

Wie sich herausstellte, ergänzten sich die wissenschaftlichen Hintergründe und die Fachgebiete von James Lovelock und Lynn Margulis bestens. Margulis bereitete es keine Probleme, Lovelocks viele Fragen über die biologische Herkunft von Atmosphäregasen zu beantworten, während Lovelock Begriffe aus der Chemie, der Thermodynamik und der Kybernetik zur sich entwickelnden Gaia-Theorie beisteuerte. So konnten die beiden Wissenschaftler nach und nach ein komplexes Netzwerk aus Rückkopplungsschleifen erschließen, auf denen – so ihre Hypothese – die Selbstregelung des planetarischen Systems beruht. Das hervorstechendste Merkmal dieser Rückkopplungsschleifen besteht darin, daß sie lebende mit nichtlebenden Systemen verknüpfen. Wir können uns Gesteine, Tiere und Pflanzen demnach nicht mehr als getrennte Phänomene vorstellen. Die Gaia-Theorie zeigt, daß es eine enge Verkettung zwischen den lebenden Teilen des Planeten – Pflanzen, Mikroorganismen und Tieren – und seinen nichtlebenden Teilen – Gesteinen, Ozeanen und Atmosphäre – gibt.

Dies läßt sich gut am Kohlendioxidzyklus veranschaulichen.[64] Seit Millionen von Jahren geben die Vulkane der Erde riesige Mengen von Kohlendioxid (CO_2) von sich. Da CO_2 eines der Haupttreibhausgase ist, muß Gaia es aus der Atmosphäre pumpen – sonst würde sie für das Leben zu heiß werden. Pflanzen und Tiere recyceln ungeheure Mengen von CO_2 und Sauerstoff in den Prozessen der Photosynthese, der Atmung und des Verfalls. Diese Austauschvorgänge befinden sich allerdings stets im Gleichgewicht und wirken sich nicht auf die Gesamtmenge des CO_2 in der Atmosphäre aus. Nach der Gaia-Theorie wird der Überschuß an Kohlendioxid in der Atmosphäre durch eine riesige Rückkopplungsschleife, in der die Verwitterung der Gesteine ein Schlüsselelement darstellt, beseitigt und recycelt.

Im Prozeß der Verwitterung verbinden sich Gesteine mit Regenwasser und Kohlendioxid zu verschiedenen Chemikalien, sogenannten Karbonaten. Auf diese Weise wird das CO_2 der Atmosphäre entzogen und in flüssigen Lösungen gebunden. Dies sind rein chemische Prozesse, an denen eine Beteiligung des Lebens nicht erforderlich ist. Lovelock und andere Forscher deckten jedoch auf, daß das Vorhandensein von Bodenbakterien das Tempo der Gesteinsverwitterung erheblich beschleunigt. In gewisser Hinsicht agieren diese Bodenbakterien als Katalysatoren im Prozeß der Gesteinsverwitterung. Der gesamte Kohlendioxidzyklus könnte also als das biologische Gegenstück zu den katalytischen Zyklen angesehen werden, wie sie Manfred Eigen untersucht hat.

Die Karbonate werden dann ins Meer gespült, wo winzige, für das bloße Auge unsichtbare Algen sie absorbieren und daraus herrlich geformte Schalen aus Kalk (Kalziumkarbonat) erzeugen. Somit befindet sich das CO_2, das ursprünglich in der Atmosphäre war, schließlich in den Schalen dieser winzigen Algen (Abb. 5–4). Hinzu kommt, daß Meeresalgen Kohlendioxid auch direkt aus der Luft absorbieren.

Wenn die Algen sterben, rieseln ihre Schalen zum Meeresboden hinab. Dort bilden sie massive Sedimente aus Kalkstein (einer anderen Form von Kalziumkarbonat). Aufgrund ihres enormen Gewichts sinken die Kalksteinsedimente allmählich in den Erdmantel

Abbildung 5–4: Meeresalgen (Kokkolithophoriden) mit Kalkschale.

ab, wo sie schmelzen und sogar die Bewegungen tektonischer Platten auslösen können. Schließlich wird ein Teil des in den geschmolzenen Gesteinen enthaltenen CO_2 wieder von Vulkanen ausgeworden und in eine weitere Runde des großen Gaia-Zyklus entlassen.

Der gesamte Zyklus verbindet also Vulkane mit der Gesteinsverwitterung, mit Bodenbakterien, Meeresalgen, Kalksteinsedimenten und wieder mit Vulkanen. Er fungiert als eine riesige Rückkopplungsschleife, die zur Regelung der Erdtemperatur beiträgt. Wird die Sonne heißer, wird auch die Bakterientätigkeit im Boden angeregt. Dadurch beschleunigt sich das Tempo der Verwitterung, es wird wiederum mehr CO_2 aus der Atmosphäre gepumpt, und der Planet kühlt sich ab. Nach Lovelock und Margulis regeln ähnliche Rückkopplungsschleifen, die Pflanzen und Gesteine, Tiere und Atmosphäregase, Mikroorganismen und die Meere miteinander verbinden, das Erdklima, den Salzgehalt der Ozeane und andere wichtige planetarische Bedingungen.

Die Gaia-Theorie betrachtet das Leben auf eine systemische Weise, denn sie verbindet die Geologie, die Mikrobiologie, die Chemie der Atmosphäre und andere Disziplinen, deren Vertreter gewöhnlich nicht miteinander in Kontakt stehen. Lovelock und Margulis stellten die konventionelle Anschauung in Frage, nach der es sich dabei um getrennte Disziplinen handle und derzufolge geologische Kräfte die Bedingungen für das Leben auf der Erde bestimmten, während die Pflanzen und Tiere gleichsam nichts weiter als Passagiere seien, die zufällig gerade die richtigen Bedingungen für ihre Evolution vorgefunden hätten. Die Gaia-Theorie dagegen besagt, daß das Leben selbst die Bedingungen für seine eigene Existenz erschafft. Um es mit den Worten von Lynn Margulis zu sagen:

Vereinfacht formuliert, besagt die [Gaia-]Hypothese, daß die Erdoberfläche, die wir bislang immer für die *Umwelt* des Lebens gehalten haben, in Wirklichkeit ein *Teil* des Lebens ist. Die Lufthülle – die Troposphäre – muß als ein Kreislaufsystem betrachtet werden, das vom Leben erzeugt und in Gang gehalten wird ... Wenn Wissenschaftler uns erzählen, daß sich das Leben einer im wesentlichen passiven Umwelt aus Chemie, Physik und Gesteinen anpaßt, dann verewigen sie damit nur eine erheblich verzerrte Anschauung. Tatsächlich nämlich macht, bildet und verändert das Leben die Umwelt, an die es sich anpaßt. Und dann wirkt diese «Umwelt» auf das Leben zurück, das sich in ihr verändert, agiert und wächst. Da kommt es zu ständigen zyklischen Wechselwirkungen.[65]

Zunächst war der Widerstand der wissenschaftlichen Welt gegen diese neue Sicht des Lebens so stark, daß ihre Urheber keine Möglichkeit fanden, ihre Hypothese zu veröffentlichen. Angesehene akademische Zeitschriften wie *Science* und *Nature* erteilten ihnen Absagen. Endlich forderte der Astronom Carl Sagan, der die Zeitschrift *Icarus* herausgab, Lovelock und Margulis auf, die Gaia-Hypothese in seinem Journal zu veröffentlichen.[66] Interessanterweise stieß von allen Theorien und Modellen der Selbstorganisation die Gaia-Hypothese auf den entschiedensten Widerstand. Der Verdacht drängt sich auf, daß diese ausgesprochen irrationale Reaktion des wissenschaftlichen Establishments durch die Beschwörung Gaias, dieses mächtigen archetypischen Mythos, ausgelöst wurde.

Jedenfalls war das Bild Gaias als einem empfindungsfähigen Wesen das unausgesprochene Hauptargument für die Ablehnung der Gaia-Hypothese auch nach ihrer Veröffentlichung. Wissenschaftler behaupteten, die Hypothese sei unwissenschaftlich, weil sie teleologisch sei, d. h. von der Vorstellung ausgehe, daß Naturprozesse zielgerichtet sind. Doch «weder Lynn Margulis noch ich haben je behauptet, die Selbstregulation der Erde sei von einer Absicht geleitet», verwahrte sich Lovelock. «Dennoch hat man uns beharrlich vorgeworfen, unsere Hypothese sei teleologisch.»[67]

Diese Kritik wurzelt immer noch in der alten Debatte zwischen Mechanisten und Vitalisten. Während die Mechanisten behaupten, alle biologischen Phänomene ließen sich irgendwann einmal mit den Gesetzen der Physik und Chemie erklären, unterstellen die Vitalisten die Existenz einer nichtphysikalischen Einheit, einer Ursache der Lebensprozesse, die sich mechanistischen Erklärungen entziehen.[68] Die Teleologie – von griechisch *telos* («Ziel, Zweck») – behauptet, daß die vom Vitalismus unterstellte Ursache zielgerichtet sei, daß es mithin so etwas wie Absicht und Planung in der Natur gebe. Indem die Mechanisten entschieden gegen vitalistische und teleologische Argumente zu Felde ziehen, schlagen sie sich im Grunde noch immer mit der Newtonschen Metapher von Gott als Uhrmacher herum. Die gegenwärtig entstehende Theorie lebender Systeme dagegen hat jetzt endlich die Debatte zwischen Mechanismus und Teleologie überwunden. Wie wir später sehen werden, sieht sie in der lebendigen Natur etwas Geistvolles und Intelligentes, ohne irgendeinen umfassenden Plan oder Zweck unterstellen zu müssen.[69]

Die Vertreter der mechanistischen Biologie griffen die Gaia-Hypothese als teleologisch an, weil sie sich nicht vorstellen konnten, wie das Leben auf der Erde die Bedingungen seiner eigenen Existenz erschaffen und regulieren könnte, ohne sich dessen bewußt und von einer Absicht geleitet zu sein. Das setze doch «die vorausschauende Planung der Lebewesen voraus, einen Ausschuß von Vertretern aller Spezies, in dem etwa das Wetter des nächsten Jahres auszuhandeln sei», wie ein Kritiker mit bissigem Humor behauptete.[70]

Lovelock reagierte darauf mit einem genialen mathematischen Modell: «Daisyworld». Es stellt ein erheblich vereinfachtes Gaia-System dar, in dem absolut klar ist, daß die Temperaturregulierung eine Eigenschaft des Systems ist. Sie tritt automatisch auf, ohne irgendein zielgerichtetes Handeln, als reine Konsequenz aus den Rückkopplungsschleifen zwischen den Organismen des Planeten und ihrer Umwelt.[71]

Daisyworld ist das Computermodell eines Planeten, der von einer Sonne mit gleichmäßig zunehmender Wärmestrahlung erwärmt wird und auf dem nur zwei Spezies gedeihen: schwarze und weiße Gänseblümchen («daisies»). Die Samen dieser Gänseblümchen sind über den gesamten Planeten verstreut. Der Boden ist überall feucht und fruchtbar, aber die Gänseblümchen wachsen nur dort, wo die Temperatur innerhalb eines bestimmten Bereichs bleibt.

Lovelock programmierte seinen Computer mit den mathematischen Gleichungen, die all diesen Bedingungen entsprachen, wählte als Startbedingung eine planetarische Temperatur um den Gefrierpunkt und ließ dann das Modell auf dem Computer laufen. Die entscheidende Frage lautete: «Würde die Evolution des Ökosystems Daisyworld zu einer Selbstregulation des Klimas führen?»[72]

Die Ergebnisse waren spektakulär. Wenn sich der Modellplanet erwärmt, wird es an einem bestimmten Zeitpunkt am Äquator warm genug für pflanzliches Leben. Die schwarzen Gänseblümchen

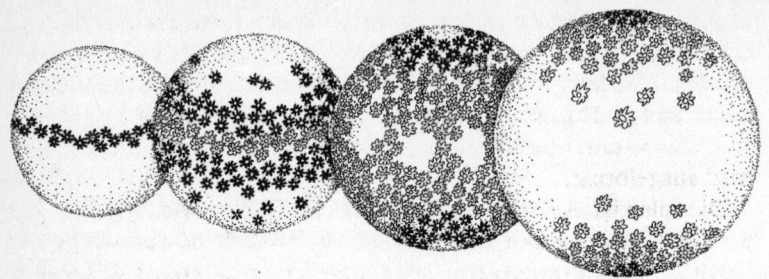

Abbildung 5–5: Die vier Evolutionsphasen von Daisyworld.

sprießen als erste,weil sie Wärme besser absorbieren als die weißen und daher für das Überleben und die Fortpflanzung unter diesen Bedingungen besser geeignet sind. Somit weist Daisyworld in ihrer ersten Evolutionsphase um den Äquator herum einen Ring schwarzer Gänseblümchen auf (Abb. 5–5).

Während sich der Planet weiter erwärmt, wird es am Äquator zu heiß für die schwarzen Gänseblümchen, und sie beginnen sich in den subtropischen Zonen anzusiedeln. Gleichzeitig erscheinen weiße Gänseblümchen im Bereich des Äquators. Da sie weiß sind, reflektieren sie Wärme und kühlen dadurch sich selbst, so daß sie in heißen Zonen besser gedeihen als die schwarzen Gänseblümchen. In der zweiten Phase zieht sich dann ein Ring aus weißen Gänseblümchen um den Äquator herum, und die subtropischen und gemäßigten Zonen sind voller schwarzer Gänseblümchen, während es im Bereich der Pole immer noch zu kalt ist, so daß dort überhaupt keine Gänseblümchen wachsen.

Dann wird die Sonne noch heißer, und das pflanzliche Leben am Äquator stirbt aus, da es dort jetzt sogar für die weißen Gänseblümchen zu heiß geworden ist. In den gemäßigten Zonen haben die weißen die schwarzen Gänseblümchen mittlerweise abgelöst, und schwarze Gänseblümchen beginnen um die Pole herum aufzutreten. Somit wird der Äquator in dieser dritten Phase kahl, die gemäßigten Zonen sind mit weißen Gänseblümchen bevölkert, und an den Zonen um die Pole herum gedeihen schwarze Gänseblümchen. Nur die Polkappen selbst weisen kein pflanzliches Leben auf. In der letzten Phase schließlich sind ausgedehnte Regionen um den Äquator und in den subtropischen Zonen zu heiß, als daß dort überhaupt noch Gänseblümchen überleben könnten, während sich weiße Gänseblümchen in den gemäßigten Zonen und schwarze direkt an den Polen befinden. Danach wird es auf dem Modellplaneten zu heiß für das Wachstum irgendwelcher Gänseblümchen, und alles Leben wird ausgelöscht.

Dies also ist die einfache Dynamik des Daisyworld-Systems. Die wichtigste Eigenschaft des Modells, die letztlich die Selbstregelung bewirkt, besteht einerseits darin, daß die schwarzen Gänseblümchen durch das Absorbieren von Wärme nicht nur sich selbst, sondern auch den Planeten erwärmen. Die weißen Gänseblümchen wiederum reflektieren Wärme und kühlen damit nicht nur sich selbst, sondern auch den Planeten ab. Damit wird während der gesamten Evolution von Daisyworld Wärme absorbiert und reflektiert, abhängig davon, welche Gänseblümchen gerade vorhanden sind.

Als Lovelock die Temperaturveränderungen auf dem Planeten während seiner Evolution aufzeichnete, gelangte er zu dem verblüffenden Ergebnis, daß die planetarische Temperatur während der vier Phasen konstant bleibt (Abb. 5–6). Wenn die Sonne relativ kalt ist, erhöht Daisyworld ihre eigene Temperatur durch Wärmeabsorption seitens der schwarzen Gänseblümchen – wenn die Sonne heißer wird, sinkt die Temperatur allmählich ab aufgrund der fort-

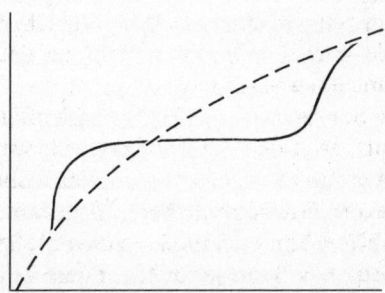

Abbildung 5–6: Die Temperaturentwicklung auf Daisyworld: Die gestrichelte Kurve zeigt den Temperaturanstieg, wenn kein Leben vorhanden ist; die durchgezogene Kurve zeigt, wie das Leben die Temperatur konstant hält; aus Lovelock (1991).

schreitenden Vorherrschaft der Wärme reflektierenden weißen Gänseblümchen. Somit regelt Daisyworld, ohne Weitblick oder Planung, «ihre eigene Temperatur über einen sehr langen Zeitraum hinweg durch den Tanz der Gänseblümchen».[73]

Rückkopplungsschleifen, die Umwelteinflüsse mit dem Wachstum von Gänseblümchen verbinden, die wiederum die Umwelt beeinflussen, sind ein wesentliches Merkmal des Daisyworld-Modells. Wenn dieser Zyklus durchbrochen wird, so daß es keinen Einfluß der Gänseblümchen auf die Umwelt gibt, treten bei den Gänseblümchenpopulationen wilde Schwankungen auf, und das ganze System wird chaotisch. Aber sobald die Schleifen geschlossen sind, indem die Gänseblümchen wieder mit der Umwelt verbunden werden, stabilisiert sich das Modell, und die Selbstregelung setzt erneut ein.

Inzwischen hat Lovelock viel kompliziertere Versionen von Daisyworld konstruiert. Statt bloß zwei gibt es nun viele Arten von Gänseblümchen in den neuen Modellen, mit verschiedenen Pigmenten; da gibt es Modelle, in denen Gänseblümchen farbig werden und ihre Farbe ändern oder von Kaninchen gefressen werden, die wiederum von Füchsen gefressen werden und so weiter.[74] Unter dem Strich zeigte sich bei diesen hochkomplexen Modellen, daß die geringen Temperaturschwankungen, die im ursprünglichen Daisyworld-Modell aufgetreten waren, sich noch mehr abflachten und daß die Selbstregelung immer stabiler wurde, je mehr die Komplexität des Modells zunahm. Darüber hinaus führte Lovelock in seinen Modellen Katastrophen ein, die in regelmäßigen Intervallen 30 Prozent der Gänseblümchen vernichteten. Er fand heraus, daß die Selbstregelung von Daisyworld selbst angesichts solcher schweren Störungen erstaunlich widerstandsfähig bleibt.

All diese Modelle haben lebhafte Diskussionen unter Biologen, Geophysikern und Geochemikern ausgelöst. Seit ihrer ersten Veröffentlichung hat die Gaia-Hypothese nunmehr zunehmendes Ansehen in der wissenschaftlichen Welt gefunden. Ja, mittlerweile gibt es mehrere Forschungsteams in verschiedenen Teilen der Welt, die mit detaillierten Ausarbeitungen der Gaia-Theorie beschäftigt sind.[75]

Eine frühe Synthese

In den späten siebziger Jahren, also fast zwanzig Jahre nachdem die Schlüsselkriterien der Selbstorganisation in verschiedenen Bereichen entdeckt worden waren, wurden detaillierte mathematische Theorien und Modelle selbstorganisierender Systeme formuliert. Eine Reihe gemeinsamer Merkmale schälte sich heraus: der ständige Fluß von Energie und Materie durch das System, der stabile Zustand fern vom Gleichgewicht, das Auftreten neuer Ordnungsmuster, die zentrale Rolle von Rückkopplungsschleifen und die mathematische Beschreibung in Form von nichtlinearen Gleichungen.

Damals stellte der österreichische Physiker Erich Jantsch, der gerade an der University of California in Berkeley weilte, eine frühe Synthese der neuen Modelle der Selbstorganisation in einem Buch mit dem Titel *The Self-Organizing Universe* (deutsch: *Die Selbstorganisation des Universums*) vor.[76] Sie beruhte hauptsächlich auf Prigogines Theorie der dissipativen Strukturen. Zwar ist Jantschs Buch inzwischen weitgehend überholt, weil es geschrieben wurde, bevor die neue Mathematik der Komplexität allgemein bekannt war, und weil es noch nicht das ausgearbeitete Konzept der Autopoiese als der Organisation lebender Systeme enthielt. Dennoch war es seinerzeit von allergrößtem Wert. Erstmals wurde Prigogines Arbeit einem breiten Publikum zugänglich gemacht und versucht, eine Vielzahl damals ganz neuer Begriffe und Ideen in einem stimmigen Modell der Selbstorganisation zusammenzufassen. Meine eigene Synthese dieser Konzepte im vorliegenden Buch ist in gewisser Hinsicht eine Neuformulierung von Erich Jantschs früherer Arbeit.

6   Die Mathematik der Komplexität

Die Ansicht, daß lebende Systeme selbstorganisierende Netzwerke und ihre Bestandteile alle miteinander verbunden und voneinander abhängig sind, ist auf die eine oder andere Weise wiederholt in der Geschichte der Philosophie und Wissenschaft zum Ausdruck gebracht worden. Detaillierte Modelle selbstorganisierter Systeme konnten allerdings erst in jüngster Zeit formuliert werden. Die Voraussetzung dafür war die Entwicklung neuer mathematischer Werkzeuge, die es den Wissenschaftlern erlaubten, die für Netzwerke charakteristische nichtlineare Verknüpftheit modellhaft darzustellen. Die Entdeckung dieser neuen «Mathematik der Komplexität» wird zunehmend als eines der bedeutendsten Ereignisse in der Wissenschaft des 20. Jahrhunderts gewürdigt.

Die im vorigen Kapitel beschriebenen Theorien und Modelle der Selbstorganisation haben es mit hochkomplexen Systemen zu tun, in denen Tausende von wechselseitig voneinander abhängigen chemischen Reaktionen stattfinden. Im Laufe der letzten drei Jahrzehnte hat sich eine ganze Reihe neuer Begriffe und Techniken entwickelt, die sich mit dieser ungeheuren Komplexität befassen und inzwischen ein folgerichtiges mathematisches System bilden. Noch gibt es indes keinen definitiven Namen für diese neue Mathematik. Populärwissenschaftlich spricht man von der «Mathematik der Komplexität», fachsprachlich von «dynamischer Systemtheorie», «Systemdynamik», «komplexer Dynamik» oder «nichtlinearer Dynamik». Am meisten verbreitet ist vielleicht der Ausdruck «dynamische Systemtheorie».

Um eine Begriffsverwirrung zu vermeiden, sollte man daran denken, daß die dynamische Systemtheorie keine Theorie von Naturphänomenen, sondern eine mathematische Theorie ist, deren Begriffe und Techniken auf eine große Vielfalt von Phänomenen angewendet werden. Das gleiche gilt für die Chaostheorie und die

Theorie der Fraktale, die wichtige Zweige der dynamischen Systemtheorie sind.

Wie wir noch sehen werden, ist die neue Mathematik eine Mathematik der Beziehungen und Muster. Sie ist qualitativ statt quantita-
tiv und verkörpert damit die Akzentverschiebung, die so charakteristisch für das Systemdenken ist: von Objekten zu Beziehungen, von
der Quantität zur Qualität, von der Substanz zum Muster. Eine entscheidende Rolle bei der neuen Beherrschung der Komplexität
spielt die Entwicklung leistungsfähiger Computer. Mit ihrer Hilfe
sind die Mathematiker inzwischen in der Lage, komplexe Gleichungen zu lösen, die sich bislang einer Lösung entzogen haben, und
diese Lösungen als Kurven in einem Diagramm zu zeichnen. Auf
diese Weise haben sie neue qualitative Verhaltensmuster dieser
komplexen Systeme entdeckt, eine neue Ebene der Ordnung, die
dem scheinbaren Chaos zugrunde liegt.

Die klassische Mathematik

Um das Innovative an der neuen Mathematik der Komplexität wür-
digen zu können, wollen wir sie einmal der Mathematik der klassischen Naturwissenschaft gegenüberstellen. Die Naturwissenschaft
im modernen Sinne des Begriffs begann im späten 16. Jahrhundert
mit Galileo Galilei, der als erster systematische Experimente
durchführte und die Sprache der Mathematik dazu verwendete, um
die von ihm entdeckten Naturgesetze zu formulieren. Zu seiner
Zeit wurde die Naturwissenschaft noch als «Naturphilosophie» bezeichnet, und als Galilei «Mathematik» sagte, meinte er die Geometrie. «Philosophie», schrieb er, «steht in jenem großen Buch geschrieben, das stets offen vor unseren Augen liegt; doch können wir
sie nicht verstehen, wenn wir nicht zuvor die Sprache und die
Schriftzeichen erlernen, mit denen es geschrieben ist. Diese Sprache ist Mathematik, und die Schriftzeichen sind Dreiecke, Kreise
und sonstige geometrische Figuren.»[1]

Galilei hatte diese Anschauung von den alten griechischen Philosophen übernommen, die gern alle mathematischen Probleme geometrisch darstellten und sie in Form geometrischer Figuren zu lösen
suchten. Über dem Eingang zu Platons Akademie in Athen, die

neun Jahrhunderte lang die bedeutendste griechische Schule der Wissenschaft und Philosophie war, soll der Legende nach die Inschrift gestanden haben: «Niemand trete ein, der mit der Geometrie nicht vertraut ist.»

Mehrere Jahrhunderte später wurde eine ganz andere Methode zur Lösung mathematischer Probleme, die sogenannte Algebra, von islamischen Philosophen in Persien entwickelt, die sie ihrerseits von indischen Mathematikern übernommen hatten. Das Wort leitet sich vom arabischen *al-dschabr* (wörtlich «zusammenbinden») ab und bezeichnet das Verfahren, die Zahl unbekannter Größen zu reduzieren, indem man sie in Gleichungen zusammenfaßt. Die einfache Algebra arbeitet mit Gleichungen, in denen Buchstaben – die nach allgemeinem Brauch dem Anfang des Alphabets entnommen sind – für verschiedene konstante Zahlen stehen. Ein bekanntes Beispiel, an das sich die meisten Leser noch aus ihrer Schulzeit erinnern werden, ist die Gleichung

$$(a+b)^2 = a^2 + 2ab + b^2.$$

In der höheren Algebra geht es um Beziehungen, sogenannte «Funktionen», zwischen unbekannten veränderlichen Zahlen oder «Variablen», die durch Buchstaben bezeichnet werden. Letztere sind nach allgemeinem Brauch dem Ende des Alphabets entnommen. So nennt man zum Beispiel in der Gleichung

$$y = x + 1$$

die Variable y «eine Funktion von x», was in der mathematischen Formelsprache als $y = f(x)$ geschrieben wird.

Zur Zeit Galileis gab es somit zwei verschiedene Methoden zur Lösung mathematischer Probleme: Geometrie und Algebra. Sie entstammten zwei unterschiedlichen Kulturen. Beide Methoden wurden von René Descartes vereinigt. Descartes, der eine Generation nach Galilei lebte, gilt meistens als Begründer der modernen Philosophie, aber er war auch ein hervorragender Mathematiker. Sein bedeutendster Beitrag zur Mathematik war die Erfindung einer Methode, mit der man algebraische Formeln und Gleichungen als geometrische Formen sichtbar machen kann.

Diese Methode, die man heute analytische Geometrie nennt, arbeitet mit kartesischen Koordinaten, einem Koordinatensystem also, das von Descartes erfunden und nach ihm benannt worden ist.

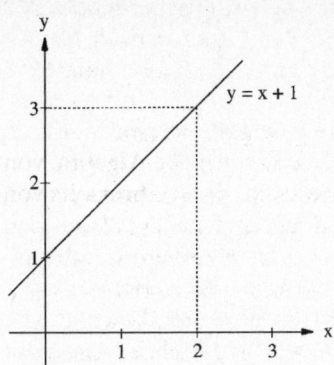

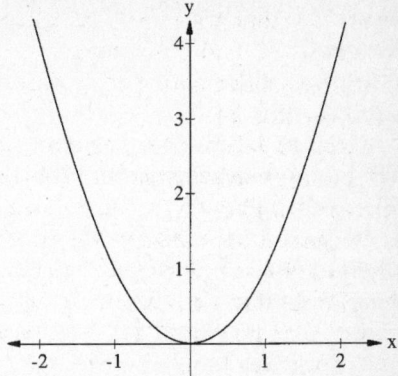

Abbildung 6–1: Graph, der der Gleichung y = x + 1 entspricht. Für jeden Punkt auf der geraden Linie ist der Wert der y-Koordinate stets um eine Einheit größer als der Wert der x-Koordinate.

Abbildung 6–2: Graph, der der Gleichung y = x^2 entspricht. Für jeden Punkt auf der Parabel ist die y-Koordinate gleich dem Quadrat der x-Koordinate.

Wenn etwa die Beziehung zwischen den beiden Variablen x und y in unserem obigen Beispiel, der Gleichung y = x + 1, als ein Graph mit kartesischen Koordinaten dargestellt wird, sehen wir, daß sie einer geraden Linie entspricht (Abb. 6–1). Daher werden Gleichungen dieses Typs «lineare» Gleichungen genannt.

In gleicher Weise wird die Gleichung y = x^2 durch eine Parabel dargestellt (Abb. 6–2). Gleichungen dieser Art, die im kartesischen Raster Kurven entsprechen, nennt man «nichtlineare» Gleichungen. Ihr Unterscheidungsmerkmal gegenüber den linearen Gleichungen besteht darin, daß eine oder mehrere ihrer Variablen zum Quadrat oder zu höheren Potenzen erhoben werden.

Differentialgleichungen

Mit Descartes' neuer Methode konnten die von Galilei entdeckten Gesetze der Mechanik entweder in algebraischer Form als Gleichungen oder in geometrischer Form als sichtbare Figuren ausgedrückt werden. Allerdings gab es ein bedeutsames mathematisches

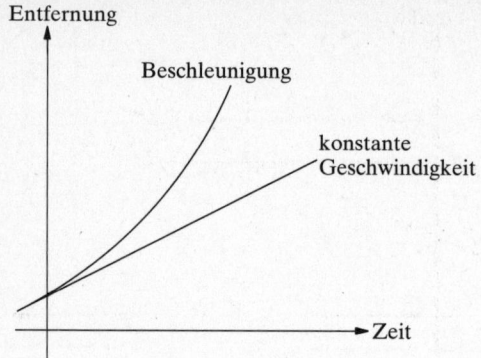

Abbildung 6–3: Graphen, die die Bewegung zweier Körper zeigen, von denen sich der eine mit konstanter Geschwindigkeit bewegt, während sich der andere beschleunigt.

Problem, das weder Galilei noch Descartes, noch irgendeiner ihrer Zeitgenossen lösen konnte: Sie waren außerstande, eine Gleichung aufzustellen, die die Bewegung eines Körpers bei variabler Geschwindigkeit beschrieb, eines Körpers also, der sich beschleunigte oder verlangsamte.

Um das Problem zu verstehen, stellen wir uns einmal zwei sich bewegende Körper vor, wobei sich der eine mit konstanter Geschwindigkeit bewegt, während der andere sich beschleunigt. Wenn wir die jeweils von ihnen zurückgelegte Strecke im Verhältnis zur Zeit aufzeichnen, erhalten wir die beiden in Abbildung 6–3 gezeigten Graphen. Im Falle des sich beschleunigenden Körpers ändert sich die Geschwindigkeit in jedem Augenblick, und dies war etwas, was Galilei und seine Zeitgenossen nicht mathematisch ausdrücken konnten. Mit anderen Worten: Sie waren nicht in der Lage, die exakte Geschwindigkeit des sich beschleunigenden Körpers zu einer bestimmten Zeit zu errechnen.

Erst ein Jahrhundert später gelang dies etwa gleichzeitig Isaac Newton, dem Giganten der klassischen Naturwissenschaft, und dem deutschen Philosophen und Mathematiker Gottfried Wilhelm Leibniz. Zur Lösung des Problems, mit dem sich Mathematiker und Naturphilosophen seit Jahrhunderten herumgeplagt hatten, erfanden

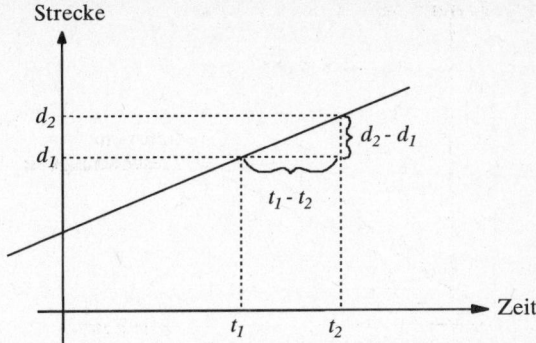

Abbildung 6–4: Zur Berechnung einer konstanten Geschwindigkeit teilt man die Differenz zwischen Streckenkoordinaten ($d_2 - d_1$) durch die Differenz zwischen Zeitkoordinaten ($t_2 - t_1$).

Newton und Leibniz unabhängig voneinander eine neue Methode, die heute Infinitesimalrechnung heißt und als Tor zur «höheren Mathematik» gilt.

Es ist sehr lehrreich und bedarf keiner Fachsprache, nachzuvollziehen, wie Newton und Leibniz das Problem angingen. Wir wissen alle, wie man die Geschwindigkeit eines sich bewegenden Körpers berechnet, wenn sie konstant bleibt. Wenn wir mit dem Auto 20 km/h fahren, heißt das, daß wir in einer Stunde eine Strecke von 20 Kilometern zurückgelegt haben, in zwei Stunden 40 Kilometer und so weiter. Um also die Geschwindigkeit des Autos zu erhalten, teilen wir einfach die Strecke (z.B. 40 Kilometer) durch die Zeit, die wir benötigt haben, um diese Strecke zurückzulegen (z.B. 2 Stunden). In unserem Graphen müssen wir also die Differenz zwischen zwei Streckenkoordinaten durch die Differenz zwischen zwei Zeitkoordinaten dividieren (siehe Abb. 6–4).

Wenn die Geschwindigkeit des Autos schwankt, wie dies natürlich in jeder realen Situation der Fall ist, werden wir nach einer Stunde mehr oder weniger als 20 Kilometer zurückgelegt haben, je nachdem, wie oft wir beschleunigt und gebremst haben. Wie können wir in so einem Fall die exakte Geschwindigkeit zu einer bestimmten Zeit berechnen?

Wenden wir uns hier Newtons Methode zu. Er sagte: Zuerst ein-

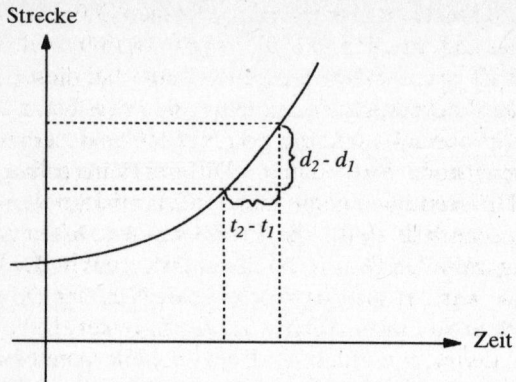

Abbildung 6–5: Die Berechnung der näherungsweisen Geschwindigkeit zwischen zwei Punkten im Falle der Beschleunigung.

mal wollen wir (im Beispiel der sich beschleunigenden Bewegung) die ungefähre Geschwindigkeit zwischen zwei Punkten berechnen, indem wir die Kurve zwischen ihnen durch eine gerade Linie ersetzen. Wie in Abbildung 6–5 gezeigt, ist die Geschwindigkeit wieder der Quotient aus $(d_2 - d_1)$ und $(t_2 - t_1)$. Dies ist zwar nicht die exakte Geschwindigkeit an den beiden Punkten, aber wenn wir die Strecke zwischen ihnen genügend verkleinern, werden wir einen guten Annäherungswert erhalten.

Und dann sagte Newton: Nun wollen wir das Dreieck, das von der Kurve und den Koordinatendifferenzen gebildet wird, schrumpfen lassen, indem wir die beiden Punkte auf der Kurve immer näher zusammenrücken. Dabei wird sich die gerade Linie zwischen den beiden Punkten der Kurve immer mehr annähern, und der Fehler in der Berechnung der Geschwindigkeit zwischen den beiden Punkten wird kleiner und kleiner. Wenn wir schließlich – und das ist der entscheidende Schritt! – *die Grenze der unendlich kleinen Differenzen* erreichen, verschmelzen die beiden Punkte auf der Kurve zu einem einzigen Punkt, und wir erhalten die exakte Geschwindigkeit an diesem Punkt. Geometrisch gesehen wird die gerade Linie dann eine Tangente an der Kurve sein.

Dieses Dreieck mathematisch auf Null schrumpfen zu lassen und den Quotienten zwischen zwei unendlich kleinen Differenzen zu berechnen ist alles andere als trivial. Die präzise Definition der Grenze des unendlich Kleinen ist der springende Punkt bei dieser Rechenmethode. In der Fachsprache nennt man eine unendlich kleine Differenz ein «Differential», und die von Newton und Leibniz erfundene Rechenmethode heißt daher «Differentialrechnung». Gleichungen mit Differentialen nennt man Differentialgleichungen.

Für die Wissenschaft stellte die Erfindung der Differentialrechnung einen gigantischen Schritt dar. Zum erstenmal in der Menschheitsgeschichte war der Begriff des Unendlichen, der die Philosophen und Dichter seit urdenklichen Zeiten fasziniert hatte, präzise mathematisch definiert worden, so daß sich zahllose neue Möglichkeiten für die Analyse natürlicher Phänomene ergaben.

Die Leistungsfähigkeit dieses neuen analytischen Werkzeugs läßt sich am berühmten Paradox von Zenon aus der frühgriechischen Philosophenschule der Eleaten veranschaulichen. Zenon behauptete, der große Athlet Achilleus könnte eine Schildkröte nie einholen, wenn sie in einem Rennen mit ihm am Anfang einen Vorsprung bekommt. Denn wenn Achilleus die Strecke, die diesem Vorsprung entspricht, zurückgelegt habe, werde die Schildkröte eine weitere Strecke zurückgelegt haben; während Achilleus nun diese Strecke zurücklege, werde die Schildkröte wieder ein Stück weiter sein und so weiter bis zur Unendlichkeit. Auch wenn der Rückstand des Athleten ständig abnehme, werde er nie verschwinden. In jedem Augenblick werde die Schildkröte stets ein Stück weiter sein. Also, forderte Zenon, könne Achilleus, der schnellste Läufer der Antike, die Schildkröte nie einholen.

Jahrhundertelang bereitete dieses Paradox den Philosophen Kopfzerbrechen, aber sie konnten es nie lösen, weil sie die exakte Definition des unendlich Kleinen nicht kannten. Der Fehler in Zenons Argumentation beruht auf der Tatsache, daß Achilleus zwar eine unendliche Zahl von *Schritten* benötigt, um die Schildkröte zu erreichen, aber dazu braucht er nicht unendlich viel *Zeit*. Mit Newtons neuer Rechenmethode läßt sich leicht zeigen, daß ein sich bewegender Körper eine unendliche Zahl unendlich kleiner Intervalle in einer endlichen Zeit durchläuft.

Im 17. Jahrhundert benutzte Isaac Newton seine Rechenmethode dazu, um alle möglichen Bewegungen fester Körper mit einer Reihe von Differentialgleichungen zu beschreiben, die seither «Newtonsche Bewegungsgleichungen» heißen. Einstein rühmte diese großartige Leistung als den «vielleicht größten Fortschritt im Denken, den zu vollziehen ein einziges Individuum jemals das Privileg hatte»[2].

Komplexe Phänomene

Im 18. und 19. Jahrhundert wurden die Newtonschen Bewegungsgleichungen von einigen der bedeutendsten Köpfe in der Geschichte der Mathematik allgemeiner, abstrakter und eleganter formuliert. Diese Neuformulierungen durch Pierre Laplace, Leonhard Euler, Joseph Lagrange und William Hamilton änderten zwar nichts am Inhalt von Newtons Gleichungen, deren zunehmende Verfeinerung erlaubte es den Wissenschaftlern aber, eine ständig größer werdende Vielfalt natürlicher Phänomene zu analysieren.

Indem Newton selbst seine Theorie auf die Bewegung der Planeten anwandte, gelang es ihm zwar, die einfachen Merkmale des Sonnensystems wiederzugeben, aber nicht seine feineren Details. Laplace hingegen verbesserte und vervollkommnete Newtons Berechnungen so weit, daß es ihm gelang, die Bewegung der Planeten, Monde und Kometen bis in die kleinsten Einzelheiten zu erklären, ebenso wie die Gezeiten und andere Phänomene, die mit der Schwerkraft zusammenhingen.

Ermutigt durch diesen großartigen Erfolg der Newtonschen Mechanik in der Astronomie, übertrugen Physiker und Mathematiker sie auf die Bewegung von Flüssigkeiten und die Schwingungen von Saiten, Glocken und anderen elastischen Körpern, und wieder funktionierten sie. Diese eindrucksvollen Erfolge brachten Wissenschaftler zu Beginn des 19. Jahrhunderts dazu, zu glauben, daß das Universum tatsächlich ein großes mechanisches System sei, das sich an die Newtonschen Bewegungsgesetze hält. Damit wurden Newtons Differentialgleichungen zur mathematischen Grundlage des mechanistischen Paradigmas. Die Newtonsche Weltmaschine wurde für völlig kausal und deterministisch gehalten. Alles, was geschah, hatte eine eindeutige Ursache und erzeugte eine eindeutige Wirkung, und die Zukunft jedes Teils im System ließ sich – im Prinzip – mit absoluter Gewißheit vorhersagen, sofern sein jeweiliger Zustand zu irgendeiner Zeit in allen Details bekannt war.

In der Praxis stellte sich natürlich schon bald heraus, wie begrenzt dieses Modell der Natur doch war. «Die Gleichungen aufzustellen ist eine Sache, sie zu lösen ist eine ganz andere», bemerkte der englische Mathematiker Ian Stewart treffend.[3] Exakte Lösungen beschränkten sich auf einige einfache und regelmäßige Phänomene, während die Komplexität unüberschaubar großer Gebiete der Natur allen mechanistischen Erklärungsmodellen trotzte. So konnte beispielsweise zwar die relative Bewegung zweier Körper unter dem Einfluß der Schwerkraft präzise berechnet werden; aber schon die Bewegung dreier Körper war zu schwierig für eine exakte Lösung, und bei den Gasen mit ihren Millionen Teilchen schien die Lage allemal hoffnungslos zu sein.

Andererseits hatten Physiker und Chemiker schon seit langer Zeit im Verhalten von Gasen Gesetzmäßigkeiten beobachtet, die Eingang in sogenannte «Gasgesetze» gefunden hatten: einfache mathematische Beziehungen zwischen der Temperatur, dem Volumen und dem Druck eines Gases. Wie ließen sich nun diese offenkundig einfachen Gesetzmäßigkeiten aus der ungeheuren Komplexität der Bewegung der einzelnen Moleküle ableiten?

Im 19. Jahrhundert fand der große Physiker James Clerk Maxwell darauf eine Antwort. Auch wenn sich das exakte Verhalten der Moleküle eines Gases nicht bestimmen ließe, erklärte Maxwell, so könnte doch ihr *durchschnittliches* Verhalten zu den beobachteten Gesetzmäßigkeiten führen. Daher schlug Maxwell vor, zur Formulierung der Bewegungsgesetze von Gasen statistische Methoden anzuwenden:

Der kleinste Teil der Materie, den wir experimentell ausfindig machen können, besteht aus Millionen von Molekülen, von denen wir keines jemals einzeln wahrnehmen können. Daher können wir auch nicht die tatsächliche Bewegung eines einzelnen Moleküls feststellen. Wir sind somit verpflichtet, die streng historische Methode preiszugeben und uns die statistischen Methoden zu eigen zu machen, um große Mengen von Molekülen zu behandeln.[4]

Maxwells Methode war in der Tat überaus erfolgreich. Sie ermöglichte es den Physikern sogleich, die Grundeigenschaften eines Gases in Form des Durchschnittsverhaltens seiner Moleküle zu erklären. So stellte sich beispielsweise heraus, daß der Druck eines Gases die vom durchschnittlichen Stoß der Moleküle verursachte Kraft ist[5], während sich die Temperatur als proportional zu ihrer durchschnittlichen Bewegungsenergie erwies. Die Statistik und ihre theoretische Grundlage, die Wahrscheinlichkeitstheorie, waren seit dem 17. Jahrhundert entwickelt worden und ließen sich ohne weiteres auf die Theorie der Gase anwenden. Die Kombination von statistischen Methoden mit der Newtonschen Mechanik führte zu einem neuen Wissenschaftszweig, der sogenannten «statistischen Mechanik», die die theoretische Grundlage der Thermodynamik wurde, der Theorie der Wärme.

Nichtlinearität

Damit hatten die Naturwissenschaftler am Ende des 19. Jahrhunderts zwei verschiedene mathematische Werkzeuge als Erklärungsmodelle natürlicher Phänomene entwickelt: die exakten, deterministischen Bewegungsgleichungen für einfache Systeme und die auf der statistischen Analyse von Durchschnittsmengen basierenden Gleichungen der Thermodynamik für komplexe Systeme.

So unterschiedlich diese beiden Techniken auch waren, sie hatten doch eins miteinander gemeinsam: Beide arbeiteten mit *linearen* Gleichungen. Die Newtonschen Bewegungsgleichungen sind ganz allgemein gehalten und gelten für lineare wie nichtlineare Phänomene – ja, hin und wieder wurden sogar nichtlineare Gleichungen formuliert. Aber da diese gewöhnlich für eine Lösung zu komplex und die damit verbundenen physikalischen Phänomene – wie turbulente Wasser- und Luftströmungen – offenkundig chaotischer Natur waren, vermieden die Wissenschaftler im allgemeinen das Studium nichtlinearer Systeme.[6]

Immer wenn nichtlineare Gleichungen auftraten, wurden sie daher sofort «linearisiert», d. h. durch lineare Annäherungen ersetzt. Statt die Phänomene in ihrer ganzen Komplexität zu beschreiben, befassen sich die Gleichungen der klassischen Naturwissenschaft

mit *kleinen* Schwankungen, *flachen* Wellen, *geringen* Temperaturveränderungen usw. Wie Ian Stewart bemerkt hat, war diese Gewohnheit so tief verwurzelt, daß viele Gleichungen linearisiert wurden, *während sie aufgestellt wurden*, so daß die wissenschaftlichen
Lehrbücher nicht einmal die vollständigen nichtlinearen Fassungen
enthalten. Konsequenterweise gaben sich die meisten Wissenschaftler und Ingenieure dem Glauben hin, daß sich praktisch alle natürlichen Phänomene durch lineare Gleichungen beschreiben ließen.
«Wie das achtzehnte Jahrhundert an eine Welt als Uhrwerk glaubte,
so glaubte die Mitte des zwanzigsten Jahrhunderts an eine lineare
Welt.»[7]

Der entscheidende Wandel im Laufe der letzten drei Jahrzehnte
besteht in der Erkenntnis, daß die Natur, wie Stewart es formuliert
hat, «erbarmungslos nichtlinear» ist. Nichtlineare Phänomene beherrschen die unbelebte Welt weitaus mehr, als wir geglaubt hatten,
und sie sind ein wesentlicher Aspekt der vernetzten Muster lebender Systeme. Die dynamische Systemtheorie ist die erste Mathematik, die es Wissenschaftlern ermöglicht, sich mit der ganzen Komplexität dieser nichtlinearen Phänomene zu befassen.

Die Erforschung nichtlinearer Systeme im Laufe der letzten Jahrzehnte hat sich auf die gesamte Naturwissenschaft nachhaltig ausge-
wirkt. Sie zwang uns, einige ganz grundlegende Vorstellungen über
die Beziehungen zwischen einem mathematischen Modell und den
Phänomenen, die es beschreibt, neu zu bewerten. Eine dieser Vorstellungen betrifft unser Verständnis von Einfachheit und Komplexität.

In der Welt der linearen Gleichungen glaubten wir zu wissen, daß
durch einfache Gleichungen beschriebene Systeme sich auch auf
einfache Weise verhalten. Andererseits galt: werden Systeme durch
komplizierte Gleichungen beschrieben, verhalten sie sich auch auf
komplizierte Weise. In der nichtlinearen Welt – zu ihr gehört der
größte Teil der realen Welt, wie wir allmählich entdecken – können
einfache deterministische Gleichungen ein ungeahnt vielfältiges
Verhalten hervorrufen. Andererseits kann ein komplexes und
scheinbar chaotisches Verhalten geordnete Strukturen, subtile und
schöne Muster entstehen lassen. Ja, in der Chaostheorie hat der
Ausdruck «Chaos» eine ganz neue fachliche Bedeutung gewonnen.
Das Verhalten chaotischer Systeme ist nicht bloß willkürlich, son-

dern enthüllt auf tieferer Ebene geordnete Muster. Wie wir noch sehen werden, ermöglichen es die neuen mathematischen Techniken, diese zugrundeliegenden Muster in klaren Formen sichtbar zu machen.

Eine weitere wichtige Eigenschaft nichtlinearer Gleichungen, die die Wissenschaftler sehr beunruhigt hat, besteht darin, daß eine exakte Vorhersage oft unmöglich ist, und zwar auch wenn die Gleichungen strikt deterministisch sind. Wir werden noch sehen, daß dieses verblüffende Merkmal der Nichtlinearität eine bedeutsame Akzentverschiebung von der quantitativen zur qualitativen Analyse bewirkt hat.

Rückkopplung und Iterationen

Die dritte wichtige Eigenschaft nichtlinearer Systeme ist eine Folge des häufigen Vorkommens selbstverstärkender Rückkopplungsprozesse. In linearen Systemen rufen kleine Veränderungen kleine Wirkungen hervor, und große Wirkungen sind entweder auf große Veränderungen oder auf eine Summe vieler kleiner Veränderungen zurückzuführen. In nichtlinearen Systemen dagegen können kleine Veränderungen dramatische Wirkungen haben, weil sie wiederholt durch Rückkopplung verstärkt werden können. Derartige Rückkopplungsprozesse sind der Ursprung der Instabilitäten und des plötzlichen Auftretens neuer Ordnungsformen, wie sie für die Selbstorganisation so typisch sind.

Mathematisch ausgedrückt entspricht eine Rückkopplungsschleife einem speziellen nichtlinearen Prozeß: einer sogenannten Iteration (lateinisch für «Wiederholung»), in der eine Funktion sich ständig wiederholt. Wenn diese Funktion beispielsweise im Multiplizieren der Variablen x mit 3 besteht, d.h., wenn $f(x) = 3x$, dann besteht die Iteration in wiederholten Multiplikationen. In der mathematischen Formelsprache wird dies so ausgedrückt:

$$x \rightarrow 3x$$
$$3x \rightarrow 9x$$
$$9x \rightarrow 27x$$

usw.

Jeden dieser Schritte nennt man eine «Abbildung». Wenn wir die Variable x optisch als eine Linie von Zahlen darstellen, bildet die Operation x → 3x jede Zahl auf eine andere Zahl auf der Linie ab. Allgemeiner ausgedrückt: Eine Abbildung, die im Multiplizieren von x mit einer konstanten Zahl k besteht, wird so geschrieben:

$$x \to kx.$$

Eine Iteration, die man sehr oft in nichtlinearen System findet und die sehr einfach ist, aber doch eine reichhaltige Komplexität erzeugt, ist die Abbildung

$$x \to kx(1{-}x),$$

wobei die Variable x auf Werte zwischen 0 und 1 beschränkt ist. Für diese Abbildung, die die Mathematiker eine «logistische Abbildung» nennen, gibt es viele wichtige Anwendungsmöglichkeiten. Ökologen beschreiben damit das Wachstum einer Population unter gegensätzlichen Tendenzen. Wir sprechen daher auch von einer «Wachstumsgleichung».[8]

Es ist eine faszinierende Übung, die Iterationen verschiedener logistischer Abbildungen zu verfolgen, und dazu genügt bereits ein kleiner Taschenrechner.[9] Um das Wesensmerkmal dieser Iterationen zu erkennen, nehmen wir wieder den Wert k = 3, so daß

$$x \to 3x(1{-}x).$$

Die Variable x läßt sich optisch als ein Liniensegment darstellen, das von 0 bis 1 läuft, und die Abbildungen für ein paar Punkte lassen sich leicht berechnen, z. B.

$$
\begin{array}{rll}
0 & \to 0(1{-}0) & = 0 \\
0{,}2 & \to 0{,}6(1{-}0{,}2) & = 0{,}48 \\
0{,}4 & \to 1{,}2(1{-}0{,}4) & = 0{,}72 \\
0{,}6 & \to 1{,}8(1{-}0{,}6) & = 0{,}72 \\
0{,}8 & \to 2{,}4(1{-}0{,}8) & = 0{,}48 \\
1 & \to 3(1{-}1) & = 0
\end{array}
$$

Wenn wir diese Zahlen auf zwei Liniensegmenten markieren, sehen wir, daß Zahlen zwischen 0 und 0,5 als Zahlen zwischen 0 und 0,75 abgebildet werden. Somit wird 0,2 zu 0,48 und 0,4 wird 0,72. Zahlen zwischen 0,5 und 1 werden in denselben Segmenten abgebil-

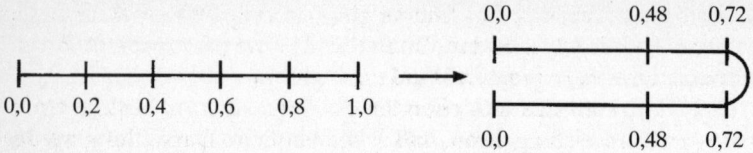

Abbildung 6–6: Die logistische Abbildung oder «Bäcker-Transformation».

det, aber in umgekehrter Reihenfolge. Somit wird 0,6 zu 0,72 und 0,8 wird 0,48. Das Gesamtergebnis ist in Abbildung 6–6 dargestellt. Wir sehen, wie die Abbildung das Segment streckt, so daß es die Strecke von 0 bis 1,5 zurücklegt und dann wieder umfaltet, was ein Segment ergibt, das von 0 bis 0,75 und wieder zurückläuft.

Eine Iteration dieser Abbildung wird zu wiederholten Streck- und Faltoperationen führen, etwa wie wenn ein Bäcker einen Teig immer wieder ausrollt und zusammenfaltet. Daher wird die Iteration ganz treffend die «Bäcker-Transformation» genannt. Während das Strecken und Falten weitergeht, werden benachbarte Punkte auf dem Liniensegment immer weiter voneinander entfernt, und es läßt sich unmöglich vorhersagen, wo sich ein bestimmter Punkt schließlich nach vielen Iterationen befinden wird.

Selbst die leistungsstärksten Computer runden ihre Berechnungen bei einer bestimmten Anzahl von Dezimalstellen ab, und nach einer ausreichenden Anzahl von Iterationen werden sich sogar die kleinsten Abrundungsfehler soweit summiert haben, daß bei der dann gegebenen Ungenauigkeit Vorhersagen nicht mehr möglich sind. Die Bäcker-Transformation ist ein Prototyp der nichtlinearen, hochkomplexen und unvorhersagbaren Prozesse, die man fachsprachlich als Chaos bezeichnet.

Poincaré und die Fußspuren des Chaos

Jene Mathematik, die es ermöglicht, Ordnung ins Chaos zu bringen, ist zwar erst vor kurzer Zeit entwickelt worden, ihre Grundlagen aber wurden bereits um die Jahrhundertwende durch einen der bedeutendsten Mathematiker der Neuzeit geschaffen: Henri Poincaré. Unter den Mathematikern dieses Jahrhunderts war Poincaré der letzte große Universalist. Ihm verdanken wir zahllose Beiträge in praktisch allen Zweigen der Mathematik. Seine gesammelten Werke umfassen mehrere hundert Bände.

Aus der Sicht des ausgehenden 20. Jahrhunderts besteht Poincarés größte Leistung darin, daß er die bildliche Darstellung wieder in die Mathematik eingeführt hat.[10] Seit dem 17. Jahrhundert hatte sich der Schwerpunkt der europäischen Mathematik nach und nach von der Geometrie, der Mathematik der visuellen Formen, zur Algebra, der Mathematik der Formeln, verlagert. Laplace, einer der größten Formalisierer, rühmte sich gar dessen, daß seine *Analytische Mechanik* überhaupt keine Bilder enthielte. Poincaré kehrte diesen Trend um, indem er den Würgegriff der Analyse und der Formeln abschüttelte, die immer undurchsichtiger geworden waren, und sich erneut optischen Mustern zuwandte.

Allerdings ist Poincarés visuelle Mathematik nicht die Geometrie des Euklid. Sie ist eine neuartige Geometrie, eine Mathematik der Muster und Beziehungen, die man Topologie nennt. Die Topologie ist eine Geometrie, in der alle Längen, Winkel und Flächen beliebig verzerrt werden können. Somit läßt sich ein Dreieck ohne weiteres in ein Rechteck umwandeln, das Rechteck in ein Quadrat, das Quadrat in einen Kreis. Genauso kann ein Kubus in einen Zylinder, der Zylinder in einen Kegel, der Kegel in eine Kugel umgeformt werden. Wegen dieser stetigen Transformationen wird die Topologie auch populär als «Gummigeometrie» bezeichnet. Alle Figuren, die sich durch stetiges Verbiegen, Strecken und Verdrehen ineinander umwandeln lassen, nennt man «topologisch äquivalent».

Allerdings läßt sich nicht alles durch diese topologischen Transformationen verändern. Ja, die Topologie befaßt sich gerade mit den Eigenschaften geometrischer Figuren, die sich nicht verändern, wenn die Figuren umgeformt werden. Schnittpunkte von Linien beispielsweise bleiben Schnittpunkte, und das Loch in einem Torus (einer reifenschlauchförmigen Ringfläche) läßt sich nicht wegverwandeln. Somit kann eine reifenschlauchförmige Figur topologisch zwar in etwas umgewandelt werden, das wie eine Kaffeetasse aussieht (wobei aus dem Loch ein «Henkel» wird), aber niemals in einen «Pfannkuchen». Die Topologie ist also eigentlich eine Mathematik von Beziehungen, von unveränderbaren oder «invarianten» Mustern.

Poincaré analysierte mit Hilfe topologischer Begriffe die qualitativen Merkmale komplexer dynamischer Probleme, und damit schuf er die Grundlagen für die Mathematik der Komplexität, die ein Jahrhundert später entstand. Unter den Problemen, die Poincaré auf diese Weise analysierte, befand sich auch das berühmte Dreikörperproblem in der Himmelsmechanik – die relative Bewegung dreier Körper, die sich gegenseitig anziehen –, das noch niemand hatte lösen können.[11] Indem Poincaré seine topologische Methode auf ein leicht vereinfachtes Dreikörperproblem anwandte, konnte er die allgemeine Form der Trajektorien (Bahnen) der Körper bestimmen. Diese erwies sich als ungeheuer komplex:

> Wenn jemand versucht, die Figur zu zeichnen, die aus diesen beiden Kurven und ihren unendlich vielen Schnittpunkten gebildet wird, ... bilden diese Schnittpunkte ein Netz, ein Gewebe oder ein unendlich dichtes Geflecht. Keine der beiden Kurven kann sich jemals selbst schneiden, muß sich jedoch zu sich selbst auf sehr komplcxc Art zurückwinden, um die Maschen des Netzes unendlich oft zu kreuzen. Man ist von der Komplexität dieser Figur so betroffen, daß ich nicht einmal versuche, sie zu zeichnen.[12]

Was sich Poincaré seinerzeit bildlich vorstellte, wird heutzutage ein «seltsamer Attraktor» genannt. Oder um es mit Ian Stewart zu sagen: Poincaré erblickte «die Fußspuren des Chaos».[13]

Indem Poincaré zeigte, daß einfache deterministische Bewegungsgleichungen eine unglaubliche Komplexität erzeugen können, die sämtliche Versuche der Vorhersage vereitelt, stellte er die Grundlagen der Newtonschen Mechanik in Frage. Doch um die Jahrhundertwende waren die Wissenschaftler noch nicht bereit, sich dieser Herausforderung zu stellen. Einige Jahre nachdem Poincaré seine Arbeit über das Dreikörperproblem veröffentlicht hatte, entdeckte Max Planck die Energiequanten, und Albert Einstein veröffentlichte seine Spezielle Relativitätstheorie.[14] Ein halbes Jahrhundert lang waren die Physiker und Mathematiker von den revolutionären Entwicklungen in der Quantenphysik und in der Relativitätstheorie fasziniert, und Poincarés bahnbrechende Entdeckung geriet ins Abseits. Erst in den sechziger Jahren stießen die Wissenschaftler erneut auf die Komplexitäten des Chaos.

Bahnen in abstrakten Räumen

Die mathematischen Techniken, die es Forschern in den letzten drei Jahrzehnten ermöglicht haben, geordnete Muster in chaotischen Systemen zu entdecken, beruhen auf Poincarés topologischer Methode und wären ohne die Entwicklung leistungsstarker Computer undenkbar gewesen. Dank der heutigen Hochgeschwindigkeitsrechner können Wissenschaftler nichtlineare Gleichungen mit Techniken lösen, die es zuvor nicht gab. Diese leistungsfähigen Computer können ohne weiteres jene komplexen Trajektorien nachbilden, die Poincaré nicht einmal zu zeichnen versuchte.

Die meisten Leser werden sich wohl noch an eine bewährte Methode aus dem Mathematikunterricht erinnern: Eine Gleichung wird dadurch gelöst, daß man sie so lange manipuliert, bis eine endgültige Lösungsformel gefunden ist. Man spricht dann von einer «analytischen» Lösung der Gleichung. Das Ergebnis ist stets eine Formel. Die meisten nichtlinearen Gleichungen, die natürliche Phänomene beschreiben, sind allerdings zu schwierig, als daß sie analytisch gelöst werden könnten. Aber es gibt noch eine andere Möglichkeit – man löst die Gleichung «numerisch». Dabei ist man aufs «Probieren» angewiesen. Man probiert für die Variablen verschiedene Kombinationen von Zahlen aus, bis man diejenigen findet, die die Gleichung erfüllen. Damit dies effizient geschieht, hat man spezielle Techniken und Tricks entwickelt. Bei den meisten Gleichungen bleibt dieses Verfahren dennoch überaus mühselig, denn es benötigt viel Zeit und liefert nur recht grobe, näherungsweise Lösungen.

Das änderte sich schlagartig, als die neuentwickelten Computer zur Verfügung standen. Inzwischen gibt es Programme, mit denen man eine Gleichung extrem schnell bis zu jedem Genauigkeitsgrad lösen kann. Allerdings führt dies zu völlig andersartigen Lösungen. Das Ergebnis ist keine Formel, sondern eine umfangreiche Sammlung von Werten für die Variablen, die die Gleichung erfüllen. Dabei läßt sich der Computer so programmieren, daß er die Lösung graphisch als eine Kurve oder als eine Reihe von Kurven darstellt. So wird es möglich, komplexe nichtlineare Gleichungen zu lösen, wie sie im Zusammenhang mit chaotischen Phänomenen auftreten, und dort tatsächlich eine Ordnung zu entdecken, wo vorher nur Chaos zu herrschen schien.

Um diese Ordnungsmuster sichtbar zu machen, werden die Variablen eines komplexen Systems in einem abstrakten mathematischen Raum, dem sogenannten «Phasenraum», dargestellt. Dies ist eine wohlbekannte Vorgehensweise, die in der Thermodynamik bereits um die Jahrhundertwende entwickelt worden war.[15] Jede Variable des Systems ist in diesem abstrakten Raum mit einer bestimmten Koordinate verbunden. Wir wollen dies an einem ganz einfachen Beispiel veranschaulichen: einer Kugel, die an einem Pendel hin und her schwingt. Zur vollständigen Beschreibung der Pendelbewegung benötigen wir zwei Variable: den Winkel, der positiv oder negativ sein kann, und die Geschwindigkeit, die ebenfalls positiv oder negativ sein wird, je nach der Richtung des Schwingens. Mit diesen beiden Variablen – Winkel und Geschwindigkeit – können wir den Bewegungszustand des Pendels in jedem Augenblick vollständig beschreiben.

Wenn wir nun ein kartesisches Koordinatensystem zeichnen, in dem eine Koordinate der Winkel und die andere die Geschwindigkeit ist (siehe Abb. 6–7), dann umfaßt dieses Koordinatensystem einen zweidimensionalen Raum, in dem bestimmte Punkte den möglichen Bewegungszuständen des Pendels entsprechen. Sehen wir uns nun an, wo sich diese Punkte befinden. An den äußersten Pendelausschlägen ist die Geschwindigkeit gleich Null. Damit erhalten wir zwei Punkte auf der horizontalen Achse. Im Zentrum, wo der Winkel gleich Null ist, erreicht die Geschwindigkeit ihr Maxi-

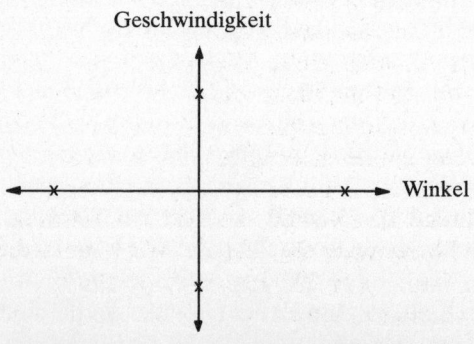

Abbildung 6–7: Der zweidimensionale Phasenraum eines Pendels.

Geschwindigkeit

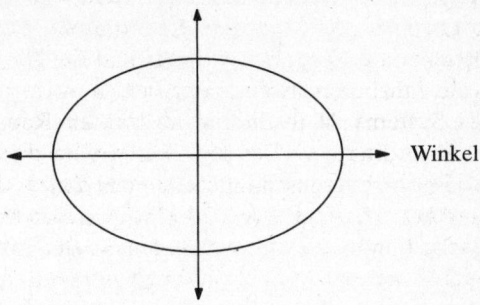

Winkel

Abbildung 6–8: Bahn des Pendels im Phasenraum.

mum und ist entweder positiv (das Pendel schwingt in die eine Richtung) oder negativ (das Pendel schwingt in die andere Richtung). Damit erhalten wir zwei Punkte auf der vertikalen Achse. Diese vier Punkte im Phasenraum, die wir in Abbildung 6–7 markiert haben, stellen die extremen Zustände des Pendels dar: maximaler Ausschlag und maximale Geschwindigkeit. Der genaue Ort dieser Punkte hängt von unseren Maßeinheiten ab.

Wenn wir nun fortfahren und jene Punkte markieren, die den Bewegungszuständen zwischen den vier Extremen entsprechen, entdecken wir, daß diese Punkte auf einer geschlossenen Schleife liegen. Wir könnten daraus einen Kreis machen, indem wir entsprechende Maßeinheiten wählen, aber im allgemeinen werden wir eine Art Ellipse erhalten (siehe Abb. 6–8). Diese Schleife nennt man die Bahn des Pendels im Phasenraum. Sie liefert eine vollständige Beschreibung der Bewegung des Systems. Alle Variablen des Systems (in unserem einfachen Beispiel zwei) werden durch einen einzigen Punkt dargestellt, der sich stets irgendwo auf dieser Schleife befindet. Während das Pendel hin und her schwingt, durchläuft der Punkt im Phasenraum die Schleife. Wir können die beiden Koordinaten des Punktes im Phasenraum jederzeit messen und kennen in jedem Augenblick den exakten Zustand – Winkel und Geschwindigkeit – des Systems. Diese Schleife ist jedoch keineswegs die Bahn der Kugel am Pendel, sondern eine Kurve in einem abstrakten mathematischen Raum, der aus den beiden Variablen des Systems besteht.

Dies also ist die Phasenraumtechnik. Die Variablen des Systems werden in einem abstrakten Raum abgebildet, in dem ein einzelner Punkt das gesamte System beschreibt. Wenn sich das System verändert, beschreibt der Punkt eine Bahn im Phasenraum – in unserem Beispiel eine geschlossene Schleife. Wenn das System kein einfaches Pendel, sondern viel komplizierter ist, wird es zwar viel mehr Variable haben, die Darstellungstechnik aber bleibt dieselbe. Jede Variable wird durch eine Koordinate in einer bestimmten Dimension des Phasenraums dargestellt. Wenn es 16 Variable gibt, bekommen wir einen 16dimensionalen Raum. Ein einzelner Punkt in diesem Raum liefert dann eine vollständige Beschreibung des gesamten Systemzustands, denn dieser einzelne Punkt besitzt 16 Koordinaten, von denen jede einer der 16 Variablen des Systems entspricht.

Natürlich können wir uns einen Phasenraum mit 16 Dimensionen nicht bildlich vorstellen – daher nennt man ihn einen abstrakten mathematischen Raum. Mathematiker haben offenbar keine Probleme mit solchen Abstraktionen. Sie fühlen sich genauso wohl in Räumen, deren Beschaffenheit unser normales Vorstellungsvermögen übersteigt. Stets gilt: Wenn sich das System verändert, bewegt sich der Punkt, der den Systemzustand im Phasenraum darstellt, in diesem Raum herum, wobei er eine Bahn beschreibt. Unterschiedliche Ausgangszustände des Systems entsprechen unterschiedlichen Ausgangspunkten im Phasenraum und ergeben im allgemeinen unterschiedliche Bahnen.

Seltsame Attraktoren

Kehren wir nun wieder zu unserem Pendel zurück, wobei wir beachten müssen, daß es sich um ein ideales Pendel handelt, das ohne Reibung ewig hin und her schwingt. Dies ist ein typisches Beispiel für die Vorgehensweise der klassischen Physik, in der die Reibung generell vernachlässigt wird. Ein reales Pendel weist immer eine gewisse Reibung auf, die es verlangsamt, so daß es schließlich wieder stillsteht. Im zweidimensionalen Phasenraum

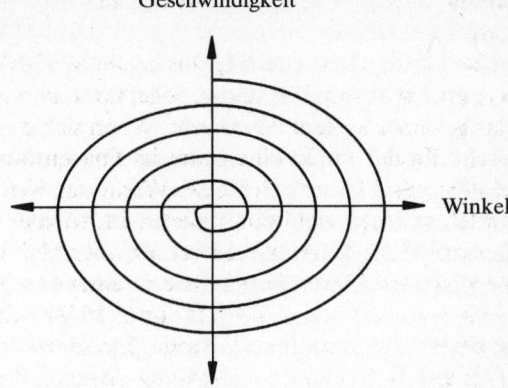

Abbildung 6–9: Bahn eines Pendels im Phasenraum mit Reibung.

wird diese Bewegung durch eine Kurve dargestellt, die spiralförmig nach innen auf das Zentrum zu verläuft, wie dies Abbildung 6–9 zeigt. Diese Bahn nennt man einen «Attraktor», weil, wie die Mathematiker metaphorisch sagen, der feste Punkt im Zentrum des Koordinatensystems die Bahn «anzieht». Diese Metapher erfaßt auch geschlossene Schleifen, z. B. wie bei einer ohne Reibung verlaufenden Pendelbewegung. Eine Bahn in Form einer geschlossenen Schleife heißt «periodischer Attraktor», während man die Bahn in Form einer nach innen verlaufenden Spirale einen «Punktattraktor» nennt.

In den vergangenen zwanzig Jahren hat man mit Hilfe der Phasenraumtechnik eine große Vielfalt komplexer Systeme erforscht. Bei jedem Beispiel haben Wissenschaftler und Mathematiker nichtlineare Gleichungen aufgestellt, sie numerisch gelöst und die Lösungen von Computern als Bahnen im Phasenraum zeichnen lassen. Zu ihrer großen Überraschung haben diese Forscher entdeckt, daß es nur eine ganz begrenzte Anzahl unterschiedlicher Attraktoren gibt. Ihre Formen lassen sich topologisch klassifizieren, und die allgemeinen dynamischen Eigenschaften eines Systems können aus der Form seines Attraktors abgeleitet werden.

Es gibt drei Grundtypen von Attraktoren: Punktattraktoren, die Systemen entsprechen, welche ein stabiles Gleichgewicht erreichen;

periodische Attraktoren, die periodischen Schwankungen entsprechen; und sogenannte «seltsame Attraktoren» («strange attractors»), die chaotischen Systemen entsprechen. Ein typisches Beispiel eines Systems mit einem seltsamen Attraktor ist das «chaotische Pendel», das zum erstenmal von dem japanischen Mathematiker Yoshisuke Ueda in den späten siebziger Jahren untersucht worden ist. Dabei handelt es sich um einen nichtlinearen elektronischen Schaltkreis mit einem externen Antrieb, der relativ simpel ist, aber ein außerordentlich komplexes Verhalten erzeugt.[16] Jede Schwingung dieses chaotischen Oszillators tritt nur ein einziges Mal auf. Das System wiederholt sein Verhalten nie, so daß jeder Zyklus eine neue Region des Phasenraums umfaßt. Doch trotz der scheinbar unberechenbaren Bewegung sind die Punkte im Phasenraum nicht zufällig verteilt. Zusammen bilden sie ein komplexes, hochorganisiertes Muster – einen seltsamen Attraktor, der inzwischen nach Ueda benannt ist.

Der Ueda-Attraktor ist eine Bahn in einem zweidimensionalen Phasenraum, die Muster erzeugt, welche sich fast, aber nicht ganz wiederholen. Dies ist ein typisches Merkmal aller chaotischen Systeme. Das in Abbildung 6–10 gezeigte Bild enthält über 100 000 Punkte. Man kann es sich als einen Schnitt durch ein Stück Teig vorstellen, das wiederholt ausgerollt und wieder zusammengefaltet worden ist. Daran erkennen wir, daß die dem Ueda-Attraktor zugrundeliegende Mathematik die Mathematik der «Bäcker-Transformation» ist.

Eine verblüffende Eigenschaft der seltsamen Attraktoren besteht darin, daß sie im allgemeinen eine sehr niedrige Dimensionalität aufweisen, und dies sogar in einem hochdimensionalen Phasenraum. So kann zum Beispiel ein System 50 Variable besitzen, aber seine Bewegung dennoch auf einen seltsamen Attraktor mit drei Dimensionen beschränkt sein, d. h. auf eine gefaltete Oberfläche in diesem 50dimensionalen Raum. Dies stellt natürlich eine hochgradige Ordnung dar.

Daraus geht hervor, daß chaotisches Verhalten, im neuen wissenschaftlichen Sinn des Begriffs, etwas ganz anderes ist als eine zufällige, unberechenbare Bewegung. Mit Hilfe seltsamer Attraktoren können wir zwischen bloßem Zufall oder «Rauschen» und Chaos unterscheiden. Chaotisches Verhalten ist deterministisch und ver-

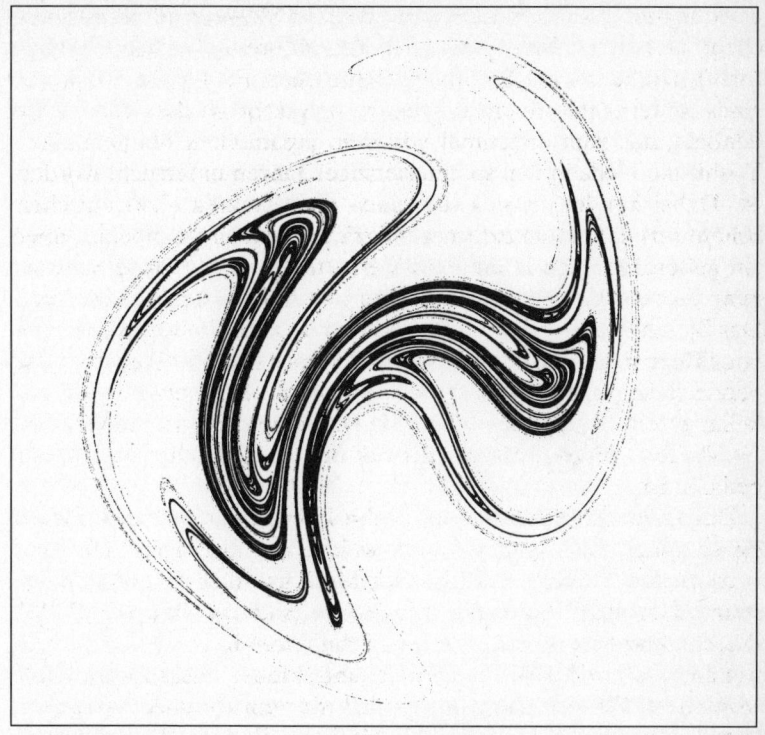

Abbildung 6–10: Der Ueda-Attraktor; aus Ueda et al. (1993).

läuft in Mustern; seltsame Attraktoren ermöglichen es, die dabei erzeugten scheinbar zufälligen Daten in deutlich sichtbare Formen umzuwandeln.

Der «Schmetterlingseffekt»

Wie wir am Beispiel der Bäcker-Transformation gesehen haben, zeichnen sich chaotische Systeme durch eine hochgradige Abhängigkeit von den Anfangsbedingungen aus. Geringfügige Veränderungen am Anfangszustand des Systems führen im Laufe der Zeit zu weitreichenden Konsequenzen. In der Chaostheorie nennt man dies den «Schmetterlingseffekt» – eine Anspielung auf die scherzhaft gemeinte Behauptung, daß ein Schmetterling, der heute einen unmerklichen Luftwirbel in Peking erzeugt, damit im nächsten Monat ein Unwetter über New York auslösen kann. Der Schmetterlingseffekt wurde Anfang der sechziger Jahre von dem Meteorologen Edward Lorenz entdeckt, der ein ganz einfaches Modell von Wetterbedingungen konstruierte, das aus drei gekoppelten nichtlinearen Gleichungen bestand. Er fand heraus, daß die Lösungen seiner Gleichungen eine extreme Abhängigkeit von den Anfangsbedingungen aufwiesen. Vom praktisch gleichen Anfangspunkt aus entwickelten sich zwei Bahnen auf völlig verschiedene Weise, so daß sich eine langfristige Vorhersage als unmöglich erwies.[17]

Diese Entdeckung löste in der wissenschaftlichen Welt wahre Schockwellen aus. Vordem meinte man sich darauf verlassen zu können, daß sich Phänomene wie Sonnenfinsternisse oder Kometenerscheinungen durch deterministische Gleichungen mit großer Genauigkeit über lange Zeiträume hinweg voraussagen ließen. Es schien unvorstellbar, daß streng deterministische Bewegungsgleichungen zu unvorhersagbaren Ergebnissen führen sollten. Doch genau das hatte Lorenz entdeckt. Er erklärte:

> Wenn der Durchschnittsamerikaner nun sieht, daß wir schon Monate im voraus die Gezeiten ziemlich genau vorhersagen können, wird er sich fragen: Warum können die Wissenschaftler das nicht auch mit der Erdatmosphäre? Es handelt sich lediglich um ein anderes Fließsystem, doch die Gesetze, denen es gehorcht, sind ungefähr genauso kompliziert. Ich begriff damals, daß *jedes* physikalische System, das keine Periodizität aufweist, auch keinerlei Vorhersagen erlaubt.[18]

Das Lorenzmodell ist keine realistische Darstellung eines bestimmten Wetterphänomens, sondern ein verblüffendes Beispiel dafür, wie ein einfacher Satz nichtlinearer Gleichungen ein ungeheuer komplexes Verhalten hervorrufen kann. Seine Veröffentlichung im Jahre 1963 stellte den Anfang der Chaostheorie dar, und der Attraktor des Modells, der seither Lorenz-Attraktor heißt, wurde der berühmteste und meisterforschte seltsame Attraktor. Während der

Ueda-Attraktor in zwei Dimensionen liegt, ist der Lorenz-Attraktor dreidimensional (Abb. 6–11). Dabei bewegt sich der Punkt im Phasenraum auf scheinbar zufällige Weise durch einige wenige Schwingungen mit zunehmendem Anschlag um einen Punkt, wonach er einige weitere Schwingungen um einen zweiten Punkt beschreibt, sich dann plötzlich wieder zurückbewegt, wieder um den ersten Punkt schwingt – und so weiter.

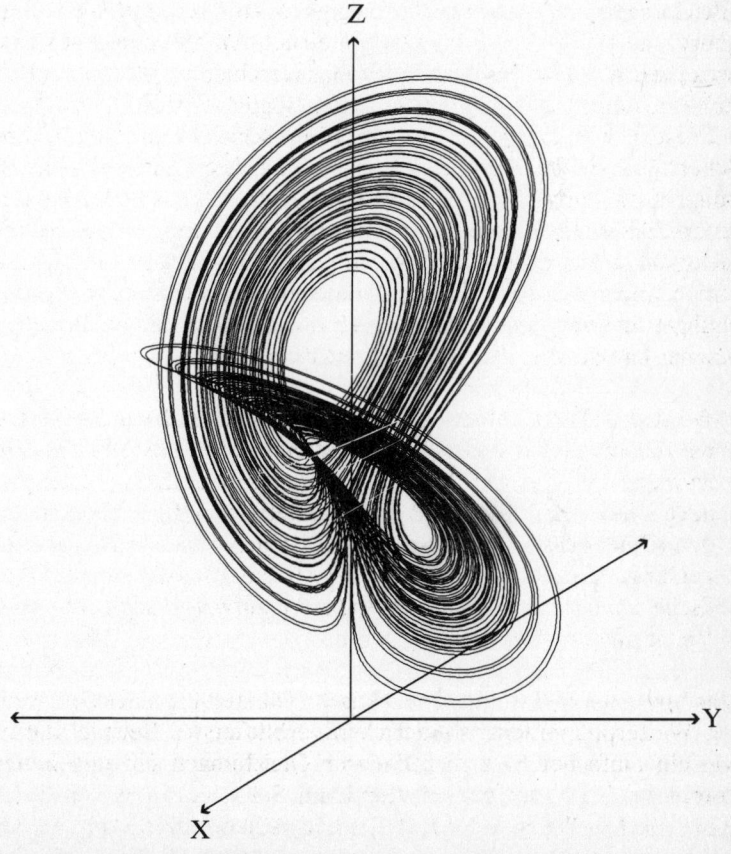

Abbildung 6–11: Der Lorenz-Attraktor; aus Mosekilde et al. (1994).

Von der Quantität zur Qualität

Wir haben gesehen, daß es nicht möglich ist, vorauszusagen, welchen Punkt im Phasenraum die Bahn des Lorenz-Attraktors an einem bestimmten Zeitpunkt durchlaufen wird, obwohl das System von deterministischen Gleichungen bestimmt ist. Dies stellt ein gemeinsames Merkmal aller chaotischen Systeme dar. Dies heißt allerdings keineswegs, daß die Chaostheorie überhaupt nichts voraussagen kann. Wir können mit ihrer Hilfe sogar sehr genaue Vorhersagen machen. Sie beziehen sich jedoch auf die qualitativen Merkmale des Systemverhaltens, statt auf die präzisen Werte ihrer Variablen zu einem bestimmten Zeitpunkt. Die neue Mathematik zeichnet sich somit durch die Akzentverschiebung von der Quantität zur Qualität aus, wie sie für das Systemdenken überhaupt charakteristisch ist. Während sich die konventionelle Mathematik mit Meßgrößen und Formeln befaßt, geht es in der dynamischen Systemtheorie um Qualität und Muster.

Die Analyse nichtlinearer Systeme mit Hilfe der topologischen Merkmale ihrer Attraktoren heißt denn auch «qualitative Analyse». Ein nichtlineares System kann mehrere Attraktoren aufweisen, die sich möglicherweise ihrem Typus nach unterscheiden, also sowohl «chaotisch» oder «seltsam» als auch nichtchaotisch sein können. Alle Bahnen, die von einer bestimmten Region im Phasenraum ausgehen, führen früher oder später zum selben Attraktor. Diese Region nennt man die «Attraktionssenke» dieses Attraktors. Damit unterteilt sich der Phasenraum eines nichtlinearen Systems in mehrere Attraktionssenken, in denen jeweils ihr eigener Attraktor eingebettet ist.

Die qualitative Analyse eines dynamischen Systems besteht also in der Ermittlung der Attraktoren und der Attraktionssenken des Systems und in ihrer Klassifizierung nach topologischen Merkmalen. Das Ergebnis ist ein dynamisches Bild des gesamten Systems, das sogenannte «Phasenporträt». Die mathematischen Methoden zur Analyse von Phasenporträts beruhen auf der bahnbrechenden Arbeit von Poincaré und wurden Anfang der sechziger Jahre von dem amerikanischen Topologen Stephen Smale weiterentwickelt und verfeinert.[19]

Smale analysierte mit seiner Methodik nicht nur Systeme, die durch einen gegebenen Satz nichtlinearer Gleichungen beschrieben waren, sondern er untersuchte damit auch, wie sich diese Systeme bei geringen Änderungen ihrer Gleichungen verhalten. Wenn sich die Parameter der Gleichungen allmählich ändern, erfährt das Phasenporträt – also die Formung seiner Attraktoren und Senken – normalerweise ebenfalls allmähliche Änderungen, ohne daß sich seine Grundmerkmale verändern. Smale prägte den Begriff «strukturell stabil», um solche Systeme zu beschreiben, in denen geringe Änderungen in den Gleichungen keine Veränderungen im Grundcharakter des Phasenporträts bewirken.

In zahlreichen nichtlinearen Systemen dagegen können bereits kleine Änderungen bestimmter Parameter dramatische Veränderungen in den Grundmerkmalen des Phasenporträts herbeiführen. Attraktoren können verschwinden, sich ineinander umwandeln, ja, es können auch plötzlich ganz neue Attraktoren auftreten. Derartige Systeme gelten als strukturell instabil, und die kritischen Punkte der Instabilität nennt man «Gabelungspunkte», weil es sich dabei um Punkte in der Entwicklung des Systems handelt, an denen unvermittelt eine Gabelung auftritt und das System in eine neue Richtung abzweigt. Mathematisch markieren Gabelungspunkte plötzliche Veränderungen im Phasenporträt des Systems. Physikalisch entsprechen sie Punkten der Instabilität, an denen sich das System abrupt verändert und plötzlich neue Ordnungsformen erscheinen. Wie Prigogine gezeigt hat, können derartige Instabilitäten nur in offenen Systemen auftreten, also in Systemen, die fern vom Gleichgewicht operieren.[20]

So wie es nur eine geringe Anzahl verschiedener Typen von Attraktoren gibt, gibt es auch nur wenige verschiedene Typen von Gabelungsereignissen. Ähnlich wie die Attraktoren lassen sich auch die Gabelungen topologisch klassifizieren. Als einer der ersten hat dies in den siebziger Jahren der französische Mathematiker René Thom getan, der den Begriff «Katastrophen» statt «Gabelungen» verwendete und sieben Elementarkatastrophen ausmachte.[21] Inzwischen kennen die Mathematiker etwa dreimal so viele Gabelungstypen. Ralph Abraham, Mathematikprofessor an der University of California in Santa Cruz, und der Graphiker Christopher Shaw haben eine Reihe visueller Mathematikbücher ohne irgendwelche Gleichungen oder Formeln entwickelt, die für sie den Anfang einer vollständigen Enzyklopädie der Gabelungen darstellen.[22]

Fraktale Geometrie

Während in den sechziger und siebziger Jahren die ersten seltsamen Attraktoren untersucht wurden, entstand unabhängig von der Chaostheorie eine neue Geometrie, die sogenannte «fraktale Geometrie». Sie bot eine differenzierte mathematische Sprache zur Beschreibung der Feinstruktur von chaotischen Attraktoren. Urheber dieser neuen Sprache ist der französische Mathematiker Benoît Mandelbrot. Er begann Ende der fünfziger Jahre die Geometrie einer.Reihe irregulärer Naturphänomene zu studieren. In den sechziger Jahren dann erkannte er, daß all diese geometrischen Formen verblüffende gemeinsame Merkmale aufwiesen.

Im Laufe der nächsten zehn Jahre entwickelte Mandelbrot eine neuartige Mathematik, um diese Merkmale zu beschreiben und zu analysieren. Er prägte dafür den Begriff «fraktal» und veröffentlichte seine Ergebnisse in einem aufsehenerregenden Buch, *The Fractal Geometry of Natur* (deutsch: *Die fraktale Geometrie der Natur*). Es sollte weitreichenden Einfluß auf die neue Mathematikgeneration ausüben, die gerade die Chaostheorie und andere Zweige der dynamischen Systemtheorie entwickelte.[23]

Vor wenigen Jahren erklärte Mandelbrot in einem Interview, daß sich die fraktale Geometrie mit einem Aspekt der Natur befasse, den fast jeder Mensch wahrgenommen habe, ohne daß man in der Lage gewesen sei, ihn mit formalen mathematischen Begriffen zu beschreiben.[24] Einige Merkmale der Natur sind geometrisch im traditionellen Sinn. So ist der Stamm eines Baumes mehr oder weniger ein Zylinder; der Vollmond wirkt mehr oder weniger wie eine kreisförmige Scheibe; die Planeten umrunden die Sonne mehr oder weniger in Ellipsen. Aber dies seien Ausnahmen, betont Mandelbrot:

> Die Natur ist meist sehr, sehr kompliziert. Wie kann man eine
> Wolke beschreiben? Eine Wolke ist keine Kugel ... Sie ist wie
> eine Kugel, aber sehr unregelmäßig. Ein Berg? Ein Berg ist kein

Kegel ... Wenn man von Wolken, von Bergen, von Flüssen, von Blitzen sprechen will, reicht die Sprache der Schulgeometrie nicht aus.[25]

Also entwickelte Mandelbrot die fraktale Geometrie – «eine Sprache, um von Wolken zu sprechen» –, um die Komplexität der unregelmäßigen Formen in der uns umgebenden Natur zu beschreiben und zu analysieren.

Die auffallendste Eigenschaft dieser «fraktalen» Formen besteht darin, daß sich ihre typischen Muster in abnehmender Größenordnung wiederholen, so daß ihre Teile in jedem Maßstab in ihrer Form dem Ganzen gleichen. Mandelbrot veranschaulicht diese Eigenschaft der «Selbstähnlichkeit», indem er ein Stück aus einem Blumenkohl herausbricht und darauf hinweist, daß das Stück für sich bereits genau wie ein kleiner Blumenkohl aussieht.[26] Er wiederholt diese Demonstration, indem er den Teil noch mehr zerlegt und ein weiteres Stück herausnimmt, das wie ein nochmals kleiner Blumenkohl aussieht. Somit also sieht jeder Teil wie das ganze Gemüse aus. Die Form des Ganzen ist in allen Größenordnungen selbstähnlich.

In der Natur gibt es zahlreiche weitere Beispiele von Selbstähnlichkeit. Felsen auf Bergen sehen wie kleine Berge aus; Blitzäste oder Wolkenränder wiederholen dasselbe Muster immer wieder; Küstenlinien lassen sich in immer kleinere Abschnitte einteilen, und jeder weist eine ähnliche Anordnung von Buchten und Landzungen auf. Fotos von einem Flußdelta, vom Geäst eines Baums oder von den endlosen Verästelungen von Blutgefäßen können Muster von einer so verblüffenden Ähnlichkeit zeigen, daß wir nicht imstande sind, zu sagen, welches Bild was darstellt. Diese Ähnlichkeit bei Bildern von Dingen in ganz verschiedenen Größenordnungen ist zwar seit langem bekannt, aber vor Mandelbrot war niemand in der Lage, sie in mathematischer Sprache zu beschreiben.

Als Mandelbrot sein bahnbrechendes Buch Mitte der siebziger Jahre vorlegte, war er sich der Zusammenhänge zwischen fraktaler Geometrie und Chaostheorie nicht bewußt. Doch dauerte es nicht lange, bis seine Mathematikerkollegen und er selbst dahinterkamen, daß seltsame Attraktoren ausgezeichnete Beispiele für Fraktale sind. Wenn man nämlich Teile ihrer Struktur vergrößert, offenbaren sie eine vielschichtige Substruktur, in der identische Muster ständig wiederholt werden. Daher ist es üblich geworden, seltsame Attraktoren als Bahnen im Phasenraum zu definieren, die eine fraktale Geometrie aufweisen.

Eine weitere wichtige Verbindung zwischen Chaostheorie und fraktaler Geometrie ist die Akzentverschiebung von der Quantität zur Qualität. Wie wir gesehen haben, läßt sich zwar unmöglich vorhersagen, welche Werte die Variablen eines chaotischen Systems zu einem bestimmten Zeitpunkt aufweisen. Die qualitativen Merkmale des Systemverhaltens aber können wir sehr wohl prognostizieren. Ebenso ist es unmöglich, die Länge oder Fläche eines fraktalen Gebildes zu berechnen; den Grad seiner «Gezacktheit» auf eine qualitative Weise zu definieren, sind wir dagegen durchaus in der Lage.

Mandelbrot machte auf dieses eigentümliche Merkmal fraktaler Gebilde aufmerksam, indem er eine provokante Frage stellte: Wie lang ist die Küste Britanniens? Er zeigte, daß es auf diese Frage keine klare Antwort gibt, da sich die gemessene Länge unbegrenzt ausdehnen läßt, indem man zu immer kleineren Maßstäben übergeht. Hingegen ist es möglich, eine Zahl zwischen 1 und 2 zu definieren, die die Gezacktheit der Küste charakterisiert. Für die britische Küstenlinie beträgt diese Zahl ungefähr 1,58 – für die viel rauhere norwegische Küste liegt sie bei etwa 1,70.[27]

Da sich zeigen läßt, daß diese Zahl bestimmte Eigenschaften einer Dimension besitzt, nannte Mandelbrot sie eine fraktale Dimension. Diese Idee können wir intuitiv verstehen, indem wir uns klarmachen, daß eine gezackte Linie auf einer Ebene mehr Raum ausfüllt als eine glatte Linie, die die Dimension 1 besitzt, aber weniger als die Ebene selbst, die die Dimension 2 aufweist. Je gezackter die Linie ist, desto näher liegt ihre fraktale Dimension bei 2. Ebenso füllt ein zerknülltes Blatt Papier mehr Raum aus als ein glattes Blatt, aber weniger als eine Kugel mit der Dimension 3. Daher gilt: Je dichter das Papier zerknüllt ist, desto näher liegt seine fraktale Dimension bei 3.

Der Begriff einer fraktalen Dimension, der zunächst eine rein abstrakte mathematische Idee war, ist inzwischen ein äußerst leistungsfähiges Werkzeug zur Analyse der Komplexität fraktaler Gebilde geworden, das unserer Erfahrung der Natur sehr gut entspricht. Je gezackter die Umrisse von Blitzen oder die Ränder von Wolken, je rauher die Formen von Küstenlinien oder Gebirgen sind, desto höher sind ihre fraktalen Dimensionen.

Abbildung 6–12: Geometrische Operation zur Konstruktion einer Koch-Kurve.

Abbildung 6–13: Die Koch-Schneeflocke.

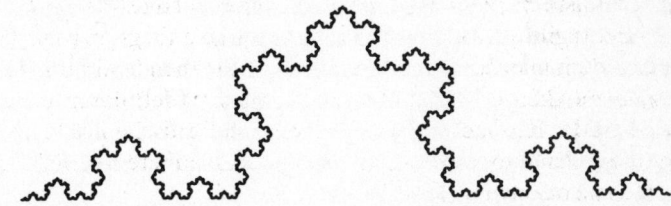

Abbildung 6–14: Schema einer Küstenlinie nach der Koch-Kurve.

Um die fraktalen Formen, die in der Natur vorkommen, modellhaft nachzubilden, lassen sich geometrische Figuren konstruieren, die eine genaue Selbstähnlichkeit aufweisen. Die zur Konstruktion dieser mathematischen Fraktale hauptsächlich verwendete Technik ist die Iteration, die ständige Wiederholung einer bestimmten geometrischen Operation. Der Prozeß der Iteration führte, wie wir gesehen haben, zur Bäcker-Transformation, dem mathematischen Kennzeichen der seltsamen Attraktoren. Er erweist sich nunmehr als das zentrale mathematische Merkmal, das Chaostheorie und fraktale Geometrie miteinander verbindet.

Eines der einfachsten durch Iteration erzeugten fraktalen Gebilde ist die sogenannte Koch-Kurve oder «Schneeflocken-Kurve»[28]. Bei dieser geometrischen Operation wird eine Linie in drei gleich große Abschnitte eingeteilt und der mittlere Abschnitt durch zwei Seiten eines gleichseitigen Dreiecks ersetzt, wie in Abbildung 6–12 gezeigt. Indem man diese Operation ständig in immer kleiner werdenden Größenordnungen wiederholt, entsteht eine gezackte Schneeflocke (Abbildung 6–13). Wie eine Küstenlinie wird auch die Koch-Kurve unendlich lang, wenn die Iteration unendlich oft wiederholt wird. Und in der Tat kann man die Koch-Kurve als ein sehr grobes Modell einer Küstenlinie verstehen (Abbildung 6–14).

Mit Hilfe von Computern lassen sich einfache geometrische Operationen in tausenderlei verschiedenen Maßstäben anwenden, um sogenannte «fraktale Fälschungen» herzustellen – computererzeugte Modelle von Pflanzen, Bäumen, Bergen, Küstenlinien usw., die eine erstaunliche Ähnlichkeit mit tatsächlich in der Natur vorkommenden Gebilden aufweisen. Die Abbildung 6–15 zeigt ein Beispiel einer solchen fraktalen Fälschung. Indem man eine einfache Strichzeichnung in verschiedenen Maßstäben iteriert, wird das schöne und komplexe Bild eines Farns erzeugt.

Mit Hilfe dieser neuen mathematischen Methoden konnten die

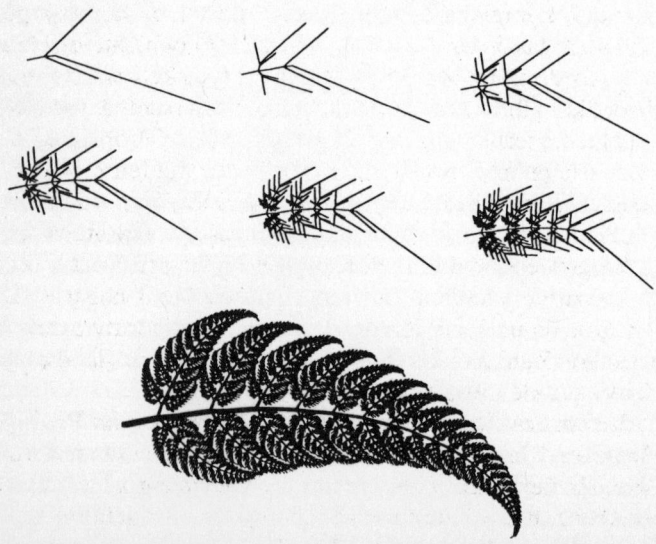

Abbildung 6–15: Fraktale Fälschung eines Farns; aus Garcia (1991).

Wissenschaftler genaue Modelle einer großen Vielfalt unregelmäßiger natürlicher Gebilde konstruieren, und dabei entdeckten sie das allgegenwärtige Auftreten von Fraktalen. Am erstaunlichsten sind dabei vielleicht die fraktalen Muster von Wolken, die Mandelbrot ursprünglich dazu angeregt hatten, nach einer neuen mathematischen Sprache zu suchen. Ihre Selbstähnlichkeit erstreckt sich über sieben Größenordnungen, und das bedeutet, daß der Rand einer Wolke in zehnmillionenfacher Vergrößerung noch immer dieselbe vertraute Form aufweist.

Komplexe Zahlen

Den Höhepunkt der fraktalen Geometrie stellt Mandelbrots Entdeckung einer mathematischen Struktur dar, die hochkomplex ist und sich doch mit einem ganz einfachen iterativen Verfahren erzeugen läßt. Um diese erstaunliche fraktale Figur, die sogenannte Mandelbrot-Menge, verstehen zu können, müssen wir uns zunächst einmal mit einem der wichtigsten mathematischen Begriffe vertraut machen: den komplexen Zahlen. Die Entdeckung der komplexen Zahlen ist ein faszinierendes Kapitel in der Geschichte der Mathematik.[29] Als die Algebra im Mittelalter entwickelt wurde und die Mathematiker alle Arten von Gleichungen erforschten und ihre Lösungen klassifizierten, stießen sie schon bald auf Probleme, für die es keine Lösung in Form der ihnen bekannten Zahlenreihe gab. Insbesondere sahen sie sich durch Gleichungen wie x + 5 = 3 veranlaßt, den Zahlenbegriff um die negativen Zahlen zu erweitern, so daß eine Lösung wie x = –2 geschrieben werden konnte. Später wurden die sogenannten «reellen» Zahlen – positive und negative ganze Zahlen, Brüche und irrationale Zahlen (wie Quadratwurzeln oder die berühmte Zahl π) – als Punkt auf einer einzigen, dichtbevölkerten Zahlengerade dargestellt (Abb. 6–16).

Mit diesem erweiterten Zahlenbegriff ließen sich im Prinzip alle algebraischen Gleichungen lösen, außer denen, die Quadratwurzeln negativer Zahlen enthielten. So hat die Gleichung $x^2 = 4$ zwei Lösungen, nämlich x = 2 und x = –2; aber für $x^2 = -4$ scheint es keine Lösung zu geben, denn weder +2 noch –2 ergeben –4, wenn sie ins Quadrat erhoben werden.

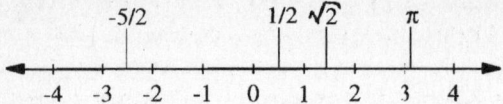

Abbildung 6–16: Die Zahlengerade.

Wiederholt stießen die frühen indischen und arabischen Algebraiker zwar auf diese Gleichungen, aber sie weigerten sich, Ausdrücke wie $\sqrt{-4}$ zu benutzen, weil sie diese für völlig sinnlos hielten. Erst im 16. Jahrhundert wurden Quadratwurzeln negativer Zahlen in algebraischen Texten angeführt, und selbst dann noch wiesen die Autoren sogleich darauf hin, daß derartige Ausdrücke eigentlich nichts zu bedeuten hätten.

Descartes nannte die Quadratwurzel einer negativen Zahl «imaginär» und glaubte, das Vorkommen derartiger «imaginärer» Zahlen in einer Rechnung bedeute, daß es für das Problem keine Lösung gebe. Andere Mathematiker verwendeten Ausdrücke wie «fiktiv», «raffiniert» oder «unmöglich», um diese Größen zu bezeichnen, die wir noch heute mit Descartes «imaginäre Zahlen» nennen.

Da sich die Quadratwurzel einer negativen Zahl nirgendwo auf der Zahlengerade unterbringen läßt, sahen die Mathematiker bis zum 19. Jahrhundert keinen realen Sinn in diesen Größen. Der große Leibniz, der Erfinder der Differentialrechnung, schrieb der Quadratwurzel von –1 eine mystische Eigenschaft zu, denn er erblickte darin eine Manifestation des «göttlichen Geistes» und nannte sie «das Amphibium zwischen Sein und Nichtsein».[30] Ein Jahrhundert später äußerte sich Leonhard Euler, der produktivste Mathematiker aller Zeiten, in seiner *Vollständigen Anleitung zur Algebra* zwar weniger poetisch, war aber genauso ratlos:

Dahero bedeuten alle diese Ausdrücke $\sqrt{-1}$, $\sqrt{-2}$, $\sqrt{-3}$, $\sqrt{-4}$, etc., solche ohnmögliche oder Imaginäre Zahlen, weil dadurch Quadrat-Wurzeln von Negativ-Zahlen angezeigt werden. Von diesen behauptet man also mit allem Recht, daß sie weder größer noch kleiner sind als nichts; und auch nicht einmal nichts selbsten, als aus welchem Grund sie folglich für ohnmöglich gehalten werden müssen.[31]

Schließlich legte im 19. Jahrhundert ein weiterer mathematischer Genius, Carl Friedrich Gauß, überzeugend dar, daß «diesen imaginären Wesen eine objektive Existenz zu eigen ist».[32] Gauß war sich natürlich darüber im klaren, daß es nirgendwo auf der Zahlengerade einen Platz für imaginäre Zahlen gab, und daher vollzog er den kühnen Schritt, sie auf einer senkrechten Achse durch den Punkt Null zu plazieren, womit er ein kartesisches Koordinatensystem schuf. In diesem System sind alle reellen Zahlen auf der «reellen Achse» und alle imaginären Zahlen auf der «imaginären Achse» plaziert (Abb. 6–17). Die Quadratwurzel von −1 wird die «imaginäre Einheit» genannt und erhält das Symbol i, und da jede Quadratwurzel einer negativen Zahl stets als $\sqrt{-a} = \sqrt{-1}\,\sqrt{a} = i\sqrt{a}$ geschrieben werden kann, lassen sich alle imaginären Zahlen auf der imaginären Achse als Vielfache von i plazieren.

Mit dieser genialen Erfindung brachte Gauß nicht nur die imaginären Zahlen unter, sondern auch alle möglichen Kombinationen aus reellen und imaginären Zahlen, wie (2+i), (3–2i) usw. Solche

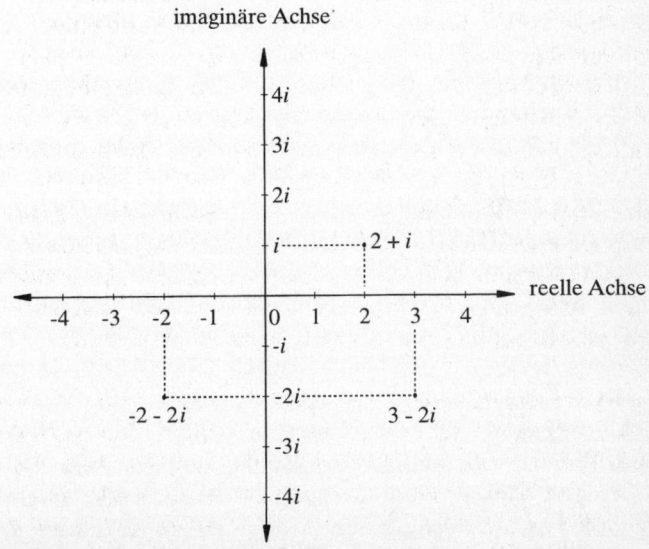

Abbildung 6–17: Die komplexe Zahlenebene.

Kombinationen nennt man «komplexe Zahlen». Dargestellt werden sie durch Punkte in der von der reellen und der imaginären Achse gebildeten Ebene, die man «komplexe Zahlenebene» nennt. Allgemein gesprochen, läßt sich jede komplexe Zahl so schreiben:

$$z = x + iy,$$

wobei x der «Realteil» und y der «Imaginärteil» heißt. Mit Hilfe dieser Definition begründete Gauß eine spezielle Algebra der komplexen Zahlen; darüber hinaus entwickelte er eine Fülle grundlegender Ideen über die Funktionen komplexer Variablen. Schließlich führte dies zu einem ganz neuen Zweig der Mathematik, der sogenannten «komplexen Analyse», für die es eine Vielzahl von Anwendungsmöglichkeiten auf allen Gebieten der Wissenschaft gibt.

Muster innerhalb von Mustern

Nach diesem Exkurs in die Geschichte der komplexen Zahlen können wir uns nun den vielen fraktalen Gebilden zuwenden, die sich mathematisch durch iterative Verfahren in der komplexen Zahlenebene erzeugen lassen. Nach der Veröffentlichung seines bahnbrechenden Buches begann sich Mandelbrot in den späten siebziger Jahren für eine bestimmte Klasse dieser mathematischen Fraktale zu interessieren: die sogenannten Julia-Mengen.[33] Sie waren während des Ersten Weltkriegs von dem französischen Mathematiker Gaston Julia entdeckt worden, aber bald darauf wieder in Vergessenheit geraten. Ja, Mandelbrot war als Student auf Julias Arbeit gestoßen, hatte sich die primitiven Zeichnungen angesehen (die seinerzeit ohne die Hilfe eines Computers erstellt wurden) und schon bald das Interesse daran verloren. Nun jedoch erkannte er, daß Julias Zeichnungen grobe Darstellungen komplexer fraktaler Gebilde waren, und er setzte sich die Aufgabe, sie bis ins kleinste Detail mit Hilfe der leistungsfähigsten Computer, die zur Verfügung standen, zu reproduzieren. Die Ergebnisse waren verblüffend. Grundlage der Julia-Menge ist die einfache Abbildung

$$z \rightarrow z^2 + c,$$

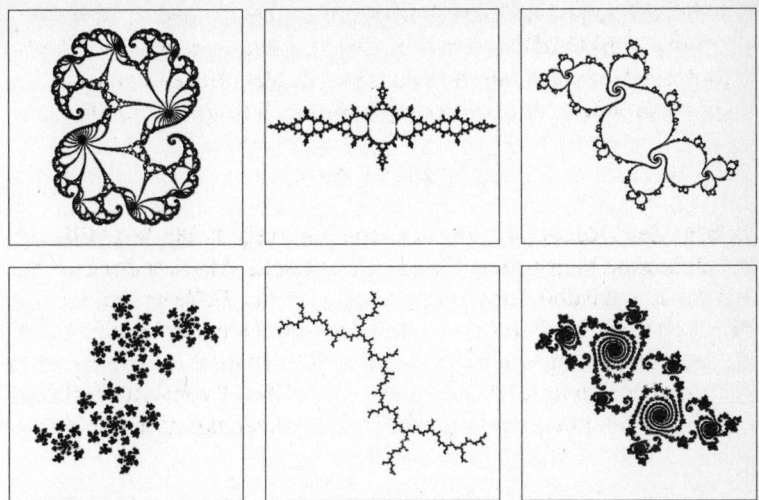

Abbildung 6–18: Varianten von Julia-Mengen; aus Peitgen und Richter (1986).

wobei z eine komplexe Variable und c eine komplexe Konstante ist. Das iterative Verfahren besteht darin, daß man jede Zahl z in der komplexen Zahlenebene nimmt, sie quadriert, die Konstante c hinzufügt, das Ergebnis wiederum quadriert, erneut die Konstante c hinzufügt und so weiter. Wenn man dies auf unterschiedliche Anfangswerte von z anwendet, werden einige davon ständig zunehmen und sich im Laufe der Iteration zur Unendlichkeit hin bewegen, während andere endlich bleiben.[34] Die Julia-Menge ist dann die Menge all jener Werte von z oder der entsprechenden Punkte in der komplexen Zahlenebene, die bei der Iteration endlich bleiben.

Um die Form der Julia-Menge für eine bestimmte Konstante c ermitteln zu können, muß die Iteration für Tausende von Punkten ausgeführt werden, und zwar jedesmal, bis klar wird, ob sie zunehmen werden oder endlich bleiben. Wenn man die Punkte, die endlich bleiben, schwarz färbt, während diejenigen, die weiter zunehmen, weiß bleiben, wird die Julia-Menge am Ende ein schwarzes Gebilde darstellen. Das ganze Verfahren ist einerseits sehr einfach, andererseits sehr zeitraubend. Es liegt auf der Hand, daß man dafür unbedingt einen Hochgeschwindigkeitsrechner benötigt, wenn man eine präzise Form in einer angemessenen Zeit bekommen möchte.

Für jede Konstante c erhält man eine andere Julia-Menge, so daß es eine unendliche Zahl dieser Mengen gibt. Einige sind einzelne zusammenhängende Stücke, andere sind in mehrere getrennte Teile zerlegt, wieder andere sehen aus, als ob sie zu Staub zerfallen wären (Abb. 6–18). Alle besitzen das gezackte Aussehen, das für Fraktale charakteristisch ist, und die meisten lassen sich unmöglich in der Sprache der klassischen Geometrie beschreiben. Staunend bemerkte der französische Mathematiker Adrien Douady: «Es gibt eine unglaubliche Vielfalt von Julia-Mengen: Einige sehen aus wie dicke Wolken, andere wie ein dorniges Gestrüpp, wieder andere wie die Funken, die nach der Explosion eines Feuerwerkskörpers in der Luft schweben. Eine sieht aus wie ein Kaninchen, viele andere haben geringelte Schwänze wie Seepferdchen.»[35]

Die reichhaltige Vielfalt dieser Formen, die oft an lebendige Dinge erinnern, ist schon erstaunlich genug. Aber der eigentliche Zauber beginnt erst, wenn wir die Konturen irgendeines Abschnitts einer Julia-Menge vergrößern. Wie im Falle einer Wolke oder Küstenlinie entfaltet sich der gleiche Reichtum in allen Größenordnungen. Mit zunehmender Auflösung (d. h. wenn man mit immer mehr Dezimalstellen der Zahl z rechnet) tauchen immer mehr Details der fraktalen Kontur auf und enthüllen eine phantastische Abfolge von Mustern innerhalb von Mustern – alle sind einander ähnlich, ohne identisch zu sein.

Als Mandelbrot in den späten siebziger Jahren verschiedene mathematische Darstellungen von Julia-Mengen analysierte und ihre immense Vielfalt zu klassifizieren versuchte, entdeckte er eine ganz einfache Möglichkeit, ein einziges Bild in der komplexen Zahlenebene zu erzeugen, das als Katalog aller möglichen Julia-Mengen dienen konnte. Dieses Bild, das seither das wichtigste optische Symbol der neuen Mathematik der Komplexität wurde, ist die Mandelbrot-Menge (Abb. 6–19). Es handelt sich dabei einfach um die Sammlung aller Punkte der Konstante c in der komplexen Zahlenebene, für die die entsprechenden Julia-Mengen einzelne zusammenhängende Stücke sind. Um die Mandelbrot-Menge zu konstruieren, muß man somit eine eigene Julia-Menge für jeden Punkt c in der komplexen Zahlenebene konstruieren und bestimmen, ob die

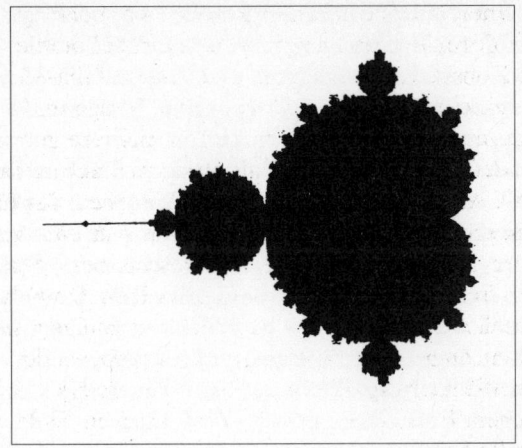

Abbildung 6–19: Die Mandelbrot-Menge; aus Peitgen und Richter (1986).

jeweilige Julia-Menge «zusammenhängend» oder «nichtzusammenhängend» ist. So sind beispielsweise bei den in Abbildung 6–18 gezeigten Julia-Mengen die drei Mengen in der oberen Reihe und die mittlere Menge in der unteren Reihe zusammenhängend (d. h., sie bestehen aus einem einzigen Stück), während die beiden Mengen links und rechts in der unteren Reihe nichtzusammenhängend sind (d. h. aus mehreren Stücken bestehen).

Es scheint unmöglich zu sein, Julia-Mengen für tausenderlei Werte von c zu erzeugen, wobei jedesmal bei Tausenden von Punkten wiederholte Iterationen erforderlich sind. Zum Glück gibt es ein von Gaston Julia selbst entdecktes Theorem, das die Zahl der notwendigen Schritte drastisch reduziert.[36] Um herauszufinden, ob eine bestimmte Julia-Menge zusammenhängend oder nichtzusammenhängend ist, muß man nichts weiter tun, als den Anfangspunkt z = 0 zu iterieren. Bleibt dieser Punkt bei wiederholter Iteration endlich, ist die Julia-Menge stets zusammenhängend, so verästelt sie auch sein mag – wenn nicht, ist sie stets nichtzusammenhängend. Somit muß man eigentlich nur diesen einen Punkt, z = 0, für jeden Wert von c iterieren, um die Mandelbrot-Menge zu konstruieren. Mit anderen Worten: Um die Mandelbrot-Menge zu erzeugen, ist dieselbe Anzahl von Schritten erforderlich wie zur Erzeugung einer Julia-Menge.

Während es eine unendliche Anzahl von Julia-Mengen gibt, ist die Mandelbrot-Menge einzigartig. Diese seltsame Figur ist das komplexeste mathematische Objekt, das je erfunden wurde. Obwohl die Regeln für ihre Konstruktion ganz einfach sind, enthüllt sie bei genauerer Untersuchung eine unendliche Vielfalt und Komplexität. Wenn die Mandelbrot-Menge im Computer in einem groben Raster erzeugt wird, erscheinen zwei Scheiben auf dem Bildschirm – die kleinere ist annähernd kreisförmig, die größere vage herzförmig. Jede der beiden Scheiben weist mehrere kleinere scheibenähnliche Anhängsel an ihrer Grenzlinie auf, und eine weitere Auflösung enthüllt einen Fülle immer kleinerer Anhängsel, die ein wenig wie stachlige Dornen aussehen.

Von diesem Punkt an läßt sich der Bilderreichtum fast nicht mehr beschreiben, der sich durch zunehmende Vergrößerung der Grenzlinie der Menge (d. h. durch zunehmende Auflösung in den Rechnungen) enthüllt. Eine derartige Reise in die Mandelbrot-Menge, die man sich am besten auf einer Videokassette ansieht, ist ein unvergeßliches Erlebnis.[37] Wenn die Kamera zoomt und die Grenzlinie vergrößert, scheinen Triebe und Ranken aus ihr herauszuwachsen, die sich bei weiterer Vergrößerung zu einer Vielzahl von Formen auflösen – Spiralen innerhalb von Spiralen, Seepferdchen und Strudel, in denen sich dieselben Muster ständig wiederholen (Abb. 6–20). In jeder Etappe dieser phantastischen Reise – auf der heutige leistungsstarke Computer bis zu hundertmillionenfache Vergrößerungen produzieren können – wirkt das Bild wie eine reichgegliederte Küste, die aber Formen enthält, welche in ihrer nie enden wollenden Komplexität organisch aussehen. Und hin und wieder entdecken wir etwas Gespenstisches: eine winzige Replik der gesamten Mandelbrot-Menge, die tief im Innern ihrer Grenzlinienstruktur verborgen ist.

Seit die Mandelbrot-Menge im August 1985 auf dem Cover von *Scientific American* abgebildet war, haben Hunderte von Computerfans das in dieser Ausgabe veröffentlichte Iterationsprogramm dazu verwendet, auf ihren Rechnern ihre eigenen Reisen in die Menge zu unternehmen. Man hat die dabei entdeckten Muster mit leuchtenden Farben versehen, und die auf diese Weise entstande-

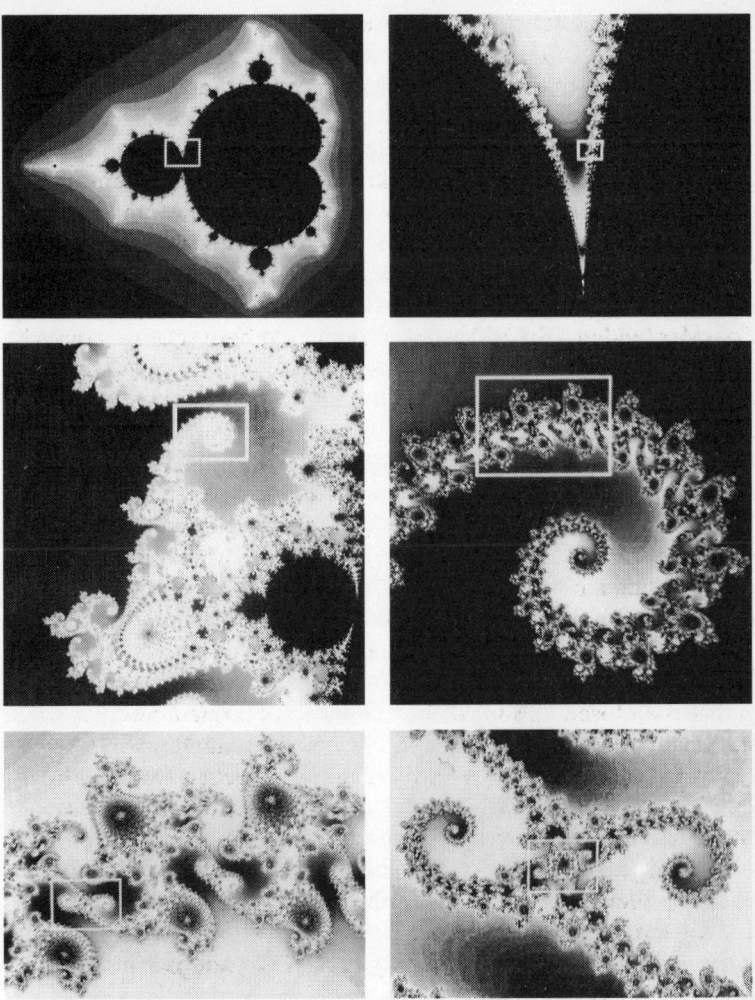

Abbildung 6–20: Etappen einer Reise in die Mandelbrot-Menge. In jedem Bild ist der Bereich der nachfolgenden Vergrößerung mit einem weißen Rechteck markiert; aus Peitgen und Richter (1986).

nen Bilder sind in zahlreichen Büchern veröffentlicht und in Ausstellungen für Computerkunst auf der ganzen Welt gezeigt worden.[38] Wenn man diese betörend schönen Bilder betrachtet – von wirbelnden Spiralen, von Strudeln, die Seepferdchen erzeugen, von organischen Formen, die aufsprießen und zu Staub zerstieben –, dann wird einem die verblüffende Ähnlichkeit mit der psychedelischen Kunst der sechziger Jahre nicht entgehen. Diese Kunst war durch ähnliche Reisen inspiriert, aber nicht durch Computer und die neue Mathematik ermöglicht worden, sondern durch LSD und andere psychedelische Drogen.

Seinerzeit war der Begriff psychedelisch («sich im Bewußtsein manifestierend») eingeführt worden, weil eine genauere Untersuchung ergeben hatte, daß diese Drogen als Verstärker oder Katalysatoren innergeistiger Prozesse fungieren.[39] Es hat also den Anschein, daß die fraktalen Muster, die ein derart auffallendes Merkmals des LSD-Erlebnisses sind, irgendwie im menschlichen Gehirn eingebettet sein müssen. Die Tatsache, daß die fraktale Geometrie und das LSD ungefähr zur selben Zeit die Bühne betraten, ist einer jener erstaunlichen Zufälle – oder Synchronizitäten? –, die in der Geistesgeschichte so oft zu beobachten sind.

Die Mandelbrot-Menge ist eine Fundgrube von unendlich detaillierten und vielfältigen Mustern. Strenggenommen ist sie nicht selbstähnlich, weil sie nicht nur dieselben Muster ständig wiederholt, einschließlich kleiner Repliken der gesamten Menge, sondern auch Elemente aus einer unendlichen Zahl von Julia-Mengen enthält! Damit ist sie ein «Superfraktal» von unfaßbarer Komplexität.

Und doch wird diese Struktur, deren Reichtum sich der menschlichen Vorstellungskraft entzieht, durch einige wenige ganz einfache Regeln erzeugt. Daher hat die fraktale Geometrie ebenso wie die Chaostheorie die Wissenschaftler und Mathematiker gezwungen, den Begiff der Komplexität selbst zu überdenken. In der klassischen Mathematik entsprechen einfache Formeln einfachen Formen, komplizierte Formeln komplizierten Formen. In der neuen Mathematik der Komplexität stehen wir vor einer dramatisch veränderten Situation. Einfache Gleichungen können ungeheuer komplexe seltsame Attraktoren erzeugen, und einfache Iterationsregeln lassen Strukturen entstehen, die komplizierter sind, als wir es uns vorstellen können. Mandelbrot erblickt darin eine faszinierende neue Entwicklung in der Wissenschaft:

Es ist eine sehr optimistische Schlußfolgerung, weil schließlich das Studium des Chaos ursprünglich den Versuch darstellte, einfache Regeln in dem uns umgebenden Universum zu finden ... Man hat ja immer nach einfachen Erklärungen für komplizierte Gegebenheiten gesucht. Aber die Diskrepanz zwischen Einfachheit und Komplexität war niemals mit dem zu vergleichen, was wir in diesem Kontext finden.[40]

Auch in dem erstaunlichen Interesse an fraktaler Geometrie außerhalb der Mathematikergemeinde sieht Mandelbrot eine sehr gesunde Entwicklung. Er hofft, daß dies die Isolierung der Mathematik gegenüber anderen menschlichen Tätigkeiten und die daraus folgende weitverbreitete Unwissenheit der mathematischen Sprache gegenüber beenden wird.

Diese Isolierung der Mathematik ist ein auffälliges Zeichen unserer geistigen Zersplitterung und damit ein relativ junges Phänomen. Im Laufe der Jahrhunderte haben viele große Mathematiker auch auf anderen Gebieten Überragendes geleistet. Im 11. Jahrhundert schrieb der persische Dichter Omar Chaijam, der weltberühmte Autor der *Rubaijat*, auch ein bahnbrechendes Buch über Algebra und war Astronom am Hof des Kalifen. Descartes, der Begründer der modernen Philosophie, war ein überragender Mathematiker und praktizierender Mediziner. Beide Erfinder der Differentialrechnung, Newton und Leibniz, waren auf Gebieten außerhalb der Mathematik tätig. Newton war ein «Naturphilosoph», der fundamentale Beiträge zu so gut wie allen damals bekannten naturwissenschaftlichen Disziplinen lieferte, neben dem Studium der Alchimie, der Theologie und der Geschichte. Leibniz kennt man in erster Linie als Philosophen, aber er war zudem der Begründer der symbolischen Logik und den Großteil seines Lebens als Diplomat und Historiker tätig. Der bedeutende Mathematiker Gauß war auch Physiker und Astronom und erfand mehrere nützliche Instrumente, unter anderem den elektromagnetischen Telegrafen.

Diese Beispiele, die man beliebig fortsetzen könnte, zeigen, daß die Mathematik in der Geistesgeschichte nie von anderen Gebieten menschlichen Erkennens und Handelns getrennt war. Erst im 20. Jahrhundert haben zunehmender Reduktionismus, Fragmentierung und Spezialisierung zu ihrer weitgehenden Isolierung geführt, und dies sogar innerhalb der wissenschaftlichen Welt selbst. So erinnert sich der Chaostheoretiker Ralph Abraham:

> Als ich 1960 als Mathematiker zu arbeiten begann, also vor noch nicht allzu langer Zeit, wurde die moderne Mathematik in ihrer Gesamtheit, *ich betone: in ihrer Gesamtheit*, von den Physikern abgelehnt, selbst von den fortschrittlichsten Köpfen der theoretischen Physik ... Alles, was gerade ein oder zwei Jahre nach dem entstanden war, worauf Einstein sich berufen hatte, wurde abgelehnt ... Theoretische Physiker verweigerten ihren Studenten die Erlaubnis, ihre Kurse in Mathematik bei Mathematikern zu absolvieren: *Lernen Sie Ihre Mathematik bei uns, wir bringen Ihnen schon bei, was Sie wissen müssen* ... Das war 1960. Doch 1968 hatte sich die Situation in ihr Gegenteil verkehrt.[41]

Die außerordentliche Faszination, die Chaostheorie und fraktale Geometrie auf die unterschiedlichsten Menschen – von Wissenschaftlern bis hin zu Managern und Künstlern – ausüben, ist in der Tat vielleicht ein hoffnungsvolles Zeichen dafür, daß die Isolierung der Mathematik beendet wird. Heutzutage vermittelt die neue Mathematik der Komplexität immer mehr Menschen die Erkenntnis, daß Mathematik nicht nur aus trockenen Formeln besteht, daß das Verständnis von Mustern von entscheidender Bedeutung für das Verständnis der uns umgebenden Lebenswelt ist und daß alle Fragen nach Muster, Ordnung und Komplexität im wesentlichen mathematische Fragen sind.

IV
Das Wesen
des Lebens

7   Eine neue Synthese

Wir können nun wieder zur zentralen Frage dieses Buches zurückkehren: Was ist Leben? Meine These lautet: Heute beginnt sich eine Theorie lebender Systeme abzuzeichnen, die sich im philosophischen Rahmen der Tiefenökologie bewegt, sich einer geeigneten mathematischen Sprache bedient und ein nichtmechanistisches, postkartesianisches Verständnis des Lebens vermittelt.

Muster und Struktur

Die Einführung und Vertiefung des Begriffs des «Organisationsmusters» stellt ein ganz entscheidendes Element in der Entwicklung dieser neuen Denkweise dar. Von Pythagoras über Aristoteles bis zu Goethe und den organismischen Biologen verläuft eine kontinuierliche geistige Tradition. Sie bemüht sich um das Verstehen von Mustern, weil ihre Vertreter erkannt haben, wie wichtig dies für das Verstehen der lebendigen Form ist. Alexander Bogdanow hat als erster versucht, die Begriffe Organisation, Muster und Komplexität in eine folgerichtige Systemtheorie zu integrieren. Die Kybernetiker konzentrierten sich auf Kommunikations- und Steuerungsmuster – insbesondere auf die Muster der zirkulären Verursachung, wie sie dem Begriff der Rückkopplung zugrunde liegt –, und damit wurde erstmals das Organisationsmuster eines Systems klar von seiner physikalischen Struktur unterschieden.

Die fehlenden «Teile des Puzzles» wurden im Laufe der letzten zwanzig Jahre beigesteuert: der Begriff der Selbstorganisation und die neue Mathematik der Komplexität. Wieder war die Idee des Musters von zentraler Bedeutung für beide Entwicklungen. Der Begriff der Selbstorganisation ging zurück auf die Erkenntnis, daß das Netzwerk das allgemeine Muster des Lebens ist und wurde anschließend von Maturana und Varela in ihrem Begriff der Autopoiese verfeinert. Die neue Mathematik ist im Prinzip eine Mathematik visueller Muster – seltsame Attraktoren, Phasenporträts, Fraktale usw. –, die im Rahmen der auf Poincaré zurückgehenden Topologie analysiert werden.

Das Verstehen von Mustern ist demnach von entscheidender Bedeutung für das wissenschaftliche Verständnis des Lebens. So wichtig es jedoch auch ist, das Organisationsmuster eines lebenden Systems zu verstehen – zum umfassenden Verständnis dieses Systems genügt dies allein nicht. Wir müssen nämlich auch die Struktur des Systems verstehen. Allerdings haben wir gesehen, daß das Studium der Struktur die hauptsächliche Verfahrensweise der westlichen Wissenschaft und Philosophie gewesen ist und als solche immer wieder das Studium des Musters in den Hintergrund gedrängt hat.

Ich bin zu der Meinung gelangt, daß der Schlüssel zu einer umfassenden Theorie lebender Systeme in der Synthese beider Methoden liegt: dem Studium von Mustern (oder von Form, Ordnung, Qualität) und dem Studium der Struktur (oder der Substanz, Materie, Quantität). Ich werde mich im folgenden an Humberto Maturanas und Francisco Varelas Definitionen dieser beiden Schlüsselkriterien eines lebenden Systems halten – seines Organisationsmusters und seiner Struktur.[1] Das *Organisationsmuster* jedes – lebenden oder nichtlebenden – Systems ist die Anordnung der Beziehungen zwischen den Bestandteilen des Systems, die seine wesentlichen Merkmale bestimmt. Mit anderen Worten: Bestimmte Beziehungen müssen gegeben sein, damit etwas beispielsweise als ein Stuhl, ein Fahrrad oder ein Baum erkannt werden kann.

Die *Struktur* eines Systems ist die materielle Verkörperung seines Organisationsmusters. Während die Beschreibung des Organisationsmusters eine abstrakte Abbildung von Beziehungen erfordert, ist für die Beschreibung der Struktur die Kenntnis der tatsächlichen materiellen Bestandteile des Systems erforderlich – ihrer Formen, chemischen Zusammensetzungen usw.

Um den Unterschied zwischen Muster und Struktur zu veranschaulichen, wollen wir uns ein bekanntes nichtlebendes System ansehen: ein Fahrrad. Damit etwas ein Fahrrad genannt werden kann, muß es eine Reihe funktionaler Beziehungen zwischen Bestandteilen geben, die man Rahmen, Pedale, Lenkstange, Räder, Kette,

Zahnkranz usw. nennt. Die vollständige Anordnung dieser funktionalen Beziehungen stellt das Organisationsmuster des Fahrrads dar. Alle diese Beziehungen müssen gegeben sein, damit das System die wesentlichen Merkmale eines Fahrrads aufweist.

Die Struktur des Fahrrads ist die materielle Verkörperung seines Organisationsmusters in besonders geformten und aus besonderen Materialien bestehenden Bestandteilen. Das gleiche Muster «Fahrrad» läßt sich in vielen verschiedenen Strukturen verkörpern. Die Lenkstange wird bei einem Tourenrad, einem Rennrad oder einem Mountainbike unterschiedlich geformt sein; der Rahmen kann schwer und massiv oder leicht und zierlich sein; die Reifen können schmal oder breit sein und Schläuche haben oder aus Vollgummi bestehen. All diese Kombinationen und noch zahlreiche weitere lassen sich leicht als verschiedene Verkörperungen desselben Musters aus Beziehungen erkennen, das ein Fahrrad definiert.

Die drei Schlüsselkriterien

Bei einer Maschine wie einem Fahrrad sind die Teile konstruiert, hergestellt und dann zusammengebaut worden, um eine Struktur mit festen Bestandteilen zu bilden. Bei einem lebenden System dagegen verändern sich die Bestandteile ständig. Durch einen lebenden Organismus verläuft ein unaufhörlicher Materiefluß. Jede Zelle stellt unablässig Strukturen her, löst sie wieder auf und beseitigt die Abfallprodukte. Gewebe und Organe ersetzen ihre Zellen in kontinuierlichen Zyklen. Da findet Wachstum, Entwicklung und Evolution statt. Deshalb ist in der Biologie das Verstehen lebender Strukturen von Anfang an untrennbar mit dem Verstehen von Stoffwechsel- und Entwicklungsprozessen verbunden.[2]

Diese auffällige Eigenschaft lebender Systeme legt es daher nahe, den *Prozeß* als ein drittes Kriterium für eine umfassende Beschreibung der Beschaffenheit des Lebens zu bezeichnen. Der Lebensprozeß ist jene Aktivität, die zur ständigen Verkörperung des Organisationsmusters des Systems erforderlich ist. Damit ist das Kriterium des Prozesses die Verbindung zwischen Muster und Struktur. Im Falle des Fahrrads wird das Organisationsmuster durch Konstruktionszeichnungen dargestellt, die für den Bau des Fahrrads verwendet werden, die Struktur ist ein spezifisches materielles Fahrrad, und die Verbindung zwischen Muster und Struktur ergibt sich im Geist des Konstrukteurs. Im Falle eines lebenden Systems hingegen ist das Organisationsmuster stets in der Struktur des Organismus verkörpert, und die Verbindung zwischen Muster und Struktur ergibt sich im Prozeß der kontinuierlichen Verkörperung. Das Kriterium des Prozesses vervollständigt das Begriffssystem meiner Synthese der entstehenden Theorie lebender Systeme. Die Definition der drei Kriterien – Muster, Struktur und Prozeß – sind noch einmal in der untenstehenden Tabelle aufgeführt. Alle drei Kriterien sind total voneinander abhängig. Das Organisatonsmuster läßt sich nur erkennen, wenn es in einer materiellen Struktur verkörpert ist, und in lebenden Systemen ist die Verkörperung ein unaufhörlicher Prozeß. Damit sind Struktur und Prozeß unauflöslich miteinander verbunden. Man könnte sagen, daß diese drei Kriterien drei unterschiedliche, aber nicht voneinander zu trennende Blickwinkel auf das Phänomen des Lebens sind. Sie werden die drei begrifflichen Dimensionen meiner Synthese bilden.

Wenn wir das Wesen des Lebens aus systemischer Sicht verstehen wollen, müssen wir eine Reihe allgemeiner Kriterien aufstellen, nach denen wir klar zwischen lebenden und nichtlebenden Systemen unterscheiden können. Im Laufe der Geschichte der Biologie sind viele Kriterien vorgeschlagen worden, aber sie alle erwiesen sich bald auf die eine oder andere Weise als ungenügend. Die neueren Modelle der Selbstorganisation und der Mathematik der Komplexität deuten darauf hin, daß es jetzt möglich ist, derartige Kriterien zu formulieren. Der entscheidende Gedanke meiner Synthese besteht darin, diese Kriterien in Form der drei begrifflichen Dimensionen Muster, Struktur und Prozeß auszudrücken.

SCHLÜSSELKRITERIEN
EINES LEBENDEN SYSTEMS

Organisationsmuster
die Anordnung der Beziehungen, die die
wesentlichen Merkmale des Systems festlegt;

Struktur
die materielle Verkörperung des
Organisationsmusters des Systems

Lebensprozeß
die in der kontinuierlichen Verkörperung des
Organisationsmusters des Systems stattfindende
Aktivität

Kurz gesagt schlage ich vor, die Autopoiese, wie sie von Maturana und Varela definiert worden ist, als das Muster des Lebens (d. h. als das Organisationsmuster lebender Systeme)[3], die dissipative Struktur, wie sie Prigogine definiert hat, als die Struktur lebender Systeme[4] und die Kognition, wie sie ursprünglich von Gregory Bateson und dann ausführlicher von Maturana und Varela definiert worden ist, als den Prozeß des Lebens zu verstehen.

Das Organisationsmuster legt die wesentlichen Merkmale eines Systems fest. Insbesondere bestimmt es, ob das System lebend oder nichtlebend ist. Die Autopoiese – das Organisationsmuster lebender Systeme – ist somit in der neuen Theorie das Definitionsmerkmal des Lebens. Um herauszufinden, ob ein bestimmtes System – ein Kristall, ein Virus, eine Zelle oder der Planet Erde – lebt, müssen wir nur feststellen, ob es das Organisationsmuster eines autopoietischen Netzwerks aufweist. Wenn dies der Fall ist, haben wir es mit einem lebenden System zu tun; wenn nicht, ist das System nichtlebend. Die Kognition, der Prozeß des Lebens, ist unauflöslich mit der Autopoiese verbunden, wie wir noch sehen werden. Autopoiese und Kognition sind zwei unterschiedliche

Aspekte desselben Phänomens Leben. In der neuen Theorie sind alle lebenden Systeme kognitive Systeme, und Kognition setzt stets die Existenz eines autopoietischen Netzwerks voraus.

Beim dritten Kriterium des Lebens, der Struktur lebender Systeme, verhält es sich etwas anders. Die Struktur eines lebenden Systems ist zwar immer eine dissipative Struktur, aber nicht alle dissipativen Strukturen sind autopoietische Netzwerke. Damit kann eine dissipative Struktur ein lebendes oder ein nichtlebendes System sein. So sind die von Prigogine ausgiebig untersuchten Bénard-Zellen und chemischen Uhren dissipative Strukturen, aber keine lebenden Systeme.[5]

Die drei Schlüsselkriterien des Lebens und die ihnen zugrundeliegenden Theorien werden in den folgenden Kapiteln ausführlich dargestellt. An dieser Stelle möchte ich vorerst nur einen kurzen Überblick geben.

Autopoiese – das Muster des Lebens

Seit dem ersten Drittel dieses Jahrhunderts weiß man, daß das Organisationsmuster eines lebenden Systems stets ein Netzwerkmuster ist.[6] Wir wissen allerdings auch, daß nicht alle Netzwerke lebende Systeme sind. Nach Maturana und Varela besteht das Schlüsselmerkmal eines lebenden Netzwerks darin, daß es sich ständig selbst erzeugt. Somit sind «Sein und Tun [lebender Systeme] untrennbar, und das ist ihre spezifische Organisationsweise».[7] Autopoiese, wörtlich «Selbstmachen», ist ein Netzwerkmuster, in dem jeder Bestandteil die Funktion hat, sich an der Erzeugung oder Umwandlung anderer Bestandteile im Netzwerk zu beteiligen. Auf diese Weise macht sich das Netzwerk andauernd selbst. Es wird von seinen Bestandteilen erzeugt und erzeugt wiederum diese Bestandteile.

Das einfachste lebende System, das wir kennen, ist eine Zelle, und Maturana und Varela haben die Details autopoietischer Netzwerke ausgiebig mit Hilfe der Zellbiologie erforscht. Das Grundmuster der Autopoiese läßt sich recht gut an einer Pflanzenzelle demonstrieren. Abbildung 7–1 zeigt das vereinfachte Bild einer solchen Zelle, in der die Bestandteile anschauliche deutsche Bezeichnungen

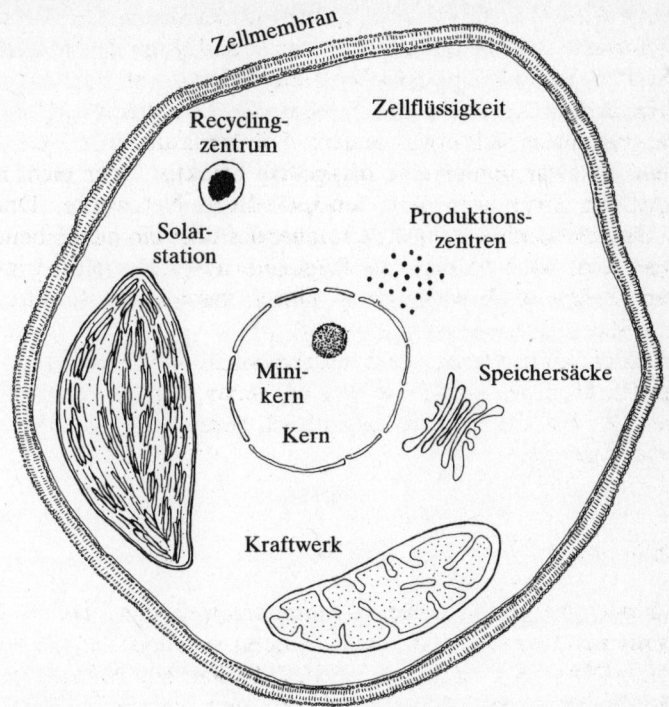

Abbildung 7–1: Grundbestandteile einer Pflanzenzelle.

erhalten haben. Die entsprechenden aus dem Griechischen und Lateinischen abgeleiteten Fachbegriffe sind weiter unten in einem Glossar aufgeführt.

Wie jede andere Zelle besteht eine typische Pflanzenzelle aus einer Zellmembran, die die Zellflüssigkeit umgibt. Die Flüssigkeit ist eine reichhaltige molekulare Suppe von Zellnährstoffen, d. h. aus chemischen Elementen, aus denen die Zelle ihre Strukturen aufbaut. In der Zellflüssigkeit schweben der Zellkern, eine große Anzahl winziger Produktionszentren, in denen die Hauptbausteine der Struktur erzeugt werden, und mehrere spezialisierte Teile, die sogenannten «Organellen», die Körperorganen entsprechen. Die wichtigsten Organellen sind die Speichersäcke, die Recyclingzentren,

Kraftwerke und Solarstationen. Wie die Zelle als Ganzes sind auch der Kern und die Organellen von semipermeablen («halb durchlässigen») Membranen umgeben, die auswählen, was hereinkommt und was hinausgeht. Die Zellmembran selbst nimmt Nahrung auf und entsorgt Abfall.

Der Zellkern enthält das genetische Material, d. h. die DNS-Moleküle, die die genetische Information transportieren, und die RNS-Moleküle, die von der DNS produziert werden, um Instruktionen an die Produktionszentren weiterzugeben.[8] Der Kern enthält auch einen kleineren «Minikern», wo die Produktionszentren hergestellt werden, bevor sie sich in der Zelle verteilen.

GLOSSAR DER FACHBEGRIFFE

Zellflüssigkeit	*Zytoplasma* («Zelleib»)
Minikern	*Nukleolus* («Kernkörperchen»)
Produktionszentrum	*Ribosome;* zusammengesetztes Wort aus Ribonukleinsäure (RNS) und Mikrosome («mikroskopisch kleiner Körper»), bezeichnet ein winziges Körnchen, das RNS enthält
Speichersack	*Golgi-Apparat* (nach dem italienischen Arzt Camillo Golgi benannt)
Recyclingzentrum	*Lysosomen* («Auflösungskörper»)
Kraftwerk	*Mitochondrium* («fadenartiges Körnchen»)
Energieträger	*Adenosintriphosphat* (ATP), eine chemische Verbindung, die aus einer Base, Zucker und drei Phosphaten besteht
Solarstation	*Chloroplast* («grünes Blatt»)

Die Produktionszentren sind Granulatkörperchen, in denen die Zellproteine erzeugt werden. Dazu gehören strukturelle Proteine ebenso wie Enzyme: die Katalysatoren, die alle Zellprozesse in Gang halten. In jeder Zelle gibt es etwa 500 000 Produktionszentren.

Die Speichersäcke sind Stapel flacher Taschen, die ein wenig an einen Stapel Pitabrot erinnern, in denen verschiedene Zellprodukte gespeichert und dann ausgezeichnet, verpackt und an ihre Bestimmungsorte verschickt werden.

Die Recyclingzentren sind Organellen, die Enzyme zur Verdauung von Nahrung, beschädigte Zellbestandteile und verschiedene ungebrauchte Moleküle enthalten. Die in ihre Bestandteile zerlegten Elemente werden dann recycelt und für den Bau neuer Zellbestandteile verwendet.

Die Kraftwerke führen die Zellatmung durch, d. h., sie zerlegen organische Moleküle mit Hilfe von Sauerstoff in Kohlendioxid und Wasser. Dadurch wird Energie freigesetzt, die in speziellen Energieträgern eingeschlossen ist. Diese Energieträger sind komplexe molekulare Gebilde, die sich zu anderen Teilen der Zelle begeben, um Energie für Zellprozesse («Zellstoffwechsel») zu liefern. Die Energieträger bilden die Hauptenergieeinheiten der Zelle – sie spielen hier in etwa die gleiche Rolle wie das Geld in der Wirtschaft.

Erst vor kurzem hat man entdeckt, daß die Kraftwerke ihr eigenes genetisches Material enthalten und sich unabhängig von der Reproduktion der Zelle kopieren. Nach einer Theorie von Lynn Margulis haben sie sich aus einfachen Bakterien entwickelt, die sich vor etwa zwei Milliarden Jahren in den komplexeren größeren Zellen angesiedelt hatten.[9] Seither sind sie ständige Bewohner in allen höheren Organismen, werden von Generation zu Generation weitergegeben und leben in einer engen Symbiose mit jeder Zelle.

Wie die Kraftwerke enthalten auch die Solarstationen ihr eigenes genetisches Material, und sie reproduzieren sich selbst; sie kommen jedoch nur in Grünpflanzen vor. Sie sind Zentren für die Photosynthese und wandeln Sonnenenergie, Kohlendioxid und Wasser in Zucker und Sauerstoff um. Die Zuckermoleküle wandern dann zu den Kraftwerken, wo ihre Energie extrahiert und in Energieträgern gespeichert wird. Zur Aufstockung der Zuckervorräte absorbieren Pflanzen durch ihre Wurzeln auch Nährstoffe und Spurenelemente aus der Erde.

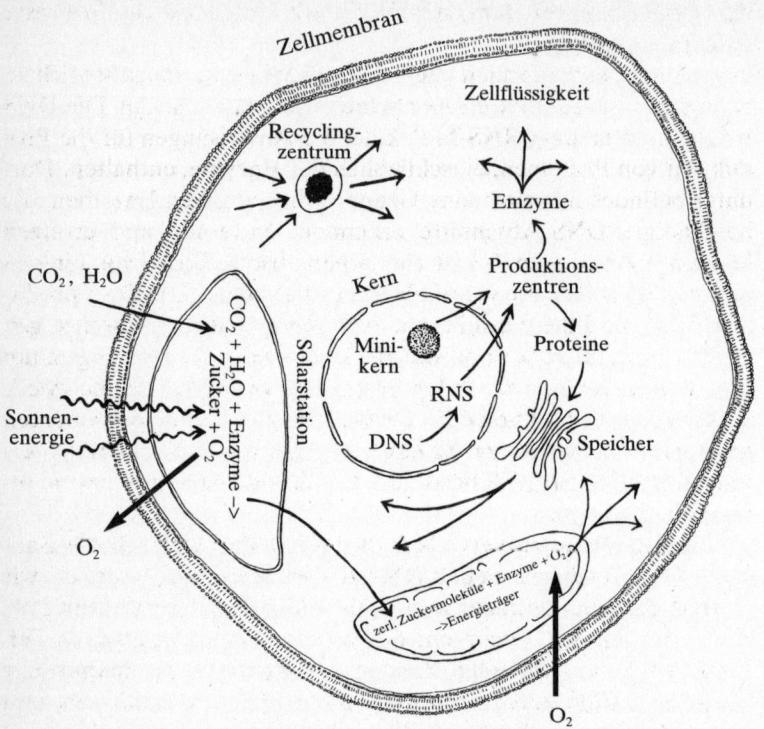

Abbildung 7–2: Stoffwechselprozesse in einer Pfanzenzelle.

Wir sehen, daß es einer ausführlichen Beschreibung der Zellbestandteile bedarf, wenn man auch nur eine grobe Vorstellung der Organisation einer Zelle vermitteln will. Die Komplexität steigert sich
dramatisch, wenn wir darzustellen versuchen, wie diese Zellbestandteile in einem riesigen Netzwerk mit Tausenden von Stoffwechselprozessen miteinander verbunden sind. Schon allein die Enzyme bilden ein kompliziertes Netzwerk von katalytischen Reaktionen, die
alle Stoffwechselprozesse in Gang halten. Die Energieträger bilden
ein entsprechendes Energienetzwerk, das diese Prozesse mit Energie
versorgt. Abbildung 7–2 ist eine weitere Darstellung unserer verein-
fachten Pflanzenzelle, aber diesmal enthält sie verschiedene Pfeile,

die einige der Verbindungen im Netzwerk der Stoffwechselprozesse andeuten sollen.

Um die Beschaffenheit dieses Netzwerks zu veranschaulichen, wollen wir uns nur eine einzige Schleife genauer ansehen. Die DNS im Zellkern erzeugt RNS-Moleküle, die Anweisungen für die Produktion von Proteinen, einschließlich der Enzyme, enthalten. Darunter befindet sich auch eine Gruppe von speziellen Enzymen, die beschädigte DNS-Abschnitte erkennen, entfernen und ersetzen können.[10] Abbildung 7–3 ist eine schematische Skizze von einigen der mit dieser Schleife verbundenen Beziehungen. Die DNS produziert RNS, und diese erteilt den Produktionszentren Anweisungen für die Produktion der Enzyme, die in den Zellkern eindringen, um die DNS zu reparieren. Jeder Bestandteil in diesem Teilnetzwerk wirkt bei der Produktion oder Umwandlung anderer Komponenten mit – damit ist das Netzwerk eindeutig autopoietisch. Die DNS erzeugt die RNS, die RNS bestimmt die Enzyme, und die Enzyme reparieren die DNS.

Um dieses Bild zu vervollständigen, müßten wir noch die Bausteine hinzufügen, aus denen DNS, RNS und Enzyme bestehen; wir müßten die Energieträger zeigen, die jeden der dargestellten Prozesse mit Energie versorgen; die Erzeugung der Energie in den Kraftwerken aus zerlegten Zuckermolekülen; die Produktion der Zuckermoleküle durch Photosynthese in den Solarstationen, und und und. Mit jeder Erweiterung des Netzwerks würden wir sehen, daß auch die neuen Komponenten dazu beitragen, andere Bestandteile zu produzieren und umzuwandeln, und damit würde die autopoietische Beschaffenheit des gesamten Netzwerks immer offenkundiger werden.

Besonders interessant ist die Zellmembran. Sie ist eine Grenze der Zelle, gebildet aus einigen ihrer Bestandteile, umschließt das Netzwerk der Stoffwechselprozesse und begrenzt damit seine Ausdehnung. Gleichzeitig ist die Membran am Netzwerk beteiligt, indem sie die Rohstoffe für die Produktionsprozesse (die Zellnahrung) durch Spezialfilter auswählt und Abfallstoffe in die äußere Umwelt entsorgt. Damit erzeugt das autopoietische Netzwerk seine eigene Grenze, und diese definiert die Zelle als ein eigenständiges System, während sie zugleich ein aktiver Bestandteil des Netzwerks ist.

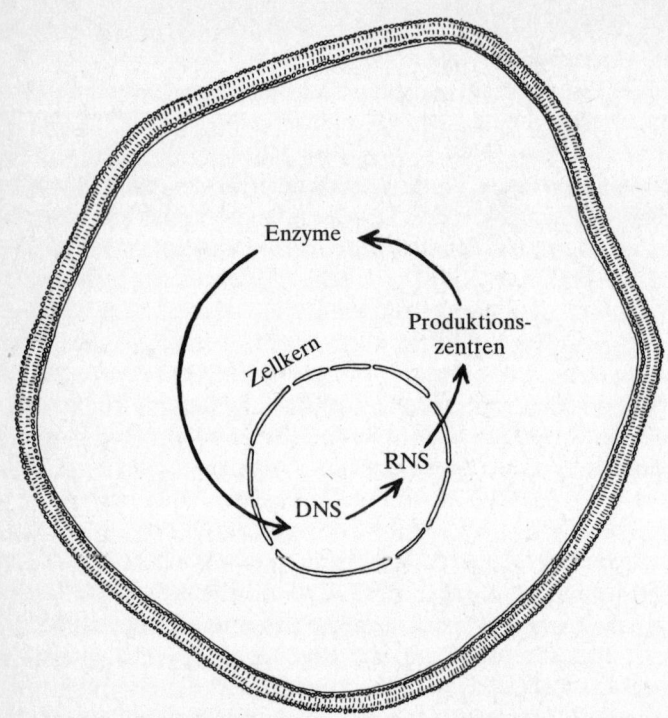

Abbildung 7–3: Komponenten des autopoietischen Netzwerks, die an der Reparatur der DNS beteiligt sind.

Da alle Bestandteile eines autopoietischen Netzwerks von anderen Bestandteilen im Netzwerk erzeugt werden, stellt das gesamte System eine *geschlossene Organisation* dar, auch wenn es im Hinblick auf den Energie- und Materiefluß offen ist. Diese organisatorische Geschlossenheit bedeutet, daß ein lebendes System insofern selbstorganisierend ist, als seine Ordnung und sein Verhalten nicht von der Umwelt auferlegt, sondern vom System selbst bestimmt werden. Mit anderen Worten: Lebende Systeme sind autonom. Das bedeutet nicht, daß sie von ihrer Umwelt isoliert sind. Im Gegenteil: Sie stehen mit der Umwelt durch den Austausch von Energie und Materie in ständigem Kontakt. Aber dieser Kontakt bestimmt nicht ihre Organisation – sie sind *selbst*organisierend. Die Autopoiese muß darum als das Muster angesehen werden, das dem Phänomen der Selbstorganisation oder Autonomie zugrunde liegt und das für alle lebenden Systeme so charakteristisch ist.

Durch ihre Wechselwirkungen mit der Umwelt erhalten und erneuern sich lebende Organismen ständig selbst, und zu diesem Zweck bedienen sie sich der Energie und der Ressourcen aus der Umwelt. Darüber hinaus schließt dieses unablässige Selbstmachen auch die Fähigkeit ein, neue Strukturen und neue Verhaltensmuster zu bilden. Wie wir noch sehen werden, ist diese Erschaffung von Neuem, die zu Entwicklung und Evolution führt, ein wesentlicher Aspekt der Autopoiese.

Ein ebenso subtiler wie wichtiger Punkt in der Definition der Autopoiese ist der Umstand, daß ein autopoietisches Netzwerk nicht ein Muster von Beziehungen zwischen statischen *Komponenten* ist (wie etwa das Organisationsmuster eines Kristalls), sondern ein Muster von Beziehungen zwischen *Produktionsprozessen* von Komponenten. Wenn diese Prozesse aufhören, betrifft das auch die gesamte Organisation. Mit anderen Worten: Autopoietische Netzwerke müssen sich ständig regenerieren, um ihre Organisation aufrechtzuerhalten. Dies ist natürlich ein bekanntes Merkmal des Lebens.

Im Unterschied zwischen Beziehungen von statischen Komponenten und Beziehungen von Prozessen sehen Maturana und Varela einen entscheidenden Unterschied zwischen physikalischen und biologischen Phänomenen. Da bei den Prozessen in einem biologischen Phänomen auch Komponenten im Spiel sind, ist es immer möglich, diese Komponenten in rein physikalischen Begriffen abstrakt zu beschreiben. Die Autoren erklären allerdings, daß diese rein physikalische Beschreibung das biologische Phänomen nicht zu erfassen vermag. Eine biologische Erklärung, behaupten sie, müsse sich auf Beziehungen von Prozessen im Zusammenhang mit der Autopoiese beziehen.

Dissipative Struktur – die Struktur lebender Systeme

Wenn Maturana und Varela das Muster des Lebens als ein autopoietisches Netzwerk bezeichnen, betonen sie dabei in erster Linie die organisatorische Geschlossenheit dieses Musters. Wenn Ilya Prigogine die Struktur eines lebenden Systems als eine dissipative Struktur bezeichnet, liegt für ihn der Schwerpunkt auf der Offenheit dieser Struktur gegenüber dem Energie- und Materiefluß. Somit ist ein lebendes System sowohl offen wie geschlossen – es ist strukturell offen, aber organisatorisch geschlossen. Materie fließt ständig durch das System hindurch, aber es bewahrt eine stabile Form, und zwar autonom durch Selbstorganisation.

Um dieses scheinbar paradoxe Miteinander von Veränderung und Stabilität hervorzuheben, prägte Prigogine den Begriff «dissipative Strukturen». Wie schon gesagt, sind nicht alle dissipativen Strukturen lebende Systeme, und um das Miteinander von kontinuierlichem Fluß und struktureller Stabilität zu veranschaulichen, ist es leichter, sich mit unkomplizierten, nichtlebenden dissipativen Strukturen zu befassen. Eine der einfachsten Strukturen dieser Art ist ein Strudel in fließendem Wasser, zum Beispiel ein Wirbel im Abfluß einer Badewanne. Wasser fließt ständig durch den Strudel, und doch bleibt dessen typische Form – die bekannten Spiralen und der sich verengende Trichter – bemerkenswert stabil (Abb. 7–4): es handelt sich dabei um eine dissipative Struktur.

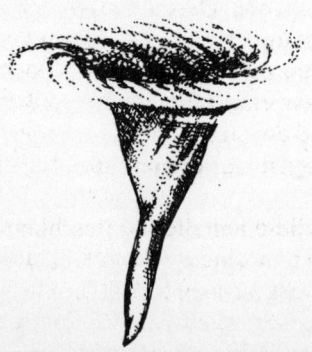

Abbildung 7–4: Strudeltrichter im Abfluß einer Badewanne.

Eine genauere Untersuchung von Ursprung und Verlauf eines solchen Strudels enthüllt eine Reihe bemerkenswert komplexer Phänomene.[11] Stellen wir uns eine Badewanne vor, in der das Wasser nicht besonders hoch steht und sich nicht bewegt. Wenn der Abfluß geöffnet wird, beginnt es abzulaufen, wobei es radial auf den Abfluß zufließt und aufgrund der von der Schwerkraft verursachten Beschleunigung schneller wird, wenn es sich dem Loch nähert. So entsteht ein glattes, gleichförmiges Fließen. Allerdings hält sich das Fließen nicht lange in diesem glatten Zustand. Winzige Unregelmäßigkeiten in der Wasserbewegung, Bewegungen der Luft an der Wasseroberfläche sowie Unregelmäßigkeiten im Abflußrohr sorgen dafür, daß sich auf einer Seite ein wenig mehr Wasser dem Abfluß nähert als auf den anderen Seiten, und damit geht das Fließen in eine wirbelnde Drehbewegung über.

Wenn die Wasserteilchen in den Abfluß hinuntergezogen werden, beschleunigt sich ihre radiale und ihre Drehgeschwindigkeit. Die Teilchen beschleunigen sich auf Grund der von der Schwerkraft ausgehenden Beschleunigung radial, und ihre Drehgeschwindigkeit nimmt zu, wenn der Radius ihrer Rotation abnimmt – so wie bei einer Eisläuferin, wenn sie die Arme während einer Pirouette anzieht.[12] Infolgedessen bewegen sich die Wasserteilchen in Spiralen nach unten, wobei sie eine sich verengende Röhre aus Flußlinien bilden, eine sogenannte Wirbelröhre.

Weil das Fließen weiterhin radial nach innen verläuft, wird die Wirbelröhre ständig durch das von allen Seiten dagegendrückende Wasser zusammengepreßt. Dieser Druck verringert ihren Radius und verstärkt die Rotation weiter. Indem wir Prigogines Terminologie aufgreifen, können wir sagen, daß die Rotation in das anfänglich gleichförmige Fließen eine Instabilität einführt. Die Schwerkraft, der Wasserdruck und der sich ständig verringernde Radius der Wirbelröhre beschleunigen zusammen die Wirbelbewegung immer schneller.

Allerdings endet diese anhaltende Beschleunigung nicht in einer Katastrophe, sondern in einem neuen stabilen Zustand. Bei einer bestimmten Rotationsgeschwindigkeit kommen Zentrifugalkräfte ins Spiel, die das Wasser radial vom Abfluß wegdrücken. Dadurch entwickelt sich an der Wasseroberfläche über dem Abfluß ein Unterdruck, der rasch zu einem Trichter führt. Schließlich bildet sich in diesem Trichter ein Miniaturtornado aus Luft, der hochkomplexe und nichtlineare Strukturen – Kräuselungen, Wellen und Wirbel – auf der Wasseroberfläche im Innern des Strudels erzeugt.

Am Ende gleichen all diese Kräfte – die Schwerkraft, die das Wasser den Abfluß hinunterzieht, der Wasserdruck, der es zusammenpreßt, und die Zentrifugalkräfte, die nach außen drücken – einander aus und ergeben einen stabilen Zustand, in dem die Schwerkraft den Energiefluß im größeren Maßstab aufrechterhält und die Reibung einen Teil davon in kleineren Größenordnungen verbraucht. Die auftretenden Kräfte sind nun miteinander durch Rückkopplungsschleifen verbunden, und dadurch wird der Strudelstruktur als Ganzem große Stabilität verliehen.

Ähnliche dissipative Strukturen von großer Stabilität treten bei Gewittern unter speziellen atmosphärischen Bedingungen auf. Hurrikane und Tornados sind Strudel aus heftig rotierender Luft, die große Entfernungen zurücklegen und verheerende Kräfte auslösen können, ohne daß sich ihre Strudelstruktur merklich verändert. Die Einzelphänomene in diesen atmosphärischen Strudeln sind viel zahlreicher als die Phänomene im Badewannenfluß, weil mehrere neue Faktoren ins Spiel kommen: Temperaturunterschiede, sich ausdehnende und zusammenziehende Luft, Feuchtigkeitseffekte, Kondensationen und Verdunstungen usw. Die sich daraus ergebenden Strukturen sind viel komplexer als die Wirbel in fließendem Wasser und weisen eine größere Vielfalt dynamischer Verhaltensformen auf. Wirbelstürme können sich zu dissipativen Strukturen mit charakteristischen Größen und Formen entwickeln – unter besonderen Bedingungen können sich einige sogar zweiteilen.

Metaphorisch können wir uns auch eine Zelle als Wirbel vorstellen, d. h. als eine stabile Struktur, durch die ständig Materie und Energie fließen. Allerdings sind die in einer Zelle auftretenden Kräfte und Prozesse anderer Art – und weitaus komplexer – als die in einem Strudel. Während die Kräfte im Wirbel mechanischer Natur sind, wobei die dominierende Kraft die Schwerkraft ist, sind die in der Zelle auftretenden Kräfte chemische. Genauer gesagt: Es sind die katalytischen Schleifen im autopoietischen Netzwerk der Zelle, die als Rückkopplungsschleifen fungieren.

Die Instabilität des Wirbels hat ebenfalls mechanische Ursachen: Sie entsteht als eine Folge der ersten Drehbewegung. In einer Zelle treten andersgeartete Instabilitäten auf, und sie sind chemischer statt mechanischer Natur. Auch sie haben ihren Ursprung in den katalytischen Zyklen, einem zentralen Merkmal aller Stoffwechselprozesse. Die entscheidende Eigenschaft dieser Zyklen ist ihre Fähigkeit, nicht nur als selbstausgleichende, sondern auch als selbstverstärkende Rückkopplungsschleifen zu fungieren, die das System immer weiter aus dem Gleichgewicht bringen, bis es eine Stabilitätsschwelle erreicht. Diesen Punkt nennt man einen «Gabelungspunkt». Es ist ein Punkt der Instabilität, an dem neue Ordnungsformen spontan entstehen und zu Entwicklung und Evolution führen können.

Mathematisch gesprochen stellt ein Gabelungspunkt eine dramatische Veränderung der Bahn des Systems im Phasenraum dar.[13] Ein neuer Attraktor kann plötzlich auftreten, so daß das Verhalten des Systems als Ganzes in eine neue Richtung abzweigt. Prigogines detaillierte Untersuchungen dieser Gabelungspunkte haben einige faszinierende Eigenschaften dissipativer Strukturen enthüllt, wie wir im folgenden Kapitel sehen werden.[14]

Die von Wirbeln oder Hurrikanen gebildeten dissipativen Strukturen können ihre Stabilität nur so lange aufrechterhalten, wie ein stetiger Materiefluß aus der Umwelt durch die Struktur erfolgt. Ebenso benötigt eine lebende dissipative Struktur, wie etwa ein Organismus, einen ständigen Zufluß von Luft, Wasser und Nahrung aus der Umwelt durch das System, um am Leben zu bleiben und ihre Ordnung aufrechtzuerhalten. Das riesige Netzwerk aus Stoffwechselprozessen hält das System in einem Zustand fern vom Gleichgewicht und führt – durch die ihm innewohnenden Rückkopplungsschleifen – zur Entstehung von Gabelungen und damit zu Entwicklung und Evolution.

Kognition – der Prozeß des Lebens

Die drei Schlüsselkriterien des Lebens – Muster, Struktur und Prozeß – sind so eng miteinander verwoben, daß es schwierig ist, sie getrennt zu erörtern; gleichwohl ist es wichtig, auf die Unterschiede zwischen ihnen zu verweisen. Die Autopoiese, das Muster des Lebens, ist eine Anordnung von Beziehungen zwischen Produktions-

prozessen, und eine dissipative Struktur läßt sich nur in Form von Stoffwechsel- und Entwicklungs*prozessen* begreifen. Die prozeßhafte Dimension gehört damit sowohl zum Kriterium des Musters wie zu dem Kriterium der Struktur.

In der jetzt entstehenden Theorie lebender Systeme ist der Prozeß des Lebens – die ständige Verkörperung eines autopoietischen Organisationsmusters in einer dissipativen Struktur – gleichzusetzen mit der Kognition, dem Prozeß des Erkennens. Dies erfordert einen radikal neuen Begriff des Geistes, und das ist vielleicht der revolutionärste und faszinierendste Aspekt dieser Theorie. Endlich scheint die Überwindung der kartesianischen Trennung zwischen Geist und Materie möglich.

Nach der Theorie lebender Systeme ist der Geist nicht ein Ding, sondern ein Prozeß – der eigentliche Prozeß des Lebens. Mit anderen Worten: Die organisierende Aktivität lebender Systeme ist auf allen Ebenen des Lebens eine geistige Aktivität. Die Wechselwirkungen eines lebenden Organismus – Pflanze, Tier oder Mensch – mit seiner Umwelt sind kognitive oder geistige Wechselwirkungen. Somit sind Leben und Geist untrennbar miteinander verbunden. Der Geist – oder genauer der geistige Prozeß – ist in der Materie auf allen Ebenen des Lebens gegenwärtig.

Der neue Begriff des Geistes wurde in den sechziger Jahren unabhängig voneinander durch Gregory Bateson und Humberto Maturana entwickelt. Bateson, der in der Frühzeit der Kybernetik regelmäßig an den legendären Macy-Konferenzen teilnahm, leistete bei der Anwendung des Systemdenkens und der kybernetischen Prinzipien auf mehreren Gebieten Pionierarbeit.[15] Insbesondere entwikkelte er eine systemische Behandlungsmethode von Geisteskrankheiten und ein kybernetisches Modell des Alkoholismus; dies führte ihn zur Definition des «geistigen Prozesses» als Systemphänomen, wie es für lebende Organismen charakteristisch sei.

Bateson stellt eine Liste von Kriterien auf, die Systeme zu erfüllen haben, damit von Geist die Rede sein könne.[16] Jedes System, das diese Kriterien erfülle, sei in der Lage, jene Prozesse zu entwickeln, die wir mit Geist verbinden: Lernen, Gedächtnis, Entscheidungen treffen usw. Aus Batesons Sicht sind diese geistigen Prozesse die notwendige und unvermeidliche Folge einer bestimmten Komplexität, die einsetzt, lange bevor Organismen Gehirne und höhere Nervensysteme entwickeln. Er betonte auch, daß Geist sich nicht nur in individuellen Organismen, sondern auch in sozialen Systemen und Ökosystemen manifestiere.

Bateson stellte seinen neuen Begriff des geistigen Prozesses erstmals in einem Vortrag vor, den er 1969 auf einer Konferenz über Geisteskrankheiten auf Hawaii hielt.[17] Ebenfalls 1969 präsentierte Maturana eine andere Formulierung desselben Grundgedankens auf einer von Heinz von Foerster organisierten Konferenz über Kognition in Chicago.[18] Damit waren zwei Wissenschaftler, beide von der Kybernetik stark beeinflußt, gleichzeitig auf ein und dasselbe revolutionäre Konzept des Geistes gekommen. Ihre Methoden waren jedoch ganz unterschiedlich, ebenso die Sprache, in der sie ihre bahnbrechende Entdeckung beschrieben.

Batesons ganzes Denken war auf Muster und Beziehungen ausgerichtet. Wie Maturana wollte auch er in erster Linie das Organisationsmuster entdecken, das allen Lebewesen gemeinsam ist. «Welches Muster», fragte er, «verbindet den Krebs mit dem Hummer und die Orchidee mit der Primel und diese vier alle mit mir? Und mich mit Ihnen?»[19]

Um die Natur genau beschreiben zu können, glaubte Bateson, sollte man die Sprache der Natur zu sprechen versuchen. Diese, so erklärte er entschieden, sei eine Sprache aus Beziehungen. Beziehungen machen, nach Bateson, das Wesen der Lebenswelt aus. Die biologische Form bestehe aus Beziehungen, nicht aus Teilen, und er betonte, dies gelte auch für die Art und Weise, wie Menschen denken. Daher gab er dem Buch, in dem er sein Konzept des geistigen Prozesses darstellte, den Titel *Mind and Nature: A Necessary Unity* (deutsch: *Geist und Natur. Eine notwendige Einheit*).

Bateson verfügte über die einzigartige Fähigkeit, der Natur durch höchst intensive Beobachtung Erkenntnisse zu entlocken. Dies war mehr als die gewöhnliche wissenschaftliche Beobachtung. Irgendwie vermochte er eine Pflanze oder ein Tier mit seinem ganzen Wesen zu beobachten, mit Einfühlungsvermögen und Leidenschaft. Und wenn er darüber redete, beschrieb er die betreffende Pflanze liebevoll bis ins kleinste Detail. Dabei verwendete er die Sprache der Natur, so wie er sie verstand, um über die aus seinem direkten Kontakt mit der Pflanze abgeleiteten allgemeinen Prinzipien zu sprechen. Er war sehr angetan von der Schönheit, die sich in der

Komplexität der Muster der Natur manifestiert, und die Beschreibung dieser Muster bereitete ihm großes ästhetisches Vergnügen.

Bateson entwickelte seine Kriterien des geistigen Prozesses intuitiv aus seiner sorgfältigen Beobachtung der Lebenswelt. Für ihn stand fest, daß das Phänomen des Geistes untrennbar mit dem Phänomen des Lebens verbunden ist. Wenn er die Lebenswelt betrachtete, war deren Organisationstätigkeit für ihn ihrem Wesen nach geistig. Um es mit seinen Worten zu sagen: «Geist ist das Wesentliche des Lebendigseins.»[20]

Auch wenn er die Einheit von Geist und Leben – oder von Geist und Natur, wie er sich ausdrückte – klar erkannte, stellte Bateson niemals die Frage: Was ist Leben? Er verspürte nie das Bedürfnis, eine Theorie oder auch nur ein Modell lebender Systeme zu entwickeln, das einen begrifflichen Rahmen für seine Kriterien des geistigen Prozesses liefern würde. Genau diesen Rahmen zu entwickeln war dagegen Maturanas Ansatz. Durch Zufall – oder vielleicht durch Intuition? – setzte sich Maturana gleichzeitig mit zwei Fragen auseinander, die für ihn in entgegengesetzte Richtungen zu führen schienen: «Was ist das Wesen des Lebens?» und: «Was ist Kognition?»[21]

Schließlich fand er heraus, daß die Antwort auf die erste Frage – die Autopoiese – ihm den theoretischen Rahmen zur Beantwortung der zweiten lieferte. Das Ergebnis war eine Systemtheorie der Kognition, von Maturana und Varela entwickelt, die zuweilen auch die Santiago-Theorie genannt wird.

Die zentrale Einsicht der Santiago-Theorie ist dieselbe wie bei Bateson – es ist die Gleichsetzung der Kognition, des Erkenntnisprozesses, mit dem Prozeß des Lebens.[22] Dies stellt eine radikale Ausweitung des traditionellen Geistbegriffs dar. Nach der Santiago-Theorie ist das Gehirn nicht notwendig, damit Geist existiert. Eine Bakterie oder eine Pflanze hat zwar kein Gehirn, aber einen Geist. Die einfachsten Organismen sind zur Wahrnehmung und damit zur Kognition fähig. Sie sehen nicht, nehmen aber gleichwohl Veränderungen in ihrer Umwelt wahr: Unterschiede zwischen Licht und Schatten, heiß und kalt, höheren und niedrigeren Konzentrationen irgendeiner Chemikalie usw.

Der neue Begriff der Kognition, des Erkenntnisprozesses, ist daher viel allgemeiner als der des Denkens. Er umfaßt Wahrnehmung,

Gefühl und Handeln – also den gesamten Prozeß des Lebens. Beim Menschen gehören zur Kognition auch die Sprache, das begriffliche Denken und alle anderen Attribute des menschlichen Bewußtseins. Der allgemeine Begriff dagegen ist viel umfassender und schließt nicht unbedingt das Denken ein.

Die Santiago-Theorie stellt meiner Ansicht nach das erste schlüssige wissenschaftliche System dar, das die kartesianische Trennung wirklich überwindet. Geist und Materie scheinen danach nicht mehr zwei getrennten Kategorien anzugehören, sondern sie stellen nur noch zwei verschiedene Aspekte oder Dimensionen ein und desselben Phänomens – des Lebens – dar.

Um den begrifflichen Fortschritt zu veranschaulichen, den diese einheitliche Sicht von Geist, Materie und Leben darstellt, wollen wir uns einer Frage zuwenden, über die Wissenschaftler und Philosophen mehr als hundert Jahre lang gerätselt haben: Worin besteht die Beziehung zwischen dem Geist und dem Gehirn? Gehirnwissenschaftler wissen seit dem 19. Jahrhundert, daß Gehirnstrukturen und geistige Funktionen eng miteinander verbunden sind, aber die genaue Beziehung zwischen Geist und Gehirn blieb stets ein Geheimnis. Noch 1994 räumten die Herausgeber einer Anthologie mit dem Titel *Consciousness in Philosophy and Cognitive Neuroscience* («Das Bewußtsein in der Philosophie und in der kognitiven Gehirnwissenschaft») in ihrer Einleitung ein: «Obwohl sich alle darin einig sind, daß der Geist irgend etwas mit dem Gehirn zu tun hat, herrscht noch immer keine generelle Einmütigkeit hinsichtlich der exakten Beschaffenheit dieser Beziehung.»[23]

In der Santiago-Theorie ist die Beziehung zwischen Geist und Gehirn einfach und klar. Endlich wird Descartes' Charakterisierung des Geistes als des «denkenden Dings» *(res cogitans)* aufgegeben. Der Geist ist kein Ding, sondern ein Prozeß: der Prozeß der Kognition, der mit dem Prozeß des Lebens gleichgesetzt wird. Das Gehirn ist eine spezifische Struktur, durch die dieser Prozeß wirkt. Die Beziehung zwischen Geist und Gehirn ist daher eine Beziehung zwischen Prozeß und Struktur.

Das Gehirn ist natürlich nicht die einzige Struktur, durch die der Prozeß der Kognition zur Wirkung gelangt. Die gesamte dissipative Struktur des Organismus ist am Prozeß der Kognition beteiligt, ganz gleich, ob der Organismus ein Gehirn und ein höheres Nervensystem hat oder nicht. Darüber hinaus legt die neuere Forschung den Schluß nahe, daß im menschlichen Organismus das Nervensystem, das Immunsystem und das endokrine System, die traditionellerweise als drei separate Systeme angesehen werden, tatsächlich ein einziges kognitives Netzwerk bilden.[24]

Die neue Synthese von Geist, Materie und Leben, die ausführlich auf den folgenden Seiten dargestellt wird, bringt zwei begriffliche Vereinigungen mit sich. Die wechselseitige Abhängigkeit von Muster und Struktur erlaubt es uns, zwei Ansätze zum Verständnis der Natur miteinander zu verbinden, die in der westlichen Wissenschaft und Philosophie stets voneinander getrennt wurden und miteinander konkurrierten. Die wechselseitige Abhängigkeit von Prozeß und Struktur erlaubt es uns, die Trennung zwischen Geist und Materie aufzuheben, die das neuzeitliche Denken seit Descartes geplagt hat. Zusammen liefern diese beiden Vereinigungen die drei wechselseitig voneinander abhängigen begrifflichen Dimensionen für das neue wissenschaftliche Verstehen des Lebens.

8   Dissipative Strukturen

Struktur und Veränderung

Seit der Frühzeit der Biologie wissen Philosophen und Naturwissenschaftler, daß sich in lebenden Formen stabile Struktur und fließen-
der Wandel in scheinbar mysteriöser, vielfältiger Weise miteinander
verbinden. Alle Lebensformen sind, Strudeln ähnlich, auf einen beständigen Durchfluß von Materie angewiesen; wie Flammen wandeln sie die Materialien um, von denen sie sich ernähren, um ihre
Aktivitäten aufrechtzuerhalten und zu wachsen – aber anders als bei
Strudeln und Flammen kommt es bei lebenden Strukturen auch zu
Entwicklung, Fortpflanzung und Evolution.

In den vierziger Jahren hat Ludwig von Bertalanffy solche lebenden Strukturen «offene Systeme» genannt, um ihre Abhängigkeit
von ständigen Energieflüssen und Ressourcen zu betonen. Er
prägte den Begriff «Fließgleichgewicht», um das Miteinander von
Gleichgewicht und Fließen, von Struktur und Veränderung in allen
Lebensformen zum Ausdruck zu bringen.[1] Im Anschluß daran begannen Ökologen, Ökosysteme in Flußdiagrammen darzustellen, in
denen sie die Wege von Energie und Materie in verschiedenen Nah-
rungsnetzen abbildeten. Diese Untersuchungen führten das Recycling als ein Schlüsselprinzip der Ökologie ein. Da alle Organismen
in einem Ökosystem offene Systeme sind, erzeugen sie Abfallstoffe.
Was aber für die eine Spezies Abfall ist, ist für eine andere Nahrung,
so daß Abfallstoffe ständig recycelt werden und das Ökosystem als
Ganzes generell frei von Abfall bleibt.

Grünpflanzen spielen eine ganz wichtige Rolle im Energiefluß
aller ökologischen Zyklen. Ihre Wurzeln nehmen Wasser und Mine-
ralsalze aus der Erde auf, und die daraus entstehenden Säfte steigen
zu den Blättern auf, wo sie sich mit Kohlendioxid (CO_2) aus der Luft
zu Zucker verbinden und andere organische Verbindungen einge-

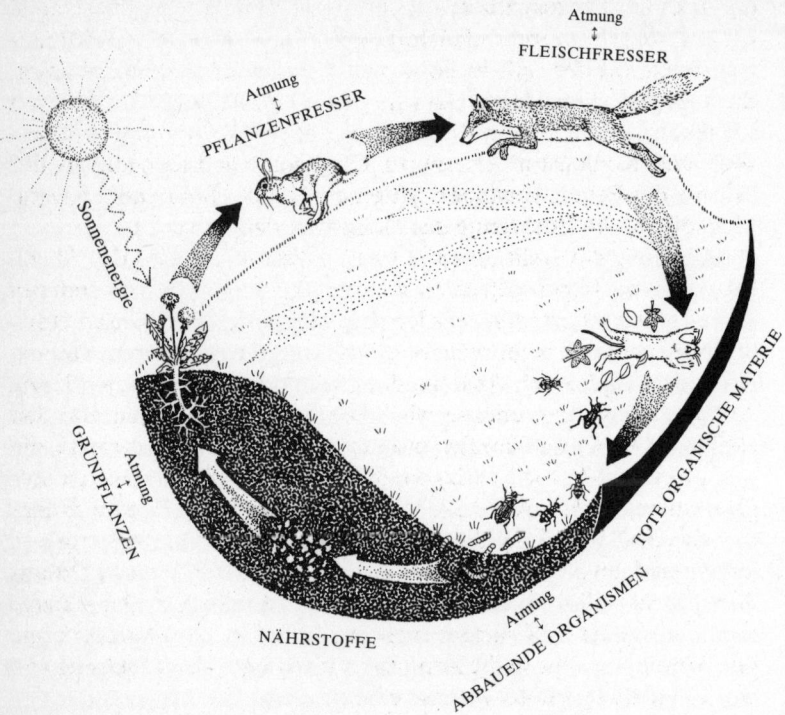

Abbildung 8–1: Ein typischer Nahrungszyklus.

hen. (Dazu gehört auch die Zellulose, das Hauptstrukturelement der Zellwände.) Bei diesem erstaunlichen Prozeß, der sogenannten Photosynthese, wird Sonnenenergie in chemische Energie umgewandelt und in den organischen Substanzen gebunden, während Sauerstoff in die Luft abgegeben wird, um erneut von anderen Pflanzen und von Tieren im Prozeß der Atmung aufgenommen zu werden.

Indem sie das Wasser und die Mineralien von unten mit dem Sonnenlicht und CO_2 von oben vermischen, verbinden Grünpflanzen die Erde und den Himmel. Wir glauben im allgemeinen, daß Pflanzen aus dem Boden wachsen, aber tatsächlich stammt ihre Substanz zum größten Teil aus der Luft. Die Masse der Zellulose und der anderen durch Photosynthese erzeugten organischen Verbindungen besteht aus schweren Kohlenstoff- und Sauerstoffatomen, die Pflanzen direkt aus der Luft in Form von CO_2 beziehen. Somit stammt das Gewicht eines Holzklotzes fast zur Gänze aus der Luft. Wenn wir einen Klotz in einem Kamin verbrennen, verbinden sich Sauerstoff und Kohlenstoff erneut zu CO_2, und im Licht und in der Wärme des Feuers gewinnen wir einen Teil der Sonnenenergie zurück, die für die Erzeugung des Holzes verwendet wurde.

Abbildung 8–1 stellt einen typischen Nahrungszyklus dar. Wenn Pflanzen von Tieren gefressen werden, die wiederum von anderen Tieren gefressen werden, werden die Nährstoffe der Pflanzen durch das Nahrungsnetz weitergegeben, während Energie durch Atmung als Wärme und durch Ausscheidung als Abfall zerstreut wird. Die Abfallstoffe werden ebenso wie tote Tiere und Pflanzen von den «abbauenden Organismen» (Insekten und Bakterien) zersetzt, die sie in Grundnährstoffe zerlegen, die erneut von Grünpflanzen aufgenommen werden. Auf diese Weise kreisen Nährstoffe und andere Grundelemente ständig durch das Ökosystem, während Energie in jedem Stadium zerstreut («dissipiert») wird – daher Eugene Odums Ausspruch: «Materie zirkuliert, Energie dissipiert.»[2] Der einzige vom Ökosystem als Ganzem erzeugte Abfall ist die Wärmeenergie der Atmung, welche in die Atmosphäre abgestrahlt und ständig von der Sonne durch Photosynthese ersetzt wird.

Unsere Illustration ist natürlich erheblich vereinfacht. Die wirklichen Nahrungszyklen lassen sich nur im Zusammenhang viel komplexerer Nahrungsnetze verstehen, in denen die Grundnährstoffelemente in einer Vielzahl von chemischen Verbindungen auftreten. In den letzten Jahren ist unser Wissen über diese Nahrungsnetze erheblich erweitert und verbessert worden, und zwar durch die Gaia- Theorie, die zeigt, wie komplex lebende und nichtlebende Systeme in der gesamten Biosphäre ineinander verwoben sind: Pflanzen und Gesteine, Tiere und Atmosphäregase, Mikroorganismen und Ozeane.

Der Nährstofffluß durch die Organismen eines Ökosystems ist darüber hinaus nicht immer glatt und gleichmäßig, sondern verläuft oft pulsierend, ruckartig und flutweise. Um es mit den Worten von Prigogine und Stengers zu sagen: «Der Energiefluß, der [das lebende System] durchströmt, erinnert ein wenig an einen sanft dahinfließenden Fluß, der jedoch von Zeit zu Zeit an einen Wasserfall gerät, der einen Teil der in ihm enthaltenen Energie freisetzt.»[3]

Das Verstehen lebender Strukturen als offene Systeme führte eine wichtige neue Perspektive ein, konnte aber nicht das Rätsel des Miteinanders von Struktur und Veränderung, von Ordnung und Dissipation lösen, bis Prigogine seine Theorie der dissipativen Strukturen formulierte.[4] Während Bertalanffy die Begriffe Fließen und Gleichgewicht miteinander verbunden hatte, um damit offene Systeme zu bezeichnen, verknüpfte Prigogine die Begriffe «dissipativ» und «Struktur», um zum Ausdruck zu bringen, daß zwei scheinbar einander ausschließende Tendenzen in allen lebenden Systemen zusammen auftreten. Doch Prigogines Begriff der dissipativen Struktur geht viel weiter als der Begriff des offenen Systems, da er die Vorstellung von Punkten der Instabilität mit einschließt, an denen neue Strukturen und Ordnungsformen entstehen können.

Prigogines Theorie verknüpft die Hauptmerkmale lebender Formen in einem folgerichtigen begrifflichen und mathematischen System, das eine radikale Neuformulierung vieler grundlegender Ideen bedingt, die mit dem Begriff der Struktur verbunden sind: eine Wahrnehmungsverschiebung von der Stabilität zur Instabilität, von der Ordnung zur Unordnung, vom Gleichgewicht zum Ungleichgewicht, vom Sein zum Werden. Im Zentrum von Prigogines Vision steht die Koexistenz von Struktur und Veränderung, von «Stillstand und Bewegung», wie er beredt mit einer Anspielung auf alte Skulpturen erklärt:

Jede große Epoche der Wissenschaft hat ein bestimmtes Modell der Natur entwickelt. Für die klassische Wissenschaft war es die Uhr, für die Wissenschaft des 19. Jahrhunderts, die Epoche der industriellen Revolution, war es ein Motor, der irgendwann nicht mehr weiterläuft. Was könnte für uns das Symbol sein? Was uns vorschwebt, läßt sich vielleicht durch einen Verweis auf die Bildhauerei von der indischen oder präkolumbischen Kunst bis in unsere Zeit ausdrücken. In einigen der schönsten Manifestationen der Bildhauerkunst, seien es der tanzende Shiva oder die Miniaturtempel von Guerrero, scheint ganz klar die Suche nach einer Verbindung zwischen Stillstand und Bewegung, zwischen der angehaltenen und der vergehenden Zeit auf. Wir glauben, daß diese Begegnung unserer Epoche ihre Einzigartigkeit verleihen könnte.[5]

Nichtgleichgewicht und Nichtlinearität

Der Schlüssel zum Verständnis dissipativer Strukturen liegt in der Erkenntnis, daß sie sich in einem stabilen Zustand fern vom Gleichgewicht erhalten. Diese Situation unterscheidet sich so sehr von den in der klassischen Naturwissenschaft beschriebenen Phänomenen, daß wir Schwierigkeiten mit unserer herkömmlichen Sprache bekommen. Fremdwörterbücher erklären das Wort «stabil» mit Begriffen wie «fest», «nicht schwankend» und «gleichbleibend», doch diese Beschreibungen sind auf dissipative Strukturen nicht anwendbar. Ein lebender Organismus ist durch ein ständiges Fließen und Sichverändern in seinem Stoffwechsel charakterisiert, in dem Tausende von chemischen Reaktionen stattfinden. Zum chemischen und thermischen Gleichgewicht kommt es, wenn all diese Prozesse zum Stillstand gelangen. Mit anderen Worten: Ein Organismus im Gleichgewicht ist ein toter Organismus. Lebende Organismen befinden sich ständig in einem Zustand fern vom Gleichgewicht, und das ist der Zustand des Lebens. Auch wenn sich dieser Zustand sehr vom Gleichgewicht unterscheidet, ist er doch über lange Zeiträume hinweg stabil, und das bedeutet, daß – wie in einem Strudel – ein und dieselbe Gesamtstruktur trotz des ständigen Fließens und Sichveränderns der Bestandteile aufrechterhalten wird.

Prigogine erkannte, daß die klassische Thermodynamik, die erste Wissenschaft der Komplexität, zur Beschreibung von Systemen fern vom Gleichgewicht ungeeignet ist, und zwar wegen der linearen Beschaffenheit ihrer mathematischen Struktur. Nahe dem Gleichgewicht – im Bereich der klassischen Thermodynamik – gibt es Fließprozesse, die sogenannten «Flüsse», aber sie sind schwach. Das System wird sich stets zu einem stationären Zustand hin entwickeln, in dem die Erzeugung von Entropie (oder Unordnung) so gering wie möglich ist. Mit anderen Worten: Das System wird seine Flüsse verringern, indem es sich so nahe wie möglich am Gleichgewichtszustand hält. In diesem Bereich lassen sich die Fließprozesse durch lineare Gleichungen beschreiben.

Weiter entfernt vom Gleichgewicht sind die Flüsse stärker, die Erzeugung von Entropie nimmt zu, und das System tendiert nicht mehr zum Gleichgewicht. Vielmehr erfährt es Instabilitäten, und diese führen zu neuen Ordnungsformen, die das System immer mehr vom Gleichgewichtszustand entfernen. Mit anderen Worten: Fern vom Gleichgewicht können sich dissipative Strukturen zu Formen von ständig zunehmender Komplexität entwickeln.

Prigogine betont, daß sich die Merkmale einer dissipativen Struktur nicht aus den Eigenschaften ihrer Teile ableiten lassen, sondern eine Form von «*supramolekularer Organisation*» darstellen.[6] Korrelationen von großer Reichweite tauchen genau am Übergangspunkt vom Gleichgewicht zum Nichtgleichgewicht auf, und von diesem Punkt an verhält sich das System als ein Ganzes.

Fern vom Gleichgewicht sind die Fließprozesse des Systems durch vielfache Rückkopplungsschleifen miteinander verbunden, und die entsprechenden mathematischen Gleichungen sind nichtlinear. Je weiter eine dissipative Struktur vom Gleichgewicht entfernt ist, desto größer ist ihre Komplexität, und desto höher ist der Grad der Nichtlinearität in den mathematischen Gleichungen, die sie beschreiben.

Nachdem Prigogine und Mitarbeiter den entscheidenden Zusammenhang zwischen Nichtgleichgewicht und Nichtlinearität erkannt hatten, entwickelten sie eine nichtlineare Thermodynamik für Systeme fern vom Gleichgewicht. Dies geschah mit Hilfe von Techniken der neuen Mathematik der Komplexität, die sich gerade zu entwickeln begann.[7] Die linearen Gleichungen der klassischen Thermodynamik, stellte Prigogine fest, lassen sich in Form von Punktattraktoren analysieren. Unabhängig von seinen Anfangsbedingungen werde das System zu einem stationären Zustand von minimaler Entropie «hingezogen», und zwar so nahe wie möglich zum Gleichgewicht, und sein Verhalten wird vollständig vorhersagbar sein. Prigogine erklärt, daß bei Systemen im linearen Bereich «die Anfangsbedingungen vergessen werden».[8]

Außerhalb der Region der Linearität haben wir es mit einer völlig anderen Situation zu tun. Nichtlineare Gleichungen haben normalerweise mehr als eine Lösung – je höher die Nichtlinearität, desto größer die Anzahl der Lösungen. Das bedeutet, daß sich in jedem Augenblick neue Situationen ergeben können. Mathematisch gesprochen, gelangt das System dann an einen Gabelungspunkt, wo es in einen völlig neuen Zustand abzweigt. Wie wir noch sehen werden, hängt das Verhalten des Systems am Gabelungspunkt (d. h., welche von mehreren zur Verfügung stehenden Abzweigungen es nehmen wird) von seiner bisherigen Geschichte ab. Im nichtlinearen Bereich werden die Anfangsbedingungen nicht mehr «vergessen».

Darüber hinaus zeigt Prigogines Theorie, daß das Verhalten einer dissipativen Struktur fern vom Gleichgewicht nicht mehr irgendeinem universalen Gesetz folgt, sondern für das System einzigartig ist. Nahe dem Gleichgewicht finden wir sich wiederholende Phänomene und universale Gesetze vor. Sobald wir uns aber vom Gleichgewicht entfernen, bewegen wir uns vom Universalen zum Einzigartigen, zu Reichtum und Vielfalt hin. Dies ist natürlich ein bekanntes Merkmal des Lebens.

Die Existenz von Gabelungen, an denen das System mehrere verschiedene Wege einschlagen kann, bringt es mit sich, daß die Unbestimmtheit ein weiteres Merkmal von Prigogines Theorie ist. Am Gabelungspunkt kann das System zwischen mehreren möglichen Wegen oder Zuständen – metaphorisch gesprochen – «wählen». Welchen Weg es nehmen wird, hängt von seiner eigenen Geschichte ab und läßt sich nie vorhersagen. An jedem Gabelungspunkt gibt es ein nicht reduzierbares Element des Zufalls.

Diese Unbestimmtheit an Gabelungspunkten ist eine von zwei Arten der Unvorhersagbarkeit in der Theorie dissipativer Strukturen. Die andere Art, die auch in der Chaostheorie vorkommt, beruht auf der hoch nichtlinearen Beschaffenheit der Gleichungen und tritt sogar dann auf, wenn es keine Gabelungen gibt. Aufgrund von wiederholten Rückkopplungsschleifen – oder mathematisch gesprochen: von wiederholten Iterationen – wird sich der kleinste Rechenfehler, der durch die praktische Notwendigkeit verursacht wird, Zahlen an irgendeiner Dezimalstelle abzurunden, unweigerlich zu einer ausreichenden Unsicherheit summieren, so daß Vorhersagen unmöglich sind.[9]

Die Unbestimmtheit an den Gabelungspunkten wie die auf wiederholten Iterationen beruhende Unvorhersagbarkeit vom «Chaos-Typ» haben zur Folge, daß sich das Verhalten einer dissipativen Struktur nur über eine kurze Zeitspanne vorhersagen läßt. Danach können wir die Bahn des Systems nicht mehr ermitteln. Somit erinnert uns Prigogines Theorie ebenso wie die Quantentheorie und die Chaostheorie wieder einmal daran, daß uns das wissenschaftliche Wissen nichts weiter als ein «begrenztes Fenster zum Universum» bietet.[10]

Der Zeitpfeil

Nach Prigogine ist die Einsicht in die Unbestimmtheit als einem Schlüsselmerkmal natürlicher Phänomene Teil einer tiefgreifenden Umorientierung der Wissenschaft. Ein eng damit zusammenhängender Aspekt dieses Orientierungswechsels betrifft die wissenschaftlichen Vorstellungen von Irreversibilität und Zeit.

Im mechanistischen Paradigma der Newtonschen Wissenschaft galt die Welt durchweg als kausal und determiniert. Alles, was geschah, hatte eine eindeutige Ursache und führte zu einer eindeutigen Wirkung. Die Zukunft jedes Teils des Systems ließ sich ebenso wie seine Vergangenheit im Prinzip mit absoluter Sicherheit berechnen, sofern sein Zustand zu irgendeiner Zeit in allen Details bekannt war. Dieser rigorose Determinismus kam am deutlichsten in den berühmten Worten von Pierre Simon Laplace zum Ausdruck:

> Ein Intellekt, der zu einem gegebenen Zeitpunkt alle in der Natur wirkenden Kräfte kennt und die Lage aller Dinge, aus denen die Welt besteht – angenommen, der erwähnte Intellekt wäre groß genug, diese Daten zu analysieren –, würde in derselben Formel die Bewegungen der größten Körper im Universum und die der kleinsten Atome erfassen; ihm wäre nichts ungewiß, und die Zukunft wie die Vergangenheit wären seinen Augen gegenwärtig.[11]

In diesem Laplaceschen Determinismus gibt es keinen Unterschied zwischen Vergangenheit und Zukunft. Beide sind im gegenwärtigen Zustand der Welt und in den Newtonschen Bewegungsgleichungen enthalten. Alle Prozesse sind strikt reversibel. Zukunft und Vergangenheit sind austauschbar – Geschichte, Neuheit oder Kreativität haben hier nichts zu suchen.

Irreversible Wirkungen (wie die Reibung) wurden in der klassischen Newtonschen Physik zwar auch festgestellt, aber stets vernachlässigt. Im 19. Jahrhundert änderte sich das dramatisch. Mit der Erfindung von Wärmekraftmaschinen wurde die Irreversibilität der Energiedissipation in Reibung, Viskosität (dem Fließwiderstand einer Flüssigkeit) und Wärmeverlusten das zentrale Thema der neuen Wissenschaft der Thermodynamik, die die Vorstellung eines «Zeitpfeils» einführte. Gleichzeitig begannen sich Geologen, Biologen, Philosophen und Dichter über Veränderung, Wachstum, Entwicklung und Evolution Gedanken zu machen. Das Denken des 19. Jahrhunderts befaßte sich intensiv mit dem Wesen des Werdens.

In der klassischen Thermodynamik ist die Irreversibilität zwar ein wichtiges Merkmal, aber doch stets mit Energieverlusten und Abfall verbunden. Prigogine führte in seiner Theorie der dissipativen Strukturen eine fundamentale Veränderung dieser Sicht ein, indem er zeigte, daß in lebenden Systemen, die fern vom Gleichgewicht operieren, irreversible Prozesse eine konstruktive und unentbehrliche Rolle spielen.

Chemische Reaktionen, die Grundprozesse des Lebens, sind der Prototyp irreversibler Prozesse. In einer Newtonschen Welt gäbe es keine Chemie und kein Leben. Prigogines Theorie zeigt, wie eine bestimmte Art chemischer Prozesse, die katalytischen Schleifen, die für lebende Organismen so wichtig sind[12], durch wiederholte selbstverstärkende Rückkopplung zu Instabilitäten führt und wie neue Strukturen von ständig zunehmender Komplexität an aufeinanderfolgenden Gabelungspunkten auftreten. Irreversibilität, so fand Prigogine heraus, ist offenbar der Mechanismus, der Ordnung aus Chaos schafft.[13]

Somit ist die von Prigogine befürwortete Umorientierung in der Wissenschaft ein Wechsel von deterministischen, reversiblen Prozessen zu unbestimmten und irreversiblen Prozessen. Da die irreversiblen Prozesse so wichtig für die Chemie und das Leben sind, während die Austauschbarkeit von Zukunft und Vergangenheit ein integraler Bestandteil der Physik ist, muß Prigogines Neuorientierung offenbar in dem größeren Kontext verstanden werden, der zu Beginn dieses Buches in Verbindung mit der Tiefenökologie dargelegt wurde, also als Teil des Paradigmenwechsels von der Physik zu den Lebenswissenschaften.[14]

Ordnung und Unordnung

Der in die klassische Thermodynamik eingeführte Zeitpfeil wies nicht in Richtung zunehmender Ordnung – er wies in die entgegengesetzte Richtung. Nach dem Zweiten Hauptsatz der Thermodynamik tendieren physikalische Phänomene von der Ordnung zur Unordnung, hin zu einer immer weiter zunehmenden Entropie.[15] Eine der größten Leistungen von Prigogine besteht darin, daß er das Paradox der beiden gegensätzlichen Anschauungen über die Evolution in der Physik und in der Biologie aufgelöst hat – also den Widerspruch zwischen der Vorstellung von einem irgendwann zum Stillstand kommenden Motor und der anderen Vorstellung von einer Lebenswelt, die sich in Richtung einer zunehmenden Ordnung und Komplexität entfaltet. Oder um es mit Prigogines Worten zu sagen: «Wir stehen nun vor einer weiteren Frage, die uns seit über einem Jahrhundert beschäftigt: Welche Bedeutung kann die Entwicklung von Lebewesen . . . in der von der Thermodynamik beschriebenen Welt wachsender Unordnung haben?»[16]

In Prigogines Theorie ist der Zweite Hauptsatz der Thermodynamik zwar noch immer gültig, aber die Beziehung zwischen Entropie und Unordnung wird in einem neuen Licht gesehen. Um diese neue Sichtweise zu verstehen, ist es hilfreich, einmal die klassischen Definitionen von Entropie und Ordnung zu betrachten. Der Begriff der Entropie wurde im 19. Jahrhundert von dem deutschen Physiker und Mathematiker Rudolf Clausius eingeführt, und zwar zur Messung der Dissipation von Energie in Wärme und Reibung. Clausius definierte die in einem thermischen Prozeß erzeugte Entropie als die zerstreute oder «vergeudete» Energie, geteilt durch die Temperatur, bei der der Prozeß stattfindet. Nach dem Zweiten Hauptsatz nimmt diese Entropie weiter zu, wenn der thermische Prozeß weitergeht, die dissipierte Energie läßt sich nie wieder zurückgewinnen, und diese Richtung auf eine immer weiter zunehmende Entropie hin definiert den Zeitpfeil.

Die Dissipation von Energie in Wärme und Reibung ist zwar eine alltägliche Erfahrung, aber sobald der Zweite Hauptsatz formuliert worden war, ergab sich eine verwirrende Frage: Was genau verursacht eigentlich diese Irreversibilität? In der Newtonschen Physik waren die Auswirkungen der Reibung normalerweise vernachlässigt worden, weil sie nicht für sehr wichtig gehalten wurden. Diese Auswirkungen lassen sich jedoch auch innerhalb des Newtonschen Systems durchaus einbeziehen. Im Prinzip, erklärten die Wissenschaftler, sollte man die Newtonschen Bewegungsgesetze zur Beschreibung der Dissipation von Energie auf der molekularen Ebene verwenden können, und zwar in Form von Kaskaden von Kollisionen. Jede dieser Kollisionen ist ein reversibler Vorgang, und daher sollte es absolut möglich sein, den ganzen Prozeß rückwärts laufen zu lassen. Die Dissipation von Energie, die nach dem Zweiten Hauptsatz wie nach landläufiger Erfahrung auf der makroskopischen Ebene irreversibel ist, scheint auf der mikroskopischen Ebene aus völlig reversiblen Vorgängen zusammengesetzt zu sein. Wo schleicht sich also die Irreversibilität ein?

Dieses Geheimnis wurde um die Jahrhundertwende von dem österreichischen Physiker Ludwig Boltzmann gelöst, einem der bedeutenden Theoretiker der klassischen Thermodynamik, der dem Begriff der Entropie eine neue Bedeutung verlieh und die Verbindung zwischen Entropie und Ordnung ermittelte. Boltzmann folgte einer ursprünglich von James Clerk Maxwell, dem Begründer der statistischen Mechanik[17], entwickelten Argumentation und dachte sich ein geniales Gedankenexperiment aus, um den Begriff der Entropie auf der molekularen Ebene zu untersuchen.[18]

Nehmen wir an, sagte sich Boltzmann, wir haben einen Behälter, der durch eine imaginäre Wand in der Mitte in zwei gleich große Abteile unterteilt ist und acht unterscheidbare Moleküle enthält, die wie Billardkugeln numeriert sind. Wie viele Möglichkeiten gibt es, diese Teilchen im Behälter so zu verteilen, daß sich eine gewisse Anzahl auf der linken Seite der Wand und der Rest auf der rechten Seite befindet?

Geben wir zunächst alle acht Teilchen auf die linke Seite. Dafür gibt es nur eine einzige Möglichkeit. Doch wenn wir sieben Teilchen im linken und eins im rechten Abteil unterbringen, gibt es acht verschiedene Möglichkeiten, weil das einzelne Teilchen auf der rechten Seite des Behälters nacheinander jedes der acht Teilchen sein kann. Da die Moleküle unterscheidbar sind, zählen all diese acht Möglichkeiten als unterschiedliche Aufteilungen. Weiter gibt es 28 verschiedene Aufteilungen für sechs Teilchen auf der linken und zwei auf der rechten Seite.

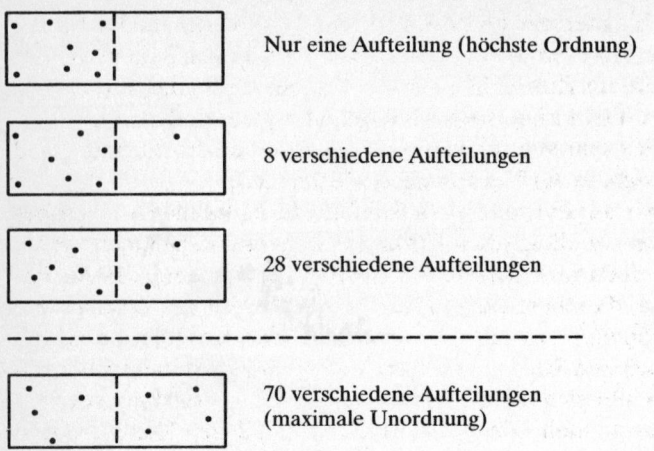

Nur eine Aufteilung (höchste Ordnung)

8 verschiedene Aufteilungen

28 verschiedene Aufteilungen

70 verschiedene Aufteilungen
(maximale Unordnung)

Abbildung 8–2: Boltzmanns Gedankenexperiment.

Eine allgemeine Formel für all diese Permutationen läßt sich ohne weiteres ableiten.[19] Sie zeigt, daß die Zahl der Möglichkeiten zunimmt, wenn die Differenz zwischen der Anzahl der Teilchen auf der linken und der auf der rechten Seite kleiner wird, und ein Maximum von 70 verschiedenen Aufteilungen erreicht, wenn auf jeder Seite gleich viele Moleküle, also je vier, verteilt sind (siehe Abb. 8–2).

Boltzmann nannte die verschiedenen Aufteilungen «Komplexionen» und verband sie mit dem Begriff der Ordnung – je niedriger die Zahl der Komplexionen, desto höher die Ordnung. Somit weist in unserem Beispiel der erste Zustand mit allen acht Teilchen auf einer Seite die höchste Ordnung auf, während die gleichmäßige Aufteilung mit jeweils vier Teilchen auf jeder Seite die maximale Unordnung darstellt.

Dabei ist es wichtig, zu betonen, daß der von Boltzmann eingeführte Begriff der Ordnung ein thermo*dynamischer* Begriff ist, da sich die Moleküle ständig in Bewegung befinden. In unserem Beispiel ist die Zwischenwand des Behälters rein imaginär, und Moleküle in beliebiger Bewegung werden sie ständig überqueren. Im Laufe der Zeit wird sich das Gas in verschiedenen Zuständen befinden, d. h. unterschiedliche Zahlen von Molekülen auf den beiden Seiten des Behälters aufweisen, und die Anzahl von Komplexionen für jeden dieser Zustände hängt mit seinem Ordnungsgrad zusammen. Diese Definition von Ordnung in der Thermodynamik unterscheidet sich sehr von den starren Vorstellungen von Ordnung und Gleichgewicht in der Newtonschen Mechanik.

Sehen wir uns ein anderes Beispiel für Boltzmanns Ordnungsbegriff an, das der alltäglichen Erfahrung nähersteht. Nehmen wir an, wir füllen einen Sack mit zwei Arten von Sand: die untere Hälfte mit schwarzem, die obere mit weißem Sand. Dies ist ein Zustand von hoher Ordnung – es gibt nur eine mögliche Komplexion. Dann schütteln wir den Sack, um die Sandkörnchen miteinander zu vermischen. Je mehr sich der weiße und der schwarze Sand miteinander mischen, desto mehr nimmt die Zahl der möglichen Komplexionen zu und damit der Grad der Unordnung. Schließlich sind wir bei einer gleichförmigen Mischung angelangt, in der der Sand von einem einheitlichen Grau ist und maximale Unordnung herrscht.

Mit Hilfe dieser Definition von Ordnung konnte Boltzmann nun das Verhalten von Molekülen in einem Gas analysieren. Dazu verwendete er die von Maxwell eingeführten statistischen Methoden zur Beschreibung der Zufallsbewegung der Moleküle. Er bemerkte, daß die Zahl der möglichen Komplexionen jedes Zustands die Wahrscheinlichkeit mißt, mit der sich das Gas in diesem Zustand befindet. Dies entspricht der Definition von Wahrscheinlichkeit. Je mehr Komplexionen es für eine bestimmte Aufteilung gibt, desto wahrscheinlicher wird dieser Zustand in einem Gas mit Molekülen in zufälliger Bewegung vorkommen.

Damit mißt die Zahl möglicher Komplexionen für eine bestimmte Anordnung von Molekülen sowohl den Ordnungsgrad dieses Zustands wie die Wahrscheinlichkeit seines Vorkommens. Je höher die Zahl der Komplexionen ist, desto größer wird die Unordnung sein, und desto wahrscheinlicher wird sich das Gas in diesem Zustand befinden. Boltzmann gelangte daher zu der Schlußfolgerung, daß die Bewegung von der Ordnung zur Unordnung eine Bewegung von einem unwahrscheinlichen zu einem wahrscheinlichen Zustand ist. Indem er Entropie und Unordnung mit der Anzahl der Komplexionen gleichsetzte, führte er eine Definition der Entropie in Form von Wahrscheinlichkeiten ein. Nach Boltzmann gibt es kein physikalisches Gesetz, das eine Bewegung von der Unordnung zur Ordnung verbietet, aber bei einer Zufallsbewegung von Molekülen ist eine derartige Richtung sehr unwahrscheinlich. Je größer die Zahl der Moleküle ist, desto höher ist die Wahrscheinlichkeit der Bewegung von der Ordnung zur Unordnung, und bei der riesigen Zahl von Teilchen in einem Gas wird diese Wahrscheinlichkeit in der Praxis zur Gewißheit. Wenn wir einen Sack mit weißem und schwarzem Sand schütteln, können wir beobachten, wie die beiden Arten von Körnchen scheinbar wie durch ein Wunder auseinandertreiben, um den noch geordneten Zustand der völligen Trennung zu erzeugen. Aber wahrscheinlich müssen wir den Sack ein paar Millionen Jahre lang schütteln, bis dieses Ereignis eintritt.

In Boltzmanns Sprache besagt der Zweite Hauptsatz der Thermodynamik, daß jedes geschlossene System zum Zustand der maximalen Wahrscheinlichkeit hin tendieren wird, und das ist ein Zustand der maximalen Unordnung. Mathematisch gesprochen, läßt sich dieser Zustand als Attraktorenzustand des thermischen Gleichgewichts definieren. Sobald das Gleichgewicht erreicht ist, wird sich das System wahrscheinlich nicht mehr davon wegbewegen. Hin und wieder wird die Zufallsbewegung der Moleküle zu verschiedenen Zuständen führen, aber diese werden sich nahe dem Gleichgewicht befinden und nur für kurze Zeit existieren. Mit anderen Worten: Das System wird nur um den Zustand des thermischen Gleichgewichts schwanken.

Die klassische Thermodynamik eignet sich daher zur Beschreibung von Phänomenen im oder nahe dem Gleichgewicht. Prigogines Theorie der dissipativen Strukturen dagegen bezieht sich auf thermodynamische Phänomene fern vom Gleichgewicht. Hier befinden sich Moleküle nicht in zufälliger Bewegung, sondern sie sind durch vielfache Rückkopplungsschleifen miteinander verbunden und werden durch nichtlineare Gleichungen beschrieben. Diese Gleichungen werden nicht mehr von Punktattraktoren beherrscht, d. h., das System tendiert nicht mehr zum Gleichgewicht. Eine dissipative Struktur erhält sich fern vom Gleichgewicht und kann sich durch eine Reihe von Gabelungen sogar immer weiter davon entfernen.

An den Gabelungspunkten können Zustände höherer Ordnung (im Boltzmannschen Sinn) spontan auftreten. Dies widerspricht jedoch nicht dem Zweiten Hauptsatz der Thermodynamik. Die gesamte Entropie des Systems nimmt weiter zu, aber diese Zunahme der Entropie ist nicht eine gleichmäßige Zunahme von Unordnung. In der Lebenswelt werden Ordnung und Unordnung stets gleichzeitig erzeugt.

Nach Prigogine sind dissipative Strukturen Inseln der Ordnung in einem Meer der Unordnung, die ihre Ordnung aufrechterhalten und sogar vergrößern, um den Preis größerer Unordnung in ihrer Umwelt. So nehmen beispielsweise lebende Organismen geordnete Strukturen (Nahrung) aus ihrer Umwelt auf, verwenden sie als Ressourcen für ihren Stoffwechsel und zerstreuen Strukturen niedrigerer Ordnung (Abfall). Auf diese Weise «treibt Ordnung in Unordnung», wie Prigogine es formuliert, während die gesamte Entropie im Einklang mit dem Zweiten Hauptsatz weiter zunimmt.[20]

Diese neue Auffassung von Ordnung und Unordnung stellt eine Umkehrung der traditionellen wissenschaftlichen Anschauungen dar. Nach der klassischen Anschauung, die in der Physik ihre Hauptquelle für Begriffe und Metaphern sah, ist Ordnung mit Gleichgewicht verbunden, wie zum Beispiel in Kristallen und anderen statischen Strukturen, und Unordnung mit Situationen des Nichtgleichgewichts wie etwa bei der Turbulenz. In der neuen Wissenschaft der Komplexität, die sich vom Netz des Lebens inspirieren läßt, erfahren wir, daß das Nichtgleichgewicht eine Quelle der Ordnung ist. Die turbulenten Wasser- und Luftströmungen erscheinen zwar chaotisch, sind aber in Wirklichkeit hoch organisiert und weisen komplexe Strudelmuster auf, die sich fortlaufend in immer kleinere Größenordnungen teilen und unterteilen. In lebenden Systemen ist die aus dem Nichtgleichgewicht entstehende Ordnung weitaus augenscheinlicher – sie manifestiert sich im Reichtum, in der Vielfalt und in der Schönheit des Lebens überall um uns herum. In der gesamten Lebenswelt wird Chaos in Ordnung umgewandelt.

Punkte der Instabilität

Die Punkte der Instabilität, an denen dramatische und unvorhersag-
bare Ereignisse stattfinden, wo Ordnung spontan auftritt und Komplexität sich entfaltet – diese Punkte der Instabilität sind vielleicht
der interessanteste und faszinierendste Aspekt der Theorie dissipativer Strukturen. Vor Prigogine war die einzige Art der Instabilität,
die ausführlich untersucht wurde, die Turbulenz, die von der inneren Reibung einer strömenden Flüssigkeit oder eines Gases verursacht wird.[21] Schon Leonardo da Vinci erforschte sorgfältig das turbulente Fließen von Wasser. Im 19. Jahrhundert dann wurde eine
ganze Reihe von Experimenten durchgeführt, aus denen hervorg-
ing, daß jede Wasser- oder Luftströmung turbulent wird, wenn die
Geschwindigkeit hoch genug ist – mit anderen Worten: bei genügend großer «Entfernung» vom Gleichgewicht (dem bewegungslo-
sen Zustand).

Prigogines Untersuchungen haben gezeigt, daß dies nicht für chemische Reaktionen gilt. Chemische Instabilitäten treten nicht automatisch fern vom Gleichgewicht auf. Sie erfordern das Vorhandensein katalytischer Schleifen, die das System durch wiederholte
selbstverstärkende Rückkopplung an den Punkt der Instabilität
bringen.[22] Diese Prozesse verbinden zwei verschiedene Phänomene
miteinander: chemische Reaktionen und Diffusion (das Fließen von
Molekülen aufgrund von Unterschieden in der Konzentration).
Deshalb bezeichnet man die entsprechenden nichtlinearen Gleichungen als «Reaktions-Diffusions-Gleichungen». Sie bilden das
mathematische Kernstück von Prigogines Theorie und beschreiben
eine erstaunliche Vielfalt von Verhaltensweisen.[23]

Der britische Biologe Brian Goodwin hat Prigogines mathematische Techniken auf geniale Weise benutzt, um die Entwicklungsstu-
fen einer ganz speziellen einzelligen Algenart modellhaft darzustellen.[24] Er und seine Kollegen formulierten Differentialgleichungen,
in denen Muster der Kalziumkonzentration in der Zellflüssigkeit
der Alge mit den mechanischen Eigenschaften der Zellwände in Beziehung gesetzt wurden. Mit Hilfe dieser Gleichungen konnten sie
Rückkopplungsschleifen in einem Selbstorganisationsprozeß ermitteln, in dem Strukturen von zunehmender Ordnung an aufeinanderfolgenden Gabelungspunkten auftauchen.

Ein Gabelungspunkt ist eine Stabilitätsschwelle, an der die dissipative Struktur entweder zusammenbrechen oder zu einem von mehreren neuen Ordnungszuständen vorstoßen kann. Was genau an diesem kritischen Punkt geschieht, hängt von der bisherigen Geschichte des Systems ab. Je nachdem, welchen Weg es genommen hat, um den Punkt der Instabilität zu erreichen, wird es einer der Verzweigungen folgen, die sich dort anbieten.

Prigogine beobachtete diese wichtige Rolle der Geschichte einer dissipativen Struktur an entscheidenden Punkten ihrer weiteren Entwicklung sogar in einfachen chemischen Oszillationen. Dies ist offenbar der physikalische Ursprung der Verbindung zwischen Struktur und Geschichte, wie sie für alle lebenden Systeme charakteristisch ist. Wie wir unten sehen werden, ist die lebende Struktur immer eine Aufzeichnung der vorangegangenen Entwicklung.[25]

Am Gabelungspunkt weist die dissipative Struktur eine außerordentliche Empfindlichkeit gegenüber geringen Schwankungen in ihrer Umgebung auf. Eine winzige zufällige Schwankung, die oft «Rauschen» genannt wird, kann die Wahl des Wegs veranlassen. Da alle lebenden Systeme in ständig fluktuierenden Umgebungen existieren und da wir nie wissen können, welche Schwankung am Gabelungspunkt genau im «richtigen» Augenblick auftreten wird, können wir nie den künftigen Weg des Systems vorhersagen.

Damit versagt jede deterministische Beschreibung, wenn eine dissipative Struktur den Gabelungspunkt überquert. Winzige Schwankungen in der Umwelt führen zu der Wahl der Abzweigung, der sie folgen wird. Und da diese zufälligen Schwankungen in einem gewissen Sinne zum Auftreten neuer Ordnungsformen führen, hat Prigogine die Formel «Ordnung durch Schwankungen» geprägt, um diese Situation zu beschreiben.

Die Gleichungen von Prigogines Theorie sind deterministische Gleichungen. Sie steuern das Verhalten des Systems zwischen den Gabelungspunkten, während zufällige Schwankungen eine entscheidende Rolle an den Punkten der Instabilität spielen. Damit stellen «Prozesse der Selbstorganisation unter gleichgewichtsfernen Bedingungen ... ein delikates Wechselspiel zwischen Zufall und Notwendigkeit, zwischen Schwankungen und deterministischen Gesetzen dar».[26]

Ein neuer Dialog mit der Natur

Die begriffliche Neuorientierung, die Prigogines Theorie mit sich brachte, betrifft mehrere eng miteinander verknüpfte Vorstellungen. Die Beschreibung *dissipativer Strukturen*, die *fern vom Gleichgewicht* existieren, erfordert einen *nichtlinearen* mathematischen Formalismus, der in der Lage ist, vielfach verknüpfte Rückkopplungsschleifen modellhaft darzustellen. In lebenden Organismen handelt es sich um katalytische Schleifen (d. h. um nichtlineare, *irreversible* Prozesse), die durch wiederholte selbstverstärkende Rückkopplung zu *Instabilitäten* führen. Wenn eine dissipative Struktur einen derartigen Punkt der Instabilität, einen sogenannten *Gabelungspunkt* erreicht, gelangt ein Element der *Unbestimmtheit* in die Theorie. Am Gabelungspunkt ist das Verhalten des Systems an sich *unvorhersagbar*. Insbesondere können neue Strukturen von höherer *Ordnung* und Komplexität spontan auftreten. Damit resultiert die Selbstorganisation, das spontane Auftreten von Ordnung, aus den vereinten Auswirkungen von Nichtgleichgewicht, Irreversibilität, Rückkopplungsschleifen und Instabilität.

Die Radikalität von Prigogines Sichtweise wird deutlich angesichts der Tatsache, daß diese grundlegenden Vorstellungen in der traditionellen Wissenschaft nur selten angesprochen wurden und oft einen negativen Beiklang hatten. *Nicht*gleichgewicht, *Nicht*linearität, *In*stabilität, *Un*bestimmtheit usw. sind kaum zufällig alles negative Ausdrücke. Prigogine glaubt, daß die in seiner Theorie der dissipativen Strukturen angelegte begriffliche Neuorientierung nicht nur für das wissenschaftliche Verständnis der Natur des Lebens von entscheidender Bedeutung ist, sondern uns auch dabei behilflich sein wird, uns harmonischer in die Natur zu integrieren.

Viele Schlüsselmerkmale dissipativer Strukturen – die Empfindlichkeit für geringe Veränderungen in der Umwelt, die Bedeutung der Vorgeschichte an kritischen Entscheidungspunkten, die Ungewißheit und Unvorhersagbarkeit der Zukunft – sind zwar aus der Sicht der klassischen Naturwissenschaft revolutionär neue Begriffe, aber zugleich ein fester Bestandteil der menschlichen Erfahrung. Da dissipative Strukturen die Grundstrukturen aller lebenden Systeme und damit auch von uns Menschen sind, sollte dies vielleicht nicht allzusehr überraschen.

Statt eine Maschine zu sein, erweist die Natur insgesamt eher ihre Ähnlichkeit mit der menschlichen Natur; unvorhersagbar, empfindlich gegenüber der umgebenden Welt, von kleinen Schwankungen beeinflußt. Dementsprechend beruht der angemessene Umgang mit der Natur, wenn man mehr über ihre Komplexität und Schönheit erfahren will, nicht auf Beherrschung und Kontrolle, sondern auf Respekt, Kooperation und Dialog. So haben denn auch Ilya Prigogine und Isabelle Stengers ihrem populärwissenschaftlichen Buch den Titel *Dialog mit der Natur* gegeben.

In der deterministischen Welt Newtons ist kein Platz für Geschichte und Kreativität. In der Lebenswelt dissipativer Strukturen dagegen spielt die Geschichte eine wichtige Rolle, die Zukunft ist ungewiß, und diese Ungewißheit ist das Herzstück der Kreativität. «Heutzutage», meint Prigogine, «sind die Welt, die wir draußen sehen, und die Welt, die wir in uns sehen, im Begriff zu konvergieren. Diese Konvergenz zweier Welten ist vielleicht einer der bedeutsamsten kulturellen Vorgänge unseres Zeitalters.»[27]

9 Autopoiese

Zellautomaten

Als Ilya Prigogine seine Theorie der dissipativen Strukturen entwickelte, hielt er nach den einfachsten Beispielen Ausschau, die er mathematisch beschreiben konnte. Er fand sie in den katalytischen Schleifen chemischer Oszillationen, auch *chemische Uhren* genannt.[1] Dies sind zwar nichtlebende Systeme, aber die gleichen katalytischen Schleifen sind auch für den Stoffwechsel einer Zelle, dem einfachsten bekannten lebenden System, von zentraler Bedeutung. Daher erlaubt uns Prigogines Modell, die wesentlichen strukturellen Merkmale von Zellen als dissipative Strukturen zu verstehen.

Humberto Maturana und Francisco Varela verfolgten eine ähnliche Strategie, als sie ihre Theorie der Autopoiese, des Organisationsmusters lebender Systeme, entwickelten.[2] Sie fragten sich: Was ist die einfachste Verkörperung eines autopoietischen Netzwerks, die sich mathematisch beschreiben läßt? Wie Prigogine entdeckten sie, daß sogar die einfachste Zelle noch zu komplex für ein mathematisches Modell war. Andererseits waren sie sich auch darüber im klaren, daß es in der Natur kein einfacheres autopoietisches System als eine Zelle gibt, da das Muster der Autopoiese das Definitionsmerkmal eines lebenden Systems ist. Statt sich also nach einem natürlichen autopoietischen System umzusehen, beschlossen sie, es mit einem Computerprogramm zu simulieren.

Ihr Ansatz war etwa dem Daisyworld-Modell vergleichbar, das James Lovelock mehrere Jahre später entwickelte.[3] Lovelock suchte nach der einfachsten mathematischen Simulation eines Planeten mit einer Biosphäre, die ihre Temperatur selbst regulierte, Maturana und Varela indessen interessierten sich für die einfachste Simulation eines Netzwerks von Zellprozessen, das ein autopoietisches Organisationsmuster verkörperte. Dies bedeutete, sie mußten ein Computerprogramm schreiben, das ein Netzwerk von Prozessen simulierte, in denen jeder Bestandteil die Funktion hat, an der Erzeugung oder Umwandlung anderer Komponenten im Netzwerk mitzuwirken. Wie in einer Zelle würde dieses autopoietische Netzwerk auch seine eigene Grenze erzeugen müssen, die am Netzwerk der Prozesse beteiligt wäre und zugleich seine Ausdehnung definieren würde.

Auf der Suche nach einer angemessenen mathematischen Technik für diese Aufgabe untersuchte Francisco Varela die in der Kybernetik entwickelten mathematischen Modelle von selbstorganisierenden Netzwerken. Die von McCulloch und Pitts in den vierziger Jahren eingeführten binären Netzwerke waren nicht genügend komplex, um ein autopoietisches Netzwerk zu simulieren[4], aber später entwickelte Netzwerkmodelle, sogenannte «Zellautomaten», lieferten schließlich die idealen Techniken.

Ein Zellautomat ist ein rechteckiges Gitterraster aus regelmäßigen Quadraten («Zellen»), etwa wie ein Schachbrett. Jede Zelle kann eine Anzahl verschiedener Werte annehmen und hat eine begrenzte Zahl von Nachbarzellen, die sie beeinflussen können. Das Muster oder der «Zustand» des gesamten Rasters ändert sich in einzelnen Schritten entsprechend einer Reihe von «Übergangsregeln», die gleichzeitig für jede Zelle gelten. Normalerweise gelten Zellautomaten als völlig deterministisch, aber Zufallselemente lassen sich leicht in die Regeln einführen, wie wir noch sehen werden.

Diese mathematischen Modelle werden «Automaten» genannt, weil sie ursprünglich von John von Neumann zur Konstruktion von Maschinen, die sich selbst kopieren, erfunden worden waren. Solche Maschinen wurden zwar nie gebaut, aber von Neumann bewies elegant auf abstrakte Weise, daß dies im Prinzip durchaus möglich wäre.[5] Seither werden Zellautomaten immer wieder dazu verwendet, sowohl natürliche Systeme modellhaft darzustellen wie auch eine große Zahl mathematischer Spiele zu erfinden.[6] Am bekanntesten ist vielleicht das Spiel «Leben», in dem jede Zelle einen von zwei Werten – etwa «schwarz» oder «weiß» – haben kann und die Abfolge der Zustände durch drei einfache Regeln «Geburt», «Tod» und «Überleben» – festgelegt ist.[7] Bei diesem Spiel kann eine erstaunliche Vielfalt von Mustern erzeugt werden. Einige von ihnen «bewegen» sich, andere bleiben stabil, wieder andere Muster fluktuieren oder verhalten sich auf komplexere Weise.[8]

Solche Zellautomaten wurden nicht nur von Berufs- wie von Amateurmathematikern zur Erfindung von Spielen verwendet, sondern auch als mathematische Werkzeuge für wissenschaftliche Modelle ausgiebig untersucht. Wegen ihrer Netzwerkstruktur und wegen ihrer Eigenschaft, eine große Zahl diskreter Variablen unterzubringen, sah man in diesen mathematischen Formen für die modellhafte Darstellung komplexer Systeme schon bald eine interessante Alternative zu Differentialgleichungen.[9] In gewisser Hinsicht können die beiden Methoden – Differentialgleichungen und Zellautomaten – als verschiedene mathematische Systeme gelten, die den beiden unterschiedlichen begrifflichen Dimensionen – Struktur und Muster – der Theorie lebender Systeme entsprechen.

Die Simulation autopoietischer Netzwerke

Anfang der siebziger Jahre erkannte Francisco Varela, daß die schrittweisen Sequenzen von Zellautomaten, die ideal für Computersimulationen geeignet sind, ein leistungsfähiges Werkzeug zur Simulation autopoietischer Netzwerke darstellten. 1974 schließlich gelang Varela denn auch, gemeinsam mit Maturana und dem Informatiker Ricardo Uribe, die Konstruktion der entsprechenden Computersimulation.[10] Ihr Zellautomat besteht aus einem Raster, in dem ein «Katalysator» und zwei Arten von anderen Elementen sich zufällig bewegen und so aufeinander einwirken können, daß weitere Elemente beider Arten erzeugt werden können; andere können verschwinden, und bestimmte Elemente können sich miteinander verbinden und Ketten bilden.

In den Computerausdrucken des Rasters wird der «Katalysator» durch ein Sternchen (*) markiert. Die erste Art von Element, die zahlreich vorhanden ist, wird Substratelement genannt und durch einen Kreis (o) markiert; die zweite Art wird «Glied» genannt und durch einen Kreis in einem Quadrat ⊡ markiert. Es gibt drei verschiedene Arten von Wechselwirkungen und Transformationen. Zwei Substratelemente können in Anwesenheit des Katalysators eine Verbindung eingehen und ein Glied erzeugen; mehrere Glieder können sich aneinander «binden», um eine Kette zu bilden; und jedes – freie oder in einer Kette gebundene – Glied kann sich wieder in zwei Substratelemente auflösen. Schließlich kann sich eine Kette auch noch schließen.

Die drei Wechselwirkungen werden symbolisch wie folgt definiert:

1. Produktion: $* + \circ + \circ \rightarrow \ * + \boxed{\circ}$

2. Bindung: $\boxed{\circ} + \boxed{\circ} \rightarrow \boxed{\circ}\!-\!\boxed{\circ}$
   $\boxed{\circ}\!-\!\boxed{\circ} + \boxed{\circ} \rightarrow \boxed{\circ}\!-\!\boxed{\circ}\!-\!\boxed{\circ}$
   usw.

3. Auflösung: $\boxed{\circ} \rightarrow \circ + \circ$

Die exakten mathematischen Vorschriften (der sogenannte «Algorithmus»), wann und wie diese Prozesse stattfinden, sind ziemlich ausgefeilt. Sie bestehen aus zahlreichen Regeln für die Bewegungen der verschiedenen Elemente und für ihr wechselseitiges Zusammenspiel.[11] Beispielsweise gehören dazu die folgenden Regeln:

- Substratelemente dürfen sich nur auf unbesetzte Felder («Löcher») im Raster bewegen, während der Katalysator und die Glieder Substratelemente verdrängen können, indem sie sie in angrenzende Löcher schieben. Ebenso kann der Katalysator ein freies Glied verdrängen.
- Der Katalysator und die Glieder dürfen auch mit einem Substratelement den Platz tauschen und können damit das Substrat ungehindert durchlaufen.
- Substratelemente, aber weder der Katalysator noch die freien Glieder, dürfen eine Kette passieren, um ein Loch dahinter zu besetzen. (Dies simuliert die semipermeablen Zellmembranen.)
- Gebundene Glieder in einer Kette können sich überhaupt nicht bewegen.

Im Rahmen dieser Regeln werden die Wahl der tatsächlichen Bewegungen der Elemente sowie viele Details ihrer Wechselwirkungen – Produktion, Bindung und Auflösung – dem Zufall überlassen.[12] Wenn die Simulation auf einem Computer läuft, wird ein

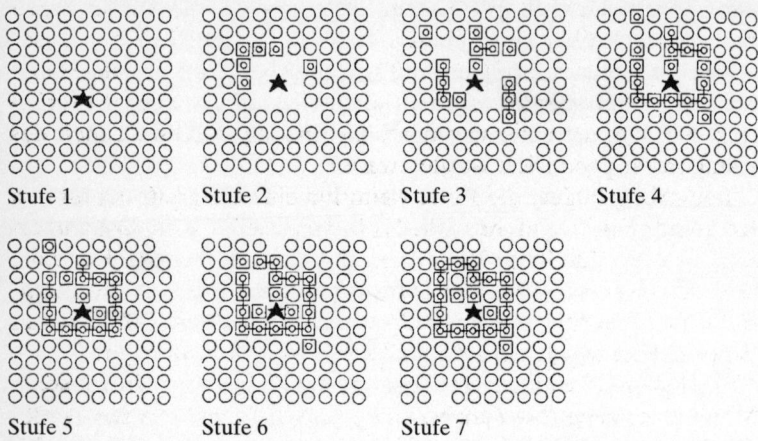

Stufe 1   Stufe 2   Stufe 3   Stufe 4

Stufe 5   Stufe 6   Stufe 7

Abbildung 9–1: Computersimulation eines autopoietischen Netzwerks.

Netzwerk von wechselseitigen Einwirkungen erzeugt, bei dem es zu vielen Zufallsentscheidungen kommt und das somit viele unterschiedliche Sequenzen erzeugen kann. Die Autoren konnten zeigen, daß einige dieser Sequenzen stabile autopoietische Muster hervorbringen.

Die Abbildung 9–1 gibt ein siebenstufiges Beispiel einer derartigen Sequenz aus ihrem Aufsatz wieder. Im Anfangszustand (Stufe 1) wird ein Feld im Raster vom Katalysator besetzt, alle anderen Felder werden von den Substratelementen eingenommen. In Stufe 2 sind mehrere Glieder produziert worden, und dementsprechend sind nun mehrere Löcher im Raster. In Stufe 3 sind weitere Glieder produziert worden, und einige von ihnen haben sich gebunden. Die Produktion von Gliedern und die Bildung von Bindungen nimmt zu, während die Simulation die Stufen 4 bis 6 durchläuft, und in Stufe 7 sehen wir, daß sich die Kette aus gebundenen Gliedern in sich geschlossen hat und dabei den Katalysator, drei Glieder und zwei Substratelemente umgibt. Somit hat die Kette eine Umgrenzung gebildet, die von den Substratelementen, aber nicht vom Katalysator durchdrungen werden kann. Immer dann, wenn sich eine derartige Situation ergibt, kann sich die geschlossene Kette stabilisieren und zur Grenze eines autopoietischen Netzwerks werden. Und genau das geschah in dieser bestimmten Sequenz. Spätere Stufen in dieser Computersimulation zeigten, daß sich gelegentlich zwar einige Glieder in der Grenze auflösten, aber schließlich durch neue Glieder ersetzt wurden, die innerhalb der Umgrenzung in Anwesenheit des Katalysators produziert worden waren.

Langfristig bildete die Kette weiterhin eine Umgrenzung für den Katalysator, während ihre Glieder immer wieder aufgelöst und ersetzt wurden. Auf diese Weise wurde die membranartige Kette die Grenze eines Netzwerks von Transformationen, während sie gleichzeitig an diesem Netzwerk von Prozessen beteiligt war. Mit anderen Worten: Hier wurde ein autopoietisches Netzwerk simuliert.

Ob nun eine Sequenz in dieser Simulation ein autopoietisches Netzwerk erzeugt oder nicht, hängt entscheidend von der Auflösungswahrscheinlichkeit ab, d. h. davon, wie oft sich Glieder auflösen. Da das labile Gleichgewicht von Auflösung und «Reparatur» auf der zufälligen Bewegung von Substratelementen durch die Membran, der zufälligen Produktion neuer Glieder und der zufälligen Bewegung dieser neuen Glieder zur Reparaturstelle beruht, wird die Membran nur dann stabil bleiben, wenn all diese Prozesse abgeschlossen sind, bevor es zu weiteren Auflösungen kommt. Die Autoren haben gezeigt, daß sich bei ganz geringen Auflösungswahrscheinlichkeiten beständige autopoietische Muster erzielen lassen.[13]

Binäre Netzwerke

Der von Varela und seinen Kollegen konstruierte Zellautomat war eines der ersten Beispiele dafür, wie sich die selbstorganisierenden Netzwerke lebender Systeme simulieren lassen. Im Laufe der letzten zwanzig Jahre hat man viele andere Simulationen untersucht und dabei bewiesen, daß diese mathematischen Modelle spontan komplexe und hochgeordnete Muster erzeugen können, die einige wichtige Prinzipien der in lebenden Systemen anzutreffenden Ordnung aufweisen.

Diese Untersuchungen wurden noch intensiver betrieben, als man erkannte, daß sich die neu entwickelten Begriffe und Techniken der dynamischen Systemtheorie – Attraktoren, Phasenporträts, Gabelungsdiagramme usw. – als wirksame Werkzeuge zur Analyse der mathematischen Netzwerkmodelle einsetzen lassen. Mit Hilfe dieser neuen Techniken untersuchten Wissenschaftler erneut die in den vierziger Jahren entwickelten binären Netzwerke. Jetzt entdeckte man, daß ihre Analyse zu überraschenden Erkenntnissen hinsichtlich der Netzwerkmuster lebender Systeme führte, obwohl diese binären Netzwerke keine autopoietischen Netzwerke sind. Diese Untersuchungen wurden großenteils von dem Evolutionsbiologen Stuart Kauffman und seinen Kollegen am Santa Fe Institute in New Mexico durchgeführt.[14]

Da das Studium komplexer Systeme mit Hilfe von Attraktoren und Phasenporträts eng mit der Entwicklung der Chaostheorie verbunden ist, lag es für Kauffman und seine Kollegen nahe, sich zu fragen: Welche Rolle spielt das Chaos in lebenden Systemen? Wir sind zwar noch weit davon entfernt, diese Frage endgültig beantworten zu können, aber Kauffmans Arbeit hat zu einigen bedeutsamen Überlegungen angeregt. Um sie zu verstehen, müssen wir uns diese binären Netzwerke einmal genauer ansehen.

Ein binäres Netzwerk besteht aus Knoten, die zwei unterschiedliche Werte haben können, konventionellerweise mit AN und AUS bezeichnet. Dieses Netzwerk ist damit beschränkter als ein Zellautomat, dessen Zellen mehr als zwei Werte annehmen können. Andererseits müssen die Knoten eines binären Netzwerks nicht in einem regelmäßigen Raster angeordnet sein, sondern sie lassen sich auf komplexere Weise miteinander verknüpfen.

Binäre Netzwerke werden auch «Boolesche Netzwerke» genannt, nach dem englischen Mathematiker George Boole, der Mitte des 19. Jahrhunderts mit Hilfe binärer («ja-nein»-) Operationen eine symbolische Logik entwickelte, die sogenannte Boolesche Algebra. Abbildung 9–2 zeigt ein einfaches binäres oder Boolesches Netzwerk mit sechs Knoten, die jeweils mit drei Nachbarn verbunden sind, wobei zwei Knoten AN (schwarz) und vier AUS (weiß) sind.

Wie in einem Zellautomaten ändert sich auch das Muster von AN-AUS-Knoten in einem binären Netzwerk in einzelnen Schritten. Die Knoten werden so miteinander verbunden, daß der Wert jedes Knotens nach irgendeiner «Schaltregel» von den früheren Werten benachbarter Knoten bestimmt wird. Für das Netzwerk in Abbildung 9–2 können wir beispielsweise die folgende Schaltregel

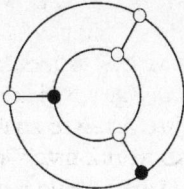

Abbildung 9–2: Ein einfaches binäres Netzwerk.

wählen: Ein Knoten wird im nächsten Schritt AN sein, wenn bei diesem Schritt mindestens zwei seiner Nachbarn AN sind, und in allen anderen Fällen wird er AUS sein.

Abbildung 9–3 zeigt drei nach dieser Regel erzeugte Sequenzen. Wie wir sehen, erreicht Sequenz A nach zwei Schritten ein stabiles Muster, bei dem alle Knoten AN sind; Sequenz B schwankt nach einem Schritt zwischen zwei komplementären Mustern; Muster C schließlich ist von Anfang an stabil und reproduziert sich bei jedem Schritt. Um Sequenzen wie diese mathematisch analysieren zu können, definiert man jedes Muster oder jeden Zustand des Netzwerks durch sechs binäre (AN-AUS-)Variable. Bei jedem Schritt geht das System von einem bestimmten Zustand zu einem spezifischen Nachfolgezustand über, der ganz durch die Schaltregel bestimmt wird.

Wie in Systemen, die durch Differentialgleichungen beschrieben werden, läßt sich jeder Zustand als ein Punkt in einem sechsdimensionalen Phasenraum abbilden.[15] Während sich das Netzwerk Schritt für Schritt von einem Zustand zum nächsten ändert, beschreibt die Abfolge dieser Zustände eine Bahn im Phasenraum. Die Bahnen unterschiedlicher Sequenzen klassifiziert man mit Hilfe der verschiedenen Attraktoren. Somit wird in unserem Beispiel die Sequenz A, die sich auf einen stabilen Zustand zubewegt, mit einem Punktattraktor verbunden, während die oszillierende Sequenz B einem periodischen Attraktor entspricht.

Kauffman und seine Kollegen haben mit Hilfe dieser binären Netzwerke ungeheuer komplexe Systeme modellhaft dargestellt: chemische und biologische Netzwerke, die Tausende von Variablen enthielten, die niemals durch Differentialgleichungen beschrieben

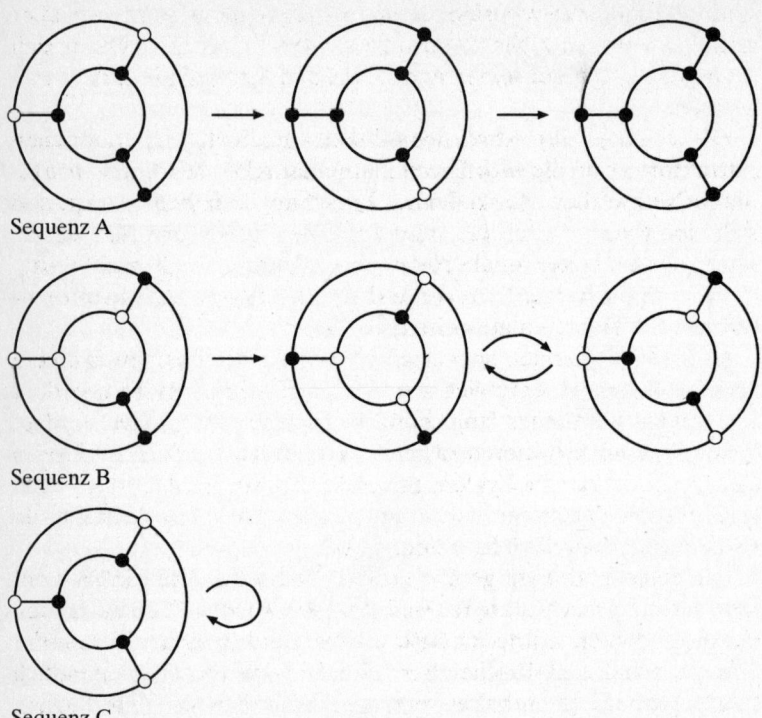

Sequenz A

Sequenz B

Sequenz C

Abbildung 9–3: Drei Sequenzen von Zuständen in binären Netzwerken.

werden könnten.[16] Wie in unserem einfachen Beispiel ist auch die Abfolge von Zuständen in diesem komplexen System mit einer Bahn im Phasenraum verbunden. Da die Anzahl möglicher Zustände in einem binären Netzwerk endlich ist, auch wenn sie extrem groß sein kann, muß das System schließlich wieder zu einem Zustand zurückkehren, den es schon einmal erreicht hat. Wenn das geschieht, wird das System in den gleichen Nachfolgezustand übergehen wie zuvor, weil ja sein Verhalten ganz und gar determiniert ist. Folglich wird es wiederholt denselben Zyklus von Zuständen durchlaufen. Diese Zustandszyklen sind die periodischen (oder zyklischen) Attraktoren des binären Netzwerks. Jedes binäre Netzwerk muß mindestes einen periodischen Attraktor haben, es können aber auch mehrere sein. Sich selbst überlassen, wird das System sich schließlich zu einem seiner Attraktoren hinbewegen und dort verbleiben.

Die jeweils in ihre Attraktionssenken eingebetteten periodischen Attraktoren sind die wichtigsten mathematischen Merkmale von binären Netzwerken. Ausgedehnte Forschungen haben gezeigt, daß sich eine große Vielfalt lebender Systeme – genetische Netzwerke, Immunsysteme, neuronale Netzwerke, Organsysteme und Ökosysteme – durch binäre Netzwerke darstellen lassen, die mehrere alternative Attraktoren aufweisen.[17]

Längemäßig können die verschiedenen Zustandszyklen in einem binären Netzwerk erheblich schwanken. In manchen Netzwerken können sie ungeheuer lang sein und exponentiell größer werden, wenn die Zahl der Knoten zunimmt. Kauffman hat die Attraktoren dieser enorm langen Zyklen, in denen Abermilliarden von unterschiedlichen Zuständen vorkommen, als «chaotisch» definiert, da sie praktisch unendlich lang sind.

Die genaue Analyse großer binärer Netzwerke im Hinblick auf ihre Attraktoren bestätigte, was die Kybernetiker bereits in den vierziger Jahren entdeckt hatten. Während manche Netzwerke chaotisch sind, weil sie scheinbar zufällige Sequenzen und unendlich lange Attraktoren enthalten, erzeugen andere kleine Attraktoren, die Mustern von hoher Ordnung entsprechen. Somit erhellt die Untersuchung binärer Netzwerke das Phänomen der Selbstorganisation aus einem anderen Blickwinkel. Netzwerke, die die wechselseitigen Aktivitäten Tausender Elemente koordinieren, können eine ungewöhnlich geordnete Dynamik aufweisen.

Am Rande des Chaos

Um die genauen Beziehungen zwischen Ordnung und Chaos in diesen Modellen zu untersuchen, studierte Kauffman viele komplexe binäre Netzwerke und eine Vielfalt von Schaltregeln, unter anderem auch Netzwerke, in denen unterschiedliche Knoten eine unterschiedliche Anzahl von «Inputs» oder Gliedern besitzen. Er fand heraus, daß sich das Verhalten dieser komplexen Netze in Form von zwei Parametern zusammenfassen läßt: N, der Zahl der Knoten im Netzwerk, und K, der durchschnittlichen Zahl von Inputs bei jedem Knoten. Für Werte von K über 2 – d. h. für mehrfach miteinander verknüpfte Netzwerke – ist das Verhalten chaotisch, aber wenn K kleiner wird und sich 2 nähert, kristallisiert sich eine Ordnung heraus. Andererseits kann eine Ordnung auch bei größeren Werten von K auftreten, wenn die Schaltregeln «tendenziös» sind – zum Beispiel, wenn es mehr Möglichkeiten für AN als für AUS gibt.

Genauere Untersuchungen des Übergangs vom Chaos zur Ordnung haben gezeigt, daß binäre Netzwerke einen «erstarrten Kern» von Elementen entwickeln, wenn sich der Wert von K 2 nähert. Dies sind Knoten, die die gleiche Konfiguration beibehalten, also entweder AN oder AUS sind, wenn das System den Zustandszyklus durchläuft. Wenn K sich 2 noch weiter nähert, erzeugt der erstarrte Kern «Wände der Beständigkeit», die quer durch das gesamte System errichtet werden und das Netzwerk in getrennte Inseln sich verändernder Elemente aufteilen. Diese Inseln sind funktional isoliert. Veränderungen im Verhalten einer Insel können den erstarrten Kern nicht zu anderen Inseln hin passieren. Wenn K noch weiter abnimmt, erstarren auch die Inseln – der periodische Attraktor wird zu einem Punktattraktor, und das gesamte Netzwerk erreicht ein stabiles, erstarrtes Muster.

Somit weisen komplexe binäre Netzwerke drei allgemeine Verhaltensbereiche auf: einen geordneten Bereich mit erstarrten Komponenten, einen chaotischen Bereich ohne erstarrte Komponenten und eine Grenzregion zwischen Ordnung und Chaos, wo erstarrte Komponenten gerade zu «schmelzen» beginnen. Kauffmans zentraler Hypothese zufolge existieren lebende Systeme in dieser Grenzregion am «Rande des Chaos». Er behauptet, tief im geordneten Schema wären die Inseln der Aktivität zu klein und zu isoliert, als daß sich komplexes Verhalten durch das System fortpflanzen könnte. Tief im chaotischen Schema hingegen wäre das System zu empfindlich gegenüber kleinen Störungen, um seine Organisation aufrechterhalten zu können. Folglich kann die natürliche Auslese lebende Systeme «am Rande des Chaos» bevorzugen und erhalten – vielleicht weil diese am besten in der Lage sind, komplexes und flexibles Verhalten zu koordinieren, sich anzupassen und sich zu entwickeln.

Um diese Hypothese zu überprüfen, wandte Kauffman ein Modell auf die genetischen Netzwerke lebender Organismen an. Es gelang ihm, daraus mehrere überraschende und recht genaue Vorhersagen abzuleiten.[18] Aufgrund jener großartigen Leistungen der Molekularbiologie, die man oft als «das Knacken des genetischen Kodes» bezeichnete, neigen wir dazu, die Genstränge in der DNS für eine Art biochemischen Computer zu halten, der ein «genetisches Programm» ausführt. Die neuere Forschung zeigt allerdings immer deutlicher, daß dies eine etwas irreführende Vorstellung ist. Im Grunde ist sie genauso unangemessen wie die Metapher vom Gehirn als einem Daten verarbeitenden Computer.[19] Die vollständige Anzahl von Genen in einem Organismus, das sogenannte «Genom», bildet ein riesiges wechselseitig verknüpftes Netzwerk, das reich an Rückkopplungsschleifen ist und in dem die Gene die Aktivitäten der anderen direkt und indirekt regeln. Um es mit den Worten von Francisco Varela auszudrücken: «Vielmehr ist das Genom infolge genetischer Wechselwirkung keine bloße Aneinanderreihung unabhängiger Gene (die sich in Merkmalen äußern), sondern ein eng verwobenes Netzwerk multipler reziproker Auswirkungen, zwischen denen Blocker und Antiblocker, Exone und Introne, springende Gene und sogar strukturelle Proteine vermitteln.»[20]

Als Stuart Kauffman dieses komplexe genetische Netz zu untersuchen begann, bemerkte er, daß jedes Gen im Netzwerk von nur wenigen anderen Genen direkt geregelt wird. Darüber hinaus weiß man seit den sechziger Jahren, daß sich die Aktivität von Genen genauso wie die von Neuronen in Form von binären AN-AUS-Werten modellhaft darstellen läßt. Daher vermutete Kauffman, daß binäre Netzwerke geeignete Modelle für Genome sein müßten. Dies erwies sich denn auch als richtig.

Ein Genom wird demnach modellhaft dargestellt durch ein binäres Netzwerk «am Rande des Chaos», d. h. ein Netzwerk mit einem erstarrten Kern und getrennten Inseln von sich verändernden Knoten. Es weist eine relativ kleine Anzahl von Zustandszyklen auf, die im Phasenraum durch periodische, in separate Attraktionssenken eingebettete Attraktoren dargestellt werden. Ein derartiges System kann für zwei Arten von Störungen anfällig sein. Eine «minimale» Störung ist ein zufälliges, vorübergehendes Umkippen eines binären Elements in den ihm entgegengesetzten Zustand. Wie sich herausgestellt hat, ist jeder Zustandszyklus des Modells bei diesen minimalen Störungen bemerkenswert stabil. Die durch die Störung ausgelösten Veränderungen beschränken sich auf eine bestimmte Aktivitätsinsel, und nach einer Weile kehrt das Netzwerk charakteristischerweise zum ursprünglichen Zustandszyklus zurück. Mit anderen Worten: Das Modell weist die Eigenschaft der Homöostase auf, wie sie für alle lebenden Systeme typisch ist.

Die andere Art Störung ist eine permanente strukturelle Veränderung im Netzwerk – zum Beispiel eine Veränderung im Muster der Verbindungen oder in einer Schaltregel –, die einer Mutation im genetischen System entspricht. Auch die meisten dieser strukturellen Störungen verändern das Verhalten des Netzwerks am Rande des Chaos nur geringfügig. Einige können allerdings seine Bahn in eine andere Attraktionssenke verlagern, was zu einem neuen Zustandszyklus und damit zu einem neuen regelmäßig wiederkehrenden Verhaltensmuster führt. Kauffman erblickt darin ein plausibles Modell für die evolutionäre Anpassung:

> Netzwerke an der Grenze zwischen Ordnung und Chaos können so flexibel sein, sich rasch und erfolgreich durch die Anhäufung brauchbarer Varianten anzupassen. In derart ausgeglichenen Systemen haben die meisten Mutationen dank der homöostatischen Beschaffenheit des Systems nur geringe Konsequenzen. Einige Mutationen jedoch verursachen größere Kaskaden der Veränderung. Daher werden sich ausgeglichene Systeme charakteristischerweise einer sich verändernden Umwelt allmählich anpassen, sie können sich aber erforderlichenfalls gelegentlich rasch verändern.[21]

Eine andere Gruppe von eindrucksvollen Erklärungen in Kauffmans Modell betrifft das Phänomen der Zelldifferenzierung in der Entwicklung lebender Organismen. Bekanntlich enthalten alle Zelltypen in einem Organismus ungeachtet ihrer ganz unterschiedlichen Formen und Funktionen in etwa gleiche genetische Instruktionen. Entwicklungsbiologen haben aus dieser Tatsache den Schluß gezogen, daß sich die Zelltypen nicht deshalb voneinander unterscheiden, weil sie unterschiedliche Gene enthalten, sondern die in ihnen *aktiven* Gene jeweils andere sind. Mit anderen Worten: Die Struk-

Zahl der Gene

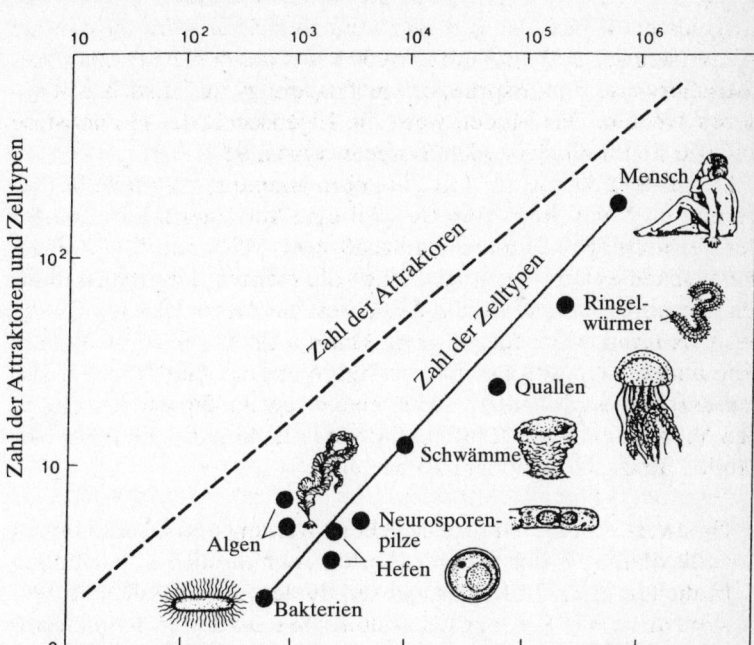

Abbildung 9–4: Zusammenhänge zwischen der Anzahl von Genen, Zelltypen und Attraktoren in den entsprechenden binären Netzwerken verschiedener Arten.

tur eines genetischen Netzwerks ist zwar in allen Zellen gleich, die Muster der genetischen Aktivitäten aber sind verschieden; und da unterschiedliche Muster der genetischen Aktivität unterschiedlichen Zustandszyklen im binären Netzwerk entsprechen, vermutet Kauffman, daß die verschiedenen Zelltypen verschiedenen Zustandszyklen und folglich auch verschiedenen Attraktoren entsprechen können.

Dieses «Attraktormodell» der Zelldifferenzierung führt zu mehreren interessanten Vorhersagen.[22] Jede Zelle im menschlichen Körper enthält etwa 100 000 Gene. In einem binären Netzwerk von dieser Größe gibt es astronomisch viele Möglichkeiten unterschied-

licher genetischer Ausdrucksmuster. Jedoch ist die Anzahl der Attraktoren in einem derartigen Netzwerk am Rande des Chaos annähernd gleich der Quadratwurzel der Zahl ihrer Elemente. Daher
müßte sich ein Netzwerk aus 100 000 Genen etwa in 317 verschiedenen Zelltypen darstellen. Diese aus ganz allgemeinen Merkmalen
von Kauffmans Modell abgeleitete Zahl kommt den 254 verschiedenen Zelltypen, die man beim Menschen ausgemacht hat, schon bemerkenswert nahe.

Kauffman hat sein Attraktormodell auch bei Vorhersagen der
Zahl der Zelltypen verschiedener anderer Arten getestet und her-
ausgefunden, daß auch diese mit der Zahl der Gene zusammenhängen. Die Abbildung 9–4 zeigt seine Ergebnisse für mehrere Arten.[23]
Die Anzahl der Zelltypen und die Anzahl der Attraktoren der entsprechenden binären Netzwerke steigen danach mehr oder weniger
parallel mit der Zahl der Gene an.

Zwei weitere Vorhersagen von Kauffmans Attraktormodell betreffen die Stabilität der Zelltypen. Da der erstarrte Kern des binären Netzwerks für alle Attraktoren identisch ist, müßte in allen Zelltypen in einem Organismus meist die gleiche Gruppe von Genen
aktiv sein, und Zellen sollten sich nur durch die Ausdrucksmuster
eines geringen Prozentsatzes von Genen unterscheiden. Dies ist bei
allen lebenden Organismen in der Tat der Fall. Aus dem Attraktormodell geht ferner hervor, daß neue Zelltypen im Entwicklungsprozeß dadurch erzeugt werden, daß das System von einer Attraktionssenke in eine andere verlagert wird. Da an jede Attraktionssenke
nur ein paar andere Senken angrenzen, müßte sich jeder einzelne
Zelltypus differenzieren, indem er den Wegen zu seinen wenigen
unmittelbaren Nachbarn folgt, sich von ihnen zu ein paar weiteren
Nachbarn begibt und so weiter, bis die vollständige Gruppe von
Zelltypen entstanden ist. Mit anderen Worten: Die Zelldifferenzierung müßte entlang aufeinanderfolgender sich verzweigender Wege
stattfinden. In der Tat gilt es unter Biologen als ausgemacht, daß
sich jede Zelldifferenzierung in vielzelligen Organismen seit fast
600 Millionen Jahren nach einem derartigen Muster organisiert.

Leben in seiner minimalen Form

Neben der Entwicklung von Computersimulationen verschiedener selbstorganisierter – autopoietischer wie nichtautopoietischer – Netzwerke ist den Biologen und Chemikern vor kurzem auch die Synthese chemischer autopoietischer Systeme im Labor gelungen. Diese Möglichkeit wurde 1989 von Francisco Varela und Pier Luigi Luisi theroretisch dargelegt und anschließend in zwei Arten von Experimenten von Luisi und seinen Kollegen an der Eidgenössischen Technischen Hochschule (ETH) in Zürich realisiert.[24] Diese neuen theoretischen und experimentellen Entwicklungen haben die Debatte darüber, was denn das Leben in seiner minimalen Form ausmache, entschieden verschärft.

Die Autopoiese ist, wie wir gesehen haben, als ein Netzwerkmuster definiert, in dem jede Komponente die Funktion hat, sich an der Produktion oder Transformation anderer Komponenten zu beteiligen. Die Biologin und Philosophin Gail Fleischaker hat die Eigenschaften eines autopoietischen Netzwerks in drei Kriterien zusammengefaßt: Das System muß selbstbegrenzt, selbsterzeugend und selbsterhaltend sein.[25] *Selbstbegrenzt* bedeutet, daß die Ausdehnung des Systems durch eine Grenze bestimmt wird, die ein integraler Teil des Netzwerks ist. *Selbsterzeugend* bedeutet, daß alle Komponenten, auch die der Grenze, durch Prozesse im Netzwerk erzeugt werden. Und *selbsterhaltend* bedeutet, daß die Produktionsprozesse zeitlich fortdauern, so daß alle Komponenten ständig durch die Systemprozesse der Transformation ersetzt werden.

Auch wenn die Bakterienzelle das einfachste in der Natur vorkommende autopoietische System ist, haben die Experimente an der ETH gezeigt, daß sich chemische Strukturen, die die Kriterien der autopoietischen Organisation erfüllen, im Labor erzeugen lassen. Die erste dieser von Luisi und Varela in ihrem theoretischen Beitrag dargelegten Strukturen wird von Chemikern eine «Micelle» genannt. Es handelt sich dabei im Grunde um ein Wassertröpfchen, das von einer dünnen Schicht aus kaulquappenförmigen Molekülen mit wasseranziehenden «Köpfen» und wasserabstoßenden «Schwänzen» umgeben ist (siehe Abb. 9–5).

Unter besonderen Umständen kann es in einem derartigen Tröpfchen zu chemischen Reaktionen kommen, die bestimmte Kompo-

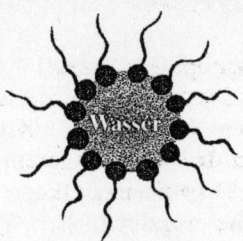

Abbildung 9–5: Grundform eines «Micellen»-Tröpfchens.

nenten erzeugen, welche genau die Grenzmoleküle bilden, die die Struktur aufbauen und für jene Bedingungen sorgen, die die Reaktionen ermöglichen. Damit entsteht ein einfaches chemisches autopoietisches System. Wie in Varelas Computersimulation sind die Reaktionen von einer Grenze umschlossen, die aus den Produkten ebendieser Reaktionen zusammengesetzt ist.

Nach diesem ersten Beispiel der autopoietischen Chemie gelang es den Forschern an der ETH, einen weiteren Typus einer chemischen Struktur zu entwickeln, der für die Zellprozesse sogar noch relevanter ist, weil seine Hauptbestandteile – die sogenannten «Fettsäuren» – als Material der Urzellwände gelten. Bei diesen Experimenten wurden sphärische Wassertröpfchen erzeugt, die von Schalen aus diesen Fettsubstanzen umgeben waren, welche die typische semipermeable Struktur biologischer Membranen besitzen (aber nicht ihre Proteinkomponenten) und katalytische Schleifen produzieren, die ein autopoietisches System ergeben. Die Forscher, die die Experimente durchgeführt haben, spekulieren, daß diese Arten von Systemen die ersten geschlossenen selbstreproduzierenden chemischen Strukturen vor der Entwicklung der Bakterienzelle gewesen sein können. Träfe dies zu, so hieße das, daß es Wissenschaftlern inzwischen gelungen ist, die minimalen Urformen des Lebens nachzubilden.

Organismen und Gesellschaften

Die Erforschung der Autopoiese hat sich bislang zumeist mit minimalen autopoietischen Systemen befaßt: einfachen Zellen, Computersimulationen und den vor kurzem entdeckten autopoietischen chemischen Strukturen. In viel geringerem Maß wurde die Autopoiese von vielzelligen Organismen, Ökosystemen und sozialen Systemen untersucht. Die gegenwärtigen Vorstellungen über die Netzwerkmuster in diesen lebenden Systemen sind daher noch recht spekulativ.[26] Alle lebenden Systeme sind Netzwerke aus kleineren Komponenten, und das Netz des Lebens als Ganzes ist eine vielschichtige Struktur von lebenden Systemen, die in anderen lebenden Systemen nisten – Netzwerke in Netzwerken. Organismen sind Aggregate von autonomen, aber eng miteinander verbundenen Zellen; Populationen sind Netzwerke aus autonomen Organismen, die einer einzelnen Spezies angehören; und Ökosysteme sind Netze von einzelligen wie vielzelligen Organismen, die vielen verschiedenen Arten angehören.

All diesen lebenden Systemen ist gemeinsam, daß ihre kleinsten lebenden Komponenten stets Zellen sind, und daher können wir mit Sicherheit sagen, daß alle lebenden Systeme letzten Endes autopoietisch sind. Interessant ist allerdings auch die Frage, ob die von diesen autopoietischen Zellen gebildeten größeren Systeme – die Organismen, Gesellschaften und Ökosysteme – ihrerseits autopoietische Netzwerke sind.

In ihrem Buch *Der Baum der Erkenntnis* erklären Maturana und Varela, daß unser gegenwärtiges Wissen über die Details der Stoffwechselwege in Organismen und Ökosystemen nicht ausreicht, um diese Frage klar zu beantworten, und daher lassen sie sie offen:

> Wir können aber sagen, daß [vielzellige Systeme] eine *operationale Geschlossenheit* ihrer Organisation aufweisen: Ihre Identität ist durch ein Netz von dynamischen Prozessen gekennzeichnet, deren Wirkungen das Netz nicht überschreiten. Über die explizite Form einer solchen Organisation werden wir aber weiter nichts sagen . . .[27]

Die Autoren weisen sodann darauf hin, daß die drei Typen vielzelliger lebender Systeme – Organismen, Ökosysteme und Gesellschaften – sich nach dem Grad der Autonomie ihrer Komponenten erheblich unterscheiden. In Organismen haben die Zellbestandteile einen minimalen Grad an unabhängiger Existenz. Die Komponenten menschlicher Gesellschaften, also die einzelnen Menschen, weisen dagegen einen maximalen Grad an Autonomie auf, und sie erfreuen sich in vielen Dimensionen einer unabhängigen Existenz. Tiergesellschaften und Ökosysteme liegen in vielfältiger Weise zwischen diesen beiden Extremen. Menschliche Gesellschaften stellen einen Sonderfall dar, und zwar wegen der so bedeutsamen Rolle der Sprache, die für Maturana das entscheidende Phänomen in der Entwicklung des menschlichen Bewußtseins und der Kultur darstellt.[28] Während der Zusammenhalt von Insektengesellschaften auf dem Austausch von Chemikalien zwischen den Individuen beruht, gründet die soziale Einheit von menschlichen Gesellschaften auf dem sprachlichen Austausch.

Die Komponenten eines Organismus existieren, damit der Organismus funktioniert, aber menschliche Gesellschaftssysteme existieren auch *für ihre Komponenten*, die einzelnen Menschen. Dazu Maturana und Varela:

> Der Organismus schränkt die individuelle Kreativität der ihn bildenden Einheiten ein, da diese Einheiten *für den Organismus* existieren. Das menschliche soziale System erweitert die individuelle Kreativität seiner Mitglieder, da das System für die Mitglieder existiert.[29]

Organismen und menschliche Gesellschaften sind daher zwei ganz verschiedene Arten lebender Systeme. Totalitäre Regime schränken die Autonomie ihrer Mitglieder oft stark ein, sie entpersonalisieren und entwürdigen die Menschen. Darum funktionierten faschistische Gesellschaften eher wie Organismen, und es ist kein Zufall, daß Diktaturen für die Gesellschaft gern die Metapher eines lebenden Organismus («Volkskörper») benutzen.

Autopoiese im sozialen Bereich

Die Frage, ob sich menschliche Gesellschaften als autopoietisch bezeichnen lassen, ist ausführlich erörtert worden, und verschiedene Autoren haben eine ganze Reihe von Antworten darauf gegeben.[30] Das zentrale Problem besteht darin, daß die Autopoiese nur für Systeme im physischen Raum und für Computersimulationen in mathematischen Räumen genau definiert ist. Wegen der «Innenwelt» der Begriffe, Ideen und Symbole, die mit dem Denken, dem Bewußtsein und der Sprache des Menschen entsteht, existieren menschliche soziale Systeme nicht nur im physischen Bereich, sondern auch in einem symbolischen sozialen Bereich.

Somit läßt sich eine menschliche Familie zwar als ein durch Blutsbeziehungen definiertes biologisches System bezeichnen, aber auch als ein «begriffliches System», das durch bestimmte Rollen und Beziehungen definiert ist, die mit den Blutsbeziehungen zwischen seinen Mitgliedern zusammenfallen können oder auch nicht. Diese Rollen hängen von der gesellschaftlichen Konvention ab und weisen in den jeweiligen Epochen und Kulturen erhebliche Unterschiede auf. So kann beispielsweise in der gegenwärtigen westlichen Kultur die Rolle des «Vaters» vom biologischen Vater, von einem Pflegevater, einem Stiefvater, einem Onkel oder einem älteren Bruder ausgeübt werden. Diese Rollen sind also keine objektiven Merkmale des Systems Familie, sondern weisen flexible, immer wieder neu festgelegte, gesellschaftlich vermittelte Ausprägungen auf.[31]

Während das Verhalten im physischen Bereich von Ursache und Wirkung, den sogenannten «Naturgesetzen», gesteuert wird, wird das Verhalten im sozialen Bereich von Regeln gesteuert, die von der Gesellschaft oft als Gesetz kodifiziert sind. Der entscheidende Unterschied besteht darin, daß man gegen soziale Regeln verstoßen kann, aber nicht gegen Naturgesetze. Menschen haben die Wahl, ob und wie sie einer sozialen Regel Folge leisten – Moleküle dagegen haben keine Wahl, ob sie miteinander in Wechselwirkung treten müssen oder nicht.[32]

Da nun soziale Systeme in zwei Bereichen gleichzeitig existieren, nämlich im physischen und im sozialen Bereich, ist es dann sinnvoll, den Begriff der Autopoiese überhaupt auf sie anzuwenden, und wenn ja, in welchem Bereich?

Nachdem Maturana und Varela diese Frage in ihrem Buch offengelassen haben, formulierten sie jeweils eigene, zum Teil unterschiedliche Ansichten. Für Maturana sind menschliche soziale Systeme nicht autopoietisch, sondern eher das Medium, in dem Menschen ihre biologische Autopoiese durch die Sprache realisieren.[33] Varela erklärt, der Begriff eines Netzwerks von Produktionsprozessen, der im Mittelpunkt der Definition der Autopoiese steht, sei vielleicht jenseits des physischen Bereichs nicht anwendbar, aber für soziale Systeme ließe sich ein allgemeinerer Begriff der «organisatorischen Geschlossenheit» definieren. Dieser allgemeinere Begriff ähnle zwar dem der Autopoiese, bestimme jedoch Produktionsprozesse nicht näher.[34] Die Autopoiese läßt sich nach Varela als Sonderfall der organisatorischen Geschlossenheit ansehen, wie sie sich auf der Zellebene und in bestimmten chemischen Systemen zeige.

Andere Autoren haben behauptet, ein autopoietisches soziales Netzwerk ließe sich durchaus definieren, sofern sich die Beschreibung menschlicher Systeme ganz im Rahmen des sozialen Bereichs bewege. Diese Denkschule wurde in Deutschland von dem Soziologen Niklas Luhmann begründet, der den Begriff der sozialen Autopoiese ganz dezidiert entwickelt hat.[35] Von zentraler Bedeutung ist für Luhmann die Gleichsetzung der sozialen Prozesse des autopoietischen Netzwerks mit Kommunikationsprozessen.

Ein Familiensystem beispielsweise läßt sich als ein Netzwerk aus Unterhaltungen definieren, die innere Zirkularitäten aufweisen. Die Ergebnisse von Unterhaltungen führen zu weiteren Unterhaltungen, so daß sich selbstverstärkende Rückkopplungsschleifen bilden. Die Geschlossenheit des Netzwerks ergibt ein gemeinsames System von Glaubensvorstellungen, Erklärungen und Werten – einen Kontext von Bedeutung, der ständig durch weitere Unterhaltungen aufrechterhalten wird.

Zu den kommunikativen Akten des Netzwerks aus Unterhaltungen gehört auch die «Selbstproduktion» sowohl der Rollen, durch welche die verschiedenen Familienmitglieder definiert sind, als auch der Grenze des Familiensystems. Da all diese Prozesse im symbolischen sozialen Bereich stattfinden, kann diese Grenze keine physische Grenze sein. Es handelt sich vielmehr um eine Grenze aus Erwartungen, Vertraulichkeit, Loyalität und so weiter. Sowohl die

Familienrollen wie die Grenzen werden durch das autopoietische Netzwerk von Unterhaltungen ständig aufrechterhalten und neu festgelegt.

Das Gaia-System

Während es seit einigen Jahren eine sehr lebhafte Debatte über Autopoiese in sozialen Systemen gibt, herrscht überraschenderweise ein tiefes Schweigen hinsichtlich der Frage nach der Autopoiese in Ökosystemen. Zwar müßte man Maturana und Varela recht geben, daß die vielen Wege und Prozesse in einem ökologischen Netzwerk noch nicht ausreichend bekannt sind, um zu entscheiden, ob sich ein derartiges Netzwerk als autopoietisch bezeichnen ließe. Doch es wäre sicher interessant, mit Ökologen genauso wie mit Sozialwissenschaftlern über Autopoiese zu diskutieren.

Zunächst einmal können wir sagen, daß eine Funktion aller Komponenten in einem Nahrungsnetz darin besteht, andere Komponenten im selben Netz umzuwandeln. Wenn Pflanzen aus ihrer Umgebung anorganische Materie aufnehmen, um organische Verbindungen zu erzeugen, und wenn diese Verbindungen durch die Ökosysteme weitergegeben werden, um als Nahrung zum Aufbau komplexerer Strukturen zu dienen, regelt sich das gesamte Netzwerk selbst durch vielfache Rückkopplungsschleifen.[36] Einzelne Komponenten des Nahrungsnetzes sterben laufend ab, um von den eigenen Transformationsprozessen des Netzwerks zersetzt und ersetzt zu werden. Ob dies ausreicht, um ein Ökosystem als autopoietisch zu definieren, bleibt abzuwarten und hängt unter anderem von einem klaren Verständnis der Grenze des Systems ab.

Wenn wir unsere Sichtweise von Ökosystemen auf den Planeten als Ganzem ausweiten, treffen wir auf ein globales Netzwerk von Produktions- und Transformationsprozessen, wie es in der Gaia-Theorie von James Lovelock und Lynn Margulis ausführlich beschrieben worden ist.[37] Ja, inzwischen gibt es möglicherweise sogar mehr Beweise für die autopoietische Beschaffenheit des Gaia-Systems als für die von Ökosystemen.

Das planetarische System operiert in einem sehr großen räumlichen und zeitlichen Maßstab. Daher ist es gar nicht so einfach, sich

Gaia ganz konkret als lebendig vorzustellen. Ist der ganze Planet lebendig oder nur bestimmte Teile, und falls letzteres: welche Teile? Damit wir uns Gaia als lebendes System vorstellen können, vergleicht Lovelock sie mit einem Baum.[38] Während der Baum heranwächst, ist er nur von einer dünnen Schicht lebender Zellen umgeben, und zwar gleich unter der Rinde. Alles Holz im Innern, und das sind über 97 Prozent, ist tot. In vergleichbarer Weise ist die Erde mit einer dünnen Schicht lebender Organismen – der Biosphäre – bedeckt, die etwa acht bis zehn Kilometer in die Tiefe der Ozeane hinab- und etwa genauso weit in die Atmosphäre hinaufreicht. Wenn man sich den Planeten als einen Globus von der Größe eines Basketballs vorstellt, auf den die Ozeane und die Landmassen aufgemalt sind, dann entspräche die Dicke der Biosphäre etwa der Dicke der Farbschicht!

Genauso wie die Rinde eines Baums seine dünne Schicht aus lebendem Gewebe vor Schaden bewahrt, ist das Leben auf der Erde von der Schutzschicht der Atmosphäre umgeben, die uns gegen das ultraviolette Licht und andere schädliche Einflüsse abschirmt und dafür sorgt, daß die Temperatur des Planeten gerade richtig ist, damit Leben gedeihen kann. Weder die Atmosphäre über uns noch die Gesteine unter uns sind lebendig, aber beide werden in erheblichem Maße von lebenden Organismen gestaltet und umgewandelt, genauso wie die Rinde und das Holz des Baums. Der Weltraum und das Erdinnere gehören beide zu Gaias Umwelt.

Um festzustellen, ob sich das Gaia-System tatsächlich als ein autopoietisches Netzwerk bezeichnen läßt, wollen wir einmal die von Gail Fleischaker vorgeschlagenen drei Kriterien anwenden.[39] Gaia ist eindeutig *selbstbegrenzt*, zumindest soweit es ihre äußere Grenze, die Atmosphäre, betrifft. Nach der Gaia-Theorie wird die Erdatmosphäre von den Stoffwechselprozessen der Biosphäre erzeugt, umgewandelt und aufrechterhalten. Bakterien spielen in diesen Prozessen eine ganz entscheidende Rolle, da sie die Geschwindigkeit chemischer Reaktionen beeinflussen und damit das biologische Gegenstück zu den Enzymen in einer Zelle darstellen.[40] Die Atmosphäre ist teilweise durchlässig, wie eine Zellmembran, und ein integraler Teil des planetarischen Netzwerks. So bildete sie das schützende Treibhaus, in dem sich das frühe Leben auf dem Planeten vor drei Milliarden Jahren entfalten konnte, obwohl die Sonne damals 25 Prozent weniger Wärme als heute abgestrahlt hat.[41]

Das Gaia-System ist auch *selbsterzeugend*. Der planetarische Stoffwechsel wandelt anorganische Substanzen in organische, lebende Materie und dann wieder in Erde, Ozeane und Luft um. Alle seine Komponenten, auch die seiner atmosphärischen Grenze, werden durch Prozesse innerhalb des Netzwerks erzeugt.

Ein Schlüsselmerkmal von Gaia ist die komplexe wechselseitige Verwobenheit von lebenden und nichtlebenden Systemen in einem einzigen Netz. Dies führt zu Rückkopplungsschleifen von höchst unterschiedlicher Größenordnung. Gesteinszyklen erstrecken sich über Hunderte von Jahrmillionen, während die mit ihnen verbundenen Organismen nur ganz kurze Lebensspannen aufweisen. Um es mit einer Metapher von Stephan Harding, einem Ökologen und Mitarbeiter von James Lovelock, auszudrücken: «Lebewesen kommen aus Gesteinen heraus und kehren in Gesteine zurück.»[42]

Schließlich ist das Gaia-System *selbsterhaltend*. Die Komponenten der Meere, des Bodens und der Luft werden ebenso wie alle Organismen der Biosphäre laufend durch die planetarischen Produktions- und Transformationsprozesse ersetzt. Anscheinend spricht also sehr viel dafür, daß Gaia ein autopoietisches Netzwerk ist. Ja, Lynn Margulis, Miturheberin der Gaia-Theorie, behauptet zuversichtlich: «Es besteht kaum ein Zweifel daran, daß die planetarische Patina – einschließlich unserer selbst – autopoietisch ist.»[43]

Lynn Margulis ist von der Vorstellung eines planetarischen autopoietischen Netzes so überzeugt, weil sie sich auf drei Jahrzehnte bahnbrechender Forschung in der Mikrobiologie stützen kann. Um die Komplexität, die Vielfalt und die Selbstorganisationsfähigkeit des Gaia-Netzwerks verstehen zu können, ist es absolut unumgänglich, den Mikrokosmos zu verstehen, also die Beschaffenheit, die Ausdehnung, den Stoffwechsel und die Evolution von Mikroorganismen. Margulis hat nicht nur beträchtlich zu deren Verständnis beigetragen, sondern es ist ihr auch – in Zusammenarbeit mit Dorion Sagan – gelungen, ihre Entdeckungen in klarer und überzeugender Sprache dem Laien nahezubringen.[44]

Das Leben auf der Erde begann vor rund 3,5 Milliarden Jahren, und während der ersten zwei Milliarden Jahre bestand die Lebenswelt ausschließlich aus Mikroorganismen. In den ersten Milliarden Jahren der Evolution bedeckten Bakterien – die einfachsten Formen des Lebens – den Planeten mit einem komplizierten Netz von Stoffwechselprozessen. Sie begannen die Temperatur und die chemische Zusammensetzung der Atmosphäre so zu regulieren, daß sie für die Evolution höherer Lebensformen geeignet wurden.[45]

Pflanzen, Tiere und Menschen sind gleichsam Nachzügler des Lebens auf der Erde – sie sind erst vor weniger als einer Milliarde Jahren aus dem Mikrokosmos hervorgegangen. Und sogar heute noch funktionieren die sichtbaren lebenden Organismen allein aufgrund ihrer gut entwickelten Verbindungen zum bakteriellen Netz des Lebens. «Statt die Mikroorganismen auf einer evolutionären ‹Stufenleiter› hinter uns gelassen zu haben», schreibt Margulis, «sind wir von ihnen ebenso umgeben wie aus ihnen zusammengesetzt . . . Wir müssen uns selbst und unsere Umwelt als ein evolutionäres Mosaik von mikrokosmischem Leben vorstellen.»[46]

Im Laufe der langen Entwicklungsgeschichte des Lebens sind über 99 Prozent aller Arten, die je existiert haben, ausgestorben. Das planetarische Netz der Bakterien jedoch überlebte und reguliert weiterhin die Bedingungen für das Leben auf der Erde, wie es dies in den vergangenen drei Milliarden Jahren stets getan hat. Nach Margulis ist der Begriff eines planetarischen autopoietischen Netzwerks insofern gerechtfertigt, als alles Leben in ein selbstorganisierendes Netz aus Bakterien eingebettet ist. Dazu gehören auch kunstvolle Netzwerke von sensorischen und Steuerungssystemen, die wir gerade erst zu erkennen beginnen. Myriaden von Bakterien, die im Boden, in den Gesteinen und in den Meeren ebenso wie im Innern aller Pflanzen, Tiere und Menschen leben, regulieren ständig das Leben auf der Erde: «Erst das Wachstum, der Stoffwechsel und die für den Gasaustausch wichtigen Eigenschaften der Mikroben . . . bilden die komplexen physikalischen und chemischen Rückkopplungssysteme, die die Biosphäre modulieren, in der wir leben.»[47]

Das Universum insgesamt

Macht man sich Gedanken über den Planeten als ein Lebewesen, gelangt man ganz natürlich dazu, Fragen über Systeme von noch größeren Ausmaßen zu stellen. Ist etwa auch das Sonnensystem ein autopoietisches Netzwerk? Die Galaxis? Und wie steht es mit dem Universum als Ganzem? Ist das Universum lebendig?

Im Hinblick auf das Sonnensystem können wir mit einiger Sicherheit sagen, daß es kein lebendes System ist. Ja, gerade der auffallende Unterschied zwischen der Erde und allen anderen Planeten im Sonnensystem hat Lovelock dazu bewegt, die Gaia-Hypothese zu formulieren. Was unser Milchstraßensystem betrifft, so sind wir weit davon entfernt, die erforderlichen Daten zu haben, um der Frage nachgehen zu können, ob es lebendig ist. Und wenn wir uns dem Universum als Ganzem zuwenden, stoßen wir einfach an die Grenzen des Begreifbaren.

Für viele Menschen, auch für mich, ist es in philosophischer wie spiritueller Hinsicht befriedigender, anzunehmen, daß der Kosmos als Ganzes lebendig ist, statt zu glauben, das Leben auf der Erde existiere in einem leblosen Universum. Im Rahmen der Wissenschaft allerdings können wir derartige Erklärungen nicht – oder zumindest noch nicht – abgeben. Wenn wir unsere wissenschaftlichen Kriterien für das Leben auf das gesamte Universum anwenden, stoßen wir auf erhebliche begriffliche Schwierigkeiten.

Lebende Systeme sind offen gegenüber einem ständigen Energie- und Materiefluß. Aber wie können wir uns das Universum, das definitionsgemäß alles umfaßt, als ein offenes System vorstellen? Die Frage scheint nicht sinnvoller zu sein, als danach zu fragen, was vor dem Urknall geschah. Um es mit den Worten des berühmten Astronomen Sir Bernard Lovell zu sagen: «Dort erreichen wir die große Gedankenbarriere ... Mir ist, als ob ich plötzlich in eine dichte Nebelbank gefahren wäre, wo die vertraute Welt verschwunden ist.»[48]

Doch eines können wir ganz sicher über das Universum sagen: daß überall im Kosmos ein reichhaltiges Potential für Leben existiert. Im Laufe der letzten paar Jahrzehnte hat die Forschung ein ziemlich klares Bild der geologischen und chemischen Beschaffenheit der Erde geliefert, durch die das Leben erst möglich wurde. Wir beginnen zu verstehen, wie sich immer komplexere chemische Systeme entwickelt und wie sie katalytische Zyklen gebildet haben, die sich schließlich zu autopoietischen Systemen entwickelten.

Bei der Beobachtung des Universums insgesamt und unserer Galaxis im besonderen haben Astronomen entdeckt, daß die in allem Leben vorkommenden charakteristischen chemischen Verbindungen reichlich vorhanden sind. Damit Leben aus diesen Verbindungen entstehen kann, ist ein subtiles Gleichgewicht von Temperaturen, atmosphärischen Drücken, Wassergehalt und so weiter erforderlich. Es ist sehr wahrscheinlich, daß sich im Laufe der langen Entwicklung der Galaxis dieses Gleichgewicht auf vielen Planeten in den Milliarden von Planetensystemen im Milchstraßensystem eingestellt hat.

Sogar in unserem Sonnensystem hat es vermutlich auf der Venus wie auf dem Mars in der Frühgeschichte Meere gegeben, in denen sich Leben entwickelt haben könnte.[50] Venus stand der Sonne für einen langsamen Evolutionsablauf aber zu nahe. Ihre Meere verdunsteten, und schließlich wurde der Wasserstoff durch starke ultraviolette Strahlung aus den Wassermolekülen abgespalten und entwich in den Weltraum. Wir wissen nicht, wie Mars sein Wasser verloren hat – wir wissen nur, daß dies geschah. Lovelock spekuliert darüber, daß es vielleicht in der Frühzeit Leben auf dem Mars gegeben hat und daß es bei irgendeiner Katastrophe vernichtet worden ist oder daß der Wasserstoff schneller als auf der jungen Erde entwich, und zwar wegen der viel geringeren Schwerkraft auf dem Mars.

Wie auch immer – offenbar hat sich Leben auf dem Mars «fast» entwickelt, und aller Wahrscheinlichkeit nach entwickelte es sich tatsächlich und gedeiht noch immer auf Millionen anderer Planeten im ganzen Universum. Und auch wenn die Vorstellung, das Universum als Ganzes sei lebendig, im Rahmen der gegenwärtigen Wissenschaft problematisch ist, können wir doch mit Sicherheit sagen, daß Leben höchstwahrscheinlich in Hülle und Fülle im gesamten Kosmos vorhanden ist.

Strukturelle Koppelung

Wo auch immer wir Leben erblicken, von Bakterien bis zu großräumigen Ökosystemen, nehmen wir Netzwerke mit Komponenten wahr, die so zusammenwirken, daß sich das gesamte Netzwerk selbst regelt und organisiert. Da diese Komponenten – außer den Teilen von Zellnetzwerken – ihrerseits lebende Systeme sind, muß eine realistische Darstellung autopoietischer Netzwerke eine Beschreibung darüber enthalten, wie lebende Systeme miteinander und ganz allgemein mit ihrer Umwelt in Wechselwirkung stehen. Eine derartige Beschreibung ist denn auch ein integraler Teil der von Maturana und Varela entwickelten Theorie der Autopoiese.

Das zentrale Merkmal eines autopoietischen Systems besteht darin, daß es laufend strukturelle Veränderungen erfährt, während es gleichzeitig sein netzartiges Organisationsmuster bewahrt. Unablässig produzieren und transformieren die Komponenten des Netzwerks einander, und zwar auf zwei unterschiedliche Arten. Die eine Art struktureller Veränderungen sind die Veränderungen im Prozeß der Selbsterneuerung. Jeder lebende Organismus erneuert sich ständig selbst – in den Zellen werden Strukturen zerlegt und aufgebaut, und die Gewebe und Organe ersetzen ihre Zellen in unaufhörlichen Zyklen. Trotz dieser immerwährenden Veränderung erhalten die Organismen ihre Gesamtidentität oder ihr Organisationsmuster aufrecht.

Viele dieser zyklischen Veränderungen spielen sich erheblich schneller ab, als man es sich vielleicht vorstellt. So ersetzt beispielsweise unsere Bauchspeicheldrüse die meisten ihrer Zellen alle 24 Stunden, unsere Magenschleimhaut alle drei Tage; unsere weißen Blutkörperchen werden innerhalb von zehn Tagen erneuert, und 98 Prozent des Proteins in unserem Gehirn werden in knapp einem Monat umgesetzt. Noch erstaunlicher ist, daß unsere Haut ihre Zellen mit einer Geschwindigkeit von 100 000 Zellen pro Minute ersetzt. So besteht der Staub in unseren Häusern größtenteils aus toten Hautzellen.

Die zweite Art struktureller Veränderungen in einem lebenden System sind Veränderungen, durch die neue Strukturen verursacht werden: neue Verbindungen im autopoietischen Netzwerk. Diese – eher entwicklungsmäßigen als zyklischen – Veränderungen finden ebenfalls fortlaufend statt, und zwar entweder als eine Folge von Umwelteinflüssen oder als ein Ergebnis der inneren Dynamik des Systems. Nach der Theorie der Autopoiese ist ein lebendes System an seine Umwelt «strukturell gekoppelt», d. h. durch wiederkehrende Wechselwirkungen, die jeweils strukturelle Veränderungen im System auslösen. So schleust beispielsweise eine Zellmembran ständig Substanzen aus ihrer Umwelt in die Stoffwechselprozesse der Zelle ein. Das Nervensystem eines Organismus verändert seine Verbindungen mit jeder Sinneswahrnehmung. Diese lebenden Systeme sind jedoch autonom. Die Umwelt löst die strukturellen Veränderungen nur aus, ohne sie zu bestimmen oder zu steuern.[51]

Aufgrund der strukturellen Koppelung, wie sie Maturana und Varela definieren, läßt sich klar unterscheiden, wie lebende und nichtlebende Systeme jeweils mit ihrer Umwelt in Wechselwirkung stehen. Es sind eben «zwei ganz verschiedene Dinge, ob man einen Stein oder einen Hund tritt», wie Gregory Bateson zu sagen pflegte. Der Stein wird auf den Tritt nach einer linearen Kette von Ursache und Wirkung reagieren. Sein Verhalten läßt sich berechnen, indem man die Grundgesetze der Newtonschen Mechanik anwendet. Der Hund wird darauf mit strukturellen Veränderungen aufgrund seines eigenen Wesens und (nichtlinearen) Organisationsmusters reagieren. Das daraus resultierende Verhalten ist im allgemeinen unvorhersagbar.

Während ein lebender Organismus auf Umwelteinflüsse mit strukturellen Veränderungen reagiert, beeinflussen diese Veränderungen wiederum sein künftiges Verhalten. Mit anderen Worten: Ein strukturell gekoppeltes System ist ein lernendes System. Solange er am Leben ist, wird ein lebender Organismus strukturell an seine Umwelt gekoppelt sein. Die ständigen strukturellen Veränderungen als Reaktion auf die Umwelt – und folglich das ständige Anpassen, Lernen und Sich-Entwickeln – sind Schlüsselmerkmale des Verhaltens von Lebewesen. Wegen seiner strukturellen Koppelung nennen wir das Verhalten eines Tieres intelligent; aus demselben Grund wenden wir diesen Ausdruck aber nicht auf das Verhalten eines Gesteins an.

Entwicklung und Evolution

Während ein lebender Organismus mit seiner Umwelt in Wechselwirkung steht, erfährt er eine Abfolge struktureller Veränderungen, und im Laufe der Zeit bildet er seinen eigenen, individuellen Weg der strukturellen Koppelung. An jedem Punkt dieses Weges stellt die Struktur des Organismus eine Aufzeichnung früherer struktureller Veränderungen und damit früherer Wechselwirkungen dar. Die lebende Struktur ist stets eine Aufzeichnung der bisherigen Entwicklung, und die Ontogenese – der Ablauf der Entwicklung eines individuellen Organismus – ist die Geschichte seiner strukturellen Veränderungen.

Da also die Struktur eines Organismus an jedem Punkt ihrer Entwicklung eine Aufzeichnung früherer struktureller Veränderungen ist und da jede strukturelle Veränderung das künftige Verhalten des lebenden Organismus beeinflußt, bedeutet dies, daß das Verhalten des lebenden Organismus von seiner Struktur bestimmt wird. Somit wird ein lebendes System auf verschiedene Art und Weise von seinem Organisationsmuster und seiner Struktur determiniert. Das Organisationsmuster prägt die Identität des Systems (d. h. seine wesentlichen Merkmale); die von einer Abfolge struktureller Veränderungen gebildete Struktur prägt sein Verhalten. Daher sagt Maturana, das Verhalten lebender Systeme sei «strukturdeterminiert».

Dieser Begriff des strukturellen Determinismus rückt die uralte philosophische Debatte über Freiheit und Determinismus in ein neues Licht. Laut Maturana ist das Verhalten eines lebenden Organismus determiniert. Doch statt durch äußere Kräfte ist es durch die eigene Struktur des Organismus bestimmt – eine Struktur, die durch eine Abfolge autonomer struktureller Veränderungen gebildet wurde. Damit ist das Verhalten des lebenden Organismus sowohl determiniert wie frei.

Außerdem bedeutet die Tatsache, daß das Verhalten strukturdeterminiert ist, nicht, daß es vorhersagbar wäre. Die Struktur des Organismus schafft nur die Bedingungen einer «Anfangsstruktur, welche den Verlauf seiner Interaktionen bedingt und zugleich die Möglichkeit der strukturellen Veränderungen einschränkt, die durch diese Interaktionen in ihm ausgelöst werden».[52] Wenn zum Beispiel ein lebendes System einen Gabelungspunkt erreicht, wie dies Prigogine beschrieben hat, wird seine Geschichte der strukturellen Koppelung die neuen Wege bestimmen, die nun zur Verfügung stehen. Welchen Weg das System letztlich nehmen wird, bleibt dagegen unvorhersagbar.

Wie Prigogines Theorie der dissipativen Strukturen zeigt auch die Theorie der Autopoiese, daß die Kreativität – die laufende Erzeugung neuer Formen – eine Schlüsseleigenschaft aller lebenden Systeme ist. Eine spezielle Form dieser Kreativität ist die Erzeugung von Vielfalt durch Reproduktion, von der einfachen Zellteilung bis zum hochkomplexen Tanz der sexuellen Fortpflanzung. Für die meisten lebenden Organismen ist die Ontogenese nicht ein linearer Entwicklungsweg, sondern ein Zyklus, und die Fortpflanzung ist eine lebenswichtige Stufe in diesem Zyklus.

Vor Milliarden von Jahren haben die vereinten Fähigkeiten lebender Systeme, sich zu reproduzieren und Neues zu erschaffen, auf natürliche Weise zur biologischen Evolution geführt – einer kreativen Entfaltung von Leben, die seither in einem ununterbrochenen Prozeß anhält. Von den archaischsten und einfachsten Lebensformen bis zu den verschlungensten und komplexesten gegenwärtigen Formen hat sich das Leben in einem immerwährenden Tanz entfaltet, ohne jemals das Grundmuster seiner autopoietischen Netzwerke zu zerbrechen.

10   Die Entfaltung des Lebens

Wie fruchtbar die entstehende Theorie lebender Systeme werden kann, zeigt sich an dem damit verbundenen neuen Verständnis von Evolution. Statt in der Evolution das Ergebnis von Zufallsmutationen und natürlicher Auslese zu sehen, beginnen wir in der kreativen Entfaltung des Lebens in Formen von ständig zunehmender Vielfalt und Komplexität eine immanente Eigenschaft aller lebenden Systeme zu erkennen. Auch wenn Mutation und natürliche Auslese noch immer als wichtige Aspekte der biologischen Evolution gelten, steht doch im Mittelpunkt die Kreativität, das ständige Streben des Lebens nach Neuem. Um den grundlegenden Unterschied zwischen dem alten und dem neuen Verständnis von Evolution zu begreifen, lohnt es sich, einen Blick auf die Geschichte des evolutionären Denkens zu werfen.

Darwinismus und Neodarwinismus

Die erste Theorie der Evolution wurde zu Beginn des 19. Jahrhunderts von Jean Baptiste Lamarck formuliert, einem autodidaktischen Naturforscher, der den Begriff «Biologie» prägte und ausgiebige botanische und zoologische Studien betrieb. Lamarck beobachtete, daß sich Tiere unter dem Druck ihrer Umwelt verändern, und glaubte, sie könnten diese Veränderungen an ihren Nachwuchs weitergeben. Diese Weitergabe erworbener Merkmale war für ihn der Hauptmechanismus der Evolution.

Auch wenn sich herausstellte, daß Lamarck sich in dieser Hinsicht geirrt hatte, war doch seine Erkenntnis des Phänomens der Evolution – also des Auftretens neuer biologischer Strukturen in der Geschichte der Arten – eine revolutionäre Einsicht, die sich auf das gesamte wissenschaftliche Denken nachhaltig auswirkte.

Insbesondere hatte Lamarck starken Einfluß auf Charles Darwin, der seine wissenschaftliche Laufbahn zwar als Geologe begann, sich aber während seiner berühmten Expedition zu den Galápagos-Inseln der Biologie zuwandte. Sorgfältige Beobachtungen der Inselfauna regten Darwin an, über die Auswirkungen geographischer Isolierung auf die Bildung von Arten nachzudenken. Dies veranlaßte ihn schließlich, seine Evolutionstheorie zu formulieren.

Darwin veröffentlichte seine Theorie im Jahre 1859 in seinem monumentalen Werk *On the Origin of Species* (deutsch: *Über den Ursprung der Arten*) und schloß sie zwölf Jahre später mit dem Werk *The Descent of Man* (deutsch: *Die Abstammung des Menschen*) ab, in dem die Idee der evolutionären Umwandlung von einer Art in eine andere auf den Menschen ausgeweitet wird. Darwin baute seine Theorie auf zwei grundlegenden Vorstellungen auf: der zufälligen Abweichung, später Zufallsmutation genannt, und der natürlichen Auslese oder Zuchtwahl.

Im Mittelpunkt von Darwins Denken steht die Erkenntnis, daß alle lebenden Organismen durch eine gemeinsame Abstammung miteinander verwandt sind. Alle Lebensformen sind aus einem gemeinsamen Entwicklungsstamm durch einen kontinuierlichen Prozeß von Abweichungen im Laufe der Milliarden von Jahren währenden geologischen Geschichte hervorgegangen. In diesem Evolutionsprozeß werden längst nicht nur Varianten erzeugt, die überleben können. Somit werden viele einzelne Lebewesen durch natürliche Auslese ausgemerzt, während einige Varianten sich über andere hinausentwickeln und sie an Fruchtbarkeit übertreffen.

Diese grundlegenden Gedanken sind heutzutage längst gut belegt und können sich auf umfangreiches Beweismaterial aus der Biologie, der Biochemie und der Fossilfolge stützen. Alle ernsthaften Wissenschaftler sind sich im Hinblick darauf völlig einig. Die entstehende neue Theorie unterscheidet sich von der klassischen Evolutionstheorie in erster Linie hinsichtlich der Frage nach der *Dynamik* der Evolution – also jenen Mechanismen, kraft derer sich evolutionäre Veränderungen abspielen.

Darwins Begriff der zufälligen Abweichungen beruhte auf einer Annahme, die für die vorherrschenden Anschauungen des 19. Jahrhunderts über Vererbung ausgesprochen typisch war. Man ging davon aus, daß die biologischen Eigenschaften eines Individuums eine

«Mischung» aus den Eigenschaften seiner Eltern darstellten, wobei beide Eltern mehr oder weniger gleichmäßig zur Mischung beisteuerten. Dies bedeutete, daß ein Abkömmling eines Elternteils mit einer nützlichen zufälligen Abweichung nur 50 Prozent der neuen Eigenschaft erben würde und nur 25 Prozent davon an die nächste Generation weitergeben könnte. Damit würde sich die neue Eigenschaft rasch abschwächen und hätte nur eine ganz geringe Chance, sich durch natürliche Auslese zu etablieren. Darwin war sich selbst darüber im klaren, daß dies eine erhebliche Schwäche seiner Theorie war, die er nicht beheben konnte.

Es ist eine Ironie der Geschichte, daß die Lösung für Darwins Problem von Gregor Mendel, einem österreichischen Mönch und Amateurbotaniker, zwar nur wenige Jahre nach der Veröffentlichung von Darwins Theorie gefunden wurde, aber zu Mendels Lebzeiten unbeachtet blieb und erst um die Jahrhundertwende, also viele Jahre nach Mendels Tod, wiederentdeckt wurde. Aus seinen sorgsam durchgeführten Experimenten mit Gartenerbsen leitete Mendel die Erkenntnis ab, daß es «Erbeinheiten» gibt – man nannte sie später Gene –, die sich beim Vorgang der Fortpflanzung nicht mischen, sondern die ohne Änderung ihrer Identität von Generation zu Generation weitergegeben werden. Diese Entdeckung ermöglichte die Annahme, daß Zufallsmutationen nicht innerhalb weniger Generationen wieder verschwinden, sondern erhalten bleiben, um durch die natürliche Auslese entweder verstärkt oder eliminiert zu werden.

Mendels Entdeckung spielte nicht nur eine entscheidende Rolle bei der Bestätigung der Darwinschen Evolutionstheorie, sondern eröffnete auch ein ganz neues Forschungsgebiet: das Studium der Vererbung durch die Erforschung der chemischen und physikalischen Eigenschaften der Gene.[1] William Bateson, ein britischer Biologe, der als glühender Befürworter für die Verbreitung von Mendels Werk sorgte, nannte dieses neue Gebiet zu Beginn des Jahrhunderts «Genetik». Zu Ehren von Mendel gab er seinem jüngsten Sohn auch den Vornamen Gregory.

Die Synthese von Darwins Idee der allmählichen evolutionären Veränderungen mit Mendels Entdeckung der genetischen Stabilität führte zum sogenannten Neodarwinismus, der heute im Fach Biologie als eingeführte Evolutionstheorie auf der ganzen Welt gelehrt wird. Nach der neodarwinistischen Theorie resultiert jede evolutionäre Abweichung aus einer Zufallsmutation, d. h. aus zufälligen genetischen Veränderungen, denen die natürliche Auslese folgt. Wenn ein Tier beispielsweise ein dickes Fell benötigt, um in einem kalten Klima zu überleben, wird es auf diese Erfordernisse nicht dadurch reagieren, daß es «gezielt» ein Fell entwickelt. Es wird vielmehr alle möglichen zufälligen genetischen Veränderungen durchlaufen, und diejenigen Tiere, bei denen diese Veränderungen zufällig zu einem dicken Fell führen, werden überleben und mehr Nachwuchs zeugen. Nach dem Genetiker Jacques Monod «folgt daraus mit Notwendigkeit, daß einzig und allein der Zufall jeglicher Neuerung, jeglicher Schöpfung in der belebten Natur zugrunde liegt».[2]

Nach Ansicht von Lynn Margulis weist der Neodarwinismus eine grundlegende Schwäche auf. Dies nicht nur, weil er auf reduktionistischen Begriffen beruht, die inzwischen veraltet sind, sondern auch weil er in einer unangemessenen mathematischen Sprache formuliert ist. «Die Sprache des Lebens ist nicht die gewöhnliche Arithmetik und Algebra», erklärt Margulis, «die Sprache des Lebens ist die Chemie. Den praktizierenden Neodarwinisten fehlen einfach entsprechende Kenntnisse, etwa in der Mikrobiologie, der Zellbiologie, der Biochemie . . . und in der Mikroökologie.»[3]

Ein Grund, warum den führenden Evolutionstheoretikern noch heute die angemessene Sprache zur Beschreibung evolutionärer Veränderungen fehlt, ist nach Margulis darin zu sehen, daß die meisten von ihnen von der Tradition der Zoologie her kommen. Von daher sind sie daran gewöhnt, sich nur mit einem kleinen, relativ jungen Teil der Entwicklungsgeschichte zu befassen. Die gegenwärtige Mikrobiologie jedoch weist nachdrücklich darauf hin, daß die Hauptwege der evolutionären Kreativität längst entwickelt waren, bevor Tiere die Bühne betraten.[4]

Das zentrale gedankliche Problem des Neodarwinismus ist offenbar sein reduktionistischer Begriff des Genoms, der Gensammlung eines Organismus. Jene großartige Leistung der Molekularbiologie, die man «das Knacken des genetischen Kodes» genannt hat, führte dazu, daß man das Genom gern als eine lineare Anordnung von unabhängigen Genen darstellt, die jeweils einem biologischen Wesenszug entsprechen. Die Forschung zeigt allerdings, daß ein einziges Gen sich auf eine Vielzahl von Wesenszügen auswirken kann und daß sich umgekehrt viele getrennte Gene oft miteinander verbinden, um einen einzigen Wesenszug zu erzeugen. Es ist somit ganz rätselhaft, wie sich komplexe Strukturen wie etwa ein Auge oder eine Blume durch aufeinanderfolgende Mutationen individueller Gene entwickelt haben könnten. Offensichtlich ist das Studium der koordinierenden und integrierenden Aktivitäten des ganzen Genoms von überragender Bedeutung. Es ist jedoch durch die mechanistischen Anschauungen der konventionellen Biologie erheblich erschwert worden. Erst in jüngster Zeit haben die Biologen damit begonnen, das Genom eines Organismus als ein äußerst dicht geknüpftes Netzwerk zu verstehen und seine Aktivitäten aus einer systemischen Perspektive zu studieren.[5]

Die systemische Betrachtung der Evolution

Eine erstaunliche Manifestation der genetischen Ganzheit ist die inzwischen gut belegte Tatsache, daß sich die Evolution nicht im Laufe der Zeit durch kontinuierliche allmähliche Veränderungen entfaltet hat, die durch lange Sequenzen aufeinanderfolgender Mutationen verursacht wurden. Vielmehr zeigt die Fossilfolge eindeutig, daß es in der gesamten Entwicklungsgeschichte lange Epochen der Stabilität oder «Stase» gegeben hat, ohne irgendwelche genetische Abweichungen. Diese Epochen wurden immer wieder durch plötzliche und dramatische Übergänge unterbrochen. Stabile Epochen von Hunderttausenden von Jahren sind dabei durchaus die Norm. Ja, das Abenteuer der Evolution des Menschen begann damit, daß die erste Hominidenart, der *Australopithecus afarensis*, eine Million Jahre lang stabil blieb.[6] Dieses neue Bild, das sogenannte «punktierte Gleichgewicht», verweist darauf, daß die plötzlichen Übergänge durch Mechanismen verursacht wurden, die sich von den Zufallsmutationen der neodarwinistischen Theorie erheblich unterscheiden.

Ein wichtiger Aspekt der klassischen Evolutionstheorie ist die Vorstellung, daß sich Organismen im Laufe der evolutionären Veränderung und unter dem Druck der natürlichen Auslese allmählich ihrer Umwelt anpassen, bis sie eine Beschaffenheit erreichen, die für das Überleben und die Fortpflanzung geeignet ist. In der neuen Systemsicht dagegen wird die evolutionäre Veränderung als Ergebnis der dem Leben innewohnenden Tendenz gesehen, Neues zu erschaffen, einer Tendenz, die gegebenenfalls von der Anpassung an sich verändernde Umweltbedingungen begleitet wird.

Dementsprechend haben Systembiologen damit begonnen, das Genom als ein selbstorganisierendes Netzwerk darzustellen, das imstande ist, neue Ordnungsformen spontan zu erzeugen. «Wir müssen die Aussage der Evolutionsbiologie überdenken», schreibt Stuart Kauffman. «Die Ordnung, die wir in Organismen erkennen, ist vielleicht großenteils das direkte Ergebnis nicht der natürlichen Auslese, sondern einer natürlichen Ordnung, die die Auslese bevorzugt in Gang gesetzt hat . . . Evolution ist nicht ein bloßes Flickwerk . . . Sie ist entstehende Ordnung, die durch Auslese respektiert und verfeinert wird.»[7]

Eine umfassende neue Evolutionstherorie, die auf diesen neuen Erkenntnissen beruht, ist noch nicht formuliert worden. Aber die in den bisherigen Kapiteln dieses Buches erörterten Modelle und Theorien selbstorganisierender Systeme liefern die Elemente zur Formulierung einer derartigen Theorie.[8] So zeigt Prigogines Theorie der dissipativen Strukturen, wie komplexe biochemische Systeme, die fern vom Gleichgewicht operieren, katalytische Schleifen erzeugen, die zu Instabilitäten führen und neue Strukturen von höherer Ordnung produzieren können. Manfred Eigen hat dargelegt, daß sich gleichartige katalytische Zyklen vor der Entstehung des Lebens auf der Erde gebildet und damit eine präbiologische Evolutionsphase eingeleitet haben können. Stuart Kauffman hat mit binären Netzwerken als mathematischen Modellen der genetischen Netzwerke lebender Organismen gearbeitet und konnte aus diesen Modellen mehrere bekannte Merkmale der Zelldifferenzierung und der Evolution ableiten. Humberto Maturana und Francisco Varela haben den Prozeß der Evolution anhand ihrer Theorie der Autopoiese beschrieben, wobei sie in der Entwicklungsgeschichte einer Spezies die Geschichte ihrer strukturellen Koppelung sehen. Und James Lovelock und Lynn Margulis haben in ihrer Gaia-Theorie die planetarischen Dimensionen der Entfaltung des Lebens untersucht.

Die Gaia-Theorie zeigt, ebenso wie die frühere Arbeit von Lynn Margulis auf dem Gebiet der Mikrobiologie, daß der enge darwini-

stische Begriff der Anpassung ein Irrweg war. In der gesamten Lebenswelt läßt sich die Evolution nicht auf die Anpassung von Organismen an ihre Umwelt beschränken, weil die Umwelt selbst durch
ein Netzwerk von lebenden Systemen gestaltet wird, die wiederum
zur Anpassung und Kreativität fähig sind. Was paßt sich daher wem
an? Jedes dem anderen – sie entwickeln sich gemeinsam, in Form
einer Koevolution. Um es mit den Worten von James Lovelock zu
sagen:

> So eng ist die Evolution der Lebewesen mit der Evolution der
> Umwelt gekoppelt, daß sie zusammen einen einzigen Entwick-
> lungsprozeß darstellen . . .[9]

Daher verlagert sich unser Blickwinkel von der Evolution zur Koevolution – einem immerwährenden Tanz, der durch ein subtiles
Zusammenspiel von Wettbewerb und Kooperation, von Schöpfung
und gegenseitiger Anpassung in Gang gehalten wird.

Wege der Kreativität

Demnach ist die treibende Kraft der Evolution nicht in den beliebi-
gen Vorgängen von Zufallsmutationen zu finden, sondern in der
dem Leben selbst innewohnenden Tendenz, Neues zu erschaffen.
Sie äußert sich im spontanen Auftreten von zunehmender Komplexität und Ordnung. Sobald wir diese fundamentale neue Erkenntnis
verstanden haben, können wir fragen: Auf welchen Wegen bringt
sich die Kreativität der Evolution zum Ausdruck?

Die Antwort auf diese Frage liefert nicht nur die Molekularbiologie, sondern auch und in noch bedeutenderer Weise die Mikrobiologie, also das Studium des planetarischen Netzes der Myriaden von
Mikroorganismen, die während der ersten zwei Milliarden Jahre der
Evolution die einzigen Lebensformen waren. In diesen zwei Milliarden Jahren transformierten Bakterien ständig die Oberfläche und die
Atmosphäre der Erde. Dabei erfanden sie alle für das Leben so wesentlichen Biotechnologien: Gärung, Photosynthese, Stickstoffbin-
dung, Atmung und die Drehmechanismen für schnelle Bewegungen.

In den letzten drei Jahrzehnten haben umfangreiche Forschungen in der Mikrobiologie drei Hauptwege der Evolution ermittelt.[10] Der erste, aber unwichtigste ist die Zufallsmutation der Gene, das Kernstück der neodarwinistischen Theorie. Eine Genmutation wird durch einen zufälligen Fehler bei der Selbstverdopplung der DNS verursacht, wenn sich die beiden Ketten der Doppelhelix der DNS trennen und jede als Schablone für den Aufbau einer neuen komplementären Kette dient.[11] Man schätzt, daß diese zufälligen Fehler in einem Verhältnis von einer zu mehreren hundert Millionen Zellen in jeder Generation auftreten. Diese geringe Häufigkeit scheint nicht auszureichen, um die Evolution der großen Vielfalt von Lebensformen zu erklären, auch angesichts der bekannten Tatsache, daß die meisten Mutationen schädlich sind und nur ganz wenige zu nützlichen Abweichungen führen.

Im Falle der Bakterien liegen die Dinge ganz anders, weil sich Bakterien so rasch teilen. Bestimmte von ihnen können sich etwa alle zwanzig Minuten teilen, so daß sich im Prinzip mehrere Milliarden individuelle Bakterien aus einer einzigen Zelle in knapp einem Tag erzeugen lassen.[12] Dank dieser ungeheuren Reproduktionsrate kann sich eine einzelne erfolgreiche Mutantbakterie rasch in ihrer Umwelt ausbreiten. Für Bakterien ist die Mutation also tatsächlich ein wichtiger Evolutionsweg.

Bakterien haben jedoch noch einen zweiten Weg der evolutionären Kreativität entwickelt, der erheblich effizienter ist als die Zufallsmutation: Sie geben Erbeigenschaften einander frei weiter, und zwar in einem globalen Austauschnetzwerk von unglaublicher Leistungsfähigkeit und Effizienz. Lynn Margulis und Dorion Sagan haben es folgendermaßen beschrieben:

> Im Laufe der letzten fünfzig Jahre etwa haben Wissenschaftler beobachtet, daß [Bakterien] routinemäßig und rasch verschiedene Stückchen von genetischem Material auf andere Individuen übertragen. Jede Bakterie macht jederzeit von zusätzlichen Genen Gebrauch, die aus zuweilen ganz anderen Strängen stammen und Funktionen ausüben, die die eigene DNS möglicherweise nicht abdeckt. Einige dieser genetischen Stückchen werden mit den eingeborenen Genen der Zellen neu kombiniert; andere werden wieder weitergegeben ... Aufgrund dieser Fähigkeit haben alle Bakterien der Welt im Prinzip Zugang zu einem einzigen

Genpool und damit zu den Anpassungsmechanismen des gesamten Bakterienreichs.[13]

Dieser globale Genaustausch, den man fachlich als DNS-Rekombination bezeichnet, muß zu den erstaunlichsten Entdeckungen der modernen Biologie gezählt werden. «Würde man die genetischen Eigenschaften des Mikrokosmos auf größere Lebewesen anwenden, dann bekämen wir es mit einer Science-fiction-Welt zu tun», schreiben Margulis und Sagan, «in der Grünpflanzen sich Gene für die Photosynthese mit benachbarten Pilzen teilen oder Menschen Düfte verströmen oder Elfenbein entwickeln könnten, indem sie sich Gene von einer Rose oder einem Walroß verschafften.»[14]

Die Geschwindigkeit, mit der sich die Widerstandsfähigkeit gegen Medikamente unter Bakteriengemeinschaften ausbreitet, ist der dramatische Beweis dafür, daß ihr Kommunikationsnetzwerk weitaus effizienter ist als die Anpassung durch Mutationen. Bakterien sind in der Lage, sich Umweltveränderungen innerhalb weniger Jahre anzupassen. Größere Organismen würden dazu Jahrtausende der evolutionären Anpassung benötigen. Daher vermittelt uns die Mikrobiologie die ernüchternde Einsicht, daß Technologien wie die Gentechnik und ein globales Kommunikationsnetzwerk, die wir für fortschrittliche Leistungen unserer modernen Zivilisation halten, schon seit Jahrmilliarden vom planetarischen Bakteriennetz zur Regulierung des Lebens auf der Erde eingesetzt werden.

Der ständige Genaustausch, den die Bakterien untereinander betreiben, führt zu einer erstaunlichen Vielfalt genetischer Strukturen neben ihrem DNS-Hauptstrang. Dazu gehört auch die Bildung von Viren, die keine vollständigen autopoietischen Systeme sind, sondern aus einem DNS- oder RNS-Abschnitt in einem Proteinmantel bestehen.[15] Ja, der kanadische Bakteriologe Sorin Sonea hat sogar erklärt, strenggenommen dürften Bakterien nicht in Arten eingeteilt werden, da all ihre Stränge im Prinzip Erbeigenschaften miteinander teilen können und typischerweise täglich bis zu 15 Prozent ihres genetischen Materials auswechseln. «Eine Bakterie ist kein einzelliger Organismus», schreibt Sonea, «sondern eine unvollständige Zelle . . ., die je nach Umständen verschiedenen Phantasiegebilden angehört.»[16] Mit anderen Worten: Alle Bakterien sind Teile eines einzigen mikrokosmischen Lebensnetzes.

Evolution durch Symbiose

Mutation und DNS-Rekombination (der Austausch von Genen) sind die beiden Hauptwege der bakteriellen Evolution. Aber wie steht es mit den vielzelligen Organismen der größeren Lebensformen? Wenn Zufallsmutationen für sie kein effizienter Evolutionsmechanismus sind und wenn sie nicht wie Bakterien Gene austauschen, wie haben sich diese höheren Lebensformen dann entwickelt? Diese Frage wurde von Lynn Margulis mit der Entdeckung eines dritten, gänzlich unerwarteten Wegs der Evolution beantwortet. Dies brachte für alle Zweige der Biologie nachhaltige Folgen hervor.

Mikrobiologen wissen seit einiger Zeit, daß die grundlegendste Trennungslinie zwischen allen Lebensformen nicht die zwischen Pflanzen und Tieren ist, wie die meisten Menschen annehmen, sondern eine Trennungslinie zwischen zwei Arten von Zellen: zwischen Zellen mit und Zellen ohne Zellkern. Bakterien, die einfachsten Lebensformen, haben keine Zellkerne und werden deshalb auch Prokaryoten («Zellen ohne Kerne») genannt. Alle anderen Zellen dagegen haben Kerne; sie heißen Eukaryoten («Zellen mit Kernen»). Alle Zellen höherer Organismen haben Kerne, und Eukaryoten treten auch als einzellige, nichtbakterielle Mikroorganismen auf.

Bei ihren gentechnischen Studien war Margulis fasziniert von der Tatsache, daß nicht alle Gene in einer eukaryotischen Zelle sich innerhalb des Zellkerns befanden:

> Wir haben doch alle gelernt, daß sich die Gene im Kern befinden und daß der Kern die zentrale Steuerung der Zelle darstellt. Schon früh habe ich beim Studium der Genetik bemerkt, daß es auch noch andere genetische Systeme mit unterschiedlichen Vererbungsmustern gibt. Von Anfang an hatten diese widerspenstigen Gene, die sich nicht im Kern befanden, meine Neugier erregt.[17]

Durch genaue Untersuchung des Phänomens fand Margulis heraus, daß nahezu alle «widerspenstigen Gene» von Bakterien abstammen. Nach und nach erkannte sie, daß sie verschiedenen lebenden Organismen angehören, etwa kleinen Zellen, die sich in größeren Zellen aufhalten.

Die Symbiose, die Neigung verschiedener Organismen, in engem

Verband miteinander und oft ineinander (wie die Bakterien in unseren Eingeweiden) zu leben, ist ein weitverbreitetes und bekanntes Phänomen. Aber Margulis ging einen Schritt weiter. Sie stellte die Hypothese auf, daß langfristige Symbiosen, bei denen Bakterien und andere Mikroorganismen in größeren Zellen leben, zu neuen Lebensformen geführt haben und auch weiterhin führen. Margulis publizierte ihre aufsehenerregende Hypothese erstmals Mitte der sechziger Jahre. Sie entwickelte daraus die Theorie der sogenannten «Symbiogenese», die in der Schöpfung neuer Lebensformen durch permanente symbiotische Arrangements den Hauptweg der Evolution aller höheren Organismen sieht.

Den erstaunlichsten Beweis für die Evolution durch Symbiose liefern die sogenannten Mitochondrien, die «Kraftwerke» im Innern der eukaryotischen Zellen.[18] Diese lebenswichtigen Bestandteile aller Tier- und Pflanzenzellen sorgen für die Zellatmung, enthalten ihr eigenes genetisches Material und reproduzieren sich unabhängig von der übrigen Zelle und auch zu anderen Zeiten. Margulis vermutet, daß die Mitochondrien ursprünglich freischwebende Bakterien waren, die vor urdenklichen Zeiten in andere Mikroorganismen eindrangen und sich für immer in ihnen niederließen. «Die miteinander verschmolzenen Organismen entwickelten sich dann zu komplexeren, Sauerstoff atmenden Lebensformen», erklärt Margulis. «Damit gab es einen evolutionären Mechanismus, der ungleich schneller war als die Mutation: eine symbiotische Allianz, die zur ständigen Einrichtung wird.»[19]

Die Theorie der Symbiogenese stellt einen radikalen Perspektivenwechsel in der Evolutionstheorie dar. Während man bei konventioneller Betrachtungsweise in der Entfaltung des Lebens einen Vorgang erblickt, in dem die Arten nur voneinander abweichen, behauptet Lynn Margulis, daß die Bildung neuer zusammengesetzter Einheiten durch die Symbiose von zuvor unabhängigen Organismen die stärkere und bedeutendere evolutionäre Kraft sei. Dies veranlaßte die Biologen, die entscheidende Bedeutung der Kooperation im evolutionären Prozeß anzuerkennen. Während die Sozialdarwinisten des 19. Jahrhunderts in der Natur den «Kampf ums Dasein» erblickten – von einer «Natur, rot an Zähnen und Klauen» sprach der Dichter Tennyson –, sehen wir inzwischen in der kontinuierlichen Kooperation und in der wechselseitigen Abhängigkeit aller Lebensformen zentrale Aspekte der Evolution. Um es mit den Worten von Margulis und Sagan zu sagen: «Das Leben hat den Erdball nicht durch Kampf erobert, sondern durch Vernetzung.»[20]

Die evolutionäre Entfaltung des Lebens im Laufe von Jahrmilliarden ist eine wahrlich atemberaubende Geschichte. Angetrieben von der allen lebenden Systemen immanenten Kreativität, zum Ausdruck gebracht auf drei unterschiedlichen Wegen – Mutationen, Genaustausch und Symbiosen – und verfeinert durch natürliche Auslese, hat sich die lebendige Patina des Planeten in Formen von ständig zunehmender Vielfalt ausgeweitet und verstärkt. Lynn Margulis und Dorion Sagan haben diese Geschichte in ihrem Buch *Microcosmos* wunderbar erzählt, und darauf greifen die folgenden Seiten weitgehend zurück.[21]

Nichts spricht dafür, daß es im globalen Evolutionsprozeß irgendeinen Plan, ein Ziel oder einen Zweck gibt, und daher spricht auch nichts für einen Fortschritt – und doch gibt es erkennbare Muster einer Entwicklung. Eines davon, die sogenannte Konvergenz, ist die Tendenz von Organismen, ähnliche Formen zu entwickeln, um gleichartige Herausforderungen zu bestehen, ungeachtet aller unterschiedlichen historischen Ursprünge. So entwickeln sich Augen viele Male entlang ganz unterschiedlicher Linien – bei Würmern, Schnecken, Insekten und Wirbeltieren. Und genauso haben sich Flügel unabhängig voneinander bei Insekten, Reptilien, Fledermäusen und Vögeln entwickelt. Offenbar kennt die Kreativität der Natur keine Grenzen.

Ein anderes erstaunliches Muster ist das wiederholte Eintreten von Katastrophen – vielleicht sind dies planetarische Gabelungspunkte –, an die sich intensive Epochen von Wachstum und Erneuerung anschließen. So führte die katastrophale Abnahme von Wasserstoff in der Erdatmosphäre vor über zwei Milliarden Jahren zu einer der bedeutendsten evolutionären Erneuerungen: dem Einsatz von Wasser in der Photosynthese. Jahrmillionen später bewirkte diese außergewöhnlich erfolgreiche neue Biotechnologie durch die Ansammlung großer Mengen giftigen Sauerstoffs eine verheerende Umweltverschmutzung. Diese Sauerstoffkrise wiederum regte die Entwicklung von Sauerstoff atmenden Bakterien an, einer weiteren spektakulären Innovation des Lebens. Sehr viel später, vor 245 Millionen Jahren, folgte auf das größte Massensterben, das die Welt je erlebt hat, rasch die Entwicklung von Säugetieren. Vor 66 Millionen Jahren schließlich machte die Katastrophe, die die Dinosaurier vom Antlitz der Erde tilgte, den Weg für die Entwicklung der ersten Primaten und schließlich auch für die Spezies Mensch frei.

Die Zeitalter des Lebens

Um die Entfaltung des Lebens auf der Erde chronologisch darstellen zu können, müssen wir einen geologischen Zeitmaßstab in Jahrmilliarden bemessen. Alles beginnt mit der Entstehung des Planeten Erde, einem Feuerball aus geschmolzener Lava, vor rund viereinhalb Milliarden Jahren. Geologen und Paläontologen haben diesen Zeitraum in zahlreiche Epochen und Unterepochen unterteilt und sie mit Bezeichnungen wie «Proterozoikum», «Paläozoikum» oder «Pleistozän» versehen. Zum Glück müssen wir uns all diese Fachausdrücke nicht merken, um uns die wichtigen Abschnitte der Evolution des Lebens vorzustellen.

Wir können hier von drei großen Zeitaltern sprechen, die sich jeweils über Zeiträume zwischen ein und zwei Milliarden Jahren erstrecken und mehrere klar unterscheidbare Stadien der Evolution aufweisen (siehe Übersicht auf Seite 266 f.). Da ist zunächst einmal das präbiotische Zeitalter, in dem die Bedingungen für die Entstehung des Lebens geschaffen wurden. Es dauerte eine Milliarde Jahre: von der Entstehung der Erde bis zur Erschaffung der ersten Zellen, dem Beginn des Lebens, vor rund 3,5 Milliarden Jahren. Das zweite Zeitalter dauerte zwei Milliarden Jahre; es ist das Zeitalter des Mikrokosmos, in dem Bakterien und andere Mikroorganismen alle Grundprozesse des Lebens erfanden und die globalen Rückkopplungsschleifen für die Selbstregelung des Gaia-Systems einrichteten.

Vor rund 1,5 Milliarden Jahren waren die heutige Oberfläche und Atmosphäre der Erde bereits weitgehend ausgebildet; Mikroorganismen verbreiteten sich in der Luft, im Wasser und im Boden und ließen Gase und Nährstoffe durch ihr planetarisches Netzwerk zirkulieren, wie auch heute noch. Und damit war alles vorbereitet für das dritte Zeitalter des Lebens: den Makrokosmos, der die Evolution der sichtbaren Formen des Lebens und damit auch von uns Menschen erlebte.

Zeitalter des Lebens	Stadien der Evolution	vor Milliarden Jahren
PRÄBIOTISCHES ZEITALTER	Bildung der Erde Feuerball aus geschmolzener Lava kühlt sich ab	**4,5**
Entstehung der Grund-bedingungen für Leben	älteste Gesteine Kondensation von Dampf	4,0
	seichte Meere Kohlenstoffverbindungen katalytische Schleifen, Membranen	3,8
MIKROKOSMOS	erste Bakterienzellen Gärung Photosynthese Sinnesfunktionen, Bewegung DNS-Reparatur Genaustausch	**3,5**
Evolution von Mikroorganismen		
	tektonische Platten, Kontinente	2,8
	Sauerstoffphotosynthese Bakterienverbreitung abgeschlossen	2,5
	erste Zellen mit Kernen	2,2

Zeitalter des Lebens	Stadien der Evolution	vor Milliarden Jahren
	Aufbau von Sauerstoff in der Atmosphäre	2,0
	Sauerstoffatmung	1,8
	Erdoberfläche und Atmosphäre ausgebildet	**1,5**
MAKROKOSMOS	Fortbewegung	1,2
Evolution der sichtbaren Lebensformen	sexuelle Fortpflanzung	1,0
	Mitochondrien, Chloroplasten	0,8
	frühe Tiere	0,7
	Schalen und Skelette	0,6
	frühe Pflanzen	0,5
	Landtiere	0,4
	Dinosaurier	0,3
	Säugetiere	0,2
	Blütenpflanzen erste Primaten	0,1

Der Ursprung des Lebens

Während der ersten Milliarde Jahre nach der Bildung der Erde stellten sich die Bedingungen für die Enstehung von Leben nach und nach ein. Der urzeitliche Feuerball war groß genug, um eine Atmosphäre festhalten zu können, und enthielt die chemischen Grundelemente, aus denen die Bausteine des Lebens geformt wurden. Seine Entfernung von der Sonne war genau richtig: weit genug, damit ein langsamer Prozeß des Abkühlens und Verdichtens einsetzen konnte, und doch nahe genug, um zu verhindern, daß seine Gase für immer gefroren.

Nach einer halben Milliarde Jahre der allmählichen Abkühlung kondensierte schließlich der Dampf, der die Atmosphäre erfüllte; jahrtausendelang fiel sintflutartiger Regen, und Wasser sammelte sich, um seichte Meere zu bilden. Während dieser langen Epoche der Abkühlung verband sich Kohlenstoff, das chemische Rückgrat des Lebens, rasch mit Wasserstoff, Sauerstoff, Stickstoff, Schwefel und Phosphor, um eine enorme Vielfalt chemischer Verbindungen zu erzeugen. Diese sechs Elemente – C, H, O, N, S, P – sind nun die chemischen Hauptbestandteile in allen lebenden Organismen.

Jahrelang diskutierten die Wissenschaftler darüber, wie wohl das Leben aus der «chemischen Ursuppe» entstand. Diese bildete sich, als der Planet abkühlte und die Meere sich ausdehnten. Es gab mehrere miteinander konkurrierende Hypothesen über Ereignisse, die diese Entstehung plötzlich ausgelöst haben könnten, vom fulminanten Blitzschlag bis zur «Besamung» der Erde mit Makromolekülen durch Meteoriten. Andere Wissenschaftler erklärten, die Chancen für derartige Ereignisse seien verschwindend gering gewesen. Die neuere Forschung über selbstorganisierende Systeme deutet in der Tat darauf hin, daß es gar nicht nötig ist, von irgendeinem plötzlich auftretenden Ereignis auszugehen.

Margulis weist darauf hin, daß sich «Chemikalien nicht zufällig verbinden, sondern auf geordnete, in Mustern verlaufende Weise».[22] Die Umwelt auf der frühen Erde begünstigte die Bildung komplexer Moleküle. Einige von ihnen wurden dann zu Katalysatoren für eine Vielzahl chemischer Reaktionen. Nach und nach griffen verschiedene katalytische Reaktionen ineinander, um komplexe katalytische Netze mit geschlossenen Schleifen – zunächst als Zyklen, dann als «Hyperzyklen» – auszubilden, die eine starke Tendenz zur Selbstorganisation und sogar zur Replikation aufwiesen.[23] Von diesem Stadium an war die Richtung für die präbiotische Evolution festgelegt. Die katalytischen Zyklen entwickelten sich zu dissipativen Strukturen, und indem sie aufeinanderfolgende Instabilitäten (Gabelungspunkte) durchliefen, erzeugten sie chemische Systeme von zunehmender Reichhaltigkeit und Vielfalt.

Schließlich begannen diese dissipativen Strukturen Membranen zu bilden – zunächst vielleicht aus Fettsäuren ohne Proteine, wie die vor kurzem im Labor erzeugten Micellen.[24] Margulis vermutet, daß viele verschiedene Typen von membranumschlossenen chemischen Replikationssystemen entstanden sein könnten, sich eine Zeitlang entwickelten und dann wieder verschwanden, bevor die ersten Zellen auftauchten: «Viele dissipative Strukturen, lange Ketten verschiedener chemischer Reaktionen, müssen sich entwickelt, miteinander reagiert und wieder aufgelöst haben, ehe sich die elegante Doppelhelix unseres frühesten Vorfahren gebildet und mit hoher Genauigkeit redupliziert hat.»[25] Zu diesem Zeitpunkt, vor etwa 3,5 Milliarden Jahren, wurden die ersten autopoietischen Bakterienzellen geboren. Die Evolution des Lebens begann.

Das Bakteriennetz entsteht

Die ersten Zellen führten eine unsichere Existenz. Ihre Umwelt veränderte sich ständig, und jedes zufällige Ereignis drohte ihr Überleben in Frage zu stellen. Angesichts all dieser feindlichen Kräfte – grelles Sonnenlicht, Meteoriteneinschläge, Vulkanausbrüche, Dürreperioden und Überschwemmungen – mußten die Bakterien Energie, Wasser und Nahrung einfangen, um ihre Einheit aufrechtzuerhalten und am Leben zu bleiben. Jede Krise muß große Mengen der ersten Stückchen Leben auf dem Planeten ausgelöscht haben und hätte sie sicher allesamt vernichtet, hätten sie nicht zwei entscheidende Eigenschaften besessen: die Fähigkeit der bakteriellen DNS, sich getreu dem eigenen Muster zu reduplizieren, und dies mit außerordentlicher Geschwindigkeit. Aufgrund ihrer riesigen Anzahl waren die Bakterien immer wieder in der Lage, kreativ auf alle Bedrohungen zu reagieren und eine große Vielfalt von Anpassungsstrategien zu entwickeln. So konnten sie sich allmählich verbreiten, zunächst in den Gewässern und dann in den Oberflächen von Sedimenten und Böden.

Ihre wichtigste Aufgabe war wohl, eine Vielzahl neuer Wege des Stoffwechsels zu entwickeln, um Nahrung und Energie aus der Umwelt zu beziehen. Eine der ersten Erfindungen der Bakterien war die Gärung: das Zerlegen von Zuckerarten und ihre Umwandlung in ATP-Moleküle, also jene «Energieträger», die alle Zellprozesse antreiben.[26] Diese Neuerung erlaubte es den Gärungsbakterien, in der Erde, im Schlick und im Wasser von Chemikalien zu leben, indem sie vor dem harten Sonnenlicht geschützt waren.

Einige dieser Gärungsbakterien entwickelten zudem die Fähigkeit, Stickstoff aus der Luft aufzunehmen und in verschiedene organische Verbindungen umzuwandeln. Um Stickstoff zu «binden», d. h. direkt aus der Luft zu holen, sind große Mengen von Energie erforderlich. Zu einer derartigen Leistung sind sogar heute nur wenige spezielle Bakterien imstande. Da Stickstoff ein Bestandteil der Proteine in allen Zellen ist, hängt das Überleben aller lebenden Organismen von diesen Stickstoff bindenden Bakterien ab.

Schon im frühen Zeitalter der Bakterien wurde die Photosynthese – «zweifellos die bedeutendste einzelne Stoffwechselinnovation in der Geschichte des Lebens auf der Erde»[27] – zur primären Quelle der Lebensenergie. Die ersten von Bakterien erfundenen Photosyntheseprozesse waren von ganz anderer Art als diejenigen, die sich in heutigen Pflanzen abspielen. Damals griffen diese Prozesse auf Schwefelwasserstoff, ein von Vulkanen ausgeworfenes Gas, statt auf Wasser als Wasserstoffquelle zurück, sie bildeten mit Sonnenlicht und CO_2 aus der Luft organische Verbindungen und erzeugten keinen Sauerstoff. Diese Anpassungsstrategien ermöglichten es den Bakterien nicht nur, zu überleben und sich weiterzuentwickeln, sondern sie begannen auch, ihre Umwelt zu verändern. Ja, fast schon zu Beginn ihrer Existenz richteten die Bakterien die ersten Rückkopplungsschleifen ein, die schließlich zu dem straff gekoppelten System des Lebens und seiner Umwelt führten. Auch wenn die Chemie und das Klima der frühen Erde das Leben begünstigten, hätte dieser vorteilhafte Zustand ohne bakterielle Regulierung nicht unbegrenzt weiterbestehen können.[28]

Als Eisen und andere Elemente mit Wasser reagierten, wurde Wasserstoffgas freigesetzt und stieg in der Atmosphäre auf, wo es in einzelne Wasserstoffatome zerlegt wurde. Da diese Atome zu leicht sind, um von der Schwerkraft der Erde festgehalten zu werden, wäre der gesamte Wasserstoff entwichen, wenn sich dieser Prozeß unkontrolliert fortgesetzt hätte. Eine Milliarde Jahre später wären dann die Meere des Planeten verschwunden gewesen. Glücklicherweise schaltete sich hier das Leben ein. In den späteren Stadien der Photosynthese wurde Sauerstoff in der Luft freigesetzt, genauso wie heute, und ein Teil davon verband sich mit dem aufsteigenden Wasserstoffgas, um Wasser zu bilden und so den Planeten feucht zu halten und zu verhindern, daß seine Meere verdunsteten.

Doch der ständige Entzug von CO_2 aus der Luft im Prozeß der Photosynthese verursachte ein weiteres Problem. Als das Zeitalter der Bakterien begann, strahlte die Sonne 25 Prozent weniger Wärmeenergie ab als heute, und das CO_2 in der Atmosphäre wurde dringend als Treibhausgas benötigt, um die Temperaturen des Planeten in einem günstigen Bereich zu halten. Wäre das CO_2 weiterhin ohne jede Kompensation entzogen worden, wäre die Erde erfroren und jedes bakterielle Leben ausgelöscht worden.

Dieser katastrophale Verlauf wurde von den Gärungsbakterien verhindert. Sie hatten sich möglicherweise schon vor dem Einsetzen der Photosynthese entwickelt. Beim Prozeß der Produktion von ATP-Molekülen aus Zucker erzeugten die gärenden Bakterien auch Methan und CO_2 als Abfallprodukte. Diese wurden in die Atmosphäre entsorgt, wo sie den planetarischen Treibhauszustand wiederherstellten. Auf diese Weise funktionierten die Gärung und die Photosynthese im frühen Gaia-System als zwei sich wechselseitig ausgleichende Prozesse.

Das Sonnenlicht, das durch die frühe Erdatmosphäre gelangte, enthielt zwar noch immer gefährliche ultraviolette Strahlung, aber nun mußten die Bakterien ihren Schutz vor dieser Strahlung gegen ihren Bedarf an Sonnenenergie zur Photosynthese abwägen. Dies führte zur Entwicklung zahlreicher Sinnessysteme und zur Bewegung. Einige Bakterien siedelten in Gewässer um, die reich an bestimmten Salzen waren, welche als Sonnenfilter fungierten; andere suchten Schutz in Sand; wieder andere entwickelten Pigmente, die die schädlichen Strahlen absorbierten. Viele Arten errichteten große Kolonien – vielschichtige Mikrobenmatten, in denen die obersten Schichten verbrannten und starben, aber die unteren Schichten mit ihren toten Körpern abschirmten.[29]

Neben Schutzfiltern entwickelten die Bakterien auch Mechanismen zur Reparatur von strahlengeschädigter DNS, indem sie für diesen Zweck spezielle Enzyme bildeten. Fast alle Organismen besitzen heute noch diese Reparaturenzyme – eine weitere dauerhafte Erfindung des Mikrokosmos.[30]

Statt ihr eigenes genetisches Material für den Reparaturprozeß zu verwenden, borgten sich Bakterien in dichtgedrängten Milieus zuweilen DNS-Fragmente von ihren Nachbarn. Diese Technik entwickelte sich allmählich zu dem ständigen Genaustausch, der der effizienteste Weg in der Bakterienevolution wurde. In höheren Lebensformen ist die Rekombination von Genen aus verschiedenen Individuen mit der Fortpflanzung verbunden. In der Welt der Bakterien aber spielen sich die beiden Phänomene unabhängig voneinander ab. Bakterienzellen pflanzen sich asexuell fort, tauschen jedoch ständig Gene aus. Dazu Margulis und Sagan:

> Wir tauschen Gene «vertikal» aus – durch die Generationen –, während Bakterien sie «horizontal» austauschen – direkt mit ihren Nachbarn in derselben Generation. Das führt dazu, daß genetisch fließende Bakterien funktional unsterblich sind, während in Eukaryoten Sex mit Tod zusammenhängt.[31]

Aufgrund der geringen Zahl permanenter Gene in einer Bakterienzelle – normalerweise weniger als ein Prozent der Anzahl solcher Gene in einer mit einem Kern versehenen Zelle – arbeiten Bakterien notwendigerweise in Teams. Verschiedene Arten kooperieren miteinander und helfen einander mit komplementärem genetischem Material aus. Große Ansammlungen derartiger Bakterien können wie ein einziger zusammenhängender Organismus fungieren und Aufgaben ausführen, die keine einzelne Bakterie vollbringen kann.

Am Ende der ersten Milliarde Jahre nach der Entstehung des Lebens strotzte die Erde nur so von Bakterien. Tausende von Biotechnologien waren erfunden worden – die meisten, die wir heute kennen. Durch Kooperation und ständigen Austausch genetischer

Information hatten die Mikroorganismen damit begonnen, die Bedingungen für das Leben auf dem gesamten Planeten so zu regeln, wie sie das heute noch tun. Tatsächlich haben viele der Bakterien, die im frühen Zeitalter des Mikrokosmos gelebt haben, praktisch unverändert bis zum heutigen Tag überlebt.

Im Laufe der folgenden Stadien der Evolution bildeten die Mikroorganismen Allianzen. Sie entwickelten sich zusammen mit Pflanzen und Tieren, und heutzutage ist unsere Umwelt so eng mit Bakterien verwoben, daß man fast nicht mehr sagen kann, wo die unbelebte Welt aufhört und das Leben anfängt. Wir neigen dazu, Bakterien mit Krankheiten zu verbinden, aber sie sind genauso wichtig für unser Überleben wie für das aller Tiere und Pflanzen. «Unter all unseren oberflächlichen Unterschieden sind wir nichts weiter als wandelnde Bakteriengemeinschaften», schreiben Margulis und Sagan. «Die Welt flimmert wie eine pointillistische Landschaft aus winzigen Lebewesen.»[32]

Die Sauerstoffkrise

Als sich das Bakteriennetz ausdehnte und jeden verfügbaren Raum in den Gewässern, Gesteinen und Schlickebenen des frühen Planeten ausfüllte, führte sein Energiebedarf zu einer erheblichen Abnahme des Wasserstoffs. Die für alles Leben so wichtigen Kohlehydrate sind komplizierte Strukturen aus Kohlenstoff-, Wasserstoff- und Sauerstoffatomen. Zur Errichtung dieser Strukturen nahmen die an der Photosynthese beteiligten Bakterien den Kohlenstoff und den Sauerstoff aus der Luft in Form von CO_2 auf, wie dies alle Pflanzen heute tun. Außerdem fanden sie Wasserstoff in der Luft vor, und zwar in Form von Wasserstoffgas sowie im Schwefelwasserstoff, der aus Vulkanen aufstieg. Aber das leichte Wasserstoffgas entwich weiterhin in den Weltraum, und schließlich reichte auch der Schwefelwasserstoff nicht mehr aus.

Wasserstoff existiert natürlich auch in Hülle und Fülle in Wasser (H_2O), aber die Bindungen zwischen Wasserstoff- und Sauerstoffatomen in Wassermolekülen sind viel stärker als die Bindungen zwischen den beiden Wasserstoffatomen in Wasserstoffgas (H_2) oder Schwefelwasserstoff (H_2S). Die Photosynthesebakterien waren nicht in der Lage, diese starken Bindungen aufzubrechen, bis eine spezielle Art blaugrüner Bakterien eine neue Art der Photosynthese erfand, die das Wasserstoffproblem ein für allemal löste.

Die neu entwickelten Bakterien, die Vorfahren unserer heutigen Blaualgen, zerlegten Wassermoleküle mit Hilfe von energiereichem (d. h. kurzwelligem) Sonnenlicht in ihre Wasserstoff- und Sauerstoffkomponenten. Aus dem Wasserstoff bauten sie Zucker und andere Kohlehydrate auf, während sie den Sauerstoff an die Luft abgaben. Diese Entnahme von Wasserstoff aus Wasser, einer der reichlichst vorhandenen Ressourcen des Planeten, war eine außergewöhnliche Leistung der Evolution und hatte weitreichende Folgen für die anschließende Entfaltung des Lebens. Ja, Lynn Margulis ist davon überzeugt, daß «das Aufkommen der Sauerstoffphotosynthese das singuläre Ereignis war, das schließlich zu unserer heutigen Umwelt führte».[33]

Mit ihrer unbegrenzten Wasserstoffquelle waren die neuen Bakterien sensationell erfolgreich. Sie breiteten sich rasch über die Erdoberfläche aus und bedeckten Felsen und Sand mit ihrem blaugrünen Film. Auch heute sind sie überall anzutreffen, sie wachsen in Teichen und Schwimmbecken, an feuchte Wänden und Duschvorhängen – überall, wo es Sonnenlicht und Wasser gibt.

Doch dieser evolutionäre Erfolg forderte einen hohen Preis. Wie alle sich rasch ausbreitenden lebenden Systeme produzierten die blaugrünen Bakterien riesige Abfallmengen, und dieser Abfall war auch noch hochgiftig. Es war das Sauerstoffgas, das als Nebenprodukt der neuartigen Photosynthese freigesetzt wurde. Freier Sauerstoff ist deshalb so giftig, weil er leicht mit organischer Materie reagiert und dabei sogenannte «freie Radikale» produziert, die auf Kohlehydrate und andere wichtige biochemische Verbindungen überaus zerstörerisch wirken. Sauerstoff reagiert auch leicht mit Atmosphäregasen und Metallen, wobei er Verbrennung und Korrosion auslöst, die beiden bekanntesten Formen des «Oxidierens» (d. h. der Verbindung mit Sauerstoff).

Zunächst absorbierte die Erde ohne weiteres den Sauerstoffabfall. Es gab ja genügend Metalle und Schwefelverbindungen aus vulkanischen und tektonischen Quellen, die rasch den freien Sauerstoff einfingen und verhinderten, daß er in der Luft zunahm. Aber nachdem sie über Millionen von Jahren hinweg Sauerstoff absorbiert hatten, waren die oxidierenden Metalle und Mineralien gesättigt, und das Gift begann sich in der Atmosphäre anzusammeln.

Vor etwa zwei Milliarden Jahren führte die Sauerstoff-Umweltverschmutzung zu einer Katastrophe von noch nie dagewesenen globalen Ausmaßen. Zahlreiche Arten wurden vollständig ausgelöscht, und das gesamte Bakteriennetz mußte sich von Grund auf umorganisieren, um zu überleben. Zahlreiche Schutzvorrichtungen und Anpassungsstrategien wurden entwickelt, und schließlich führte die Sauerstoffkrise zu einer der großartigsten und erfolgreichsten Neuerungen in der gesamten Geschichte des Lebens:

> In einem der größten Coups aller Zeiten erfanden die [blaugrünen] Bakterien ein Stoffwechselsystem, für das genau die Substanz benötigt wurde, die vorher ein tödliches Gift war ... Die Sauerstoffatmung ist eine genial wirksame Möglichkeit, die Reaktionsfreudigkeit von Sauerstoff zu lenken und zu nützen. Es handelt sich dabei im Prinzip um eine gesteuerte Verbrennung, die organische Moleküle zerlegt und darüber hinaus noch Kohlendioxid, Wasser und eine ganze Menge Energie liefert ... Der Mikrokosmos hat sich dabei nicht nur angepaßt: Er entwickelte einen mit Sauerstoff arbeitenden Dynamo, der das Leben und seinen irdischen Wohnsitz für immer veränderte.[34]

Mit dieser spektakulären Erfindung standen den blaugrünen Bakterien zwei einander ergänzende Mechanismen zur Verfügung: die Erzeugung von freiem Sauerstoff durch Photosynthese und seine Absorption durch Atmung. Und damit konnten sie beginnen, jene Rückkopplungsschleifen einzurichten, die fortan den Sauerstoffgehalt der Atmosphäre regelten und ihn in jenem empfindlichen Gleichgewicht hielten, das die Entwicklung neuer atmender Lebensformen ermöglichte.[35]

Der Anteil des freien Sauerstoffs in der Atmosphäre stabilisierte sich schließlich bei 21 Prozent, einem Wert, der durch den Zündbereich dieses Gases bestimmt ist. Fiele er unter 15 Prozent, würde *gar nichts* brennen. Dann könnten Organismen nicht atmen; sie würden ganz einfach ersticken. Stiege der Anteil von Sauerstoff in der Luft über 25 Prozent, würde *alles* brennen. Es würde zu spontanen Bränden kommen, und um den ganzen Planeten würde ein Feuersturm toben. Folglich hält Gaia den atmosphärischen Sauerstoff auf genau dem Niveau, das seit Jahrmillionen für Pflanzen und Tiere am angenehmsten ist. Außerdem baute sich im oberen Bereich der Atmosphäre nach und nach eine Schicht aus Ozon (dreiatomigen Sauerstoffmolekülen) auf. Sie schützte von nun an das Leben auf der Erde vor den harten ultravioletten Strahlen der Sonne. Damit war alles vorbereitet, damit sich größere Lebensformen – Pilze, Pflanzen und Tiere –, in vergleichsweise kurzen Zeiträumen entwickeln konnten.

Zellen mit Kernen

Der erste Schritt hin zu höheren Lebensformen war die Entstehung der Symbiose – ein neuer Weg für die evolutionäre Kreativität. Dies geschah vor rund 2,2 Milliarden Jahren und führte zur Entwicklung von eukaryotischen, d. h. mit einem Kern versehenen Zellen, die zu den Grundkomponenten aller Pflanzen und Tiere wurden. Eukaryotische Zellen sind viel größer und weitaus komplexer als Bakterien. Während die Bakterienzelle einen einzigen losen DNS-Strang enthält, der frei in der Zellflüssigkeit treibt, ist die DNS in eukaryotischen Zellen dicht in Chromosomen aufgerollt, die durch eine Membran im Zellkern eingeschlossen sind. Die DNS-Menge in Eukaryoten ist mehrere hundert Mal größer als die in Bakterien.

Das andere erstaunliche Merkmal der mit einem Kern versehenen Zelle ist das reichliche Vorkommen von Organellen: Sauerstoff verarbeitenden kleineren Zellteilen, die eine ganze Vielfalt hochspezialisierter Funktionen ausüben.[36] Das plötzliche Auftreten von Zellen mit Kernen in der Entwicklungsgeschichte und die Entdeckung, daß ihre Organellen eigenständige selbstreproduzierende Organismen sind, führten Lynn Margulis zu folgender Schlußfolgerung: Zellen mit Kernen entwickelten sich durch langfristige Symbiose, d. h. durch das permanente Zusammenleben verschiedener Bakterien und anderer Mikroorganismen.[37]

Die Vorfahren der Mitochondrien und anderer Organellen sind vielleicht bösartige Bakterien gewesen, die in größere Zellen eindrangen und sich in ihnen fortpflanzten. Viele der eroberten Zellen starben und nahmen die Eindringlinge mit in den Tod. Aber einige dieser Räuber brachten ihre Wirte nicht gleich um, begannen mit ihnen zu kooperieren, und schließlich erlaubte die natürliche Auslese nur den Kooperateuren, zu überleben und sich weiterzuentwikkeln. Die Kernmembranen haben sich möglicherweise entwickelt, um das genetische Material der Wirtszellen vor den Angriffen der Eindringlinge zu schützen.

Über Jahrmillionen hinweg wurden diese nur kooperativen Beziehungen immer wirksamer koordiniert und um so enger miteinander verwoben: Organellen bekamen Nachwuchs, der an das Leben in größeren Zellen gut angepaßt war, und größere Zellen wurden immer abhängiger von ihren Untermietern. Im Laufe der Zeit wurden diese bakteriellen Gemeinschaften so sehr voneinander abhängig, daß sie wie ein einziger integrierter Organismus funktionierten:

> Das Leben hatte sich um einen Schritt weiterbewegt, über die Vernetzung des freien genetischen Transfers hinaus zur Synergie der Symbiose hin. Getrennte Organismen vermischten sich miteinander und bildeten so neue Ganzheiten, die größer waren als die Summe ihrer Teile.[38]

Die Erkenntnis, daß die Symbiose eine entscheidende evolutionäre Kraft darstellt, ist von tiefer philosophischer Bedeutung. Alle größeren Organismen, auch wir Menschen, sind lebende Beweise für die Tatsache, daß destruktive Praktiken auf lange Sicht nicht funktionieren. Am Ende zerstören die Aggressoren immer auch sich selbst und machen damit den Weg für andere frei, die zu kooperieren wissen und mit anderen gut auszukommen verstehen. Das Leben ist nicht so sehr ein Konkurrenzkampf ums Dasein als vielmehr ein Triumph der Kooperation und der Kreativität. Ja, seit der Enstehung der ersten Zellen mit Kernen ist die Evolution durch immer kompliziertere Arrangements von Kooperation und Koevolution vorangekommen.

Der Weg der Evolution durch die Symbiose gestattete den neuen Formen des Lebens, gut getestete spezialisierte Biotechnologien immer wieder in verschiedenen Kombinationen einzusetzen. Während sich beispielsweise Bakterien ihre Nahrung und Energie durch eine erstaunliche Vielfalt von Methoden beschaffen, wird nur eine ihrer zahlreichen Stoffwechselerfindungen von Tieren angewendet: die Sauerstoffatmung, die Spezialität der Mitochondrien.

Mitochondrien sind auch in Pflanzenzellen vorhanden, die darüber hinaus die sogenannten Chloroplasten enthalten, die für die Photosynthese zuständigen grünen «Solarstationen».[39] Diese Organellen sind den blaugrünen Bakterien verblüffend ähnlich, den Erfindern der Sauerstoffphotosynthese also, die höchstwahrscheinlich ihre Vorfahren waren. Margulis vermutet, daß diese allgegenwärtigen Bakterien in der Regel von anderen Mikroorganismen gefressen wurden und daß einige Varianten es geschafft haben mußten, sich der Verdauung durch ihre Wirte zu entziehen.[40] Sie paßten sich statt dessen ihrer neuen Umwelt an, und gleichzeitig erzeugten sie weiterhin Energie durch Photosynthese, von der die größeren Zellen schon bald abhängig wurden.

Während ihre neuen symbiotischen Beziehungen den Zellen mit Kern die effiziente Nutzung von Sonnenlicht und Sauerstoff ermöglichten, verschafften sie ihnen auch noch einen dritten bedeutsamen evolutionären Vorteil: die Fähigkeit der Bewegung. Die Komponenten einer Bakterienzelle treiben langsam und passiv in der Zellflüssigkeit umher, hingegen bewegen sich die Teile in einer eukaryotischen Zelle offenbar zielstrebiger: Die Zellflüssigkeit strömt dahin, und die gesamte Zelle kann sich rhythmisch ausdehnen und zusammenziehen oder sich als Ganzes rasch bewegen, wie zum Beispiel im Falle der Blutzellen.

Wie so viele andere Lebensvorgänge wurde auch die rasche Bewegung von Bakterien erfunden. Das schnellste Mitglied des Mikrokosmos ist ein winziges, haarähnliches Wesen namens *Spirochäte* («gewundenes Haar»), auch «Korkenzieherbakterie» genannt, das sich rasch in Spiralen dahinbewegt. Indem sie sich mit größeren Zellen symbiotisch verbanden, vermittelten die sehr beweglichen Korkenzieherbakterien diesen Zellen den ungeheuren Vorteil der Fortbewegung und damit die Fähigkeit, Gefahren zu vermeiden und Nahrung zu suchen. Im Laufe der Zeit verloren die Korkenzieherbakterien zunehmend ihre individuellen Eigenschaften und entwickelten sich zu den bekannten «Zellpeitschen» – *flagellae, cilia* usw. –, die eine große Vielfalt von Zellen durch wellenförmige oder peitschende Bewegungen antreiben.

Die kombinierten Vorteile der hier beschriebenen drei Arten von Symbiose führten zu einer explosionsartigen evolutionären Entwicklung, die eine ungeheure Vielfalt von Eukaryoten hervorbrachte. Dank ihrer effizienten Möglichkeiten der Energieerzeugung und ihrer dramatisch erhöhten Beweglichkeit begaben sich die neuen symbiotischen Lebensformen in viele neue Milieus, wo sie sich zu den Urpflanzen und -tieren entwickelten, die schließlich das Wasser verließen und das Land eroberten.

Als wissenschaftliche Hypothese ist das Konzept der Symbiogenese – der Bildung neuer Lebensformen durch die Vereinigung zweier verschiedener Spezies – kaum dreißig Jahre alt. Aber als kultureller Mythos ist diese Vorstellung anscheinend so alt wie die Menschheit selbst.[41] Die Epen, Legenden, Märchen und Mythen der Welt sind voll von phantastischen Wesen – Sphinxe, Meerjungfrauen, Greifen, Kentauren und so weiter –, die aus der Vermischung von zwei oder mehr Arten hervorgegangen sind. Wie die neuen eukaryotischen Zellen bestehen auch sie aus Bestandteilen, die als einzeln auftretende Einheiten wohlbekannt, in der Kombination miteinander aber neuartig und verblüffend sind.

Bildliche Darstellungen solcher Hybridwesen sind zwar oft erschreckend, aber viele dieser Fabelwesen werden merkwürdigerweise für Glücksbringer gehalten. So ist beispielsweise der Gott Ganescha, der einen menschlichen Körper mit einem Elefantenkopf besitzt, eine der meistverehrten Gottheiten in Indien. Ganescha gilt als Glückssymbol und als Helfer bei der Überwindung von Hindernissen. Irgendwie weiß das kollektive menschliche Unbewußte anscheinend von alters her, daß langfristige Symbiosen von nachhaltigem Nutzen für jedes Leben sind.

Die Evolution der Pflanzen und Tiere

Die Evolution der Pflanzen und Tiere aus dem Mikrokosmos verlief in einer Abfolge von Symbiosen: Die bakteriellen Erfindungen aus den vorangegangenen zwei Milliarden Jahren wurden in endlosen Ausdrucksformen der Kreativität so lange miteinander kombiniert, bis aus der natürlichen Auslese brauchbare, überlebensfähige Formen hervorgingen. Dieser Evolutionsprozeß zeichnet sich durch zunehmende Spezialisierung aus – von den Organellen in den ersten Eukaryoten bis zu den hochspezialisierten Zellen in Tieren.

Ein wichtiger Aspekt der Zellspezialisierung ist die Erfindung der sexuellen Fortpflanzung vor etwa einer Milliarde Jahren. Wir gehen im allgemeinen davon aus, daß Sexualität und Fortpflanzung eng miteinander verbunden sind, aber Margulis weist darauf hin, daß der komplexe Vorgang sexueller Fortpflanzung aus mehreren unterschiedlichen Komponenten besteht, die sich unabhängig voneinander entwickelt haben und sich erst allmählich miteinander verbanden.[42]

Die erste Komponente ist eine bestimmte Art von Zellteilung, die sogenannte *Meiose* («Verringerung»), bei der die Anzahl der Chromosomen im Zellkern auf genau die Hälfte reduziert wird. Dadurch werden spezialisierte Ei- und Samenzellen geschaffen. Diese Zellen werden sodann im Akt der Befruchtung miteinander verschmolzen. So wird die normale Anzahl der Chromosomen wiederhergestellt und eine neue Zelle, das befruchtete Ei, erzeugt. Diese Zelle teilt sich dann wiederholt im Laufe ihres Wachstums – die Entwicklung eines vielzelligen Organismus setzt ein.

Die Verschmelzung des genetischen Materials aus zwei verschiedenen Zellen ist unter Bakterien weitverbreitet und findet bei ihnen in Form eines ständigen Genaustauschs statt, der nicht mit der Fortpflanzung verknüpft ist. In den frühzeitlichen Pflanzen und Tieren wurden die Fortpflanzung und die Verschmelzung von Genen miteinander verbunden; sie entwickelten sich in der Folge zu ausgeklügelten Prozessen und Ritualen der Befruchtung. Das Geschlecht stellt eine spätere Verbesserung dar. Die ersten Keimzellen – Sperma und Ei – waren fast identisch, aber im Laufe der Zeit entwickelten sie sich zu kleinen, sich schnell bewegenden Spermazellen und großen stationären Eiern. Noch später in der Evolution der Tiere kam es zur Verknüpfung der Befruchtung mit der Bildung des Embryos. In der Pflanzenwelt führte die Befruchtung zu komplizierten Formen der Koevolution von Blüten, Insekten und Vögeln. Mit der fortschreitenden Zellspezialisierung in größeren und komplexeren Lebensformen ging die Fähigkeit der Selbstreparatur und der Regeneration zunehmend zurück. Plattwürmer, Polypen und Seesterne können fast ihren gesamten Körper aus kleinen Bruchstücken regenerieren; Eidechsen, Salamander, Krabben, Hummer und viele Insekten sind noch immer in der Lage, verlorengegangene Organe oder Gliedmaßen nachwachsen zu lassen. Bei höheren Tieren jedoch beschränkt sich die Regeneration auf die Erneuerung von Geweben bei der Heilung von Verletzungen. Infolge dieses Verlustes der regenerativen Fähigkeiten altern alle großen Organismen und sterben schließlich. Mit der sexuellen Fortpflanzung hat das Leben allerdings eine neue Art von Regenerationsprozeß erfunden, bei dem ganze Organismen immer wieder neu gebildet werden und in jeder Generation zu einer einzelnen mit einem Kern versehenen Zelle zurückkehren.

Pflanzen und Tiere sind nicht die einzigen vielzelligen Wesen in der Lebenswelt. Wie andere Eigenschaften lebender Organismen hat sich auch die Vielzelligkeit viele Male in zahlreiche Abstammungslinien des Lebens entwickelt, und auch heute noch existieren mehrere Arten von vielzelligen Bakterien und etliche vielzellige Protisten (Mikroorganismen mit eukaryotischen Zellen). Wie Tiere und Pflanzen sind die meisten dieser vielzelligen Organismen durch fortlaufende Zellteilungen gebildet worden; einige können aber auch durch Aggregation (Gruppenbildung) von Zellen der gleichen Spezies erzeugt werden.

Ein spektakuläres Beispiel derartiger Aggregationen ist der Schleimpilz, ein makroskopischer Organismus, der im Prinzip ein Protist ist. Ein Schleimpilz hat einen komplexen Lebenszyklus, mit einer mobilen (tierähnlichen) und einer immobilen (pflanzenähnlichen) Phase. In der tierähnlichen Phase ist er anfangs eine Vielzahl von Einzelzellen, die man häufig in Wäldern unter verfaulenden Baumstämmen und feuchten Blättern antrifft, wo sie sich von anderen Mikroorganismen und verfaulender Vegetation ernähren. Die Zellen fressen oft so viel und teilen sich so rasch, daß sie den gesamten Nahrungsvorrat in ihrer Umwelt verzehren. Wenn dies geschieht, ballen sie sich zu einer zusammenhängenden Masse aus Tausenden von Zellen zusammen, die einer Nacktschnecke ähnelt und in der Lage ist, mit amöbenartigen Bewegungen über den Waldboden zu kriechen. Sobald er eine neue Nahrungsquelle gefunden hat, tritt der Pilz in seine pflanzenähnliche Phase ein, entwickelt einen Stengel mit einem Fruchtkörper und sieht ganz wie ein Pilz aus. Schließlich platzt die Fruchtkapsel, und Tausende von trockenen Sporen schießen heraus. Aus ihnen werden neue individuelle Zellen geboren, die sich unabhängig voneinander auf der Suche nach Nahrung umherbewegen und damit einen neuen Lebenszyklus beginnen.

Unter den zahlreichen vielzelligen Organisationen, die sich aus eng miteinander verbundenen Gemeinschaften von Mikroorganismen entwickelt haben, haben sich drei – Pflanzen, Pilze und Tiere – so erfolgreich fortgepflanzt, diversifiziert und über die Erde ausgebreitet, daß sie von Biologen als «Reiche» klassifiziert werden, der allgemeinsten Kategorie lebender Organismen. Insgesamt gibt es fünf solcher Reiche: Bakterien (Mikroorganismen ohne Zellkern), Protisten (Mikroorganismen mit Zellkern), Pflanzen, Pilze und Tiere.[43] Jedes dieser Reiche ist in eine Hierarchie von Unterkategorien oder *taxa* eingeteilt, die beim *phylum* beginnen und bei *genus* und *species* enden.

Die Theorie der Symbiogenese erlaubte es Lynn Margulis und

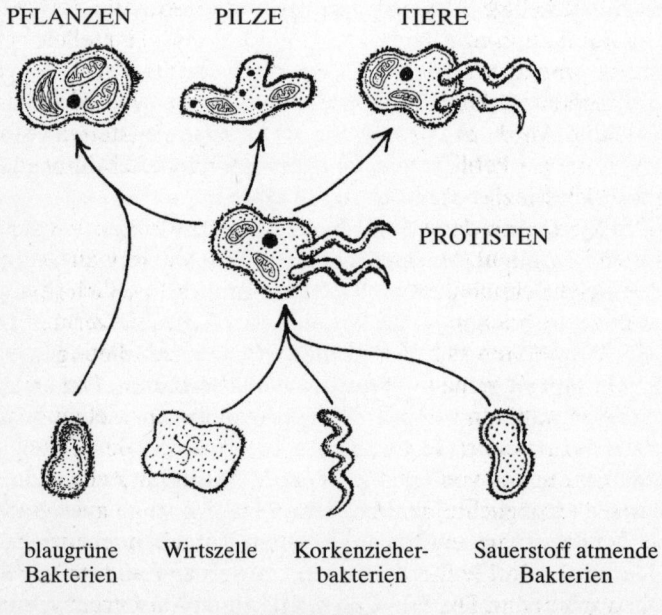

Abbildung 10–1: Evolutionäre Beziehungen zwischen den fünf Reichen des Lebens.

ihren Kollegen, die lebenden Organismen auf der Basis eindeutiger evolutionärer Beziehungen zu klassifizieren. Die Abbildung 10–1 zeigt in vereinfachter Form, wie sich alle Protisten, Pflanzen, Pilze und Tiere aus den Bakterien durch eine Reihe sukzessiver Symbiosen entwickelt haben, die im folgenden ausführlicher beschrieben werden.

Wenn wir die Evolution der Pflanzen und Tiere verfolgen, befinden wir uns im Makrokosmos und müssen unseren Zeitmaßstab von Jahrmilliarden auf Jahrmillionen verschieben. Die frühesten Tiere haben sich vor rund 700 Millionen Jahren entwickelt, und die frühesten Pflanzen tauchten etwa 200 Millionen Jahre später auf. Beide entwickelten sich zunächst im Wasser und gingen vor 400 bis 450 Millionen Jahren an Land, wobei die Pflanzen den Tieren um mehrere Millionen Jahre voraus waren. Pflanzen wie Tiere entwickelten riesige vielzellige Organismen, aber während die interzellulare Kommunikation in Pflanzen minimal ist, sind Tierzellen hochspezialisiert und durch eine Vielzahl ausgeklügelter Verbindungen eng miteinander verknüpft. Ihre wechselseitige Koordination und Steuerung wurde durch die sehr frühzeitige Entstehung von Nervensystemen erheblich verstärkt, und vor etwa 620 Millionen Jahren hatten sich winzige Tiergehirne entwickelt.

Die Vorfahren der Pflanzen waren fadenförmige Algenmassen, die sich in sonnenbeschienenen seichten Gewässern aufhielten. Gelegentlich trockneten ihre Habitate aus, und schließlich gelang es einigen Algen, auch im Trockenen zu überleben, sie vermehrten sich und verwandelten sich in Pflanzen, die eher den heutigen Moosen glichen, weil sie weder Stengel noch Blätter hatten. Um an Land zu überleben, mußten sie eine robuste Struktur entwickeln, damit sie nicht zusammenbrachen und austrockneten. Dies gelang ihnen durch Erzeugung von Lignin, einem Material für Zellwände, das es Pflanzen ermöglichte, kräftige Stengel und Zweige auszubilden, sowie Gefäßsysteme, um Wasser aus den Wurzeln hochzuziehen.

Das große Problem in der neuen Umwelt an Land stellte die Wasserknappheit dar. Die Pflanzen reagierten darauf kreativ, indem sie ihre Embryos in schützende, der Austrocknung entgegenwirkende Samenkapseln einschlossen. So konnten sie mit ihrer Entwicklung warten, bis sie sich in einer angemessen feuchten Umwelt befanden. Über hundert Millionen Jahre lang, in denen sich die ersten Landtiere, die Amphibien, zu Reptilien und Dinosauriern entwickelten, bedeckten üppige tropische Wälder aus «Samenfarnen» – samentragenden Bäumen, die riesigen Farnen ähnelten – große Teile der Erde.

Vor etwa 200 Millionen Jahren bildeten sich auf mehreren Kontinenten Gletscher, und die Samenfarne konnten die langen, kalten Winter nicht überleben. Sie wurden von zapfentragenden Nadelbäumen abgelöst, die unseren heutigen Tannen und Fichten ähnelten und dank ihrer größeren Widerstandsfähigkeit gegenüber Kälte die Winter überleben und sich sogar bis in alpine Regionen ausbreiten konnten. Hundert Millionen Jahre später begannen Pflanzen zu entstehen, deren Blüten und Samen in Früchten eingeschlossen waren.

Von Anfang an entwickelten sich diese Blütenpflanzen in Koevolution mit Tieren, die ihre nahrhaften Früchte gern aßen und dafür die unverdauten Pflanzensamen aussäten. Diese kooperativen Arrangements entwickelten sich weiter und schließen nun auch uns Menschen mit ein, die wir nicht nur Pflanzensamen verteilen, sondern auch samenlose Pflanzen wegen ihrer Früchte klonen. Margulis und Sagan bemerken dazu treffend: «Pflanzen sind ja offenbar wahre Meister darin, uns Tiere zu verführen, indem sie uns dazu überlistet haben, für sie eines der wenigen Dinge zu tun, die wir, aber nicht sie beherrschen: sich zu bewegen.»[44]

Die Eroberung des Landes

Die ersten Tiere entwickelten sich im Wasser aus kugelförmigen und wurmartigen Zellmassen. Sie waren zwar noch sehr klein, aber einige von ihnen bildeten Gemeinschaften, die mit ihren Kalziumablagerungen kollektiv riesige Korallenriffe errichteten. Diese frühen Tiere besaßen keine harten Teile oder inneren Skelette, und darum lösten sie sich nach dem Tod völlig auf; doch Hunderte von Jahrmillionen später erzeugten ihre Abkömmlinge eine Vielfalt feiner Schalen und Skelette, die in gut erhaltenen Fossilien klar erkennbare Abdrücke hinterließen.

Für die Tiere war die Anpassung an das Leben an Land eine atemberaubende evolutionäre Leistung. Sie erforderte drastische

Veränderungen an allen Organsystemen. Das größte Problem in Abwesenheit von Wasser stellte natürlich das Austrocknen dar – aber es gab noch eine ganze Menge anderer Probleme. So befand sich etwa weitaus mehr Sauerstoff in der Atmosphäre als in den Meeren, und deshalb bedurfte es anderer Atmungsorgane. Andere Hauttypen waren für den Schutz gegen das ungefilterte Sonnenlicht nötig, und da der Auftrieb fehlte, konnten nur stärkere Muskeln und Knochen mit der Schwerkraft fertig werden.

Um den Übergang zu diesem völlig anderen Milieu zu erleichtern, entwickelten die Tiere eine verblüffende Lösung: Sie nahmen ihre bisherige Umwelt für ihre Jungen mit. Bis zum heutigen Tag simuliert die Gebärmutter der Säugetiere die Feuchtigkeit, den Auftrieb und den Salzgehalt der Meeres-Umwelt von ehedem. Darüber hinaus sind die Salzkonzentrationen im Säugetierblut und anderen Körperflüssigkeiten dem Salzgehalt in den Ozeanen erstaunlich ähnlich. Wir sind zwar vor über 400 Millionen Jahren aus dem Ozean herausgekommen, aber wir haben das Meerwasser nie ganz verlassen – es befindet sich noch immer in unserem Blut, in unserem Schweiß und in unseren Tränen.

Eine weitere wichtige Neuerung für das Leben auf dem Land war die Regulierung von Kalzium. Dieses spielt nämlich eine zentrale Rolle im Stoffwechsel aller mit Kernen versehenen Zellen. Insbesondere ist es von entscheidender Bedeutung für die Betätigung der Muskeln. Damit diese Stoffwechselprozesse funktionieren, muß die Menge des Kalziums auf einem ganz genau festgelegten Niveau gehalten werden, das viel niedriger ist als das Kalziumniveau im Meerwasser. Daher mußten Meerestiere von Anfang an jeden Kalziumüberschuß ständig abbauen. Die frühen kleineren Tiere schieden ihren Kalziumabfall einfach aus, wobei sie ihn zuweilen zu riesigen Korallenriffen aufhäuften. Als sich größere Tiere entwickelten, begannen sie den Kalziumüberschuß an der äußeren Begrenzung des Körpers und in seinem Innern abzulagern, und diese Ablagerungen wandelten sich schließlich in Schalen und Skelette um.

Wie die blaugrünen Bakterien ein Umweltgift, den Sauerstoff, in ein lebenswichtiges Element für ihre künftige Entwicklung umgewandelt hatten, so wandelten auch die frühen Tiere eines der verbreitetsten Umweltgifte, das Kalzium, in Baustoffe für neue Strukturen um, die ihnen entscheidende Vorteile bei der Auslese verschafften. Schalen und andere harte Teile dienten zur Abwehr von Raubtieren, während sich Skelette zuerst in Fischen und anschließend zu den wesentlichen Trag- und Stützstrukturen aller großen Tiere entwickelten.

Vor rund 580 Millionen Jahren, zu Beginn des sogenannten Kambriumzeitalters, entstand eine derartige Vielfalt von Fossilien mit wunderschön klaren Abdrücken von Schalen, starren Panzern und Skeletten, daß die Paläontologen lange Zeit glaubten, diese Kambriumfossilien würden den Beginn des Lebens markieren. Zuweilen wurden sie sogar als Aufzeichnungen von Gottes ersten Schöpfungsakten angesehen. Erst in den letzten drei Jahrzehnten sind die Spuren des Mikrokosmos in sogenannten «chemischen Fossilien» nachgewiesen worden.[45] Daraus geht schlüssig hervor, daß die Ursprünge des Lebens fast drei Milliarden Jahre vor dem Kambrium anzusetzen sind.

Evolutionäre Experimente mit Kalziumablagerungen haben zu einer großen Formenvielfalt geführt: röhrenförmigen «Seescheiden» mit Wirbelsäulen, aber ohne Knochen, fischartigen Wesen mit Außenpanzern, aber ohne Kiefer, Lungenfischen, die Wasser und Luft einatmeten, und vielen anderen mehr. Die ersten Wirbeltiere mit Rückgrat und Hirnschale zur Abschirmung des Nervensystems entwickelten sich vermutlich vor rund 500 Millionen Jahren. Darunter befand sich auch eine Abstammungslinie von Fischen mit Lungen, Stachelflossen, Kiefern und einem froschartigen Kopf, die an den Ufern entlangkrochen und sich schließlich zu den ersten Amphibien entwickelten. Diese Amphibien – Frösche, Kröten, Salamander und Wassermolche – sind die evolutionären Verbindungsglieder zwischen Wasser- und Landtieren. Es sind zwar die ersten landbewohnenden Wirbeltiere, aber selbst heute noch beginnen sie ihren Lebenszyklus als wasseratmende Kaulquappen.

Die ersten Insekten kamen etwa zur gleichen Zeit an Land wie die Amphibien, und möglicherweise bewog dies einige Fische, sich von ihnen zu ernähren und deshalb ebenfalls das Wasser zu verlassen. An Land entwickelten die Insekten explosionsartig eine ungeheure Artenvielfalt. Ihre geringe Größe und ihre hohen Fortpflanzungsraten gestatteten ihnen, sich an fast jede Umwelt anzupassen. So entwickelten sie eine fabelhafte Vielfalt der Körperstrukturen und Lebensweisen. Heute kennen wir etwa 750 000 Insektenarten, dreimal soviel wie alle anderen Tierarten zusammen.

150 Millionen Jahre nachdem sie das Meer verlassen hatten, hatten sich die Amphibien zu Reptilien entwickelt, die mit mehreren entscheidenden Auslesevorteilen ausgestattet waren: kräftige Kiefern, einer austrocknungsresistenten Haut und vor allem einer neuen Art von Eiern. Wie die Säugetiere später in ihrer Gebärmutter, schlossen die Reptilien das bisherige Meeresmilieu in großen Eiern ein, in denen sich ihr Nachwuchs darauf vorbereiten konnte, sein gesamtes Lebens an Land zu verbringen. Dank dieser Innovationen eroberten die Reptilien rasch das Land und entwickelten zahlreiche Arten. Die vielen Echsentypen, die noch heute existieren, einschließlich der gliedlosen Schlangen, sind Abkömmlinge dieser uralten Reptilien.

Als die erste Abstammungslinie von Fischen das Wasser verließ und während sie zu Amphibien wurde, gediehen bereits Büsche und Bäume an Land. Als sich die Amphibien dann zu Reptilien entwickkelten, lebten sie in üppigen Tropenwäldern. Zur selben Zeit war ein dritter Typ vielzelliger Organismen an Land gekommen: die Pilze. Pilze sind pflanzenartig und doch so verschieden von Pflanzen, daß sie als ein eigenes Reich klassifiziert werden, das eine Vielfalt faszinierender Eigenschaften aufweist.[46] Ihnen fehlt das grüne Chlorophyll für die Photosynthese, und sie essen und verdauen nicht, sondern absorbieren ihre Nährstoffe direkt als Chemikalien. Anders als Pflanzen haben Pilze keine Gefäßsysteme zur Ausbildung von Wurzeln, Stengeln und Blättern. Sie haben eine ganz eigene Art von Zellen, die mehrere Kerne enthalten können und mit dünnen Wänden voneinander abgetrennt sind, durch die die Zellflüssigkeit leicht fließen kann.

Pilze sind vor über 300 Millionen Jahren entstanden und haben sich in enger Koevolution mit Pflanzen verbreitet. Praktisch alle Pflanzen, die im Boden wachsen, benötigen für die Aufnahme von Stickstoff einen winzigen Pilz in ihren Wurzeln. In einem Wald sind die Wurzeln aller Bäume durch ein ausgedehntes Pilznetzwerk miteinander verbunden. Es durchbricht gelegentlich die Erde in Form von Einzelpilzen. Ohne Pilze hätten auch die urzeitlichen Tropenwälder nicht existieren können.

Dreißig Millionen Jahre nach dem Auftreten der ersten Reptilien

DIE EVOLUTION
VON PFLANZEN UND TIEREN

vor Millionen Jahren	Evolutionsstadien	vor Millionen Jahren	Evolutionsstadien
700	frühe Tiere	225	Nadelbäume, Dinosaurier
620	erste Tiergehirne	200	Säugetiere
580	Schalen und Skelette	150	Vögel
500	Wirbeltiere	125	Blütenpflanzen
450	Pflanzen kommen an Land	70	Dinosaurier sterben aus
400	Amphibien und Insekten kommen an Land	65	frühe Primaten
		35	Affen
350	Samenfarne	20	Menschenaffen
300	Pilze	10	Großaffen
250	Reptilien	4	aufrecht gehende «Südaffen»

entwickelte sich eine ihrer Abstammungslinien zu Dinosauriern (ein griechisches Wort, das soviel bedeutet wie «furchtbare Echsen»), die Menschen jeden Alters anscheinend immer wieder faszinieren. Sie kamen in den vielfältigsten Größen und Formen vor. Einige hatten Körperpanzer mit Hornschnäbeln, wie heutige Schildkröten, oder Hörner. Da gab es Pflanzen- und Fleischfresser. Wie die anderen Reptilien waren Dinosaurier eierlegende Tiere. Viele bauten Nester, und einige entwickelten sogar Flügel und wurden schließlich, vor rund 150 Millionen Jahren, zu Vögeln.

Zur Zeit der Dinosaurier war die Verbreitung der Reptilien in vollem Gange. Land und Gewässer waren von Schlangen, Echsen und Meeresschildkröten ebenso wie von Seeschlangen und mehreren Dinosaurierarten bevölkert. Vor rund 70 Millionen Jahren verschwanden die Dinosaurier und viele andere Arten plötzlich, wahrscheinlich infolge des Einschlags eines Riesenmeteoriten, der einen Durchmesser von etwa zehn Kilometern hatte. Die katastrophale Explosion erzeugte eine riesige Staubwolke, die über einen längeren Zeitraum das Sonnenlicht nicht mehr durchließ und damit die weltweite Wetterlage veränderte. Dies konnten die riesigen Dinosaurier nicht überleben.

Die Sorge um die Jungen

Vor etwa 200 Millionen Jahren entwickelte sich aus den Reptilien ein Warmblutwirbeltier und verzweigte sich in eine neue Tierklasse, die schließlich unsere Vorfahren, die Primaten, hervorbrachte. Die Weibchen dieser warmblütigen Tiere schlossen ihre Embryos nicht mehr in Eiern ein, sondern ernährten sie statt dessen in ihrem eigenen Körper. Nach der Geburt waren die Jungen relativ hilflos und wurden von ihren Müttern aufgezogen. Wegen dieses typischen Verhaltens, zu dem auch das Stillen mit Milch, einem Sekret aus Brustdrüsen, gehört, wird diese Tierklasse «Säugetier» genannt. Rund 50 Millionen Jahre später begann auch eine weitere neue Abstammungslinie von warmblütigen Wirbeltieren, die Vögel, ihren verletzlichen Nachwuchs zu füttern und aufzuziehen.

Die ersten Säugetiere waren kleine Nachtwesen. Während die Reptilien, die ihre Körpertemperaturen nicht regulieren konnten, in den kalten Nächten reglos dalagen, entwickelten die Säugetiere die Fähigkeit, ihre Körperwärme unabhängig von ihrer Umgebung auf einem relativ konstanten Niveau zu halten. Damit konnten sie auch nachts wach und aktiv bleiben. Zudem wandelten sie einen Teil ihrer Hautzellen zu Haar um. Dieses Merkmal hob sie weiter von anderen Tieren ab und gestattete ihnen, aus den Tropen in kältere Klimaregionen zu ziehen.

Die ersten Primaten, die sogenannten *Prosimiae* oder Halbaffen, entwickelten sich vor rund 65 Millionen Jahren in den Tropen aus Insekten fressenden Nachtsäugetieren, die in Bäumen lebten und ein wenig wie Eichhörnchen aussahen. Die heutigen Halbaffen sind kleine, meist nachtaktive Waldtiere, die noch immer ihren ursprünglichen Lebensraum bevorzugen. Damit sie nachts von Ast zu Ast springen konnten, entwickelten diese frühen Baumbewohner ein gutes Sehvermögen. Bei einigen Arten verschoben sich die Augen allmählich in jene frontale Position, die für die Entwicklung des dreidimensionalen Sehens unabdingbar war – ein entscheidender Vorteil beim Abschätzen von Entfernungen in Bäumen. Andere bekannte Primatenmerkmale, die sich aus ihren Fähigkeiten, in Bäumen herumzuklettern, entwickelten, sind Klammerhände und -füße, flache Fingernägel, gegenüberstellbare Daumen und große Zehen.

Im Unterschied zu anderen Tieren waren die Halbaffen in anatomischer Hinsicht nicht spezialisiert und daher stets von Feinden bedroht. Allerdings machten sie diesen Mangel dadurch wieder wett, daß sie größere Geschicklichkeit und Intelligenz entwickelten. Ihre Angst vor Feinden, das ständige Weglaufen und Sichverstecken sowie ihr nachtaktives Leben förderten die Kooperation und führten zu dem sozialen Verhalten, das für alle höheren Primaten charakteristisch ist. Darüber hinaus entwickelte sich aus der Gewohnheit, sich durch die Erzeugung lauter Geräusche zu schützen, allmählich eine vokale Kommunikation.

Die meisten Primaten sind Insektenfresser oder Vegetarier, die sich von Nüssen, Früchten und Gräsern ernähren. In Zeiten, in denen es nicht genügend Nüsse und Früchte in den Bäumen gab, verließen die frühen Primaten die schützenden Zweige und begaben sich auf den Boden hinunter. Während sie über hohe Gräser hinweg nach Feinden Ausschau hielten, nahmen sie für kurze Augenblicke eine aufrechte Haltung an, bevor sie sich wieder hinkauerten, wie dies Paviane noch heute tun. Diese Fähigkeit, aufrecht zu stehen, und sei es nur für kurze Augenblicke, stellte einen entscheidenden Vorteil für die Auslese dar. Die erlaubte den Primaten, ihre Hände für das Sammeln von Nahrung zu gebrauchen und zu ihrer Verteidigung Stöcke zu schwingen oder Steine zu werfen. Nach und nach flachten sich ihre Füße ab, ihre manuelle Geschicklichkeit nahm zu, der Gebrauch primitiver Werkzeuge und Waffen regte das Hirnwachstum an, und so entwickelten sich einige Halbaffen zu Affen und Menschenaffen.

Vor rund 35 Millionen Jahren zweigte sich die Entwicklungslinie der Affen von der der Halbaffen ab. Affen sind Tagtiere, haben im allgemeinen flachere und ausdrucksvollere Gesichter als die Halbaffen und gehen oder laufen gewöhnlich auf allen vieren. Vor rund 20 Millionen Jahren teilte sich dann die Linie der Menschenaffen von der der Affen ab, und nach weiteren zehn Millionen Jahren entwickelten unsere unmittelbaren Vorfahren, die großen Menschenaffen – Orang-Utans, Gorillas und Schimpansen –, ihre eigene Linie.

Alle Menschenaffen sind Waldbewohner, und die meisten verbringen zumindest einige Zeit in Bäumen. Gorillas und Schimpansen halten sich am meisten auf der Erde auf und bewegen sich auf allen vieren im «Knöchelgang» fort, bei dem sie sich auf den Knöcheln ihrer Vorderfüße abstützen. Die meisten Menschenaffen sind auch in der Lage, über kurze Strecken auf zwei Beinen zu gehen. Wie die Menschen haben auch die Menschenaffen eine breite, flache Brust und können mit den Armen aus der Schulter nach oben und nach hinten reichen. Dies ermöglicht es ihnen, sich in Bäumen zu bewegen, indem sie sich Arm über Arm von Ast zu Ast hangeln, eine Leistung, zu der Affen nicht imstande sind. Das Gehirn der Menschenaffen ist viel komplexer als das der Affen, und damit verfügen sie über eine weit größere Intelligenz als diese. Typisch für Menschenaffen ist die Fähigkeit, Werkzeuge zu gebrauchen und in begrenztem Maße sogar herzustellen.

Vor rund vier Millionen Jahren hat sich eine Schimpansenart in den afrikanischen Tropen zu einem aufrecht gehenden Menschenaffen entwickelt. Diese Primatenart, die eine Million Jahre später ausstarb, war den anderen Menschenaffen zwar ganz ähnlich, aber wegen ihres aufrechten Gangs hat man sie als «hominid» klassifiziert, was nach Lynn Margulis aus rein biologischen Gründen ungerechtfertigt ist:

> Gäbe es unparteiische Gelehrte, die Wale oder Delphine wären, würden sie Menschen, Schimpansen und Orang-Utans in ein und dieselbe taxonomische Gruppe einordnen. Es existiert einfach keine physiologische Grundlage für die Klassifikation von Menschen in einer eigenen Familie... Menschen und Schimpansen gleichen sich viel mehr als zwei willkürlich ausgewählte Käfergattungen. Gleichwohl werden Tiere, die aufrecht gehen und die Hände baumeln lassen, übertrieben als Hominiden definiert... nicht als Menschenaffen.[47]

Das Abenteuer der Menschwerdung

Nun, da wir die Entfaltung des Lebens auf der Erde von seinen allerersten Anfängen an verfolgt haben, können wir uns nicht eines besonderen Gefühls erwehren, wenn wir bei dem Stadium ankommen, in dem die ersten Menschenaffen aufstehen und auf zwei Beinen gehen – selbst wenn wir wissen, daß dieses Gefühl wissenschaftlich nicht gerechtfertigt sein mag. Wenn wir erfahren, daß sich Reptilien zu warmblütigen Wirbeltieren entwickelten, die sich um ihre Jungen kümmern; daß die ersten Primaten flache Fingernägel, gegenüberstellbare Daumen besaßen und in Anfängen eine verbale Kommunikation praktizierten; und daß die Menschenaffen über menschenähnliche Brust und Arme, komplexe Gehirne und die Fähigkeit der Werkzeugherstellung verfügten, können wir das allmähliche Aufkommen unserer menschlichen Merkmale verfolgen. Und wenn wir schließlich das Stadium aufrecht gehender Menschenaffen mit freien Händen erreichen, haben wir den Eindruck, daß nun das Abenteuer der Menschwerdung ernsthaft beginnt. Zur genaueren Betrachtung müssen wir erneut unseren Zeitmaßstab verschieben, und zwar von Jahrmillionen zu Jahrtausenden.

Die aufrecht gehenden Menschenaffen, die vor rund 1,4 Millionen Jahren ausstarben, gehörten alle der Gattung *Australopithecus* an. Der aus dem lateinischen Wort *australis* («südlich») und dem griechischen Wort *pithekos* («Affe») zusammengesetzte Begriff bedeutet wörtlich «Südaffe» und verweist auf die ersten Entdeckungen von Fossilien dieser Art in Südafrika. Die älteste Spezies dieser Südaffen heißt *Australopithecus afarensis*, nach Fossilienfunden in der äthiopischen Region Afar, die auch das berühmteste Skelett «Lucy» enthielten. Es waren leicht gebaute Primaten, vielleicht 1,35 Meter groß und vermutlich so intelligent wie heutige Schimpansen.

Nach fast einer Million Jahren der genetischen Stabilität, also vor rund vier bis drei Millionen Jahren, entwickelten sich die ersten Spezies der Südaffen in mehreren schwerer gebauten Arten. Dazu gehörten auch zwei frühmenschliche Arten, die zusammen mit den Südaffen mehrere hunderttausend Jahre in Afrika existierten, bis letztere ausstarben.

Ein wichtiger Unterschied zwischen Menschen und anderen Primaten besteht darin, daß menschliche Säuglinge viel länger brauchen, bis sie das Kindesalter erreichen, und Menschenkinder wiederum länger, bis sie in die Pubertät kommen und erwachsen werden, als irgendeine Menschenaffenart. Während sich die Jungen anderer Säugetiere in der Gebärmutter voll entwickeln und, wenn sie sie verlassen, bereit für die Außenwelt sind, zeigen sich unsere Säuglinge bei der Geburt noch unfertig geformt und völlig hilflos. Verglichen mit anderen Tieren sind menschliche Säuglinge scheinbar Frühgeborene.

Diese Beobachtung ist die Grundlage der weithin anerkannten Hypothese, daß die Frühgeburten mancher Menschenaffen der entscheidende Auslöser zur Evolution des Menschen gewesen sein könnten.[48] Aufgrund genetischer Veränderungen in der Steuerung der Entwicklung haben die frühgeborenen Menschenaffen vielleicht ihre Jugendmerkmale länger als andere behalten. Affenpaare mit dieser Eigenschaft, die man Neotenie («Ausdehnung des Neuen») nennt, brachten dann weitere frühgeborene Kinder zur Welt, die noch mehr Jugendmerkmale behielten. Damit könnte ein Entwicklungstrend eingesetzt haben, der schließlich zu einer relativ haarlosen Spezies führte, deren Erwachsene in vielerlei Hinsicht den Embryos von Menschenaffen ähneln.

Nach dieser Hypothese spielte die Hilflosigkeit der frühgeborenen Säuglinge eine entscheidende Rolle beim Übergang von Menschenaffen zu Menschen. Diese Neugeborenen brauchten Familien, die sie unterstützten und die vielleicht die Gemeinschaften, nomadischen Stämme und Dörfer bildeten, die die Grundlagen der menschlichen Zivilisation wurden. Weibchen wählten sich Männchen aus, die sich um sie kümmerten, während sie ihre Säuglinge säugten und behüteten. Schließlich wurden die Weibchen nicht mehr nur zu bestimmten Zeiten brünstig, und da sie nun jederzeit sexuell empfänglich sein konnten, haben die für ihre Familien sorgenden Männchen vielleicht ebenfalls ihre sexuellen Gewohnheiten geändert, indem ihre Promiskuität zugunsten neuer sozialer Arrangements zurückging.

Gleichzeitig regte die Freiheit der Hände zur Herstellung von Werkzeugen, zum Schwingen von Waffen und zum Werfen von Steinen das ständige Hirnwachstum an, das für die Evolution des Menschen charakteristisch ist, und vielleicht hat diese Freiheit auch zur Entwicklung der Sprache beigetragen. Dazu Margulis und Sagan:

Als die Frühmenschen Steine warfen und damit kleine Beutetiere betäubten oder töteten, wurden sie in eine neue Evolutionsnische katapultiert. Die Fähigkeiten, die erforderlich waren, um die Bahn von Projektilen zu berechnen und aus einer gewissen Entfernung

DIE EVOLUTION DES MENSCHEN

Jahre in der Vergangenheit	*Entwicklungsstufen*
4 Millionen	*Australopithecus afarensis*
3,2 Millionen	«Lucy» *(Australopithecus afarensis)*
2,5 Millionen	mehrere *Australopithecus*-Arten
2 Millionen	*Homo habilis*
1,6 Millionen	*Homo erectus*
1,4 Millionen	*Australopithecus* stirbt aus
1 Million	*Homo erectus* besiedelt Asien
400000	*Homo erectus* besiedelt Europa *Homo sapiens*-Entwicklung beginnt
250000	archaische Formen des *Homo sapiens* *Homo erectus* stirbt aus
125000	*Homo neanderthalensis*
100000	*Homo sapiens* in Afrika und Asien voll entwickelt
40000	*Homo sapiens* (Cromagnon) in Europa voll entwickelt
35000	Neandertaler sterben aus; *Homo sapiens* überlebt als einzige menschliche Spezies

zu töten, hingen von einem Größenwachstum der linken Hirn-
hälfte ab. Sprachliche Fähigkeiten (die man mit der linken Seite
des Gehirns verbindet . . .) können zufällig ein derartiges Größenwachstum des Gehirns begleitet haben.[49]

Die ersten menschlichen Nachkommen der Südaffen erschienen vor
rund zwei Millionen Jahren in Ostafrika. Es war eine kleine, schlanke
Spezies mit deutlich erweitertem Gehirn, das die Entwicklung von
Fertigkeiten zur Herstellung von Werkzeugen ermöglichte. Darin
war sie all ihren Menschenaffenvorfahren weit überlegen. Diese erste menschliche Spezies erhielt daher die Bezeichnung *Homo habilis*
(«geschickter Mensch»).

Vor 1,6 Millionen Jahren dann hatte sich der *Homo habilis* zu einer robusteren und größeren Spezies entwickelt, deren Gehirn nochmals gewachsen war. Diese Spezies, *Homo erectus* («aufrechter Mensch») genannt, existierte weit über eine Million Jahre und wurde weitaus vielseitiger als ihre Vorfahren, denn sie konnte ihre Techniken und Lebensweisen einer großen Vielfalt von Umweltbedingungen anpassen. Einiges spricht dafür, daß diese Frühmenschen möglicherwiese vor rund 1,4 Millionen Jahren das Feuer unter Kontrolle bekamen.

Der *Homo erectus* war die erste Spezies, die die angenehmen afrikanischen Tropen verließ und nach Asien, Indonesien und Europa wanderte, wobei sie sich in Asien vor rund einer Million Jahren und in Europa vor etwa 400 000 Jahren ansiedelte. Weit weg von ihrer afrikanischen Heimat mußten die Frühmenschen mit extrem harten klimatischen Bedingungen fertigwerden, die sich erheblich auf ihre weitere Entwicklung auswirkten. Die gesamte Entwicklungsgeschichte der Spezies Mensch, vom ersten Auftauchen des *Homo habilis* bis zur Ackerbaurevolution fast zwei Millionen Jahre später, fiel nämlich zeitlich mit den berühmten Eiszeiten zusammen.

Während der kältesten Epochen lagen große Teile Europas und Amerikas sowie kleine Gebiete in Asien unter einer dicken Eisdecke. Diese extremen Vergletscherungen wurden wiederholt durch klimatisch mildere Epochen unterbrochen, in denen sich das Eis zurückzog. Allerdings wurden dann Tiere wie Menschen durch großräumige Überschwemmungen bedroht, die durch das Schmelzen der Eiskappen während der Zwischeneiszeiten verursacht wurden. Viele Tierarten tropischen Ursprungs starben aus und wurden von robusteren Spezies mit Fell – Ochsen, Mammuts, Bisons und ähnlichen Arten – abgelöst.

Die Frühmenschen jagten diese Tiere mit Äxten und Speerspitzen aus Stein, taten sich am Feuer in ihren Höhlen an ihnen gütlich und schützten sich mit den Fellen der Tiere vor der bitteren Kälte. Sie jagten nicht nur zusammen, sondern teilten auch ihre Nahrung miteinander, und diese gemeinsame Nahrungsaufnahme wurde ein weiterer Katalysator für die menschliche Zivilisation und Kultur – am Ende brachte sie die mythischen, geistigen und künstlerischen Dimensionen des menschlichen Bewußtseins hervor.

Vor 400 000 bis 150 000 Jahren begann sich aus dem *Homo erectus* der *Homo sapiens* («weiser Mensch») zu entwickeln, jene Spezies also, der auch wir heutige Menschen angehören. Diese Entwicklung umfaßte mehrere Übergangsarten, die man als archaischen *Homo sapiens* bezeichnet. Vor 250 000 Jahren starb der *Homo erectus* aus; der Übergang zum *Homo sapiens* war vor rund 100 000 Jahren in Afrika und Asien und vor rund 35 000 Jahren in Europa abgeschlossen. Seither haben voll entwickelte Menschen in ihrer heutigen Gestalt als einzige Spezies Mensch überlebt.

Während sich der *Homo erectus* nach und nach zum *Homo sapiens* entwickelte, zweigte sich vor etwa 125 000 Jahren in Europa eine andere Linie ab und entwickelte sich zum klassischen Neandertaler. Diese besondere Spezies, benannt nach dem Neandertal in Deutschland, wo das erste Exemplar gefunden wurde, existierte bis vor 35 000 Jahren. Die einzigartigen anatomischen Merkmale der Neandertaler – sie waren stämmig und robust und hatten massive Knochen, eine niedrige, abgeflachte Stirn, schwere Kiefer und lange, vorstehende Vorderzähne – waren vermutlich auf den Umstand zurückzuführen, daß sie die ersten Menschen waren, die lange Epochen in extrem kalten Umgebungen verbringen mußten, da sie zu Beginn der jüngsten Eiszeit aufgekommen waren. Die Neandertaler siedelten sich in Südeuropa und Asien an, wo sie Anzeichen ritueller Beerdigungen in mit zahlreichen Symbolen geschmückten Höhlen sowie Spuren anderer Kulte hinterließen, die sich um die von ihnen gejagten Tiere drehten. Vor 35 000 Jahren waren sie entweder ausgestorben oder hatten sich mit der sich entwickelnden Spezies des heutigen Menschen vermischt.

Das Abenteuer der Menschwerdung ist die jüngste Phase in der Entfaltung des Lebens auf der Erde und stellt für uns natürlich etwas besonders Faszinierendes dar. Aus der Perspektive von Gaia freilich, dem lebenden Planeten als Ganzem, ist die Entwicklung menschlicher Wesen bislang eine sehr kurze Episode gewesen und mag vielleicht sogar schon in naher Zukunft zu einem abrupten Ende kommen. Um zu zeigen, wie spät die Spezies Mensch auf dem Planeten auftrat, dachte sich der kalifornische Umweltschützer David Brower eine originale Darstellungsform aus, indem er die Erdzeitalter zu den sechs Tagen der biblischen Schöpfungsgeschichte komprimierte.[50]

In Browers Szenario wird die Erde am Sonntag um Mitternacht erschaffen. Das Leben in Form der ersten Bakterienzellen erscheint

am Dienstagmorgen gegen acht Uhr. Während der nächsten zwei-
einhalb Tage entwickelt sich der Mikrokosmos, und am Donnerstag
ist er um Mitternacht komplett vorhanden und regelt das gesamte
planetarische System. Am Freitag gegen 16 Uhr erfinden die Mikroorganismen die sexuelle Fortpflanzung, und am Samstag, dem
letzten Tag der Schöpfung, entwickeln sich alle sichtbaren Lebensformen.

Gegen 1.30 Uhr am Samstagmorgen bilden sich die ersten Meerestiere, und um 9.30 Uhr kommen die ersten Pflanzen an Land,
zwei Stunden später gefolgt von Amphibien und Insekten. Zehn Minuten vor fünf Uhr nachmittags erscheinen die großen Reptilien,
durchstreifen die Erde fünf Stunden lang in üppigen Tropenwäldern
und sterben alle plötzlich gegen 21.45 Uhr. Inzwischen sind die Säugetiere da, und zwar erstmals am Spätnachmittag gegen 17.30 Uhr,
sowie die Vögel am Abend gegen 19.15 Uhr.

Kurz vor 22 Uhr entwickeln sich in den Tropen einige Bäume be-
wohnende Säugetiere zu den ersten Primaten; eine Stunde später
werden aus einigen von ihnen Affen, und gegen 23.40 Uhr tauchen
die Menschenaffen auf. Acht Minuten vor Mitternacht erheben sich
die ersten Südaffen und gehen auf zwei Beinen. Fünf Minuten später verschwinden sie wieder. Die erste menschliche Spezies, der
Homo habilis, hat vier Minuten vor Mitternacht seinen Auftritt, ist
eine halbe Minute später zum *Homo erectus* und dreißig Sekunden
vor Mitternacht zu den archaischen Formen des *Homo sapiens* geworden. Die Neandertaler beherrschen Europa und Asien 15 bis
vier Sekunden vor Mitternacht. Der heutige Mensch schließlich erscheint in Afrika und Asien 11 Sekunden und in Europa 5 Sekunden
vor Mitternacht. Die menschliche Geschichtsschreibung beginnt
etwa zwei Drittel einer Sekunde vor Mitternacht.

Vor 35 000 Jahren löste die heutige Spezies des Homo sapiens die
Neandertaler in Europa ab. Sie entwickelte sich zu einer – nach einer
Höhle in Südfrankreich benannten – Unterart namens Cromagnon,
der alle heutigen Menschen angehören. Die Cromagnonmenschen
waren anatomisch mit uns identisch, besaßen eine voll entwickelte
Sprache und führten eine regelrechte Explosion technischer Neuerungen und künstlerischer Aktivitäten herbei. Schön verarbeitete
Werkzeuge aus Stein und Knochen, Schmuck aus Muschelschalen
und Elfenbein sowie herrliche Malereien an den Wänden von

feuchten, unzugänglichen Höhlen sind lebhafte Zeugnisse der kulturellen Verfeinerung dieser frühen Mitglieder der heutigen Menschenrasse.

Bis vor kurzem glaubten die Archäologen, daß die Cromagnonmenschen ihre Höhlenkunst nach und nach entwickelten, daß sie mit recht groben und plumpen Zeichnungen anfingen und den Gipfel ihres Schaffens vor rund 16000 Jahren mit den berühmten Malereien von Lascaux erreichten. Die sensationelle Entdeckung der Höhle von Chauvet im Dezember 1994 hat die Wissenschaftler jedoch zu einer radikalen Revision ihrer Vorstellungen gezwungen. Diese große Höhle in der südfranzösischen Region Ardèche besteht aus einem Labyrinth unterirdischer Kammern, die mit über 300 hochkünstlerischen Wandmalereien ausgestattet sind. Ihr Stil ähnelt den Kunstwerken von Lascaux, aber nach einer sorgfältigen Radiokarbondatierung müssen die Malereien von Chauvet mindestens 30000 Jahre alt sein.[51]

Die in Ocker, Kohleschattierungen und rotem Hämatit gehaltenen Abbildungen sind symbolische und mythologische Bilder von Löwen, Mammuts und anderen gefährlichen Tieren. Viele sind im Sprung und Lauf auf großen Tafelbildern dargestellt. Fachleute für alte Felskunst sind erstaunt über die raffinierten Techniken – Schraffur, besondere Blickwinkel, gestaffelte Gestalten und so weiter – die von den Höhlenkünstlern zur Darstellung von Bewegung und Perspektive verwendet wurden. Außer den Bildern enthielt die Höhle von Chauvet auch noch eine Fülle von Steinwerkzeugen und rituellen Gegenständen wie etwa eine altarähnliche Steinplatte, auf der ein Bärenschädel lag. Der faszinierendste Fund ist vielleicht die schwarze Zeichnung eines schamanischen Wesens, halb Mensch und halb Bison, im innersten, dunkelsten Teil der Höhle.

Das unerwartet frühe Datum dieser herrlichen Malereien bedeutet, daß die hohe Kunst von Anfang an ein integraler Bestandteil der Evolution der heutigen Menschen gewesen ist, worauf auch Margulis und Sagan hinweisen:

Diese Malerei allein kündet klar und deutlich von der Anwesenheit des heutigen *Homo sapiens* auf Erden. Nur Menschen malen, nur Menschen planen aus zeremoniellen Gründen Expeditionen in die hintersten Winkel feuchter, dunkler Höhlen. Nur Men-

schen begraben ihre Toten prunkvoll. Die Suche nach den historischen Ahnen des Menschen ist die Suche nach den Geschichten-
erzählern und den Künstlern.[52]

Das bedeutet nichts anderes, als daß ein richtiges Verständnis der
Evolution des Menschen nicht möglich ist, wenn man die Entwicklung von Sprache, Kunst und Kultur nicht kennt. Mit anderen Worten: Wir müssen uns nun dem Geist und dem Bewußtsein zuwenden,
der dritten begrifflichen Dimension der systemischen Anschauung
vom Leben.

11   Eine Welt hervorbringen

In der entstehenden Theorie lebender Systeme ist der Geist kein Ding, sondern ein Prozeß. Er ist Kognition, der Prozeß des Erkennens, der mit dem Prozeß des Lebens gleichzusetzen ist. Dies ist der Kern der Santiago-Theorie der Kognition, wie sie Humberto Maturana und Francisco Valera vorgelegt haben.[1]

Die Gleichsetzung von Geist oder Kognition mit dem Prozeß des Lebens ist eine radikal neue Vorstellung in der Wissenschaft, aber sie ist auch eine der tiefsten und archaischsten Intuitionen der Menschheit. In alter Zeit wurde der menschliche Verstand nur als ein Aspekt der immateriellen Seele oder des Geistes angesehen. Nicht zwischen Körper und Verstand wurde ein grundlegender Unterschied gemacht, sondern zwischen Körper und Seele oder Körper und Geist. Während die Differenzierung zwischen Seele und Geist fließend war und im Laufe der Zeit schwankte, vereinten beide in sich ursprünglich zwei Begriffe: die Lebenskraft und die Tätigkeit des Bewußtseins.[2]

In alten Sprachen werden diese Gedanken durch die Metapher vom Atem des Lebens ausgedrückt. Ja, in ihnen können die etymologischen Wurzeln von «Seele» und «Geist» soviel wie «Atem» bedeuten. Die Wörter für «Seele» im Sanskrit *(atman)*, im Griechischen *(psyche)* und im Lateinischen *(anima)* bedeuten alle auch «Atem». Das gilt auch für das Wort für «Geist» im Lateinischen *(spiritus)*, im Griechischen *(pneuma)* und im Hebräischen *(ruoh)*. Auch sie bedeuten «Atem».

Hinter all diesen Wörtern steht dieselbe uralte Intuition, daß die Seele oder der Geist der Atem des Lebens ist. In ähnlicher Weise geht der Begriff der Kognition in der Santiago-Theorie weit über den rationalen Verstand hinaus, da er den gesamten Prozeß des Lebens umfaßt. Es ist eine durchaus passende Metapher, ihn als den Atem des Lebens zu bezeichnen.

Kognitionswissenschaft

Wie der unabhängig von Gregory Bateson formulierte Begriff des «geistigen Prozesses»[3] wurzelt auch die Santiago-Theorie der Kognition in der Kybernetik. Sie wurde im Rahmen einer intellektuellen Bewegung entwickelt, die das wissenschaftliche Studium von Geist und Erkennen aus einer systemischen, interdisziplinären Perspektive jenseits der traditionellen Konzepte von Psychologie und Epistemologie betreibt. Dieser neue Ansatz, der sich gleichwohl noch nicht zu einem ausgereiften wissenschaftlichen Gebiet verdichtet hat, wird immer häufiger als «Kognitionswissenschaft» bezeichnet.[4]

Die Kybernetik hat der Kognitionswissenschaft das erste Modell der Kognition geliefert. Seine Prämisse besagte, die menschliche Intelligenz sei der «Intelligenz» des Computers so ähnlich, daß man die Kognition als Informationsverarbeitung definieren könne, d. h. als die Manipulation von Symbolen, die auf einer Reihe von Regeln basiert.[5] Nach diesem Modell geht es beim Prozeß der Kognition um *geistige Darstellung*. Der Geist soll wie ein Computer operieren, indem er Symbole manipuliert, die bestimmte Merkmale der Welt darstellen.[6] Dieses Computermodell der geistigen Tätigkeit war so überzeugend und einflußreich, daß es über dreißig Jahre lang in allen Forschungsprojekten der Kognitionswissenschaft dominierte.

Seit den vierziger Jahren ist fast die gesamte Neurobiologie von dieser Vorstellung geprägt worden, daß das Gehirn ein Informationen verarbeitender Apparat sei. Als beispielsweise Untersuchungen der Sehrinde zeigten, daß bestimmte Neuronen auf bestimmte Merkmale wahrgenommener Objekte – Geschwindigkeit, Farbe, Kontrast usw. – reagieren, ging man davon aus, daß diese merkmalspezifischen Neuronen visuelle Informationen von der Netzhaut aufnahmen, um sie zu anderen Gebieten des Gehirns zur weiteren Verarbeitung weiterzuleiten. Spätere Untersuchungen an Tieren haben jedoch ergeben, daß sich ein Zusammenhang zwischen Neuronen und spezifischen Merkmalen nur bei betäubten Tieren mit stark reduziertem (internem und externem) Milieu feststellen ließ. Wenn man ein Tier studiert, während es wach ist und sich in einem eher normalen Umfeld bewegt, sprechen die Nervenreaktionen auf den gesamten Kontext des visuellen Reizes an und lassen sich nicht mehr als Schritt-für-Schritt-Informationsverarbeitung interpretieren.[7]

Das Computermodell der Kognition wurde schließlich in den siebziger Jahren ernsthaft in Frage gestellt, als der Begriff der Selbstorganisation aufkam. Den Anstoß, die dominierende Hypothese kritisch zu betrachten, gaben zwei allgemein bekannte Schwächen der Computerperspektive. Erstens nämlich beruht die Informationsverarbeitung auf aufeinanderfolgenden Regeln, die eine nach der anderen angewendet werden, und zweitens ist sie lokalisiert, so daß eine Verletzung von irgendeinem Teil des Systems zu einer ernsthaften Fehlfunktion des Ganzen führt. Beide Eigenschaften widersprechen entschieden der biologischen Beobachtung. Die gewöhnlichsten visuellen Aufgaben werden sogar von winzigen Insekten schneller erledigt, als dies bei aufeinanderfolgender Stimulation physikalisch möglich ist, und das Gehirn ist ja bekanntlich so unverwüstlich, daß auch bei einer Schädigung nicht gleich all seine Funktionen beeinträchtigt werden.

Diese Beobachtungen legten eine Verlagerung des Blickwinkels nahe: von Symbolen zur Verbundenheit, von lokalen Regeln zur globalen Kohärenz, von der Informationsverarbeitung zu den neu auftretenden («emergenten») Eigenschaften neuronaler Netzwerke. Zusammen mit der gleichzeitig erfolgenden Entwicklung der nichtlinearen Mathematik und der Modelle selbstorganisierender Systeme versprach ein derartiger Perspektivenwechsel, der Forschung neue und anregende Wege zu eröffnen. Und zu Beginn der achtziger Jahre waren «Verknüpfungsmodelle» neuronaler Netzwerke denn auch sehr beliebt geworden.[8] Dies sind Modelle von dicht miteinander verknüpften Elementen, die gleichzeitig Millionen von Operationen ausführen und interessante globale, neu auftretende Eigenschaften erzeugen. Francisco Varela hat dies so erklärt: «Das Gehirn ist also ein stark kooperatives System: Aus den engen wechselseitigen Verbindungen zwischen seinen Elementen folgt, daß schließlich alle Prozesse funktional vom Verhalten aller einzelnen Elemente abhängen ... Infolgedessen erreicht das ganze System eine interne Kohärenz komplexer Muster, die wir allerdings nicht genau erklären können.»[9]

Die Santiago-Theorie

Die Santiago-Theorie der Kognition ging aus dem Studium neuronaler Netzwerke hervor und war von Anfang an mit Maturanas Begriff der Autopoiese verknüpft.[10] Nach Maturana ist Kognition die mit der Selbsterzeugung und Selbsterhaltung autopoietischer Netzwerke verbundene Tätigkeit. Mit anderen Worten: Die Kognition ist nichts anderes als der Prozeß des Lebens. «Lebende Systeme sind kognitive Systeme», schreibt Maturana, «und Leben als ein Prozeß ist ein Prozeß der Kognition.»[11] Oder, um es mit unseren drei Schlüsselkriterien lebender Systeme – Struktur, Muster und Prozeß – auszudrücken: Der Lebensprozeß besteht aus allen Tätigkeiten, die mit der ständigen Verkörperung des (autopoietischen) Organisationsmusters des Systems in einer physikalischen (dissipativen) Struktur verbunden sind.

Da die Kognition traditionellerweise als Erkenntnisprozeß definiert wird, müssen wir in der Lage sein, diesen Prozeß im Hinblick auf die Wechselwirkungen eines Organismus mit seiner Umgebung zu beschreiben. Und genau das tut die Santiago-Theorie. Das dem Kognitionsprozeß zugrunde liegende Phänomen ist die strukturelle Koppelung. Wie wir bereits gesehen haben, erfährt ein autopoietisches System ständige strukturelle Veränderungen, während es sein netzartiges Organisationsmuster bewahrt. Es koppelt sich an seine Umgebung *strukturell*, d. h. durch wiederholte Wechselwirkungen, die jeweils strukturelle Veränderungen im System auslösen.[12] Das lebende System ist jedoch autonom. Die Umgebung löst also nur die strukturellen Veränderungen aus – sie bestimmt oder lenkt sie nicht.

Nun bestimmt das lebende System nicht nur diese strukturellen Veränderungen, sondern auch, *welche Störungen aus der Umgebung sie auslösen.* Dies ist der Schlüssel zur Santiago-Theorie der Kognition. Die strukturellen Veränderungen im System bilden Akte der Erkenntnis. Indem das System bestimmt, welche Störungen aus der Umgebung Veränderungen auslösen, «bringt es eine Welt hervor», wie Maturana und Varela es formulieren. Die Kognition ist somit nicht eine Darstellung einer unabhängig existierenden Welt, sondern vielmehr ein kontinuierliches *Hervorbringen einer Welt* durch den Prozeß des Lebens. Die Wechselwirkungen eines lebenden Systems mit seiner Umgebung sind kognitive Wechselwirkungen, und der Prozeß des Lebens selbst ist ein Erkenntnisprozeß. In Maturanas und Varelas eigenen Worten: *«Leben ist Erkennen.»*[13]

Es ist klar, daß wir es hier mit einer radikalen Ausweitung des Begriffs des Erkennens und damit auch des Begriffs des Geistes zu tun haben. In dieser neuen Sicht umfaßt die Kognition den gesamten Lebensprozeß – einschließlich der Wahrnehmung, der Emotion und des Verhaltens – und erfordert nicht notwendigerweise ein Gehirn und ein Nervensystem. Selbst Bakterien nehmen bestimmte Merkmale ihrer Umgebung wahr. Sie verspüren chemische Unterschiede in ihrer Umgebung und schwimmen dementsprechend zu Zucker hin und von Säure weg; sie verspüren und vermeiden Wärme, bewegen sich weg von Licht oder zu ihm hin, und manche Bakterien können sogar Magnetfelder wahrnehmen.[14] Sogar eine Bakterie bringt eine Welt hervor – eine Welt mit Wärme und Kälte, Magnetfeldern und chemischen Gradienten. In all diesen kognitiven Prozessen sind Wahrnehmung und Handeln nicht zu trennen, und da die strukturellen Veränderungen und die damit verbundenen Handlungen, die in einem Organismus ausgelöst werden, von der Struktur dieses Organismus abhängen, bezeichnet Francisco Varela die Kognition als «verkörpertes Handeln».[15]

Eigentlich umfaßt die Kognition zwei Arten von Handlungen, die unlösbar miteinander verknüpft sind: die Aufrechterhaltung und Fortführung der Autopoiese und das Hervorbringen einer Welt. Ein lebendes System ist ein vielfach miteinander verknüpftes Netzwerk, dessen Komponenten sich ständig verändern, indem sie durch andere Komponenten umgewandelt und ersetzt werden. In diesem Netzwerk herrscht ein großes Fließen und eine Flexibilität, die es dem System erlaubt, auf Störungen aus der Umgebung auf eine ganz spezielle Weise zu reagieren. Bestimmte Störungen lösen spezifische strukturelle Veränderungen aus, d. h. Veränderungen in der Verknüpfung des Netzwerks. Dies ist ein Verteilungsphänomen. Das gesamte Netzwerk reagiert auf eine selektive Störung durch eine Neuanordnung seiner Verknüpfungsmuster.

Organismen verändern sich jeweils unterschiedlich, und im Laufe der Zeit bildet jeder Organismus seinen einzigartigen, individuellen Weg der strukturellen Veränderungen im Prozeß der Entwicklung aus. Da diese struktuellen Veränderungen Erkenntnisakte sind, ist Entwickung stets mit Lernen verbunden. Im Grunde sind Entwicklung und Lernen wie die beiden Seiten einer Münze. Beide sind Ausdrucksformen der strukturellen Koppelung.

Nicht alle physischen Veränderungen in einem Organismus sind Erkenntnisakte. Wenn ein Stück Löwenzahn von einem Kaninchen gefressen oder wenn ein Tier bei einem Unfall verletzt wird, werden diese strukturellen Veränderungen nicht vom Organismus bestimmt und gesteuert – das sind keine gewählten Veränderungen und daher auch keine Erkenntnisakte. Allerdings werden diese aufgezwungenen physischen Veränderungen von anderen strukturellen Veränderungen (Wahrnehmung, Reaktion des Immunsystems usw.) begleitet, die wiederum Erkenntnisakte sind.

Andererseits verursachen nicht alle Störungen aus der Umgebung strukturelle Veränderungen. Lebende Organismen reagieren nur auf einen geringen Bruchteil aller Reize, denen sie ausgesetzt sind. Wir alle wissen, daß wir nur Phänomene innerhalb eines bestimmten Frequenzbereichs sehen oder hören können; oft bemerken wir Dinge und Vorgänge in unserer Umgebung nicht, die uns nicht betreffen, und wir wissen auch, daß das, was wir wahrnehmen, weitgehend von unserem Begriffsvermögen und unserem kulturellen Kontext abhängt.

Mit anderen Worten: Es gibt viele Störungen, die keine strukturellen Veränderungen verursachen, weil sie dem System «fremd» sind. Auf diese Weise errichtet jedes lebende System seine eigene unverwechselbare Welt, entsprechend seiner eigenen unverwechselbaren Struktur. «Geist und Welt entstehen miteinander», wie Varela es formuliert.[16] Doch durch gegenseitige strukturelle Koppelung sind individuelle lebende Systeme jeweils ein Teil der Welt des anderen. Sie kommunizieren miteinander und koordinieren ihr Verhalten.[17] Es gibt eine Ökologie von Welten, die durch wechselseitige Erkenntnisakte hervorgebracht werden.

In der Santiago-Theorie ist die Kognition ein integraler Bestandteil der Art und Weise, wie ein lebender Organismus mit seiner Umgebung in Wechselwirkung tritt. Er reagiert eben nicht passiv auf Umgebungsreize durch eine lineare Kette von Ursache und Wirkung, sondern aktiv mit strukturellen Veränderungen in seinem nichtlinearen, organisatorisch geschlossenen autopoietischen Netzwerk. Diese Reaktionsweise ermöglicht es dem Organismus, seine autopoietische Organisation fortzuführen und damit in seiner Umgebung weiterzuleben. Mit anderen Worten: Die kognitive Wechselwirkung des Organismus mit seiner Umgebung ist intelligente Wechselwirkung. Aus der Sicht der Santiago-Theorie manifestiert sich Intelligenz in der Reichhaltigkeit und Flexibilität der strukturellen Koppelung eines Organismus.

Die Reichweite der Wechselwirkungen, die ein lebendes System mit seiner Umgebung haben kann, definiert seine «kognitive Domäne». Emotionen sind ein integraler Teil dieser Domäne. Wenn wir beispielsweise auf eine Beleidigung hin wütend werden, ist das gesamte Muster physiologischer Prozesse – ein gerötetes Gesicht, schnelleres Atmen, Zittern usw. – ein Teil der Kognition. Ja, aufgrund neuerer Forschungen deutet vieles darauf hin, daß es für jede kognitive Handlung eine emotionale Färbung gibt.[18]

Nimmt die Komplexität eines lebenden Organismus zu, wird auch seine kognitive Domäne größer. Eine wesentliche Erweiterung der kognitiven Domäne eines Organismus kommt insbesondere im Gehirn und im Nervensystem zum Ausdruck, da sie die Reichweite und Differenzierung seiner strukturellen Koppelungen erheblich vergrößern. Auf einer bestimmten Komplexitätsebene koppelt sich ein lebender Organismus strukturell nicht nur an seine Umgebung, sondern auch an sich selbst, und damit bringt er nicht nur eine äußere, sondern auch eine innere Welt hervor. Beim Menschen ist die Hervorbringung einer derartigen Innenwelt aufs engste mit Sprache, Denken und Bewußtsein verbunden.[19]

Keine Darstellung, keine Information

Da die Santiago-Theorie der Kognition Teil eines einheitlichen Konzepts von Leben, Geist und Bewußtsein ist, hat sie weitreichende Auswirkungen auf Biologie, Psychologie und Philosophie. Ihr radikalster und umstrittenster Aspekt ist wohl ihr Beitrag zur Epistemologie oder Erkenntnistheorie, dem Zweig der Philosophie also, der sich mit der Beschaffenheit unseres Erkennens der Welt befaßt.

Einzigartig an der mit der Santiago-Theorie verbundenen Erkenntnistheorie ist der Umstand, daß sie einer Vorstellung widerspricht, die die meisten Erkenntnistheorien miteinander gemeinsam haben, die aber nur selten ausdrücklich erwähnt wird: die Vorstellung, daß die Erkenntnis eine *Repräsentation* oder Darstellung einer unabhängig existierenden Welt sei. Das Computermodell der Kognition als Informationsverarbeitung war nur eine spezielle, auf einer falschen Analogie beruhende Formulierung der allgemeineren Vorstellung, daß die Welt vorgegeben sei, daß sie unabhängig vom Beobachter existiere und daß es bei der Erkenntnis um geistige Darstellungen ihrer objektiven Merkmale innerhalb des kognitiven Systems gehe. Das sei etwa so, schreibt Varela, «als wäre ein Kognitionsagent per Fallschirm in einer vorgegebenen Welt gelandet» und würde ihre wesentlichen Merkmale durch einen Prozeß der Repräsentation ermitteln.[20]

Nach der Satiago-Theorie ist die Erkenntnis nicht die Darstellung einer unabhängigen, vorgegebenen Welt, sondern vielmehr das Hervorbringen einer Welt. Was durch einen bestimmten Organismus im Prozeß des Lebens hervorgebracht wird, ist nicht *die* Welt, sondern *eine* Welt, die stets von der Struktur des Organismus abhängig ist. Da individuelle Organismen innerhalb einer Spezies mehr oder weniger identische Strukturen aufweisen, bringen sie auch ähnliche Welten hervor. Wir Menschen teilen darüber hinaus eine abstrakte Welt der Sprache und des Denkens miteinander, durch die wir unsere Welt gemeinsam hervorbringen.[21]

Maturana und Varela behaupten nicht etwa, daß dort draußen eine Leere sei, aus der wir Materie erschüfen. Es gibt eine materielle Welt, aber sie hat keine vorgegebenen Züge. Die Autoren der Santiago-Theorie erklären keineswegs, daß «nichts existiert», sondern vielmehr, daß unabhängig vom Prozeß der Kognition «keine Dinge existieren». Es gibt also keine objektiv existierenden Strukturen, keine vorgegebene Landschaft, von der wir eine Karte anfertigen können – das Anfertigen der Karte selbst bringt die Merkmale der Landschaft hervor.

Wir wissen beispielsweise, daß Katzen oder Vögel Bäume ganz anders sehen als wir, weil sie Licht in anderen Frequenzbereichen wahrnehmen. Daher sind die Formen und Strukturen der «Bäume», die sie hervorbringen, anders als unsere. Wenn wir einen Baum sehen, erfinden wir die Wirklichkeit nicht. Aber wie wir Gegenstände begrenzen und aus der Vielzahl sinnlicher Eindrücke, die wir empfangen, Muster identifizieren, hängt von unserer körperlichen Verfassung ab. Maturana und Varela würden dies so ausdrücken: Wie wir uns strukturell an unsere Umgebung koppeln können und welche Welt wir somit hervorbringen, liegt an unserer eigenen Struktur.

Außer der Vorstellung der geistigen Repräsentationen einer unabhängig existierenden Welt lehnt die Santiago-Theorie auch die Idee ab, Informationen seien objektive Merkmale dieser unabhängig existierenden Welt. Dazu Varela:

> Wenn wir diese Konzeption des Geistes jedoch ernst nehmen wollen, müssen wir bezweifeln, daß die Welt vorgegeben ist und daß die Kognition etwas repräsentiert. Für die Kognitionswissenschaft bedeutet dies Abschied nehmen von der Idee, Information existiere fix und fertig in der Welt und werde durch Kognitionssysteme extrahiert . . .[22]

Die Behauptung, weder Darstellung noch Information seien für den Erkenntnisprozeß relevant, ist nicht leicht zu akzeptieren, weil wir ständig beide Begriffe verwenden. Die Symbole unserer gesprochenen wie geschriebenen Sprache sind Darstellungen von Dingen und Ideen; und im Alltag halten wir Tatsachen wie die Uhrzeit, das Datum, den Wetterbericht oder die Telefonnummer einer Freundin für Informationen, die für uns relevant sind. Ja, unsere Zeit wird oft als «Informationszeitalter» bezeichnet. Wie kommen Maturana und Varela also dazu, zu behaupten, es gebe im Erkenntnisprozeß keine Information?

Um diese scheinbar verwirrende Behauptung zu verstehen, müssen wir daran denken, daß es bei der Kognition des Menschen auch um Sprache, abstraktes Denken und symbolische Begriffe geht, die anderen Spezies nicht zur Verfügung stehen. Die Fähigkeit zu abstrahieren ist eine Schlüsseleigenschaft des menschlichen Bewußtseins, wie wir noch sehen werden. Dank dieser Fähigkeit können wir geistige Repräsentationen oder Darstellungen, Symbole und Informationen verwenden, und wir tun dies auch. Dies sind allerdings nicht Eigenschaften des allgemeinen Erkenntnisprozesses, der allen lebenden Systemen gemeinsam ist. Auch wenn Menschen häufig von geistigen Darstellungen und Informationen Gebrauch machen, beruht unser Erkenntnisprozeß doch nicht auf ihnen.

Damit wir diese Gedanken richtig nachvollziehen können, ist es ganz lehrreich, wenn wir uns einmal genauer ansehen, was mit dem Begriff «Information» gemeint ist. Nach der üblichen Anschauung ist Information etwas, was irgendwie «dort draußen liegt», um vom Gehirn aufgenommen zu werden. Ein derartiges Stück Information ist jedoch nichts weiter als eine Quantität, ein Name oder eine kurze Feststellung, die wir aus einem ganzen Netzwerk von Beziehungen abstrahiert haben, aus einem Kontext, in den sie eingebettet ist und der ihr Bedeutung verleiht. Immer wenn eine solche «Tatsache» in einen stabilen Kontext eingebettet ist, auf den wir mit großer Regelmäßigkeit stoßen, können wir sie aus diesem Kontext abstrahieren, mit der dem Kontext eigenen Bedeutung verbinden und sie «Information» nennen. Wir haben uns an diese Abstraktionen so gewöhnt, daß wir dazu neigen, zu glauben, die Bedeutung wohne dem Stück Information inne statt dem Kontext, aus dem es abstrahiert worden ist.

So hat beispielsweise die Farbe Rot nichts «Informatives», es sei denn, daß sie – wenn sie in ein kulturelles Netzwerk von Übereinkünften oder Konventionen und in das technische Netzwerk des Großstadtverkehrs eingebettet ist – mit dem Halten an einer Kreuzung assoziiert wird. Wenn Menschen aus einer ganz anderen Kultur in eine unserer Großstädte kämen und eine rote Verkehrsampel sähen, könnte sie ihnen überhaupt nichts bedeuten. Es würde keine Information übermittelt werden. In gleicher Weise sind Uhrzeit und Datum aus einem komplexen Kontext von Begriffen und Ideen abstrahiert, zu dem auch ein Modell des Sonnensystems, astronomische Beobachtungen und kulturelle Übereinkünfte gehören.

Die gleichen Überlegungen lassen sich auch auf die in der DNS kodierte genetische Information anwenden. Varela erklärt, daß die Idee eines genetischen Kodes aus einem zugrundeliegenden Stoffwechselnetzwerk abstrahiert ist, in das die Bedeutung des Kodes eingebettet ist:

Jahrelang galten Eiweißketten in der Biologie als Befehle, die in der DNS kodiert sind. Klar ist jedoch, daß Dreiergruppen innerhalb der DNS die Aminosäure eines Proteins nur dann voraussagbar spezifizieren können, wenn sie in den Stoffwechsel der Zelle eingebettet sind – also inmitten Tausender enzymatischer Vorgänge eines komplexen chemischen Netzwerkes auftreten. Diesen metabolischen Hintergrund können wir nur aufgrund der emergenten Gesetzmäßigkeiten eines gesamten Netzwerkes ausklammern, um dann Dreiergruppen als Kodes für Aminosäuren zu behandeln.[23]

Maturana und Bateson

Maturanas Ablehnung der Idee, daß es bei der Kognition um eine geistige Repräsentation einer unabhängig existierenden Welt gehe, ist der entscheidende Unterschied zwischen seiner Konzeption des Erkenntnisprozesses und der von Gregory Bateson. Unabhängig voneinander kamen Maturana und Bateson etwa zur selben Zeit auf die revolutionäre Idee, den Erkenntnisprozeß mit dem Prozeß des Lebens gleichzusetzen.[24] Aber beide gingen jeweils von einem ganz anderen Ansatz aus: Bateson von einer tiefen Einsicht in das Wesen von Geist und Leben, die durch sorgfältige Beobachtungen der Lebenswelt verfeinert war – Maturana von seinen Versuchen, ein Organisationsmuster zu definieren, das für alle lebenden Systeme charakteristisch ist und auf seiner neurowissenschaftlichen Forschung beruhte.

Bateson verbesserte zwar im Alleingang im Laufe der Jahre seine «Kriterien des geistigen Prozesses», er entwickelte daraus aber nie eine Theorie lebender Systeme. Maturana dagegen arbeitete mit anderen Wissenschaftlern zusammen, um eine Theorie «der Organisation des Lebendigen» zu entwickeln, in deren Rahmen sich der Prozeß der Kognition als der Prozeß des Lebens verstehen läßt. Der Sozialwissenschaftler Paul Dell hat in seinem ausführlichen Artikel «Understandig Bateson and Maturana» erklärt, Bateson habe sich ausschließlich auf die Epistemologie (die Erkenntnistheorie) konzentriert, auf Kosten der Ontologie (der Theorie des Seins):

Die Ontologie stellt den «nichteingeschlagenen Weg» in Batesons Denken dar ... Batesons Epistemologie gründet sich auf keine Ontologie ... Ich behaupte, daß Maturanas Werk die Ontologie enthält, die Bateson nie entwickelt hat.[25]

Bei genauerer Untersuchung von Batesons Kriterien des geistigen Prozesses zeigt sich, daß sie sowohl den Aspekt der Struktur wie den Aspekt des Musters lebender Systeme abdecken, und das ist vielleicht der Grund, warum viele sie für etwas verwirrend hielten. Eine sorgfältige Analyse dieser Kriterien enthüllt auch, daß dahinter der Glaube steht, die Erkenntnis habe es mit geistigen Darstellungen der objektiven Merkmale der Welt innerhalb des kognitiven Systems zu tun.[26]

Bateson und Maturana haben unabhängig voneinander einen revolutionären Begriff des Geistes entwickelt, der seine Wurzeln in der Kybernetik hat, einer Tradition, die Bateson in den vierziger Jahren mitbegründete. Vielleicht lag es an seiner tiefen Verbundenheit mit den ursprünglichen kybernetischen Ideen, daß Bateson das Computermodell der Kognition nie hinter sich gelassen hat. Maturana dagegen nahm davon Abschied und entwickelte eine Theorie, die im Erkennen den Akt des «Hervorbringens einer Welt» erblickt und für die das Bewußtsein eng mit Sprache und Abstraktion verbunden ist.

Computer aus neuer Sicht

Auf den vorhergehenden Seiten habe ich wiederholt die Unterschiede zwischen der Santiago-Theorie und dem in der Kybernetik entwickelten Computermodell der Kognition hervorgehoben. Sinnvollerweise sollten wir uns nun noch einmal mit Computern befassen, und zwar im Lichte unseres neuen Verständnisses von Kognition, um ein wenig Klarheit in den diffusen Begriff der «Computer-Intelligenz» zu bringen.

Ein Computer verarbeitet Information, was nichts anderes heißt, als daß er Symbole aufgrund bestimmter Regeln manipuliert. Diese Symbole sind eigenständige Elemente, die von außen in den Computer eingegeben werden, und während der Informationsverarbeitung findet keine Veränderung in der Struktur der Maschine statt. Die physikalische Struktur des Computers ist starr und von seiner Konstruktion und Bauweise her festgelegt.

Das Nervensystem eines lebenden Organismus funktioniert ganz anders. Wie wir gesehen haben, tritt es mit seiner Umgebung in

Wechselwirkung, indem es ständig seine Struktur moduliert. Auf diese Weise stellt seine physische Struktur in jedem Moment eine Aufzeichnung vorangegangener struktureller Veränderungen dar. Das Nervensystem verarbeitet nicht die Informationen aus der Außenwelt, sondern ist im Gegenteil damit beschäftigt, im Erkenntnisprozeß eine Welt *hervorzubringen*.

Das menschliche Erkennen hängt mit Sprache und abstraktem Denken zusammen und damit auch mit Symbolen und geistigen Darstellungen. Aber das abstrakte Denken ist nur ein kleiner Teil der menschlichen Kognition und im allgemeinen nicht die Grundlage für unsere täglichen Entscheidungen und Handlungen. Menschliche Entscheidungen sind nie völlig rational, sondern stets von Emotionen gefärbt, und menschliches Denken ist immer in körperliche Empfindungen und Prozesse eingebettet, die zum vollen Spektrum der Kognition beitragen.

Die Informatiker Terry Winograd und Fernando Flores weisen in ihrem Buch *Understanding Computers and Cognition* darauf hin, daß das rationale Denken den größten Teil dieses kognitiven Spektrums herausfiltert und damit für eine «Blindheit der Abstraktion» sorgt. Die Begriffe, die wir gebrauchen, um uns selbst auszudrükken, grenzen unseren Blickwinkel wie Scheuklappen ein. In einem Computerprogramm, erläutern Winograd und Flores, werden verschiedene Ziele und Aufgaben in Form einer begrenzten Ansammlung von Objekten, Eigenschaften und Operationen formuliert. «Blindheit» entsteht durch die mit der Herstellung des Programms verbundenen Abstraktionen. Allerdings

> gibt es begrenzte Aufgabenbereiche, in denen diese Blindheit ein scheinbar intelligentes Verhalten nicht ausschließt. So sind zum Beispiel viele Spiele für eine direkte Anwendung von . . . Techniken zugänglich, die ein Programm produzieren können, das menschlichen Spielgegnern überlegen ist . . . Dies sind Gebiete, auf denen sich die relevanten Merkmale einfach ermitteln lassen und die Lösungen ihrem Wesen nach klar und eindeutig sind.[27]

Sehr viel Verwirrung wird durch den Umstand bewirkt, daß Informatiker zur Beschreibung von Computern Wörter wie «Intelligenz», «Gedächtnis» und «Sprache» verwenden. Damit legen sie den Schluß nahe, daß diese Ausdrücke dasselbe bezeichnen wie die menschlichen Phänomene, die wir aus Erfahrung kennen. Dies ist ein gravierendes Mißverständnis. So besteht beispielsweise das Wesen der Intelligenz ja gerade darin, angemessen zu handeln, wenn ein Problem nicht klar definiert ist und Lösungen nicht auf der Hand liegen. Intelligentes menschliches Verhalten beruht in solchen Situationen auf dem aus der gelebten Erfahrung gewonnenen gesunden Menschenverstand. Computern jedoch steht gesunder Menschenverstand nicht zur Verfügung, und zwar wegen ihrer Abstraktionsblindheit und der notwendigen Beschränkungen formaler Operationen. Von daher ist es unmöglich, Computer so zu programmieren, daß sie intelligent sind.[28]

Seit den Anfängen der Künstlichen Intelligenz (AI für Artificial Intelligence) besteht eine der größten Herausforderungen darin, einen Computer so zu programmieren, daß er die menschliche Sprache versteht. Aber nachdem sich die AI-Forscher mehrere Jahrzehnte lang mit diesem Problem herumgeschlagen haben und nur zu enttäuschenden Ergebnissen gelangt sind, sind sie sich inzwischen darüber im klaren, daß ihre Bemühungen vergeblich bleiben werden und daß Computer die menschliche Sprache nicht in einem bedeutungsvollen Sinn verstehen können.[29] Die Sprache ist nämlich in ein Netz sozialer und kultureller Konventionen eingebettet, das einen ungesprochenen Bedeutungskontext darstellt. Wir verstehen diesen Kontext, weil er unseren gesunden Menschenverstand anspricht. Einem Computer aber kann man keinen gesunden Menschenverstand einprogrammieren, und daher versteht er Sprache nicht.

Dies läßt sich an vielen einfachen Beispielen veranschaulichen, wie etwa an diesem von Terry Winograd verwendeten Text: «Tommy hat gerade einen neuen Satz Bausteine bekommen. Er war dabei, die Schachtel zu öffnen, als er Jimmy hereinkommen sah.» Winograd erklärt, ein Computer hätte keine Ahnung, was in der Schachtel ist, aber wir nehmen sofort an, daß sie Tommys neue Bausteine enthält. Wir wissen nämlich, daß Geschenke oft in Schachteln verpackt sind und daß es sich gehört, die Schachtel zu öffnen. Vor allem gehen wir davon aus, daß die beiden Sätze in dem Text miteinander verknüpft sind, während es für den Computer keinen Grund gibt, die Schachtel mit den Bausteinen zu verbinden. Mit anderen

Worten: Unsere Interpretation dieses einfachen Textes beruht auf mehreren Annahmen und Erwartungen des gesunden Menschenverstandes, die dem Computer nicht zur Verfügung stehen.[30]

Die Tatsache, daß ein Computer Sprache nicht verstehen kann, besagt nicht, daß er nicht programmiert werden kann, um einfache linguistische Strukturen wiederzuerkennen und zu manipulieren. Ja, in den letzten Jahren hat man auf diesem Gebiet große Fortschritte gemacht. Inzwischen können Computer ein paar hundert Wörter und Ausdrücke wiedererkennen, und dieser Grundwortschatz wird ständig größer. Solche Maschinen werden zunehmend dafür eingesetzt, mit Menschen durch die Strukturen der menschlichen Sprache in Verbindung zu treten, um begrenzte Aufgaben auszuführen. So kann ich beispielsweise bei meiner Bank Informationen über mein Girokonto abrufen, und nachdem ich einem Computer eine Sequenz von Kodes eingegeben habe, teilt er mir den Saldo, die Anzahl und die Beträge der in letzter Zeit ausgegebenen Schecks oder Einzahlungen mit und so weiter. Diese Wechselwirkung, die eine Kombination aus einfachen gesprochenen Wörtern und eingetippten Zahlen erfordert, ist sehr praktisch und nützlich, auch wenn dies keineswegs bedeutet, daß der Computer der Bank die menschliche Sprache versteht.

Leider herrscht ein eklatantes Mißverhältnis zwischen seriösen kritischen Einschätzungen der AI und den optimistischen Voraussagen der Computerindustrie, die von massiven kommerziellen Interessen geleitet sind. Die jüngste Welle von enthusiastischen Ankündigungen geht von dem in Japan gestarteten «Projekt der fünften Generation» aus. Eine Analyse seiner grandiosen Ziele legt allerdings den Verdacht nahe, daß sie so unrealistisch sind wie bei ähnlichen früheren Projekten, auch wenn das Programm wahrscheinlich zahlreiche nützliche Nebenprodukte abwerfen dürfte.[31]

Im Mittelpunkt des Projekts der fünften Generation und anderer ähnlicher Forschungsprojekte steht die Entwicklung sogenannter «Expertensysteme», die bei bestimmten Aufgaben mit menschlichen Fachleuten konkurrieren sollen. Dies ist wieder so eine unglückliche Wortwahl, wie Winograd und Flores zu verstehen geben:

Ein Programm einen «Experten» zu nennen ist genauso irreführend, wie wenn man es «intelligent» nennt oder sagt, es «versteht». Diese falsche Darstellung mag zwar nützlich sein für jene, die Forschungsmittel bekommen oder derartige Programme verkaufen möchten, sie kann aber bei denen, die sie verwenden wollen, unangebrachte Erwartungen wecken.[32]

Mitte der achtziger Jahre führten der Philosoph Hubert Dreyfus und der Informatiker Stuart Dreyfus eine gründliche Untersuchung des menschlichen Sachverstands durch und verglichen ihn mit Computer-Expertensystemen. Sie fanden heraus, daß

man die traditionelle Anschauung aufgeben muß, daß ein Anfänger mit speziellen Fällen beginnt und mit fortschreitender Übung immer kompliziertere Regeln abstrahiert und verinnerlicht . . . Die Aneignung praktischer Fähigkeiten verläuft in genau entgegengesetzter Richtung: von abstrakten Regeln zu besonderen Fällen. Anscheinend zieht ein Anfänger Schlußfolgerungen, indem er genauso wie ein heuristisch programmierter Computer auf Regeln und Tatsachen zurückgreift. Aber mit Begabung und einer Menge komplexer Erfahrungen entwickelt sich der Anfänger zu einem Experten, der intuitiv erkennt, was er tun muß, ohne irgendwelche Regeln anzuwenden.[33]

Diese Beobachtung erklärt, warum Expertensysteme niemals so leistungsfähig sein werden wie erfahrene menschliche Experten, die bei ihrer Arbeit nicht auf eine Abfolge von Regeln zurückgreifen, sondern auf der Basis ihres intuitiven Begreifens einer ganzen Konstellation von Tatsachen handeln. Die Gebrüder Dreyfus haben außerdem festgestellt, daß Expertensysteme in der Praxis so konstruiert werden, daß man menschliche Experten nach den relevanten Regeln befragt. In diesem Fall neigen die Experten dazu, die Regeln aufzustellen, an die sie sich noch aus ihrer Zeit als Anfänger erinnern, auf die sie aber nicht mehr zurückgriffen, als sie Experten geworden waren. Wenn diese Regeln einem Computer einprogrammiert werden, dann wird das daraus resultierende Expertensystem zwar einem menschlichen Anfänger, der die gleichen Regeln anwendet, überlegen sein, es aber nie mit einem echten Experten aufnehmen können.

Kognitive Immunologie

Einige der bedeutendsten praktischen Anwendungen der Santiago-Theorie werden sich wahrscheinlich aus ihren Auswirkungen auf die Gehirnwissenschaft und die Immunologie ergeben. Wie bereits erwähnt, kommt man mit der neuen Sicht der Kognition einer Lösung des uralten Rätsels der Beziehung zwischen Geist und Gehirn einen erheblichen Schritt näher. Der Geist ist kein Ding, sondern ein Prozeß – der Prozeß der Kognition, der mit dem Prozeß des Lebens gleichzusetzen ist. Das Gehirn ist eine bestimmte Struktur, durch die dieser Prozeß wirkt. Damit ist die Beziehung zwischen Geist und Gehirn eine Beziehung zwischen Prozeß und Struktur.

Das Gehirn ist keineswegs die einzige Struktur, die am Erkenntnisprozeß beteiligt ist. Beim menschlichen Organismus, wie bei den Organismen aller Wirbeltiere, wird das Immunsystem zunehmend als Netzwerk angesehen, das ebenso komplex und verknüpft ist wie das Nervensystem und gleichermaßen wichtige Koordinierungsfunktionen ausübt. Die klassische Immunologie erblickt im Immunsystem ein Verteidigungssystem des Körpers, das nach außen gerichtet sei und oft mit militärischen Metaphern beschrieben wird – da ist dann von Heerscharen weißer Blutkörperchen, Generälen, Soldaten usw. die Rede. Diese Konzeption wird durch neuere Entdeckungen von Francisco Varela und seinen Kollegen an mehreren Pariser Forschungsinstituten ernsthaft in Frage gestellt.[34] Ja, einige Forscher glauben inzwischen, daß die klassische Anschauung mit ihren militärischen Metaphern eines der Haupthindernisse für ein vollständigeres Verständnis von Autoimmunkrankheiten wie AIDS sei.

Statt wie das Nervensystem konzentriert und durch anatomische Strukturen miteinander verknüpft zu sein, ist das Immunsystem in der Lymphflüssigkeit verteilt und durchdringt jedes einzelne Gewebe. Seine Komponenten – eine Klasse von Zellen, die man Lymphozyten nennt, volkstümlich weiße Blutkörperchen genannt – bewegen sich sehr rasch und binden sich chemisch aneinander. Die Lymphozyten bilden eine höchst vielfältig zusammengesetzte Gruppe von Zellen. Jeder Zelltyp unterscheidet sich von den anderen durch spezifische molekulare Marker, sogenannte «Antikörper», die aus der Oberfläche herausragen. Der menschliche Körper enthält Milliarden von unterschiedlichen Typen weißer Blutkörperchen, die über eine beeindruckende Fähigkeit verfügen, sich chemisch an jedes molekulare Profil in ihrer Umgebung zu binden.

Nach der traditionellen Immunologie identifizieren die Lymphozyten einen Eindringling, worauf die Antikörper sich an ihn heften und ihn auf diese Weise neutralisieren. Diese Sequenz setzt voraus, daß die weißen Blutkörperchen fremde Molekularprofile erkennen. Bei genauerer Untersuchung stellt sich heraus, daß dies auch irgendeine Form von Lernen und von Gedächtnis voraussetzt. In der klassischen Immunologie werden diese Ausdrücke allerdings rein metaphorisch gebraucht, ohne daß man dabei an irgendwelche tatsächlichen kognitiven Prozesse denkt.

Neuere Forschungen haben ergeben, daß die im Körper zirkulierenden Antikörper sich unter normalen Bedingungen an viele (wenn nicht gar alle) Zelltypen, einschließlich sich selbst, binden. Das gesamte System sieht viel mehr aus wie ein Netzwerk, mehr wie Menschen, die miteinander reden, als wie Soldaten, die nach einem Feind Ausschau halten. Allmählich sehen sich die Immunologen gezwungen, ihre Aufmerksamkeit von einem Immun*system* auf ein Immun*netzwerk* zu verlagern.

Dieser Perspektivenwechsel stellt für die klassische Sichtweise ein großes Problem dar. Denn wenn das Immunsystem ein Netzwerk ist, dessen Komponenten sich aneinander binden, und wenn die Antikörper dazu da sind, alles zu eliminieren, woran sie sich binden, dann müßten wir uns eigentlich alle selbst zerstören. Offensichtlich tun wir dies nicht. Anscheinend ist das Immunsystem in der Lage, zwischen den eigenen Körperzellen und fremden Erregern, zwischen Selbst und Nichtselbst zu unterscheiden. Aber da, nach der klassischen Anschauung, ein Antikörper, der einen fremden Erreger erkennt, sich chemisch an ihn bindet und ihn dadurch neutralisiert, ist es nach wie vor ein Geheimnis, wie das Immunsystem die eigenen Zellen erkennen kann, ohne sie zu neutralisieren, d. h., funktional zu zerstören.

Nach der traditionellen Sichtweise wird sich ein Immunsystem außerdem nur dann entwickeln, wenn äußere Störungen auftreten, auf die es reagieren kann. Kommt es zu keinem Angriff, werden auch keine Antikörper gebildet. Neuere Experimente haben allerdings gezeigt, daß selbst Tiere, die vor Krankheitserregern völlig ge-

schützt sind, dennoch ein ausgewachsenes Immunsystem entwik-
keln. Aus der neuen Sicht ist dies ganz natürlich, weil die Haupt-
funktion des Immunsystems nicht darin besteht, auf Angriffe von
außen zu reagieren, sondern sich zu sich selbst in Beziehung zu setzen.[35]

Varela und seine Kollegen meinen, das Immunsystem müsse als
ein autonomes, kognitives Netzwerk verstanden werden, das für die
«molekulare Identität» des Körpers verantwortlich ist. Indem die
Lymphozyten miteinander und mit den anderen Körperzellen in
Wechselwirkung treten, regulieren sie beständig die Zahl der Zellen
und ihre molekularen Profile. Statt einfach bloß gegen fremde Erreger zu reagieren, besitzt das Immunsystem die wichtige Funktion,
das Zell- und Molekülrepertoire des Organismus zu regulieren.
Francisco Varela und der Immunologe Antonio Coutinho erklären
dies so: «Der gemeinsame Tanz zwischen dem Immunsystem und
dem Körper . . . erlaubt es dem Körper, während seines ganzen Lebens und seiner vielfachen Begegnungen eine sich verändernde und
elastische Identität zu besitzen.»[36]

Aus der Sicht der Santiago-Theorie resultiert die kognitive Tätigkeit des Immunsystem aus seiner strukturellen Koppelung an seine
Umgebung. Wenn fremde Moleküle in den Körper eindringen, stö-
ren sie das Immunnetzwerk und lösen dadurch strukturelle Veränderungen aus. Die sich daraus ergebende Reaktion ist nicht die automa-
tische Zerstörung der fremden Moleküle, sondern die Regulierung
ihrer Anteile im Zusammenhang mit den anderen regulierenden Aktivitäten des Systems. Die Reaktion fällt demnach unterschiedlich
aus und hängt vom gesamten Kontext des Netzwerks ab.

Wenn Immunologen große Mengen eines fremden Erregers in
den Körper injizieren, wie dies bei standardisierten Tierexperimen-
ten geschieht, reagiert das Immunsystem mit der in der klassischen
Theorie beschriebenen massiven Abwehr. Dies ist jedoch, wie Varela und Coutinho hervorheben, eine ganz und gar künstliche La-
borsituation. In seiner natürlichen Umgebung bekommt ein Tier
keine großen Mengen schädlicher Substanzen verabreicht. Die kleinen Mengen, die tatsächlich in seinen Körper eindringen, werden
auf natürliche Weise in die laufenden Steuerprozesse seines Immunnetzwerks einbezogen.

Wenn man das Immunsystem als ein kognitives, selbstorganisierendes und selbstregelndes Netzwerk begreift, läßt sich das Rätsel der Unterscheidung von Selbst und Nichtselbst leicht lösen. Es ist einfach nicht erforderlich, daß das Immunsystem zwischen Körperzellen und fremden Erregern unterscheidet, weil beide ein und denselben regulierenden Prozessen unterworfen sind. Wenn die eindringenden fremden Erreger jedoch so massiv auftreten, daß sie sich nicht ins regulierende Netzwerk einbeziehen lassen, wie das zum Beispiel bei Infektionen der Fall ist, lösen sie im Immunsystem spezifische Mechanismen aus, die eine Abwehrreaktion einleiten.

Forschungen haben ergeben, daß diese bekannte Immunreaktion quasi-automatische Mechanismen zur Folge hat, die weitgehend unabhängig von den kognitiven Aktivitäten des Netzwerks sind.[37] Traditionellerweise befaßt sich die Immunologie fast ausschließlich mit einer derartigen «reflexhaften» Immunaktivität. Wollte man sich auf die Untersuchung derartiger Phänomene beschränken, wäre dies das gleiche, als würde sich die Hirnforschung auf das Studium von Reflexen beschränken. Die defensive Immunaktivität ist zwar sehr wichtig, aber aus der neuen Sicht ist dies ein sekundärer Effekt der viel zentraleren kognitiven Aktivität des Immunsystems, nämlich die molekulare Identität des Körpers aufrechtzuerhalten.

Die Entwicklung der kognitiven Immunologie steht noch ganz am Anfang, und die selbstorganisierenden Eigenschaften von Immunnetzwerken sind keineswegs gut bekannt. Allerdings haben sich einige Wissenschaftler, die auf diesem zunehmend an Bedeutung gewinnenden Forschungsgebiet tätig sind, inzwischen schon Gedanken über möglicherweise vielversprechende klinische Anwendungen zur Behandlung von Autoimmunkrankheiten gemacht.[38] Künftige therapeutische Strategien werden wahrscheinlich auf der Annahme beruhen, daß Autoimmunkrankheiten ein Versagen der kognitiven Operation des Immunnetzwerks widerspiegeln und möglicherweise ganz neuartige Techniken erfordern, die das Netzwerk durch eine Steigerung seiner Verknüpftheit stärken.

Derartige Techniken setzen allerdings ein viel tieferes Verständnis der reichhaltigen Dynamik von Immunnetzwerken voraus, bevor sie wirksam angewendet werden können. Auf lange Sicht werden die Entdeckungen der kognitiven Immunologie ganz sicher äußerst wichtig für den ganzen Bereich von Gesundheit und Heilung sein. Nach Varelas Meinung wird sich ein komplexes psychosomatisches Verständnis der Gesundheit erst dann entwickeln, wenn wir das Nervensystem und das Immunsystem als zwei kognitive Systeme in ständiger Wechselwirkung verstehen – als zwei «Gehirne», die ständig miteinander im Dialog stehen.[39]

Ein psychosomatisches Netzwerk

Ein sehr wichtiger Stein in diesem Mosaik wurde Mitte der achtziger Jahre von der Neurobiologin Candace Pert und ihren Kolleginnen und Kollegen am National Institute of Mental Health in Maryland entdeckt. Diese Forscher identifizierten eine Gruppe von Molekülen, die sogenannten Peptide, als die molekularen Boten, die den Dialog zwischen dem Nervensystem und dem Immunsystem ermöglichen. Ja, sie fanden sogar heraus, daß diese Botenmoleküle drei verschiedene Systeme – das Nervensystem, das Immunsystem und das endokrine System – miteinander zu einem einzigen Netzwerk verknüpfen.

Nach traditioneller Anschauung sind diese drei Systeme voneinander getrennt, und sie erfüllen unterschiedliche Funktionen. Das aus dem Gehirn und einem Netzwerk von Nervenzellen im ganzen Körper bestehende *Nervensystem* ist der Sitz des Gedächtnisses, des Denkens und der Gefühle. Das aus den Drüsen und den Hormonen bestehende *endokrine System* ist das Hauptregulierungssystem des Körpers, das verschiedene Körperfunktionen steuert und integriert. Das aus der Milz, dem Knochenmark, den Lymphknoten und den im Körper zirkulierenden Immunzellen bestehende *Immunsystem* ist das Abwehrsystem des Körpers, das für die Unversehrtheit des Gewebes zuständig ist und die Mechanismen der Wundheilung und der Gewebereparatur steuert.

Entsprechend dieser Trennung werden die drei Systeme in drei separaten Disziplinen untersucht: der Gehirnwissenschaft, der Endokrinologie und der Immunologie. Die neuere Peptidforschung überraschte mit der Erkenntnis, daß diese begrifflichen Trennungen jedoch nur künstlich sind und sich nicht länger aufrechterhalten lassen. Nach Candace Pert bilden die drei Systeme ein einziges psychosomatisches Netzwerk[40].

Die Peptide, eine Familie von 60 bis 70 Makromolekülen, wurden ursprünglich in anderen Zusammenhängen untersucht und mit anderen Beziehungen versehen: Hormone, Neurotransmitter, Endorphine, Wachstumsfaktoren usw. Es vergingen viele Jahre, bis man erkannte, daß sie eine einzige Familie von molekularen Boten bilden. Diese Boten sind kurze Ketten von Aminosäuren, die sich an bestimmte Rezeptoren binden, welche auf den Oberflächen aller Körperzellen reichlich vorhanden sind. Indem die Peptide Immunzellen, Drüsen und Hirnzellen miteinander verbinden, bilden sie ein psychosomatisches Netzwerk, das sich durch den gesamten Organismus erstreckt. Peptide sind die biochemischen Manifestationen von Gefühlen; sie spielen eine überaus wichtige Rolle bei der Koordinierung von Aktivitäten des Immunsystems; sie verknüpfen und integrieren geistige, emotionale und biologische Aktivitäten.

Einen bedeutsamen Perspektivenwechsel leitete Anfang der achtziger Jahre die umstrittene Entdeckung ein, daß bestimmte Hormone, die vermeintlich nur von Drüsen produziert wurden, Peptide sind und auch im Gehirn produziert und gespeichert werden. Andererseits fanden Wissenschaftler auch heraus, daß bestimmte Neurotransmitter, die sogenannten Endorphine, die angeblich nur im Gehirn produziert wurden, auch in Immunzellen entstehen. Als immer mehr Peptidrezeptoren identifiziert wurden, stellte sich heraus, daß praktisch jedes bekannte Peptid im Gehirn *und* in verschiedenen Teilen des Körpers produziert wird. Dazu Candace Pert: «Ich kann keinen eindeutigen Unterschied zwischen dem Gehirn und dem Körper mehr ausmachen.»[41]

Im Nervensystem werden Peptide in Nervenzellen produziert; sie wandern dann die Axone (die langen Fasern der Nervenzellen) entlang, bis sie in kleinen Kügelchen am unteren Ende abgelagert werden, wo sie auf die Signale zu ihrer Freisetzung warten. Diese Peptide spielen eine überaus wichtige Rolle bei der Kommunikation im ganzen Nervensystem. Früher glaubte man, daß die Übertragung aller Nervenimpulse über die Lücken, die sogenannten «Synapsen», zwischen benachbarten Nervenzellen hinweg erfolge. Inzwischen aber hat sich herausgestellt, daß dieser Mechanismus nur von begrenzter Bedeutung ist und hauptsächlich zur Muskelkontraktion eingesetzt wird. Die meisten vom Gehirn kommenden Signale werden über Peptide übertragen, die von Nervenzellen ausgeschüttet werden. Indem sich diese Peptide an Rezeptoren ankoppeln, die von den Nervenzellen, aus denen sie stammen, weit entfernt sind, erstreckt sich ihre Aktivität nicht nur auf das gesamte Nervensystem, sondern auch auf andere Teile des Körpers.

Im Immunsystem besitzen die weißen Blutkörperchen nicht nur Rezeptoren für alle Peptide, sondern sie erzeugen auch selbst Peptide. Peptide steuern die Wanderwege der Immunzellen und alle ihre wichtigen Funktionen. Diese Entdeckungen werden wahrscheinlich genauso wie die in der kognitiven Immunologie zu wichtigen therapeutischen Anwendungen führen. Ja, Pert und ihr Team haben vor kurzem ein neues Mittel gegen AIDS entdeckt, das sogenannte Peptid T, das sehr vielversprechend ist.[42] Diese Wissenschaftler vertreten die Hypothese, daß AIDS von einer Unterbrechung der Peptidkommunikation herrührt. So entdeckten sie, daß das HI-Virus in Zellen durch bestimmte Peptidrezeptoren eindringt und damit die Funktionen des gesamten Netzwerks stört. Daraufhin entwickelten die Forscher ein schützendes Peptid, das an diesen Rezeptoren andockt und damit die Aktivität des HI-Virus blockiert. (Peptide kommen zwar auf natürliche Weise im Körper vor, können aber auch genausogut synthetisch hergestellt werden.) Peptid T ahmt die Aktivität eines natürlich vorkommenden Peptids nach und ist daher völlig ungiftig, im Gegensatz zu allen anderen AIDS-Medikamenten. Das Mittel wird derzeit in einer Reihe von klinischen Versuchen erprobt. Sollte es sich als wirksam erweisen, könnte es die Behandlung von AIDS revolutionieren. Ein weiterer faszinierender Aspekt des vor kurzem nachgewiesenen psychosomatischen Netzwerks ist die Entdeckung, daß Peptide die biochemischen Manifestationen von Gefühlen sind. Die meisten, wenn nicht gar alle Peptide verändern Verhaltensweisen und Gemütszustände, und inzwischen vertreten Wissenschaftler die Hypothese, daß jedes Peptid einen einzigartigen emotionalen «Tonus» hervorrufen kann. Vielleicht bildet die gesamte Gruppe der 60 bis 70 Peptide eine universale biochemische Sprache der Gefühle.

Traditionellerweise setzen Gehirnwissenschaftler Gefühle mit bestimmten Bereichen im Gehirn in Beziehung, vor allem mit dem limbischen System. Dies ist in der Tat korrekt. Es hat sich nämlich herausgestellt, daß das limbische System stark mit Peptiden angereichert ist. Allerdings ist es nicht der einzige Teil des Körpers, wo sich Peptidrezeptoren konzentrieren. So ist beispielsweise der gesamte

Darm damit ausgekleidet. Daher fühlen wir auch «aus dem Bauch heraus» – wir empfinden unsere Emotionen buchstäblich in unseren Eingeweiden.

Wenn es stimmt, daß jedes Peptid einen bestimmten emotionalen Zustand herbeiführt, dann hieße das, daß alle Sinneswahrnehmungen, alle Gedanken und eigentlich alle Körperfunktionen emotional gefärbt sind, weil überall Peptide wirksam sind. Wissenschaftler haben in der Tat beobachtet, daß die Knotenpunkte des Zentralnervensystems, die die Sinnesorgane mit dem Gehirn verbinden, mit Peptidrezeptoren angereichert sind, die Sinneswahrnehmungen filtern und nach ihren Prioritäten ordnen. Mit anderen Worten: All unsere Wahrnehmungen und Gedanken sind von Emotionen gefärbt. Dies ist natürlich genau das, was wir tagtäglich erleben.

Die Entdeckung dieses psychosomatischen Netzwerks bedeutet auch, daß das Nervensystem nicht hierarchisch strukturiert ist, wie man bisher geglaubt hat. Um es mit den Worten von Candace Pert zu sagen: «Weiße Blutkörperchen sind Stückchen des Gehirns, die im Körper herumschwimmen.»[43] Letzten Endes heißt dies, daß die Kognition ein Phänomen ist, das den gesamten Organismus umfaßt und durch ein kompliziertes chemisches Netzwerk von Peptiden wirkt, das unsere geistigen, emotionalen und biologischen Aktivitäten integriert.

12   Wir erkennen, daß wir erkennen

Es erfordert schon eine radikale Ausweitung unserer wissenschaftlichen und philosophischen Konzepte, die Kognition mit dem vollständigen Prozeß des Lebens – einschließlich aller Wahrnehmungen, Gefühle und Verhaltensweisen – gleichzusetzen und sie als
einen Prozeß zu verstehen, der weder einer Informationsvermitt-
lung noch geistiger Darstellungen einer Außenwelt bedarf. Diese
Auffassung von Geist und Kognition ist nicht zuletzt deshalb so
schwer zu akzeptieren, weil sie unserer Alltagsanschauung und
-erfahrung widerspricht. Als Menschen verwenden wir häufig den
Begriff der Information, und ständig erzeugen wir geistige Darstellungen der Menschen und Gegenstände in unserer Umgebung.

Dies sind allerdings spezifische Eigenschaften der menschlichen
Kognition, die auf unserer Fähigkeit zur Abstraktion beruhen,
einem der Schlüsselmerkmale des menschlichen Bewußtseins. Für
ein umfassendes Verständnis des allgemeinen Erkenntnisprozesses
in lebenden Systemen ist es daher wichtig, zu verstehen, wie das
menschliche Bewußtsein mit seinem abstrakten Denken und seinen
symbolischen Begriffen aus dem kognitiven Prozeß hervorgeht, der
allen lebenden Organismen gemeinsam ist.

Auf den folgenden Seiten werde ich mit dem Ausdruck «Bewußtsein» jene Ebene des Geistes oder der Kognition bezeichnen,
die durch Selbstbewußtheit charakterisiert ist. Das Wissen um die
Umgebung ist nach der Santiago-Theorie eine Eigenschaft der Kognition auf allen Ebenen des Lebens. Die Selbstbewußtheit ist, soweit wir wissen, nur in höheren Tieren vorhanden und entfaltet sich
vollständig erst im menschlichen Geist. Als Menschen sind wir uns
nicht nur unserer Umgebung, sondern auch unserer selbst, einschließlich unserer Innenwelt, bewußt. Mit anderen Worten: Wir
erkennen, daß wir erkennen. Wir wissen nicht nur – wir wissen
auch, daß wir wissen. Diese besondere Fähigkeit zur Selbstbewußt-

heit also habe ich im Auge, wenn ich den Begriff «Bewußtsein» verwende.

Sprache und Kommunikation

In der Santiago-Theorie ist die Selbstbewußtheit aufs engste mit der Sprache verbunden, und zum Verständnis der Sprache gelangt man durch eine sorgfältige Analyse der Kommunikation. Dieser Ansatz zum Verständnis des Bewußtseins geht auf Humberto Maturana zurück.[1]

Kommunikation ist nach Maturana nicht eine Übermittlung von Information, sondern vielmehr eine *Verhaltenskoordination* zwischen lebenden Organismen durch wechselseitige strukturelle Koppelung. Eine derartige wechselseitige Verhaltenskoordination ist die Schlüsseleigenschaft der Kommunikation bei allen lebenden Organismen, ob mit oder ohne Nervensystem. Bei zunehmend komplexeren Nervensystemen wird diese Koordination immer subtiler und ausgeklügelter.

Der Gesang der Vögel zählt zu den schönsten Formen nichtmenschlicher Kommunikation, und Maturana veranschaulicht dies am erstaunlichen Beispiel einer bestimmten Paarungsmelodie afrikanischer Papageien. Diese Vögel leben oft in dichten Wäldern und haben kaum die Möglichkeit zu visuellem Kontakt. In dieser Umwelt gestalten und koordinieren Papageienpaare ihr Paarungsritual, indem sie eine gemeinsame Melodie erzeugen. Ein zufälliger Zuhörer vermag den Eindruck zu gewinnen, daß jeder Vogel eine vollständige Melodie singt, aber bei genauerem Hinhören stellt sich heraus, daß diese Melodie tatsächlich ein Duett ist, bei dem die beiden Vögel alternierend jeweils die Phrasierungen des anderen fortführen.

Die gesamte Melodie ist für jedes Paar einzigartig und wird nicht an den Nachwuchs weitergegeben. In jeder Generation produzieren neue Paare ihre eigenen charakteristischen Melodien bei ihren Paarungsritualen. Maturana:

In diesem Fall (und im Gegensatz zu dem, was bei vielen anderen Vögeln geschieht) ist diese Kommunikation, die Verhaltenskoordination durch den Gesang, gänzlich ontogenetisch [d. h. entwicklungsmäßig]. Bei diesem Beispiel ist bedeutsam, daß die besondere Melodie eines jeden Paares auf Grund der Koppelungsgeschichte der Partner einzigartig ist.[2]

Dies ist ein klares und schönes Beispiel für Maturanas Feststellung, daß Kommunikation im wesentlichen eine Verhaltenskoordination ist. In anderen Fällen werden wir vielleicht eher geneigt sein, die Kommunikation mit semantischen Begriffen zu beschreiben, d. h. in Form eines Informationsaustauschs, der irgendeine Bedeutung vermittelt. Derartige semantische Beschreibungen sind nach Maturana jedoch Projektionen des menschlichen Beobachters. In Wirklichkeit ist die Verhaltenskoordination nicht durch Bedeutung determiniert, sondern durch die Dynamik der strukturellen Koppelung.

Tierisches Verhalten kann angeboren («instinktiv») oder erlernt sein, und dementsprechend können wir zwischen instinktiver und erlernter Kommunikation unterscheiden. Maturana nennt das erlernte Kommunikationsverhalten «linguistisch». Es ist zwar noch nicht Sprache, hat aber mit Sprache das charakteristische Merkmal gemein, daß ein und dieselbe Verhaltenskoordination durch verschiedene Arten von Wechselwirkungen herbeigeführt werden kann. Wie die verschiedenen Sprachen in der menschlichen Kommunikation können unterschiedliche, auf verschiedenen Entwicklungswegen erlernte Arten von strukturellen Koppelungen zu derselben Verhaltenskoordination führen. Aus Maturanas Sicht ist ein derartiges linguistisches Verhalten auch die Grundlage für Sprache.

Linguistische Kommunikation setzt ein Nervensystem von erheblicher Komplexität voraus, weil damit eine Menge komplexer Lernvorgänge verbunden sind. Wenn zum Beispiel Honigbienen einander den Standort bestimmter Blüten anzeigen, indem sie komplizierte Muster tanzen, dann beruhen diese Tänze teils auf instinktivem und teils auf erlerntem Verhalten. Die linguistischen (oder erlernten) Aspekte des Tanzes sind spezifisch für den Kontext und die Sozialgeschichte des Bienenstocks. Bienen aus verschiedenen Stöcken tanzen sozusagen in verschiedenen «Dialekten».

Selbst komplizierte Formen der linguistischen Kommunikation, wie etwa die erwähnte «Sprache» der Bienen, sind noch nicht Sprache. Nach Maturana entwickelt sich Sprache erst, wenn es eine

Kommunikation über Kommunikation gibt. Mit anderen Worten: Der Prozeß des «In-der-Sprache-Seins», wie Maturana es nennt, findet erst statt, wenn es eine Koordination der Verhaltenskoordination gibt. Maturana hat diese Bedeutung von Sprache einmal am Beispiel einer hypothetischen Kommunikation zwischen einer Katze und ihrem Besitzer veranschaulicht.[3]

Nehmen wir an, meine Katze fängt jeden Morgen zu miauen an und läuft zum Kühlschrank. Ich folge ihr, hole etwas Milch heraus, gieße sie in eine Schüssel, und dann beginnt die Katze sie aufzuschlecken. Das ist Kommunikation: eine Verhaltenskoordination durch wiederkehrende Wechselwirkungen oder wechselseitige strukturelle Koppelung. Nehmen wir nun an, daß ich eines Morgens der miauenden Katze nicht folge, weil ich weiß, daß mir die Milch ausgegangen ist. Wäre die Katze irgendwie in der Lage, mir so etwas mitzuteilen wie: «He, jetzt habe ich schon dreimal miaut – wo bleibt meine Milch?», dann wäre dies Sprache. Ihr Hinweis auf ihr vorangegangenes Miauen würde eine Kommunikation über eine Kommunikation darstellen und sich damit, nach Maturanas Definition, als Sprache qualifizieren.

Katzen sind zwar außerstande, Sprache in diesem Sinne zu verwenden, aber höhere Affen können dazu durchaus in der Lage sein. So haben amerikanische Psychologen in einer Reihe aufsehenerregender Experimente gezeigt, daß Schimpansen nicht nur viele Standardzeichen einer Zeichensprache lernen, sondern durch die Kombination verschiedener Zeichen auch neue Ausdrücke erschaffen können.[4] Ein Schimpansenmädchen namens Lucy erfand etwa mehrere Zeichenkombinationen: «Frucht-trinken» für Wassermelone, «essen-weinen-stark» für Rettich und «öffnen-trinken-essen» für Kühlschrank.

Eines Tages regte sich Lucy furchtbar darüber auf, als sie sah, daß ihre menschlichen «Eltern» gerade gehen wollten; sie stellte sich vor sie hin und signalisierte: «Lucy weinen.» Indem sie diese Erklärung über ihr Weinen abgab, kommunizierte sie offenbar etwas über eine Kommunikation. «Uns scheint», schreiben Maturana und Varela, «daß Lucy hier tatsächlich ‹sprach›.»[5]

Nun verfügen einige Primaten anscheinend zwar über das Vermögen, in Zeichensprache zu kommunizieren, aber ihre linguistische Domäne ist doch extrem begrenzt und weit vom Reichtum der menschlichen Sprache entfernt. In der menschlichen Sprache wird ein riesiger Raum eröffnet, in dem Wörter als Zeichen für die linguistische Koordination von Handlungen dienen und außerdem dazu verwendet werden, die Vorstellung von Objekten zu erschaffen. So können wir beispielsweise bei einem Picknick Wörter als linguistische Unterscheidungen verwenden, um unsere Handlungen zu koordinieren, wenn wir ein Tischtuch auf einem Baumstumpf ausbreiten und das Essen daraufstellen. Außerdem können wir uns auch auf diese linguistischen Unterscheidungen beziehen (d. h. zwischen Unterscheidungen unterscheiden), indem wir das Wort «Tisch» verwenden und damit ein Objekt hervorbringen.

Aus Maturanas Sicht sind Objekte somit linguistische Unterscheidungen von linguistischen Unterscheidungen, und sobald wir Objekte haben, können wir abstrakte Begriffe bilden – die Höhe unseres Tisches beispielsweise –, indem wir zwischen Unterscheidungen von Unterscheidungen unterscheiden, und so weiter. Wir können auch sagen, daß sich mit der menschlichen Sprache eine Hierarchie von logischen Typen entwickelt, um auf Batesons Terminologie zurückzugreifen.[6]

In-der-Sprache-Sein

Unsere linguistischen Unterscheidungen sind darüber hinaus nicht isoliert, sondern sie existieren «im Netzwerk von Strukturkoppelungen, das wir dauernd durch [unser In-der-Sprache-Sein] weben».[7] Bedeutung entsteht dann als ein Muster von Beziehungen zwischen diesen linguistischen Unterscheidungen, und damit existieren wir in einer durch unser In-der-Sprache-Sein erschaffenen «semantischen Domäne». Und schließlich entwickelt sich Selbstbewußtheit, wenn wir die Vorstellung eines Objekts und die damit verbundenen abstrakten Begriffe dazu verwenden, uns selbst zu beschreiben. Somit weitet sich die linguistische Domäne von Menschen so weit aus, daß sie auch Reflexion und Bewußtsein erfaßt.

Die Einzigartigkeit des Menschseins ist in unserer Fähigkeit begründet, fortwährend am linguistischen Netzwerk zu weben, in das wir eingebettet sind. Mensch sein heißt in der Sprache existieren. In der Sprache koordinieren wir unser Verhalten, und in der Sprache bringen wir miteinander unsere Welt hervor. Maturana und Varela betonen dabei, «daß die Welt, die jedermann sieht, nicht *die* Welt ist, sondern *eine* Welt, die wir mit anderen hervorbringen».[8] Im Zentrum dieser menschlichen Welt steht unsere Innenwelt des abstrakten Denkens, der Begriffe, Symbole, geistigen Darstellungen und der Selbstbewußtheit. Mensch sein heißt mit einem reflektierenden Bewußtsein versehen sein: Indem «wir erkennen, wie wir erkennen, bringen wir uns selbst hervor».[9]

Im Gespräch zwischen Menschen werden unsere Innenwelt der Begriffe und Ideen, unsere Emotionen und unsere Körperbewegungen in einer komplexen Choreographie der Verhaltenskoordination eng miteinander verknüpft. Filmanalysen haben gezeigt, daß bei jeder Unterhaltung ein subtiler und im großen und ganzen unbewußter Tanz stattfindet, bei dem die genaue Abfolge der Sprechmuster nicht nur mit winzigen Körperbewegungen des Sprechers, sondern auch mit den entsprechenden Bewegungen des Zuhörers präzise synchronisiert wird. Beide Partner sind in eine genau synchronisierte und komplizierte Abfolge rhythmischer Bewegungen eingebunden, und die linguistische Koordination ihrer wechselseitig ausgelösten Gesten bleibt so lange bestehen, wie sie ihre Unterhaltung beibehalten.[10]

Maturanas Theorie des Bewußtseins unterscheidet sich grundlegend von den meisten anderen Theorien, und zwar wegen ihrer Betonung von Sprache und Kommunikation. Aus der Sicht der Santiago-Theorie sind die gegenwärtig so beliebten Versuche, das menschliche Bewußtsein mit Hilfe von Quanteneffekten im Gehirn oder mit anderen neurophysiologischen Prozessen zu erklären, alle zum Scheitern verurteilt. Die Selbstbewußtheit und die Entfaltung unserer Innenwelt der Begriffe und Ideen lassen sich nicht nur nicht physikalisch und chemisch erklären – sie können nicht einmal durch die Biologie oder Psychologie eines einzigen Organismus verstanden werden. Nach Maturana können wir das menschliche Bewußtsein nur durch die Sprache sowie durch den gesamten sozialen Kontext verstehen, in den diese eingebettet ist. Daß Bewußtsein im wesentlichen ein soziales Phänomen ist, wird deutlich, wenn man den englischen Begriff für Bewußtsein – «consciousness» – auf seine lateinische Wurzel zurückführt: *con-scire* heißt wörtlich «zusammen wissen».

Aufschlußreich in diesem Zusammenhang ist es auch, die Vorstellung vom Hervorbringen einer Welt mit dem altindischen Begriff *maya* zu vergleichen. Ursprünglich stand *maya* in der altindischen Mythologie für die «magische Schöpferkraft», durch die die Welt im göttlichen Spiel Brahmas erschaffen wird.[11] Die Myriaden Formen, die wir wahrnehmen, werden alle vom göttlichen Spieler und Zauberer hervorgebracht, und die dynamische Kraft des Spiels ist *karma*, wörtlich «Handlung».

Die Bedeutung des Wortes *maya* – einer der wichtigsten Begriffe in der indischen Philosophie – hat sich im Laufe der Jahrhunderte gewandelt. Nach der Schöpferkraft Brahmas bezeichnete es später den psychischen Zustand von jemandem, der im Banne des magischen Spiels steht. Solange wir die materiellen Formen des Spiels mit der objektiven Realität verwechseln, ohne die Einheit Brahmas wahrzunehmen, die all diesen Formen zugrunde liegt, befinden wir uns im Banne von *maya*.

Auch diese Philosophie bestreitet die Existenz einer objektiven Realität. Wie in der Santiago-Theorie werden die von uns wahrgenommenen Objekte durch Handeln hervorgebracht. Allerdings spielt sich hier der Prozeß des Hervorbringens der Welt im kosmischen Maßstab ab, statt auf der Ebene der menschlichen Kognition. Die in der altindischen Mythologie hervorgebrachte Welt ist nicht *eine* Welt für eine bestimmte menschliche Gesellschaft, die durch Sprache und Kultur zusammengehalten wird, sondern *die* Welt des göttlichen magischen Spiels, das uns alle in seinem Bann hält.

Primäre Bewußtseinszustände

In den letzten Jahren hat Francisco Varela einen anderen Ansatz bei der Betrachtung des Bewußtseins verfolgt, der, wie er hofft, Maturanas Theorie um eine neue Dimension erweitern wird. Seiner Grundhypothese zufolge gibt es in allen höheren Wirbeltieren eine Form von primärem Bewußtsein, das zwar noch nicht selbstreflektierend ist, aber schon die Erfahrung eines «einheitlichen geistigen Raums» oder «geistigen Zustands» aufweist.

In letzter Zeit haben zahlreiche Experimente mit Tieren und Menschen gezeigt, daß dieser geistige Raum aus vielen Dimensionen besteht – mit anderen Worten: durch viele verschiedene Hirnfunktionen erschaffen ist – und doch eine einzelne zusammenhängende Erfahrung darstellt. Wenn beispielsweise der Duft eines Parfüms eine angenehme oder unangenehme Empfindung hervorruft, erlebt man einen einzelnen zusammenhängenden geistigen Zustand, der aus Sinneswahrnehmungen, Erinnerungen und Gefühlen besteht. Dieses Erlebnis hält nicht an, wie wir wissen, und kann sogar extrem kurz sein. Geistige Zustände sind Übergangszustände, die in beständigem Wechsel auftreten und wieder vergehen. Allerdings scheint es nicht möglich zu sein, sie ohne begrenzte Zeitspanne zu erleben. Eine weitere wichtige Beobachtung besagt, daß dieser Erlebniszustand stets «verkörpert», d. h. in einen bestimmten Empfindungsbereich eingebettet ist. Ja, die meisten geistigen Zustände weisen offenbar eine dominierende Empfindung auf, die das gesamte Erlebnis färbt.

Varela hat vor kurzem einen Aufsatz veröffentlicht, in dem er seine Grundhypothese darstellt und einen bestimmten Mechanismus im Gehirn zur Herstellung primärer Bewußtseinszustände in allen höheren Wirbeltieren postuliert.[12] Der entscheidende Gedanke dabei besagt, vorübergehende Erfahrungszustände entstünden durch ein Resonanzphänomen, den sogenannten «Phasenschluß», bei dem verschiedene Hirnregionen derart miteinander vernetzt sind, daß alle ihre Neuronen ihre Signale «im Gleichschritt» abgeben. Durch dieses Synchronisation der Nerventätigkeit bilden sich vorübergehende «Zellansammlungen», die aus weitverzweigten neuronalen Schaltkreisen bestehen können.

Nach Varelas Hypothese beruht jede kognitive Erfahrung auf einer spezifischen Zellansammlung, in der viele verschiedene Nerventätigkeiten – die mit Sinneswahrnehmungen, Gefühlen, Erinnerungen, Körperbewegungen usw. verbunden sind – zu einem vorübergehenden, aber eng zusammenhängenden Ensemble von schwingenden Neuronen vereint sind. Die Tatsache, daß neuronale Schaltkreise zu rhythmischen Schwingungen tendieren, ist den Gehirnwissenschaftlern bekannt, und die neuere Forschung hat gezeigt, daß diese Schwingungen nicht auf die Großhirnrinde beschränkt sind, sondern auf verschiedenen Ebenen im Nervensystem stattfinden.

Aus den zahlreichen Experimenten, mit denen Varela seine Hypothese belegt, geht hervor, daß kognitive Erfahrungszustände durch die Synchronisation von schnellen Schwingungen im Gamma- und Beta-Bereich erzeugt werden, die rasch auftreten und wieder abklingen. Jeder Phasenschluß ist mit einer charakteristischen Entspannungszeit verbunden, nach der sich die Mindestdauer der Erfahrung richtet.

Varelas Hypothese stellt eine neurologische Basis für die Unterscheidung zwischen bewußter und unbewußter Kognition dar. Danach haben die Gehirnwissenschaftler gesucht, seit Sigmund Freud das menschliche Unbewußte entdeckte.[13] Nach Varela ist die primäre bewußte Erfahrung, die allen höheren Wirbeltieren gemeinsam ist, weder in einem bestimmten Teil des Gehirns lokalisiert, noch läßt sie sich aufgrund von spezifischen neuronalen Strukturen identifizieren. Vielmehr ist sie die Manifestation eines bestimmten kognitiven Prozesses: einer vorübergehenden Synchronisation diverser, rhythmisch schwingender neuronaler Schaltkreise.

Das Schicksal des Menschen

Die Menschen haben sich vor rund zwei Millionen Jahren aus den aufrecht gehenden «Südaffen» (der Gattung *Australopithecus*) entwickelt. Der Übergang von Affen zu Menschen wurde, wie wir in einem früheren Kapitel gesehen haben, durch zwei unterschiedliche Entwicklungen vorangetrieben: die Hilflosigkeit frühgeborener Säuglinge, die eine Unterstützung durch Familien und Gemeinschaften erforderlich machte, und die zur Herstellung und zum Gebrauch von Werkzeugen führende Freiheit der Hände, die das Hirnwachstum anregte und zur Entwicklung von Sprache beigetragen haben kann.[14]

Maturanas Theorie von Sprache und Bewußtsein erlaubt es uns, diese beiden evolutionären Antriebskräfte miteinander zu verbinden. Da Sprache zu einer höchst flexiblen und wirksamen Verhaltenskoordination führt, ermöglichte die Entwicklung von Sprache den Frühmenschen eine erhebliche Steigerung ihrer kooperativen Tätigkeiten sowie die Bildung von Familien, Gemeinschaften und Stämmen. Das wiederum verschaffte ihnen ungeheure evolutionäre Vorteile. Die entscheidende Rolle der Sprache in der Entwicklung des Menschen bestand nicht in der Fähigkeit, Gedanken auszutauschen, sondern im gesteigerten Vermögen der Kooperation.

Als die Vielfalt und Reichhaltigkeit unserer menschlichen Beziehungen zunahm, entfaltete sich dementsprechend auch unsere Menschlichkeit – unsere Sprache, unsere Kunst, unser Denken und unsere Kultur. Gleichzeitig entwickelten wir auch die Fähigkeit des abstrakten Denkens, also des Hervorbringens einer Innenwelt von Begriffen, Objekten und Bildern von uns selbst. Während diese Innenwelt immer vielfältiger und komplexer wurde, verloren wir allmählich den Kontakt zur Natur und wurden immer stärker zerstückelte Persönlichkeiten.

Damit kam es zur Spannung zwischen Ganzheit und Fragmentierung, zwischen Körper und Seele, die zu allen Zeiten von Dichtern, Philosophen und Mystikern als der Kern des Menschenschicksals verstanden worden ist. Das menschliche Bewußtsein hat nicht nur die Höhlenmalereien von Chauvet, die Bhagavadgita, die Brandenburgischen Konzerte und die Relativitätstheorie hervorgebracht, sondern auch die Sklaverei, die Hexenverbrennungen, den Holocaust und die Bombardierung von Hiroshima. Unter allen Spezies sind wir die einzige, die ihre Artgenossen um der Religion, der Marktwirtschaft, des Patriotismus und anderer abstrakter Ideen willen umbringt.

Die buddhistische Philosophie enthält einige der klarsten Erklärungen über das menschliche Dilemma und seine Wurzeln in der Sprache und im Bewußtsein.[15] Aus buddhistischer Sicht beginnen wir Menschen an unserer Existenz zu leiden, wenn wir uns an die vom Geist geschaffenen festen Formen und Kategorien klammern, statt die Unbeständigkeit und Vergänglichkeit aller Dinge zu akzeptieren. Buddha lehrte, daß alle festen Formen – Dinge, Vorgänge, Menschen oder Ideen – nichs weiter sind als *maya*. Wie die vedischen Seher und Weisen verwendete auch er diesen altindischen Begriff, aber er löste ihn von der kosmischen Ebene, die er im Brahmanismus einnahm und noch heute im Hinduismus einnimmt, indem er ihn mit dem Prozeß der menschlichen Kognition verband und ihm damit eine neue, fast psychotherapeutische Bedeutung verlieh.[16] Aus Unwissenheit *(avidya)* teilen wir die wahrgenommene Welt in getrennte Objekte ein, die wir als fest und dauerhaft ansehen, die in Wirklichkeit aber vergänglich sind und sich ständig wandeln. Indem wir uns an unsere starren Kategorien klammern, statt das Fließende des Lebens zu erkennen, müssen wir eine Enttäuschung nach der anderen erleben.

Die buddhistische Lehre der Unbeständigkeit schließt auch die Vorstellung ein, daß es kein Selbst gibt – kein beständiges Subjekt unserer unterschiedlichen Erfahrungen. Sie behauptet, daß die Idee eines getrennten, individuellen Selbst eine Illusion sei, nur eine weitere Form von *maya*, ein intellektueller Begriff, dem keine Wirklichkeit entspricht. Wenn man sich an diese Idee eines separaten Selbst klammert, führe dies zu dem gleichen frustrierenden Leiden *(duhkha)*, wie wenn man irgendeiner anderen festgefügten Kategorie des Denkens anhängt. Die Kognitionswissenschaft vertritt genau dieselbe Position.[17] Nach der Santiago-Theorie bringen wir das Selbst ebenso hervor wie irgendein beliebiges Objekt. Unser Selbst, unser Ich, hat keine unabhängige Existenz, sondern ist ein Ergebnis unserer inneren strukturellen Koppelung. Eine genaue Analyse des Glaubens an ein unabhängiges, feststehendes Selbst und die daraus resultierende «kartesianische Angst» hat Francisco Varela und seine Kollegen zu der Schlußfolgerung bewegt

> daß unser Greifen nach einer inneren Grundlage das Wesen des Ich-Selbst ausmacht und eine Quelle ständiger Enttäuschungen darstellt. Damit beginnen wir zu erkennen, daß dieses Verlangen nach einer inneren Grundlage selbst ein Moment in einem umfassenderen Muster des Ergreifens ist, dem auch unser Anhaften an eine äußere Grundlage in der Vorstellung einer vorgegebenen, unabhängigen Welt zuzurechnen ist. Damit bildet unser Greifen nach einer inneren oder äußeren Grundlage die tiefe Quelle unserer Enttäuschung und Angst.[18]

Dies also ist die Crux des menschlichen Selbst. Wir sind autonome Individuen, von unserer eigenen Geschichte struktureller Veränderungen geformt. Wir sind selbstbewußt, unserer individuellen Identität bewußt – doch wenn wir nach einem unabhängigen Selbst in unserer Erfahrungswelt Ausschau halten, können wir ein derartiges Wesen nicht finden.

Der Ursprung unseres Dilemmas liegt in unserer Neigung, die Abstraktionen separater Objekte und damit auch eines separaten

Selbst zu schaffen und dann zu glauben, sie würden einer objektiven, unabhängig existierenden Realität angehören. Um unsere kartesianische Angst zu überwinden, müssen wir systemisch denken, unsere begriffliche Aufmerksamkeit also von Objekten zu Beziehungen verlagern. Erst dann können wir erkennen, daß Identität, Individualität und Autonomie nicht Getrenntheit und Unabhängigkeit voraussetzen. Lynn Margulis und Dorion Sagan weisen uns darauf hin, daß «Unabhängigkeit ein politischer, kein wissenschaftlicher Ausdruck ist».[19]

Die Kraft des abstrakten Denkens hat uns dazu verleitet, die natürliche Umwelt – das Lebensnetz – so zu behandeln, als bestünde sie aus separaten Teilen, die von verschiedenen Interessengruppen ausgebeutet werden können. Darüber hinaus haben wir diese fragmentierte Sicht auf unsere menschliche Gesellschaft ausgeweitet, indem wir sie in verschiedene Nationen, Rassen, religiöse und politische Gruppen aufgeteilt haben. Der Glaube, daß all diese Fragmente – in uns selbst, in unserer Umwelt und in unserer Gesellschaft – wirklich getrennt sind, hat uns der Natur und unseren Mitmenschen entfremdet und uns damit beeinträchtigt. Damit wir unsere ganze Menschlichkeit wiedergewinnen, müssen wir die Erfahrung unserer Verbundenheit mit dem gesamten Lebensnetz wiedergewinnen. Dieses Wiederverbinden – auf lateinisch *religio* – ist die wahrhaft spirituelle Begründung der Tiefenökologie.

Die entstehende Theorie lebender Systeme – eine Zusammenfassung

Dieses Buch stellt ein neues Konzept zum wissenschaftlichen Verständnis des Lebens vor. Eine der herausragendsten wissenschaftlichen Leistungen der letzten 25 Jahre ist die Entwicklung einer neuen Sprache für das Verstehen der Komplexität lebender Systeme (Organismen, sozialer Systeme und Ökosysteme). In den einzelnen Wissenschaftsbereichen hat man dafür unterschiedliche Bezeichnungen gewählt: «dynamische Systemtheorie», «die Theorie der Komplexität», «nichtlineare Dynamik», «Netzwerkdynamik» usw. Einige ihrer Schlüsselbegriffe sind «chaotische Attraktoren», «Fraktale», «dissipative Strukturen», «Selbstorganisation» und «autopoietische Netzwerke». Dieses Buch stellt eine Synthese dieser neuen Entdeckungen vor.

Die begrifflichen und historischen Wurzeln des neuen Wissenschaftskonzepts liegen in der Tradition des Systemdenkens sowie in den Modellen und Theorien lebender Systeme, wie sie in den ersten Jahrzehnten dieses Jahrhunderts entwickelt wurden. Meine Synthese der gegenwärtigen Theorien und Modelle, die ich hier darlege, kann als Entwurf einer Theorie lebender Systeme betrachtet werden, die eine einheitliche Anschauung von Geist, Materie und Leben zugrunde legt.

Das neue Verständnis des Lebens steht im größeren Kontext des Wechsels von einem mechanistischen zu einem ökologischen Paradigma. So enthält das **1. Kapitel** einen Überblick über die sozialen und kulturellen Voraussetzungen und Folgen dieses Paradigmenwechsels, mit besonderer Berücksichtigung der Tiefenökologie als der dem neuen Paradigma zugrunde liegenden Philosophie.

Kapitel 2 bis 4 liefern eine historische Darstellung des Systemdenkens, wie es in der ersten Hälfte dieses Jahrhunderts aufkam und in den Formulierungen dreier Systemtheorien kulminiert: der Tektologie, der allgemeinen Systemtheorie und der Kybernetik. Am Ende des 4. Kapitels ist mein historischer Überblick in der Mitte des Jahrhunderts angelangt, und das **5. Kapitel** fährt mit einer Erörterung des eigenartigen Schicksals fort, welches das Systemdenken in den fünfziger und sechziger Jahren hatte. Während die neue systemische Methode einen starken Einfluß auf Management und Technik nahm, wirkte sie sich paradoxerweise in den Biowissenschaften so gut wie gar nicht aus. Dies war die Zeit der spektakulären Triumphe der Molekularbiologie und ihres mechanistischen Ansatzes, der die systemische Sicht des Lebens vollständig in den Hintergrund drängte. Mitte der siebziger Jahre war die Anwendung systemischer Methoden in akademischen Kreisen in Mißkredit geraten, und die Systemtheorien der Vergangenheit wurden in mehreren kritischen Beiträgen als geistige Irrwege abgetan. Vor allem wurde darauf hingewiesen, daß die in der ersten Jahrhunderthälfte entwickelten Systemkonzepte nicht zu einer formalen mathematischen Theorie lebender Systeme geführt hätten.

Während diese Kritiker die systemische Methode als Sackgasse der Forschung abschrieben, kam es jedoch zu zwei Entwicklungen, die eine Erarbeitung erfolgreicher Systemmodelle und -theorien ermöglichten. Zum einen war dies die Entdeckung von neuen mathematischen Techniken zur modellhaften Darstellung der Komplexität lebender Systeme, zum andern das Aufkommen des leistungsfähigen neuen Begriffs der Selbstorganisation. Dieser beruht auf der Einsicht, daß das Netzwerk das Grundmuster des Lebens ist.

Im **5. Kapitel** stelle ich Ursprung und Entwicklung des Begriffs der Selbstorganisation dar und diskutiere mehrere Modelle und Theorien selbstorganisierender Systeme, die in den späten sechziger sowie in den siebziger Jahren formuliert wurden: die Theorie der dissipativen Strukturen Ilya Prigogines, die Lasertheorie Hermann Hakens, die Hyperzyklen Manfred Eigens, den Begriff der Autopoiese Humberto Maturanas und Francisco Varelas sowie die Gaia-Hypothese von James Lovelock und Lynn Margulis. Das **6. Kapitel** stellt die neue mathematische Sprache dar, die all diesen Modellen gemeinsam ist.

Das 5. und 6. Kapitel enthalten somit jene «Teile des Puzzles», die den Systemtheoretikern in der ersten Hälfte des Jahrhunderts nicht zur Verfügung gestanden hatten. Von diesen Teilen – d. h. von den Modellen selbstorganisierender Systeme und ihrer Sprache – gehe ich anschließend zur Formulierung meiner eigenen Synthese der neuen Konzeption des Lebens über.

Im **7. Kapitel** stelle ich diese Synthese im Überblick vor. Ich lege dar, wie man ein lebendes System nach drei Schlüsselkriterien beschreiben kann: nach seinem Organisationsmuster, seiner Struktur und seinem Lebensprozeß. Diese Kriterien stellen drei verschiedene, aber nicht voneinander zu trennende Perspektiven im Hinblick auf das Phänomen des Lebens dar und bilden zusammen die drei begrifflichen Dimensionen.

Kurz gesagt, schlage ich vor, die autopoietischen Netzwerke, wie Maturana und Varela sie definieren, als das Muster des Lebens, die dissipativen Strukturen, wie Prigogine sie definiert, als die Strukturen lebender Systeme und schließlich die Kognition, wie sie ursprünglich Gregory Bateson definiert hat und ausführlicher Maturana und Varela definieren, als den Prozeß des Lebens zu verstehen. Diese drei Kriterien des Lebens und die ihnen zugrundeliegenden Theorien werden anschließend ausführlich in den folgenden Kapiteln dargestellt.

Das **8. Kapitel** befaßt sich mit Prigogines Theorie der dissipativen Strukturen, die eine radikale Neuorientierung vieler mit dem Begriff der Struktur verbundenen Vorstellungen mit sich bringt – eine Verschiebung der Wahrnehmung von der Stabilität zur Instabilität, von der Ordnung zur Unordnung, vom Gleichgewicht zum Nichtgleichgewicht, vom Sein zum Werden.

Im Mittelpunkt des **9. Kapitels** steht die Theorie der Autopoiese, des Organisationsmusters lebender Systeme. In seinem ersten Teil werden zwei Arten mathematischer Modelle beschrieben: die Zellautomaten und die binären Netzwerke, wie sie erfolgreich zur Simulation verschiedener Aspekte autopoietischer Systeme angewendet worden sind. Daran schließt sich zunächst ein kurzer Überblick über die neueren experimentellen Entwicklungen an, die in der Synthese chemischer autopoietischer Systeme im Labor gipfelten. Es folgt eine Darstellung der Bemühungen, den (ursprünglich in der Zellbiologie entwickelten) Begriff der Autopoiese auf lebende Organismen, soziale Systeme und auf das planetarische Gaia-System anzuwenden. Abschließend wird aufgezeigt, wie die Wechselwirkungen zwischen lebenden Systemen, die Entwicklung von Organismen und die Evolution der Arten im Rahmen der Theorie der Autopoiese verstanden werden.

Das Phänomen der Evolution wird erneut im **10. Kapitel** aufgegriffen. Es beginnt mit einer kritischen Würdigung von Darwinismus und Neodarwinismus und befaßt sich dann mit den Umrissen einer neuen systemischen Sicht der Evolution. Diese beruht auf mehreren Schlüsselbegriffen aus den Theorien und Modellen selbstorganisierender Systeme. Von zentraler Bedeutung ist nach dieser Anschauung die Einsicht in die dem Leben immanente Tendenz, Neues durch das spontane Entstehen von zunehmender Komplexität und Ordnung zu erschaffen.

Von dieser fundamentalen Einsicht ausgehend, erörtere ich sodann die drei Hauptwege der Evolution: Genmutation, Genaustausch und Symbiose, wie sie sich aus Sicht der neueren Forschung in der Mikrobiologie darstellen. Damit ist mein Überblick über die Hauptelemente der systemischen Sicht der Evolution abgeschlossen. Der Rest des Kapitels erzählt die Geschichte der Entfaltung des Lebens auf der Erde im Laufe von vier Milliarden Jahren – von seinen präbiotischen Anfängen bis zur Entwicklung der Kunst, der Sprache und der Kultur des Menschen. Das ganze Kapitel wurde inspiriert durch die bahnbrechenden Arbeiten der Mikrobiologin Lynn Margulis.

In den letzten beiden Kapiteln erörtere ich die dritte begriffliche Dimension meiner Synthese: den Lebensprozeß. Dieser Darstellung liegt die sogenannte Santiago-Theorie der Kognition zugrunde, wie sie Maturana und Varela aufgestellt haben und in der der Prozeß des Wissens mit dem Prozeß des Lebens selbst gleichgesetzt wird.

Im **11. Kapitel** verfolge ich diesen radikal neuen Gedanken bis zu seinen Wurzeln in der Kybernetik zurück. Hier vergleiche ich die Methoden von Maturana und Bateson, die unabhängig voneinander etwa zur selben Zeit diese revolutionäre Erkenntnis ermöglichten. Darüber hinaus stelle ich mehrere weitreichende Implikationen dieses Ansatzes dar. Dazu gehören die jüngere Forschung auf dem neuen Gebiet der kognitiven Immunologie sowie die dadurch sichtbar werdende Integration des Nervensystems, des Immunsystems und des endokrinen Systems in einem einzigen psychosomatischen Netzwerk.

Das **12. Kapitel** befaßt sich mit den spezifischen Merkmalen der menschlichen Kognition, die sich von den kognitiven Prozessen anderer Arten unterscheiden. Das zentrale Phänomen hier ist die Selbstbewußtheit, die menschliches Bewußtsein auszeichnet. In der Santiago-Theorie ist die Selbstbewußtheit eng mit der Sprache verbunden, aus der auch unsere Innenwelt des abstrakten Denkens, der Begriffe und Symbole hervorgeht. Meine Darstellung dieser Gedanken im 12. Kapitel enthält auch eine neuere Hypothese von Francisco Varela über die Existenz einer primären bewußten Erfahrung in allen höheren Wirbeltieren. Das Kapitel – und damit das Buch – schließt mit einigen Gedanken über das menschliche Wesen, über unsere Neigung, unsere Abstraktionen mit der Existenz einer objektiven Realität zu verwechseln, und über die unabdingbare Notwendigkeit, daß wir uns wieder mit dem gesamten Lebensnetz verbinden.

Die entstehende Theorie lebender Systeme im Überblick

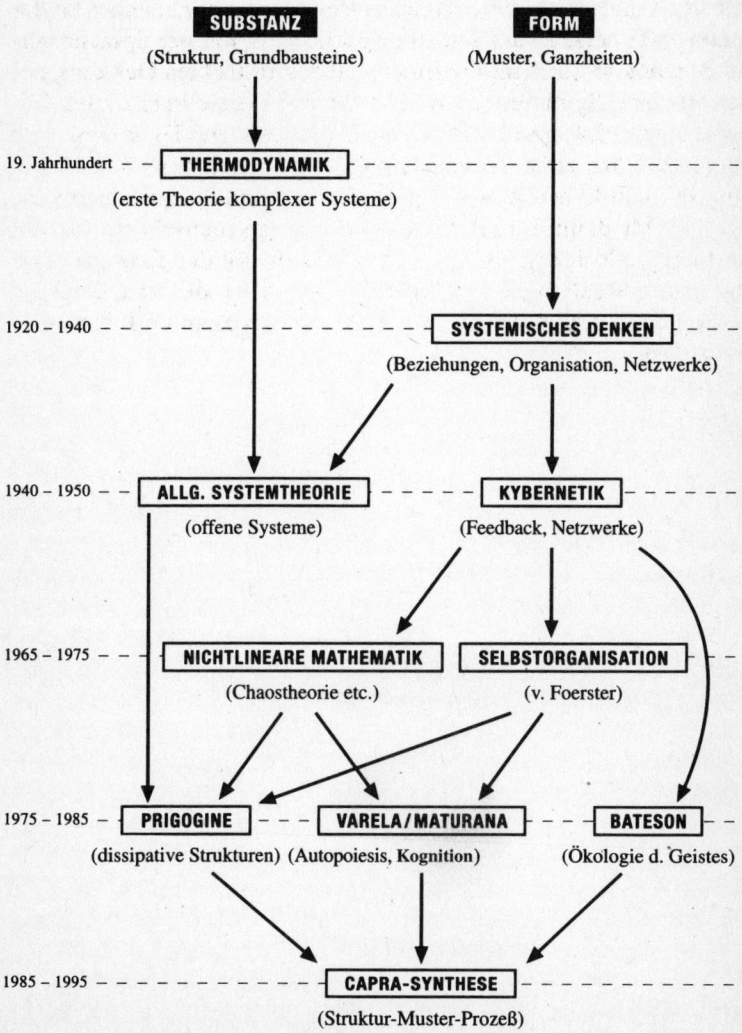

Epilog: Ökologisches Bewußtsein

Sich wieder ins Lebensnetz einzubinden – das heißt vor allem: Gemeinwesen zu bilden und zu pflegen, die sich am Prinzip der ökologischen Nachhaltigkeit ausrichten. In ihnen können wir unsere Bedürfnisse befriedigen und unsere Ziele verwirklichen, ohne die Chancen künftiger Generationen zu schmälern. Um diese Aufgabe zu lösen, können wir wichtige Lehren aus dem Studium von Ökosystemen ziehen, die ja am Prinzip der Nachhaltigkeit ausgerichtete Gemeinwesen von Pflanzen, Tieren und Mikroorganismen bilden. Um aber diese Lehren zu verstehen, müssen wir die Grundprinzipien der Ökologie erlernen. Wir müssen sozusagen unseren ökologischen Analphabetismus überwinden und ökologisch bewußt werden.[1] Ökologisch bewußt oder «ökobewußt» sein heißt, die Organisationsprinzipien ökologischer Gemeinwesen (von Ökosystemen) zu verstehen und anzuwenden, d. h., unsere Gemeinwesen ökologisch nachhaltig zu gestalten. Wir müssen unsere Gemeinwesen – auch im Hinblick auf Erziehungswesen, Geschäftsleben und Politik – so reformieren, daß die Prinzipien der Ökologie in ihnen als Prinzipien der Erziehung, des Managements und der Politik manifest werden.[2]

Die in diesem Buch dargelegte Theorie lebender Systeme bietet einen begrifflichen und gedanklichen Rahmen, um die Verkopplung ökologischer und menschlicher Gemeinschaften zu erkennen. Beide sind lebende Systeme, mit denselben Grundprinzipien der Organisation. Es sind Netzwerke, die organisatorisch geschlossen, aber offen für den Energie- und Ressourcenfluß sind. Ihre Strukturen werden durch die Geschichte ihrer jeweiligen strukturellen Veränderungen festgelegt. Und: Dank der in den Lebensprozessen enthaltenen kognitiven Ebenen sind sie intelligent.

Natürlich unterscheiden sich Ökosysteme und menschliche Gemeinschaften in vielerlei Hinsicht. In Ökosystemen gibt es keine

Selbsterkenntnis, keine Sprache, kein Bewußtsein und keine Kultur – und daher keine Gerechtigkeit, keine Demokratie, aber auch keine Habgier, keine Verlogenheit. Über diese menschlichen Werte und Fehler können wir von Ökosystemen nichts lernen. Aber wir *können* und müssen von ihnen lernen, prinzipiell ökologisch nachhaltig zu leben. Im Laufe von über drei Milliarden Jahren der Evolution haben sich die Ökosysteme des Planeten auf so subtile und komplexe Weise selbstorganisiert, daß sie die Anwendung dieses Prinzips optimiert haben. Diese Weisheit der Natur macht das Wesen des Ökobewußtseins aus.

Ausgehend vom Verständnis von Ökosystemen als autopoietischen («selbst-machenden», d. h. sich selbst erhellenden) Netzwerken und dissipativen Strukturen, können wir eine Reihe von Organisationsprinzipien formulieren, die als Grundprinzipien der Ökologie anzusehen sind, und sie als Richtlinien zur Bildung von ökologisch nachhaltigen menschlichen Gemeinschaften anwenden.

Das erste Prinzip ist die wechselseitige Abhängigkeit. Alle Mitglieder einer ökologischen Gemeinschaft sind in einem riesigen und komplexen Netzwerk von Beziehungen, dem Lebensnetz, wechselseitig miteinander verbunden. Sie leiten ihre wesentlichen Eigenschaften, ja, geradezu ihre Existenz aus ihren Beziehungen zu anderen Dingen ab. Die wechselseitige Abhängigkeit aller Lebensprozesse ist das Wesen aller ökologischen Beziehungen. Das Verhalten jedes lebenden Mitglieds im Ökosystem hängt vom Verhalten vieler anderer Mitglieder ab. Der Erfolg der ganzen Gemeinschaft beruht auf dem Erfolg ihrer individuellen Mitglieder, während der Erfolg jedes Mitglieds vom Erfolg der Gemeinschaft als Ganzem abhängt.

Die ökologische Vernetzung verstehen heißt Beziehungen verstehen. Das erfordert eine veränderte Ausrichtung unserer Wahrnehmung, wie sie für das Systemdenken charakteristisch ist: von den Teilen zum Ganzen, von Objekten zu Beziehungen, von Inhalten zu Mustern. Eine ökologisch nachhaltig organisierte menschliche Gemeinschaft ist sich der vielfachen Beziehungen zwischen ihren Mitgliedern bewußt. Die Gemeinschaft pflegen heißt diese Beziehungen pflegen.

Die Tatsache, daß das Grundmuster des Lebens ein Netzwerkmuster ist, bedeutet, daß die Beziehungen zwischen den Mitgliedern einer ökologischen Gemeinschaft nichtlinear sind und vielfache

Rückkopplungsschleifen enthalten. Lineare Ketten von Ursache und Wirkung existieren nur ganz selten in Ökosystemen. Daher ist eine Störung nicht auf eine einzige Wirkung beschränkt, sondern breitet sich meistens in sich ständig vergrößernden Mustern aus. Sie kann durch Rückkopplungsschleifen weiter verstärkt werden, so daß die ursprüngliche Quelle der Störung möglicherweise vollständig verschleiert wird.

Diese zyklische Beschaffenheit ökologischer Prozesse ist ein wichtiges Prinzip der Ökologie. Die Rückkopplungsschleifen des Ökosystems sind die Wege, auf denen Nährstoffe fortwährend recycelt werden. Als offene Systeme erzeugen alle Organismen in einem Ökosystem Abfall, aber was für die eine Spezies Abfall ist, ist für eine andere Nahrung, so daß das Ökosystem als Ganzes keinen Abfall erzeugt. Auf diese Weise haben sich im Laufe von Jahrmilliarden Gemeinschaften von Organismen entwickelt, indem sie ständig die gleichen Moleküle von Mineralien, Wasser und Luft verbraucht und recycelt haben.

Was dies für menschliche Gemeinschaften bedeutet, liegt auf der Hand. Ein entscheidender Konflikt zwischen Ökonomie und Ökologie resultiert aus der Tatsache, daß die Natur zyklisch ist, während unsere Industriesysteme linear sind. Unsere Unternehmen greifen auf Ressourcen zurück, wandeln sie in Produkte plus Abfall um und verkaufen die Produkte an die Verbraucher, die mehr Abfall verursachen, wenn sie die Produkte konsumiert haben. Nachhaltig zu wirtschaften bedeutet, zyklische Muster von Produktion und Verbrauch zu installieren, die diese Kreisläufe in der Natur imitieren. Um dorthin zu gelangen, müssen wir einen grundlegenden Umbau unserer Unternehmen und unserer Wirtschaft herbeiführen.[3]

Ökosysteme unterscheiden sich von individuellen Organismen dadurch, daß sie im Hinblick auf den Rohstofffluß weitgehend (aber nicht völlig) geschlossene Systeme darstellen, während sie im Hinblick auf den Energiefluß offen sind. Die primäre Quelle dieses Energieflusses ist die Sonne. Durch die Photosynthese der Grünpflanzen wird die Sonnenenergie in chemische Energie umgewandelt und hält so die meisten ökologischen Kreisläufe in Gang.

Was sich daraus für die Gestaltung menschlicher Gemeinwesen ergibt, liegt erneut auf der Hand. Die Sonnenenergie in ihren vielen Formen – Sonnenlicht für Solarwärme und photovoltaische Elektrizität, Wind und Wasserkraft, Biomasse usw. – ist die einzige Energieart, die erneuerbar, ökonomisch effizient und umweltverträglich ist. Solange unsere führenden Politiker und Wirtschaftsexperten diese ökologische Tatsache ignorieren, gefährden sie die Gesundheit und das Wohlergehen von Millionen Menschen auf der ganzen Welt. Der Golfkrieg von 1991 beispielsweise, der Hunderttausende von Toten forderte, bei dem Millionen verarmten und es zu noch nie dagewesenen Umweltkatastrophen kam, beruhte zum großen Teil auf der fehlgeleiteten Energiepolitik unter Reagan und Bush.

Die Sonnenenergie als ökonomisch effizient zu bezeichnen setzt voraus, daß die Kosten der Energieerzeugung ehrlich berechnet werden. Dies ist in der heutigen Marktwirtschaft zumeist nicht der Fall. Der sogenannte «freie Markt» liefert den Verbrauchern keine korrekten Informationen, weil die sozialen und die umweltbedingten Produktionskosten nicht in die gegenwärtigen Wirtschaftsmodelle einbezogen werden.[4] Diese Kosten werden von privatwirtschaftlichen wie staatlichen Wirtschaftsexperten zu «externen» Variablen erklärt, weil sie nicht in ihr theoretisches Konzept passen.

Vertreter der Privatwirtschaft behandeln nicht nur Luft, Wasser und Boden als frei verfügbare Rohstoffe, sondern auch das empfindliche Netz der sozialen Beziehungen, das durch eine ständige wirtschaftliche Expansion ernsthaft angegriffen wird. Private Profite werden durch die Beeinträchtigung der Umwelt und der allgemeinen Lebensqualität auf Kosten der Öffentlichkeit wie künftiger Generationen erzielt. Der Markt vermittelt uns schlicht die falschen Informationen. Da fehlt es an Rückkopplung, und schon das einfachste ökologische Bewußtsein sagt uns, daß ein derartiges System nicht ökologisch nachhaltig sein kann.

Eine der wirksamsten Möglichkeiten, die Situation zu ändern, wäre eine ökologische Steuerreform. Eine derartige Steuerreform wäre absolut aufkommensneutral, weil sie die Steuerlast von Einkommensteuern auf «Ökosteuern» verlagern würde. Dies bedeutet, daß Steuern auf bestehende Produkte, Energieformen, Dienstleistungen und Materialien aufgeschlagen würden, so daß sich die wahren Kosten in den Preisen besser widerspiegelten.[5] Eine wirksame und erfolgreiche ökologische Steuerreform muß ein langsamer und langfristiger Prozeß sein. Neue Technologien müssen entwickelt werden, die Verbraucher ausreichend Zeit zur Umstellung haben, und die Ökosteuer muß auf eine berechenbare Weise erhoben werden, um die Industrie zu Innovationen anzuregen.

Eine langfristig angelegte und schrittweise eingeführte ökologische Steuerreform würde nach und nach aufwendige und gefährliche Techniken und Verbrauchsmuster vom Markt vertreiben. Wenn die Energiepreise steigen, wobei entsprechende Einkommensteuerermäßigungen den Anstieg ausgleichen, werden die Menschen zunehmend von Autos auf Fahrräder umsteigen, öffentliche Verkehrsmittel benutzen und für die Fahrt zur Arbeit Fahrgemeinschaften bilden. Während die Steuern auf petrochemische Erzeugnisse und Brennstoffe in die Höhe gehen, bei gleichzeitigem Ausgleich durch Einkommensteuerermäßigungen, wird sich der biologische Anbau nicht nur zur gesündesten, sondern auch zur billigsten Methode für die Produktion von Lebensmitteln entwickeln.

Zur Zeit diskutiert man in mehreren europäischen Ländern ernsthaft die Einführung von Ökosteuern, und wahrscheinlich wird man sie in allen Ländern früher oder später auch erheben. Um in einem derartigen neuen System wettbewerbsfähig zu bleiben, müssen Manager und Unternehmer ökologisch bewußt werden. Insbesondere wird es auf die genaue Kenntnis des Energie- und Rohstoffflusses durch ein Unternehmen ankommen, und daher wird die Erstellung von Ökobilanzen von überragender Bedeutung sein.[6] Eine Ökobilanz befaßt sich mit den Umweltfolgen der Rohstoff-, Energie- und Arbeitskräfteflüsse durch ein Unternehmen und daher mit den wahren Produktionskosten.

Partnerschaft ist eine weitere wichtige Eigenschaft ökologischer Systeme. Der zyklische Energie- und Ressourcenaustausch in ihnen wird durch umfassende Kooperation aufrechterhalten. Ja, wie wir gesehen haben, hat sich das Leben seit der Entstehung der ersten mit Kernen versehenen Zellen vor über zwei Milliarden Jahren durch immer komplexere Arrangements von Kooperation und Koevolution weiterentwickelt. Partnerschaft also – die Neigung, sich zu assoziieren, Verbindungen zu errichten, ineinander zu leben und zu kooperieren – ist eines der herausragenden Kennzeichen von Leben.

In menschlichen Gemeinschaften bedeutet Partnerschaft Demokratie und persönliche Ermächtigung, denn jedes Mitglied der Gemeinschaft spielt eine wichtige Rolle. Wenn wir das Prinzip der

Partnerschaft mit der Dynamik von Veränderung und Entwicklung verbinden, können wir in menschlichen Gemeinschaften den Ausdruck «Koevolution» in einem metaphorischen Sinne gebrauchen. Im Laufe einer Partnerschaft versteht jeder Partner die Bedürfnisse des anderen immer besser. In einer echten, engagierten Partnerschaft können beide Partner dazulernen und sich verändern – sie entwickeln sich in Koevolution. Auch hier begegnen wir wieder der Grundspannung zwischen den Anforderungen des Prinzips ökologischer Nachhaltigkeit und der besonderen Gestaltungsform unserer derzeitigen Gesellschaften, der Spannung also zwischen Ökonomie und Ökologie. Für die Wirtschaft stehen Wettbewerb, Expansion und Beherrschung im Vordergrund – die Ökologie legt Wert auf Kooperation, Erhaltung und Partnerschaft.

Alle bisher erwähnten Prinzipien der Ökologie – wechselseitige Abhängigkeit, der zyklische Ressourcenfluß, Kooperation und Partnerschaft – bilden verschiedene Aspekte desselben Organisationsmusters. Auf diese Weise organisieren Ökosysteme sich selbst, um ihre eigene Gestaltung gemäß dem Prinzip der Nachhaltigkeit zu optimieren. Sobald wir dieses Muster einmal verstanden haben, können wir gezieltere Fragen stellen. Worauf beruht beispielsweise die Widerstandsfähigkeit dieser ökologischen Gemeinschaften? Wie reagieren sie auf Störungen von außen? Diese Fragen führen uns zu zwei weiteren Prinzipien der Ökologie: Flexibilität und Vielfalt, die es Ökosystemen ermöglichen, Störungen zu überleben und sich verändernden Bedingungen anzupassen.

Die Flexibilität eines Ökosystems ist eine Folgeerscheinung seiner vielfachen Rückkopplungsschleifen, die im allgemeinen das System wieder ins Gleichgewicht zurückbringen, wenn es – aufgrund sich verändernder Umweltbedingungen – zu einer Abweichung von der Norm gekommen war. Wenn beispielsweise in einem ungewöhnlich warmen Sommer ein verstärktes Algenwachstum in einem See auftritt, können einige Fischarten, die sich von diesen Algen ernähren, besser gedeihen und sich stärker vermehren, so daß ihre Zahl zunimmt und sie die Algen zu dezimieren beginnen. Sobald ihre Hauptnahrungsquelle reduziert ist, setzt ein Sterben dieser Fische ein. Wenn die Fischpopulation zurückgeht, erholen sich die Algen und breiten sich wieder aus. Auf diese Weise erzeugt die ursprüngliche Störung eine Fluktuation in einer Rückkopplungsschleife, die das Fisch-Algen-System schließlich wieder ins Gleichgewicht zurückbringt.

Störungen dieser Art treten die ganze Zeit auf, weil sich die Umstände in der Umwelt ständig verändern, und daher herrscht letzten Endes eine fortwährende Fluktuation. Alle Variablen, die wir in einem Ökosystem beobachten können – Populationsdichte, Verfügbarkeit von Nährstoffen, Wettermuster usw. –, sind unaufhörlichen Schwankungen unterworfen. Auf diese Weise halten sich Ökosysteme in einem flexiblen Zustand, stets bereit, sich veränderten Bedingungen anzupassen. Das Lebensnetz ist ein flexibles, ständig fluktuierendes Netzwerk. Je mehr Variablen stetigen Schwankungen unterworfen sind, desto dynamischer das System, desto größer seine Flexibilität, und desto größer seine Fähigkeit, sich veränderten Bedingungen anzupassen.

Alle ökologischen Schwankungen spielen sich im Rahmen gewisser Toleranzen ab. Sobald eine Schwankung über diese Grenzen hinausgeht und das System sie nicht mehr ausgleichen kann, läuft das ganze System Gefahr zusammenzubrechen. Das gilt auch für menschliche Gemeinschaften. Mangel an Flexibilität äußert sich als Streß. Und Streß tritt insbesondere dann auf, wenn eine oder mehrere Variablen des Systems bis an ihre Höchstwerte getrieben werden. Vorübergehender Streß ist ein wichtiger Aspekt des Lebens, aber anhaltender Streß ist für das System schädlich und zerstörerisch. Diese Überlegungen führen zu der bedeutsamen Erkenntnis, daß die erfolgreiche Leitung eines sozialen Systems – eines Unternehmens, einer Stadt oder einer Volkswirtschaft – damit steht und fällt, die *optimalen* Werte für die Variablen des Systems ausfindig zu machen. Wenn man versucht, irgendeine einzelne Variable zu maximieren statt sie zu optimieren, wird dies unweigerlich die Zerstörung des ganzen Systems zur Folge haben.

Das Prinzip der Flexibilität legt auch eine entsprechende Konfliktlösungsstrategie nahe. In jeder Gemeinschaft treten unweigerlich Widersprüche und Konflikte auf, die sich nicht zugunsten der einen oder anderen Seite lösen lassen. So braucht die Gemeinschaft zum Beispiel Stabilität *und* Veränderung, Ordnung *und* Freiheit, Tradition *und* Innovation. Statt durch rigide Entscheidungen werden diese unvermeidbaren Konflikte viel besser durch die Errichtung eines dynamischen Gleichgewichts gelöst. Ökologisches Bewußtsein schließt das Wissen ein, daß beide Seiten eines Konflikts wichtig sein können, und zwar gemäß dem jeweiligen Kontext, und daß die Widersprüche innerhalb einer Gemeinschaft Zeichen ihrer Vielfalt und Vitalität sind und damit zur Lebensfähigkeit des Systems beitragen.

In Ökosystemen ist die Rolle der Vielfalt eng mit der Netzwerkstruktur des Systems verbunden. Ein vielfältiges Ökosystem wird widerstandsfähig sein, weil es viele Arten miteinander überlappender ökologischer Funktionen enthält, die einander teilweise ersetzen können. Wenn eine bestimmte Spezies durch eine ernsthafte Störung vernichtet wurde, so daß ein Verbindungsglied im Netzwerk zerbrochen ist, ist eine vielfältige Gemeinschaft dennoch in der Lage, zu überleben und sich neu zu organisieren, weil andere Verbindungsglieder im Netzwerk zumindest teilweise die Funktion der vernichteten Spezies übernehmen können. Mit anderen Worten: Je komplexer das Netzwerk ist, desto komplexer ist das Muster der wechselseitigen Verknüpfungen, und desto unverwüstlicher wird es sein.

In Ökosystemen ist die Komplexität des Netzwerks eine Folgeerscheinung seiner Lebensvielfalt, und daher ist eine vielfältige ökologische Gemeinschaft eine widerstandsfähige Gemeinschaft. In menschlichen Gemeinschaften kann die ethnische und kulturelle Vielfalt dieselbe Rolle spielen. Vielfalt heißt nichts anderes als viele verschiedene Beziehungen, viele verschiedene Ansätze zur Lösung ein und desselben Problems. Eine vielfältige Gemeinschaft ist eine Gemeinschaft, die fähig ist, sich veränderten Situationen anzupassen.

Allerdings ist Vielfalt nur dann ein strategischer Vorteil, wenn es sich um eine wahrhaft dynamische Gemeinschaft handelt, die durch ein Netz von Beziehungen aufrechterhalten wird. Wenn die Gemeinschaft in isolierte Gruppen und Individuen zersplittert ist, kann aus der Vielfalt leicht eine Quelle von Vorurteilen und Reibungen werden. Aber wenn sich die Gemeinschaft der wechselseitigen Abhängigkeit aller ihrer Mitglieder bewußt ist, wird die Vielfalt alle Beziehungen bereichern und damit die Gemeinschaft als Ganzes ebenso wie jedes einzelne Mitglied bereichern. In einer derartigen Gemeinschaft fließen Informationen und Ideen frei durch das gesamte Netzwerk, und die Vielfalt der Interpretationen und der

Lernstile – sogar die Vielfalt der Fehler – wird die gesamte Gemeinschaft bereichern.

Dies also sind einige der Grundprinzipien der Ökologie: wechselseitige Abhängigkeit, Recycling, Partnerschaft, Flexibilität, Vielfalt und, aus alldem folgend, ökologische Nachhaltigkeit. Während sich unser Jahrhundert dem Ende zuneigt und wir dem Beginn eines neuen Jahrtausends entgegengehen, wird das Überleben der Menschheit von unserem ökologischen Bewußtsein abhängen – von unserer Fähigkeit, diese Prinzipien der Ökologie zu verstehen und unser Leben dementsprechend auszurichten.

Anhang

Bateson in neuer Sicht

In diesem Anhang werde ich Batesons sechs Kriterien des geistigen Prozesses untersuchen und sie mit der Santiago-Theorie der Kognition vergleichen.[1]

1. Ein Geist ist ein Aggregat von zusammenwirkenden Teilen oder Komponenten.
Dieses Kriterium ist im Begriff des autopoietischen Netzwerks enthalten, das ein Netzwerk von zusammenwirkenden Komponenten ist.

2. Die Wechselwirkung zwischen Teilen des Geistes wird durch Unterschiede ausgelöst.
Nach der Santiago-Theorie bringt ein lebender Organismus eine Welt hervor, indem er Unterscheidungen trifft. Die Kognition resultiert aus einem Muster von Unterscheidungen, und Unterscheidungen sind Wahrnehmungen von Unterschieden. So nimmt zum Beispiel, wie erwähnt, eine Bakterie Unterschiede in der chemischen Konzentration und bei der Temperatur wahr. Somit sind für Maturana wie für Bateson Unterschiede von Bedeutung, aber während für Maturana die besonderen Eigenschaften eines Unterschieds zu der Welt gehören, die im Prozeß der Kognition hervorgebracht wird, behandelt Bateson, wie Dell gezeigt hat, Unterschiede als objektive Merkmale der Welt. Dies geht daraus hervor, wie Bateson seine Vorstellung von Unterschieden in *Geist und Natur* einführt:

Jede Informationsaufnahme ist notwendig die Aufnahme einer Nachricht von einem Unterschied, und alle Wahrnehmung von Unterschieden ist durch Schwellen begrenzt. Unterschiede, die zu klein oder zu langsam dargestellt sind, können nicht wahrgenommen werden.[2]

Aus Batesons Sicht sind Unterschiede also objektive Merkmale der Welt, aber nicht alle Unterschiede sind wahrnehmbar. Diese nicht wahrnehmbaren Unterschiede nennt er «potentielle Unterschiede», im Gegensatz zu den «effektiven Unterschieden». Die effektiven Unterschiede, erläutert Bateson, werden zu Informationstatsachen, und dafür stellt er folgende Definition auf: «*Informationen* bestehen aus Unterschieden, die einen Unterschied machen.»[3]

Mit dieser Definition von Informationen als effektiven Unterschieden kommt Bateson Maturanas Vorstellung sehr nahe, daß Störungen aus der Umgebung in einem lebenden Organismus strukturelle Veränderungen auslösen. Bateson betont auch, daß verschiedene Organismen verschiedene Arten von Unterschieden wahrnehmen und daß es weder objektive Information noch objektives Erkennen gibt. Allerdings hält er an der Anschauung fest, «da draußen» in der materiellen Welt gebe es Objektivität, auch wenn wir sie nicht erkennen können. Die Vorstellung, daß Unterschiede objektive Merkmale der Welt sind, kommt in Batesons letzten beiden Kriterien des geistigen Prozesses noch deutlicher zum Ausdruck.

3. Der geistige Prozeß braucht kollaterale Energie.

Mit diesem Kriterium betont Bateson den Unterschied zwischen der jeweiligen Art und Weise, wie lebende und nichtlebende Systeme mit ihren Umgebungen in Wechselwirkung stehen. Wie Maturana unterscheidet er klar zwischen der passiven Reaktion eines materiellen Objekts und der aktiven Reaktion lebender Organismen. Aber während Maturana die Autonomie der Reaktion des Organismus in Form von struktureller Koppelung und nichtlinearen Organisationsmustern beschreibt, charakterisiert Bateson sie in Form von Energie. «Wenn ich gegen einen Stein trete», argumentiert er, «dann gebe ich dem Stein Energie, und er bewegt sich mit dieser Energie . . . Wenn ich einen Hund trete, dann reagiert er mit der Energie, die aus seinem Stoffwechsel kommt.»[4]

Bateson war sich allerdings durchaus bewußt, daß nichtlineare Organisationsmuster eine prinzipielle Eigenschaft lebender Systeme sind, wie sein nächstes Kriterium zeigt.

4. Der geistige Prozeß verlangt zirkuläre (oder noch komplexere) Kausalketten.

Die Charakterisierung lebender Systeme mit nichtlinearen Kausalitätsmustern war der Schlüssel, der Maturana zu dem Begriff der Autopoiese führte, und nichtlineare Kausalität ist auch ein entscheidendes Element in Prigogines Theorie der dissipativen Strukturen.

Die ersten vier Kriterien des geistigen Prozesses bei Bateson sind somit alle in der Santiago-Theorie der Kognition enthalten. In seinen letzten beiden Kriterien freilich wird der entscheidende Unterschied zwischen Batesons und Maturanas Verständnis von Kognition sichtbar.

5. Im geistigen Prozeß müssen die Auswirkungen von Unterschieden als Umwandlungen (d. h. als kodierte Versionen) von vorausgegangenen Ereignissen aufgefaßt werden.

Hier also setzt Bateson ausdrücklich die Existenz einer unabhängigen Welt voraus, die aus objektiven Merkmalen wie Objekten, Ereignissen und Unterschieden besteht. Diese unabhängig existierende äußere Wirklichkeit wird dann zu einer inneren Wirklichkeit «umgewandelt» oder «kodiert». Mit anderen Worten: Bateson vertritt die Idee, daß Kognition geistige Darstellung einer objektiven Welt beinhaltet.

Batesons letztes Kriterium spitzt diese Position noch zu.

6. Die Beschreibung und Klassifizierung dieser Transformationsprozesse enthüllen eine Hierarchie von logischen Typen, die den Phänomenen immanent sind.

Bateson erläutert dieses Kriterium am Beispiel von zwei miteinander kommunizierenden Organismen. Anhand des Computermodells der Kognition beschreibt er die Kommunikation in Form von Nachrichten – d. h. objektiven physikalischen Signalen wie etwa Tönen –, die von einem Organismus zum anderen ausgesendet und dann kodiert, d. h. in geistige Darstellungen umgewandelt werden.

In derartigen Kommunikationen, erläutert Bateson, besteht die ausgetauschte Information nicht nur aus Nachrichten, sondern auch aus Mitteilungen über das Kodieren, die eine andere Klasse von Informationen darstellen. Es sind Nachrichten über Nachrichten oder «Metanachrichten», die für Bateson einem anderen «logischen

Typ» angehören, einem Begriff, den er von den Philosophen Bertrand Russell und Albert North Whitehead übernommen hat. Nach dieser Behauptung kann Bateson dann natürlich «Nachrichten über Metanachrichten» postulieren und so weiter – mit anderen Worten: eine «Hierarchie von logischen Typen». Die Existenz einer derartigen Hierarchie von logischen Typen ist Batesons letztes Kriterium des geistigen Prozesses.

Auch die Santiago-Theorie beschreibt die Kommunikation zwischen lebenden Organismen. Aus Maturanas Sicht findet bei der Kommunikation zwar kein Austausch von Nachrichten oder Informationen statt, aber es kommt zu einer «Kommunikation über Kommunikation» und damit zu dem, was Bateson eine Hierarchie von logischen Typen nennt. Nach Maturana entwickelt sich eine derartige Hierarchie jedoch zusammen mit der menschlichen Sprache und Selbstbewußtheit, und darum ist sie nicht charakteristisch für das allgemeine Phänomen des Erkennens.[5] Mit der Sprache entstehen das abstrakte Denken, die Begriffe, Symbole, geistigen Darstellungen, die Selbstbewußtheit und alle anderen Qualitäten des Bewußtseins. Aus Maturanas Sicht sind Batesons Kodes, «Umwandlungen» und logische Typen – seine letzten beiden Kriterien also – nicht Merkmale der Kognition generell, sondern Merkmale des menschlichen Bewußtseins.

In den letzten Jahren seines Lebens bemühte Bateson sich um zusätzliche Kriterien, die sich auf das Bewußtsein anwenden ließen. Er vermutete zwar, daß das Phänomen des Bewußtseins «irgendwie auf den Bereich der logischen Typen bezogen» sei[6], aber er sah in seinen letzten beiden Kriterien eben nicht Kriterien des Bewußtseins statt des geistigen Prozesses. Ich glaube, daß dieser Irrtum vielleicht verhindert hat, daß Bateson weitere Erkenntnisse über das Wesen des menschlichen Geistes gewann.

Dank

Es dauerte über zehn Jahre, bis die in diesem Buch vorgestellte Synthese von Begriffen und Ideen ausgereift war. Währenddessen hatte ich das Glück, die meisten der einbezogenen Modelle und Theorien mit ihren Urhebern persönlich diskutieren zu können und weitere Wissenschaftler zu sprechen, die auf den betreffenden Gebieten forschen. Zu besonderem Dank verpflichtet bin ich
– Ilya Prigogine für zwei inspirierende Gespräche in den frühen achtziger Jahren über seine Theorie der dissipativen Strukturen;
– Francisco Varela, daß er mir die Santiago-Theorie der Autopoiese und der Kognition in mehrstündigen intensiven Diskussionen während eines Skiurlaubs in der Schweiz erklärt hat, sowie für zahlreiche erhellende Gespräche im Laufe der letzten zehn Jahre über Kognitionswissenschaft und ihre Anwendungen;
– Humberto Maturana für zwei anregende Gespräche Mitte der achtziger Jahre über Kognition und Bewußtsein;
– Ralph Abraham für die Klärung zahlreicher Fragen hinsichtlich der neuen Mathematik der Komplexität;
– Lynn Margulis für einen anregenden Dialog im Jahre 1987 über die Gaia-Hypothese und für die Ermutigung, meine Synthese zu veröffentlichen, deren Grundzüge damals gerade entstanden;
– James Lovelock für eine kürzlich geführte bereichernde Diskussion über eine große Vielfalt wissenschaftlicher Ideen;
– Heinz von Foerster für mehrere aufschlußreiche Gespräche über die Geschichte der Kybernetik und die Ursprünge des Begriffs der Selbstorganisation;
– Candace Pert für viele anregende Diskussionen über ihre Peptidforschung;
– Arne Naess, George Sessions, Warwick Fox und Harold Glasser für anregende philosophische Diskussionen; und Douglas Tompkins für sein Drängen, mich intensiver mit Tiefenökologie zu beschäftigen;

– Gail Fleischaker für hilfreiche Briefe und Telefongespräche über verschiedene Aspekte der Autopoiese;
– und Ernest Callenbach, Ed Clark, Raymond Dasmann, Leonard Duhl, Alan Miller, Stephanie Mills und John Ryan für zahlreiche Diskussionen und Briefe über die Prinzipien der Ökologie. In den letzten Jahren der Arbeit an diesem Buch hatte ich mehrfach die willkommene Gelegenheit, meine Ideen unter Kollegen und Studenten zur Diskussion zu stellen. Ich fühle mich Satish Kumar zu Dank verpflichtet, weil er mich einlud, in den Sommersemestern 1992 bis 1994 am Schumacher College in England Kurse über *Das Netz des Lebens* abzuhalten – und meinen Studentinnen und Studenten in diesen drei Kursen möchte ich für ihre zahllosen kritischen Fragen und hilfreichen Vorschläge danken. Mein Dank gilt auch Stephan Harding, daß er während meiner Kurse Seminare über die Gaia-Theorie abhielt und mir großzügig bei der Beantwortung zahlreicher Fragen über Biologie und Ökologie half. Dankbar bin ich auch meinen beiden Schumacher-Forschungsassistenten William Holloway und Morton Flatau.

Im Laufe meiner Arbeit am Center for Ecoliteracy in Berkeley hatte ich reichlich Gelegenheit, mit Fachleuten aus Schul- und Sozialpädagogik über die Besonderheiten des Systemdenkens und die Prinzipien der Ökologie zu diskutieren, was mir wertvolle Anregungen gab, die einschlägigen Begriffe und Ideen möglichst verständlich darzustellen. Insbesondere möchte ich Zenobia Barlow dafür danken, daß sie eine Reihe von Ecoliteracy-Gesprächen organisiert hat, anläßlich derer die meisten dieser Unterhaltungen stattfanden.

Außerdem hatte ich die einzigartige Gelegenheit, verschiedene Teile des Buches im Rahmen einer von Joanna Macy zwischen 1993 und 1995 abgehaltenen Reihe von «System-Salons» einer kritischen Diskussion zuzuführen. Höchst dankbar bin ich Joanna sowie meinen Kollegen Tyrone Cashman und Brian Swimme für die gründliche Erörterung zahlreicher Ideen auf diesen fruchtbaren Zusammenkünften in vertrauensvoller Atmosphäre.

Danken möchte ich auch meinem literarischen Agenten John Brockman für seine Ermutigung und für seine Formulierungshilfe beim ersten Entwurf des Buches, den er meinen Verlegern vorlegte. Sehr dankbar bin ich meinem Bruder Bernt Capra sowie Trena Cleland, Stephan Harding und William Holloway für die Lektüre des ganzen Manuskripts wie für ihre wertvollen Ratschläge und Anregungen. Außerdem möchte ich John Todd und Raffi und Manon Andreas-Grisebach für ihre Kommentare über Teile des Manuskripts danken.

Mein besonderer Dank gilt Julia Ponsonby für ihre wunderbaren Strichzeichnungen und für ihre Geduld angesichts meiner wiederholten Änderungswünsche.

Ich danke meinen Lektoren beim Scherz Verlag, Ursula Griessel und Eckhard Graf, für die Lektüre früher Teile des Manuskripts wie für ihre Begeisterung und ihre Ermutigung beim Schreiben.

Last, not least möchte ich meiner Frau Elizabeth und meiner Tochter Juliette meinen tiefen Dank aussprechen, und zwar für ihr Verständnis und ihre Geduld während vieler Jahre, in denen ich sie immer wieder allein gelassen habe, um zu langen Schreibstunden «nach oben» zu gehen.

Anmerkungen

(Die vollständigen bibliographischen Angaben zu den Quellen dieser Anmerkungen finden sich im Literaturverzeichnis.)

Vorwort
1 Zit. nach Judson (1979), S. 151, [engl.:] 220.

1. Tiefenökologie – ein neues Paradigma
1 Eine der besten Quellen sind die vom Worldwatch Institute in Washington, DC, veröffentlichten Jahresberichte *Zur Lage der Welt.* Ausgezeichnete Darstellungen bieten auch Hawken (1993) und Gore (1992).
2 Brown (1981).
3 Siehe Capra (1975).
4 Kuhn (1962).
5 Siehe Capra (1982).
6 Capra (1986).
7 Siehe Devall und Sessions (1985).
8 Siehe Capra und Steindl-Rast (1991).
9 Arne Naess, zit. nach Devall und Sessions (1985), S. 74.
10 Siehe Merchant (1994), Fox (1989).
11 Siehe Bookchin (1981).
12 Eisler (1987).
13 Siehe Merchant (1980).
14 Siehe Spretnak (1978, 1993).
15 Siehe Capra (1982), S. 42.
16 Siehe unten, S. 48 ff.
17 Arne Naess, zit. nach Fox (1990), S. 217.
18 Siehe Fox (1990), S. 246 f.
19 Macy (1991).
20 Fox (1990).
21 Roszak (1992).
22 Zit. in Capra (1982), S. 68.

2. Von den Teilen zum Ganzen
1 Siehe unten, S. 156.
2 Bateson (1972), S. 577.
3 Siehe Windelband (1901), S. 119 ff.
4 Siehe Capra (1982), S. 53 ff.
5 R.D. Laing, zit. nach Capra (1988), S. 144 f.
6 Siehe Capra (1982), S. 114.
7 Blake (1802).
8 Siehe Capra (1982), S. 7.
9 Siehe Haraway (1976), S. 40–42.
10 Siehe Windelband (1901), S. 481 ff.
11 Siehe Webster und Goodwin (1982).
12 Kant (1790), S. 288.
13 Siehe unten, S. 119.
14 Siehe Stretnak (1978), S. 30 ff.
15 Siehe Gimbutas (1982).
16 Siehe unten, S. 120 ff.

17 Siehe Sachs (1995).
18 Siehe Webster und Goodwin (1982).
19 Siehe Capra (1982), S. 117 ff.
20 Siehe Haraway (1976), S. 22 ff.
21 Koestler (1967).
22 Siehe Driesch (1908), S. 76 ff.
23 Sheldrake (1981).
24 Siehe Haraway (1976), S. 33 ff.
25 Siehe Lilienfeld (1978), S. 14.
26 Diesen Hinweis verdanke ich Heinz von Foerster.
27 Siehe Haraway (1976), S. 131, 194.
28 Zit. ebda., S. 139.
29 Siehe Checkland (1981), S. 78.
30 Siehe Haraway (1976), S. 147 ff.
31 Zit. in Capra (1975), S. 140
32 Ebda.
33 Heisenbergs englische und amerikanische Verleger verstanden nicht den Sinn dieses Titels und gaben der englischen Übersetzung den Titel *Physics and Beyond*; siehe Heisenberg (1971).
34 Siehe Lilienfeld (1978), S. 227 ff.
35 Christian von Ehrenfels, «Über ‹Gestaltqualitäten›», 1890; nachgedruckt in Weinhandl (1960).
36 Siehe Capra (1982), S. 433.
37 Siehe Heims (1991), S. 209.
38 Ernst Haeckel, zit. in Maren-Grisebach (1982), S. 30.
39 Uexküll (1909).
40 Siehe Ricklefs (1990), S. 174 ff.
41 Siehe Lincoln et al. (1982).
42 Wernadskij (1926); siehe auch Margulis und Sagan (1995), S. 44 ff.
43 Siehe unten, S. 120 ff.
44 Siehe Thomas (1975).
45 Ebda.
46 Siehe Burns et al. (1991).
47 Patten (1991).

3. Systemtheorien

1 Ich verdanke diese Einsicht meinem Bruder Bernt Capra, einem gelernten Architekten.
2 Zit. in Capra (1988), S. 69.
3 Ebda., S. 70.
4 Ebda.
5 Ebda.
6 Zit. in Capra (1975), S. 141.
7 Zit. in Capra (1982), S. 107.
8 Odum (1953).
9 Whitehead (1929).
10 Cannon (1932).
11 Für den Hinweis auf Bogdanows Werk danke ich Wladimir Maikow und seinen Kollegen an der Russischen Akademie der Wissenschaften.
12 Zit. in Gorelik (1975).
13 Einen ausführlichen Überblick über die Tektologie bietet Gorelik (1975).
14 Siehe unten, S. 67 ff.
15 Siehe unten, S. 182.
16 Siehe unten, S. 105 ff.
17 Siehe unten, S. 161.
18 Siehe unten, S. 72 ff.
19 Siehe unten, S. 134 ff.
20 Siehe Mattessich (1983/84)
21 Zit. in Gorelik (1975).
22 Siehe Bertalanffys erste Arbeit über offene Systeme (deutsch 1940, englisch 1950; nachgedruckt in Emery, 1969).
23 Siehe unten, S. 93 ff.
24 Siehe Davidson (1983); siehe auch Lilienfeld (1978), S. 16–26, mit einer kurzen Darstellung von Bertalanffys Werk.
25 Bertalanffy (1968), S. 37.
26 Siehe Capra (1982), S. 75 ff.
27 Der «Erste Hauptsatz» ist das Gesetz von der Erhaltung der Energie.
28 Der Ausdruck stellt eine Kombination aus «Energie» und *tropos* dar, dem griechischen Wort für Umwandlung oder Entwicklung.
29 Bertalanffy (1968), S. 121.

30 Siehe unten, S. 212 ff.
31 Siehe unten, S. 105 ff.

32 Bertalanffy (1968), S. 84.
33 Ebda., S. 80 f.

4. Die Logik des Geistes

1 Wiener (1948). So lautet der Untertitel der englischen Originalausgabe.
2 Wiener (1950).
3 Siehe Heims (1991).
4 Siehe Varela et al. (1991), S. 63.
5 Siehe Heims (1991).
6 Siehe Heims (1980).
7 Zit. ebda., S. 208
8 Siehe Capra (1988), S. 78 ff.
9 Siehe unten, S. 197 ff.
10 Siehe Heims (1991), S. 19 ff.
11 Wiener (1950), S. 23.
12 Siehe Richardson (1992), S. 17 ff.
13 Zit. ebda., S. 94.
14 Cannon (1932).
15 Siehe Richardson (1992), S. 5–7.
16 In korrekter Fachsprache nennt man die Bezeichnungen «+» und «–» auch «Polaritäten», und die Regel besagt, daß die Polarität einer Rückkopplungsschleife das Produkt der Polaritäten ihrer Kausalverbindungen ist.
17 Wiener (1948), S. 55 f.
18 Siehe Richardson (1992), S. 59 ff.
19 Ebda., S. 79 ff.

20 Maruyama (1963).
21 Siehe Richardson (1992), S. 204.
22 Siehe unten, S. 182.
23 Heinz von Foerster in einem Gespräch vom Januar 1994.
24 Ashby (1952), S. 9.
25 Wiener (1950).
26 Ashby (1956), S. 4.
27 Siehe Varela et al. (1991), S. 61 ff.
28 Zit. in Weizenbaum (1976), S. 187.
29 Ebda., S. 23 ff.
30 Zit. in Capra (1982), S. 61.
31 Siehe unten, S. 311 f.
32 Siehe unten, S. 323.
33 Weizenbaum (1976), S. 22, 299.
34 Wiener (1948), S. 61.
35 Wiener (1950), S. 172.
36 Postman (1992), Mander (1991).
37 Postman (1992).
38 Siehe Sloan (1985), Kane (1993), Bowers (1993), Roszak (1994).
39 Roszak (1994), S. 87 ff.
40 Bowers (1993), S. 17 ff.
41 Siehe Douglas D. Noble, «The Regime of Technology in Education», in Kane (1993).
42 Siehe Varela et al. (1991), S. 123 ff.

5. Modelle der Selbstorganisation

1 Siehe Checkland (1981), S. 123 ff.
2 Ebda., S. 129.
3 Siehe Dickson (1971).
4 Zit. nach Checkland (1981), S. 137.
5 Ebda.
6 Siehe Richardson (1992), S. 149 ff. u. S. 170 ff.
7 Ulrich (1984).
8 Königswieser und Lutz (1992).
9 Siehe Capra (1982), S. 125 ff.
10 Lilienfeld (1978), S. 191 f.
11 Siehe unten, S. 144 f.
12 Siehe oben, S. 30 f.

13 Siehe oben, S. 51.
14 Siehe unten, S. 186 ff.
15 Siehe Varela et al. (1991), S. 134 f.
16 Siehe oben, S. 72 ff.
17 McCulloch und Pitts (1943).
18 Siehe z. B. Ashby (1947).
19 Siehe Yovits und Cameron (1959), Foerster und Zopf (1962); Yovits, Jacobi und Goldstein (1962).
20 Die mathematische Formel der Redundanz lautet:
$R = 1 - H/H_{max}$, wobei H die Entropie des Systems zu einer bestimm-

ten Zeit und H_{max} die für dieses System maximal mögliche Entropie ist.

21 Einen ausführlichen Überblick über die Geschichte dieser Forschungsprojekte bietet Paslack (1991).

22 zit. ebda., S. 96 f., Fußn. 14.

23 Siehe Prigogine und Stengers (1984), S. 150 f.

24 Siehe Laszlo (1987), S. 29.

25 Siehe Prigogine und Stengers (1984), S. 156 ff.

26 Ebda., S. 152.

27 Prigogine (1967).

28 Prigogine und Glansdorff (1971).

29 Zit. in Paslack (1991), S. 105.

30 Siehe Graham (1987).

31 Siehe Paslack (1991), S. 106 f.

32 Zit. ebda., S. 108; siehe auch Haken (1987).

33 Nachgedruckt in Haken (1983).

34 Graham (1987).

35 Zit. in Paslack (1991), S. 111.

36 Eigen (1971).

37 Siehe Prigogine und Stengers (1984), S. 139 ff., siehe auch Laszlo (1987), S. 31 ff.

38 Siehe Laszlo (1987), S. 34.

39 Zit. in Paslack (1991), S. 112.

40 Humberto Maturana in: Maturana und Varela (1980), S. XII.

41 Maturana (1970).

42 Zit. in Paslack (1991), S. 156.

43 Maturana (1970).

44 Zit. in Paslack (1991), S. 155.

45 Maturana (1970); mehr Details und Beispiele: siehe unten, S. 197 ff.

46 Siehe unten, S. 300 ff.

47 Humberto Maturana in: Maturana und Varela (1980), S. XVII.

48 Maturana und Varela (1972).

49 Varela, Maturana und Uribe (1974).

50 Maturana und Varela (1980), S. 75.

51 Siehe oben, S. 30 u. S. 81 f.

52 Maturana und Varela (1980), S. 82.

53 Siehe Capra (1985).

54 Geoffrey Chew, zit. in Capra (1975), S. 297.

55 Siehe unten, S. 181 ff.

56 Siehe oben, S. 34 f. u. S. 47.

57 Siehe Kelley (1988).

58 Siehe Lovelock (1979), S. 13 ff.

59 Lovelock (1991), S. 21 f.

60 Ebda., S. 12.

61 Siehe Lovelock (1979), S. 26.

62 Lovelock (1972).

63 Margulis (1989).

64 Siehe Lovelock (1991), S. 108–111; Harding (1994).

65 Margulis (1989).

66 Siehe Lovelock und Margulis (1974).

67 Lovelock (1991), S. 11.

68 Siehe oben, S. 37 f.

69 Siehe unten, S. 250 u. S. 264.

70 Siehe Lovelock (1991), S. 62.

71 Ebda., S. 62 ff.; Harding (1994).

72 Lovelock (1991), S. 67.

73 Harding (1994).

74 Siehe Lovelock (1991), S. 70–72.

75 Siehe Schneider und Boston (1991).

76 Jantsch (1980).

6. Die Mathematik der Komplexität

1 Zit. in Capra (1982), S. 53.

2 Zit. in Capra (1982), S. 63.

3 Stewart (1989), S. 44.

4 Zit. ebda., S. 57 f.

5 Genauer gesagt: Der Druck ist der Quotient aus der Kraft geteilt durch die Fläche, gegen die das Gas drückt.

6 Hier ist vielleicht ein fachlicher Hinweis angebracht. Die Mathematiker unterscheiden zwischen abhängigen und unabhängigen Va-

riablen. In der Funktion y = f(x) ist y die abhängige Variable und x die unabhängige Variable. Differentialgleichungen werden «linear» genannt, wenn alle *abhängigen* Variablen in der ersten Potenz auftreten, während unabhängige Variable in höheren Potenzen auftreten können, wenn *abhängige* Variable in höheren Potenzen auftreten, spricht man von «nichtlinearen» Gleichungen. Siehe auch oben, S. 137.

7 Siehe Stewart (1989), S. 90.
8 Siehe Briggs und Peat (1989), S. 74 ff.
9 Siehe Stewart (1989), S. 163 ff.
10 Ebda., S. 103.
11 Siehe oben, S. 143.
12 Zit. in Stewart (1989), S. 78.
13 Ebda., S. 78. Mehr über seltsame Attraktionen: siehe unten, S. 154 ff.
14 Siehe Capra (1982), S. 79 ff.
15 Siehe Prigogine und Stengers (1984), S. 211.
16 Siehe Mosekilde et al. (1988).
17 Siehe Gleick (1987), S. 20 ff.
18 Zit. ebda., S. 27.
19 Siehe Stewart (1989), S. 144 ff.
20 Siehe oben, S. 108.
21 Siehe Briggs und Peat (1989), S. 120 ff.
22 Abraham und Shaw (1982–88).
23 Mandelbrot (1983).
24 Siehe Peitgen et al. (1990). Diese Videokassette, die erstaunliche Computeranimationen und faszinierende Interviews mit Benoît Mandelbrot und Edward Lorenz enthält, ist eine der besten Einführungen in die fraktale Geometrie.
25 Ebda.
26 Ebda.
27 Siehe Peitgen et al. (1990).
28 Siehe Mandelbrot (1983).
29 Siehe Dantzig (1954), S. 181 ff.
30 Zit. ebda., S. 204.
31 Siehe Euler (1911), S. 55.
32 Zit. nach Dantzig (1954), S. 190.
33 Siehe Gleick (1987), S. 309 ff.
34 Bei realen Zahlen erkennt man ohne weiteres, daß jede Zahl, die größer als 1 ist, ständig größer wird, wenn sie wiederholt quadriert wird, während jede Zahl, die kleiner als 1 ist, dabei ständig kleiner wird. Wenn man bei jedem Schritt der Iteration eine Konstante vor dem erneuten Quadrieren hinzufügt, wird das Ergebnis vielfältiger, und bei komplexen Zahlen wird das Ganze noch komplizierter.
35 Zit. in Gleick (1987), S. 310 f.
36 Siehe Peitgen et al. (1990).
37 Ebda.
38 Siehe Peitgen und Richter (1986).
39 Siehe Grof (1976).
40 Zit. in Peitgen et al. (1990).
41 Zit. in Gleick (1987), S. 81.

7. Eine neue Synthese

1 Maturana und Varela (1987), S. 54. Statt «Organisationsmuster» verwenden die Autoren einfach den Ausdruck «Organisation».
2 Siehe oben, S. 30.
3 Siehe oben, S. 115 f.
4 Siehe oben, S. 105 ff.
5 Siehe oben, S. 105 ff.
6 Siehe oben, S. 100 f.
7 Maturana und Varela (1980), S. 49.
8 Siehe Capra (1982), S. 128.
9 Siehe unten, S. 276 f.
10 Dabei verwenden die Enzyme den anderen komplementären DNS-Strang als Schablone für den zu ersetzenden Abschnitt. Darum ist die Doppelsträngigkeit der DNS so wichtig für diese Reparaturvorgänge.
11 Beim Studium der Strudelphäno-

mene hat mich William Holloway dankenswerterweise als Forschungsassistent unterstützt.

12 Fachlich gesprochen, ist dieser Effekt eine Folge der Erhaltung des Drehimpulses.

13 Siehe oben, S. 161.

14 Siehe unten, S. 218f.

15 Siehe oben, S. 71.

16 Die von Bateson zum erstenmal veröffentlichten Erörterungen dieser Kriterien, die er ursprünglich «Charakteristika des Geistes» nannte, stehen in den beiden Essays «Die Kybernetik des ‹Selbst›: Eine Theorie des Alkoholismus» und «Krankheiten der Erkenntnistheorie», die in Bateson (1972) nachgedruckt worden sind. Eine umfassendere Darstellung enthält Bateson (1979), S. 113ff. Eine ausführliche Auseinandersetzung mit Batesons Kriterien des geistigen Prozesses enthält der Anhang unten, S. 355ff.

17 Siehe Bateson (1972), S. 614.

18 Siehe oben, S. 115f.

19 Bateson (1979), S. 15.

20 Zit. in Capra (1988), S. 92.

21 Siehe oben, S. 115.

22 Siehe unten, S. 300ff.

23 Revonsuo und Kamppinen (1994), S. 5.

24 Siehe unten, S. 320ff.

8. Dissipative Strukturen

1 Siehe oben, S. 65.

2 Odum (1953).

3 Prigogine und Stengers (1984), S. 164.

4 Siehe oben, S. 105ff.

5 Prigogine und Stengers (1984), S. 29 [Anm. d. Übers.: Im Deutschen fehlt der Hinweis auf die Shiva-Skulptur.]

6 Ebda., S. 152.

7 Siehe oben, S. 134ff.

8 Prigogine und Stengers (1984), S. 148.

9 Siehe oben, S. 148.

10 Prigogine (1989).

11 Zit. in Capra (1975), S. 55.

12 Ich bezeichne mit dem allgemeinen Begriff «katalytische Schleifen» viele komplexe nichtlineare Beziehungen zwischen Katalysatoren, etwa der Autokatalyse, der Kreuzkatalyse und der Selbsthemmung. Näheres dazu bei Prigogine und Stengers (1984), S. 161f.

13 Prigogine und Stengers (1984).

14 Siehe oben, S. 26.

15 Siehe oben, S. 64.

16 Prigogine und Stengers (1984), S. 138.

17 Siehe oben, S. 143f.

18 Siehe Prigogine und Stengers (1984), S. 131ff.

19 Wenn N die Gesamtzahl der Teilchen ist und wenn N_1 Teilchen auf der einen sowie N_2 Teilchen auf der anderen Seite sind, dann ergibt sich die Zahl der verschiedenen Möglichkeiten (P) aus der Formel $P = N!/N_1!N_2!$, wobei N! eine Kurznotation für $1 \times 2 \times 3 \ldots \times N$ ist.

20 Prigogine (1989).

21 Siehe Briggs und Peat (1989), S. 63ff.

22 Siehe Prigogine und Stengers (1984), S. 153ff.

23 Siehe Prigogine (1980), S. 106ff.

24 Goodwin (1994), S. 89ff.

25 Siehe unten, S. 250f.

26 Prigogine und Stengers (1984), S. 175.

27 Prigogine (1989).

368 |

9. Autopoiese

1 Siehe oben, S. 107.
2 Siehe oben, S. 117.
3 Siehe oben, S. 129 ff.
4 Siehe oben, S. 102.
5 Von Neumann (1966).
6 Siehe Gardner (1971).
7 In jedem Quadrat aus drei mal drei Zellen gibt es eine Mittelzelle, die von 8 Nachbarn umgeben ist. Wenn 3 Nachbarzellen schwarz sind, wird die Mittelzelle im nächsten Schritt schwarz («Geburt»); wenn 2 Nachbarn schwarz sind, bleibt die Mittelzelle unverändert («Überleben»); in allen anderen Fällen wird sie weiß («Tod»).
8 Siehe Gardner (1970).
9 Eine ausgezeichnete Darstellung der Geschichte und der Anwendungsmöglichkeiten von Zellautomaten bieten Farmer, Toffoli und Wolfram (1984), insbesondere das Vorwort von Stephen Wolfram. Eine Sammlung von neueren Fachartikeln enthält Gutowitz (1991).
10 Varela, Maturana und Uribe (1974).
11 Diese Bewegungen und Wechselwirkungen lassen sich formal als mathematische Übergangsregeln ausdrücken, die gleichzeitig für alle Zellen gelten.
12 Einige der entsprechenden mathematischen Wahrscheinlichkeiten dienen als variable Parameter des Modells.
13 Die Auflösungswahrscheinlichkeit muß pro Zeitschritt geringer als 0,01 sein, damit sich überhaupt irgendeine beständige Struktur erzielen läßt, und die Grenze muß mindestens 10 Verbindungen enthalten; siehe dazu auch Varela, Maturana und Uribe (1974).
14 Siehe Kauffman (1993), S. 182 ff.; eine kurze Zusammenfassung enthält auch Kauffman (1991).
15 Siehe oben, S. 151 ff. Doch da die Werte der binären Variablen diskontinuierlich schwanken, ist auch ihr Phasenraum diskontinuierlich.
16 Siehe Kauffman (1993), S. 183.
17 Ebda., S. 191.
18 Ebda., S. 441 ff.
19 Siehe oben, S. 83 ff.
20 Varela et al. (1991), S. 257.
21 Kauffman (1991).
22 Siehe Kauffman (1993), S. 479.
23 Kauffman (1991).
24 Siehe Luisi und Varela (1989), Bachmann et al. (1990), Walde et al. (1994).
25 Siehe Fleischaker (1990).
26 Eine neuere Darstellung vieler der auf den folgenden Seiten erörterten Probleme bietet Fleischaker (1992); siehe auch Mingers (1995).
27 Maturana und Varela (1987), S. 100.
28 Siehe unten, S. 324 ff.
29 Maturana und Varela (1987), S. 217.
30 Siehe Fleischaker (1992); Mingers (1995), S. 119 ff.
31 Siehe Mingers (1995), S. 127.
32 Siehe Fleischaker (1992), S. 131 bis 141; Mingers (1995), S. 125.
33 Maturana (1988); siehe auch unten, S. 328 f.
34 Varela (1981).
35 Luhmann (1985).
36 Siehe oben, S. 125.
37 Siehe oben, S. 120 ff.
38 Lovelock (1991), S. 32 ff.
39 Siehe oben, S. 237.
40 Siehe oben, S. 112.
41 Siehe Lovelock (1991), S. 133 ff.
42 Harding (1994).
43 Siehe Margulis und Sagan (1986), S. 66.
44 Margulis (1993); Margulis und Sagan (1986).
45 Siehe unten, S. 269 ff.
46 Margulis u. Sagan (1986), S. 14, 21.

47 Ebda., S. 271.
48 Zit. in Capra (1975), S. 197.
49 Siehe unten, S. 268 ff.
50 Siehe Lovelock (1991), S. 127.

51 Siehe Maturana und Varela (1987), S. 85 ff.
52 Ebda., S. 195.

10. Die Entfaltung des Lebens

1 Siehe Capra (1982), S. 121 ff.
2 Zit. ebda., S. 122.
3 Margulis (1995).
4 Siehe unten, S. 259 ff.
5 Siehe oben, S. 233.
6 Siehe Gould (1984).
7 Kauffman (1993), S. 173, 408, 644.
8 Siehe Jantsch (1980) und Laszlo (1987) als frühe Versuche einer Synthese einiger dieser Elemente.
9 Lovelock (1991), S. 99.
10 Siehe Margulis und Sagan (1986), S. 15 ff.
11 Siehe Capra (1982), S. 127.
12 Siehe Margulis und Sagan (1986), S. 75.
13 Ebda., S. 16.
14 Ebda., S. 89.
15 Ebda.
16 Ebda.
17 Margulis (1995).
18 Siehe oben, S. 189.
19 Margulis und Sagan (1986), S. 17.
20 Ebda., S. 15.
21 Margulis und Sagan (1986); siehe auch Margulis und Sagan (1995) und Calder (1983).
22 Margulis und Sagan (1986), S. 51.
23 Siehe oben, S. 112 ff.; siehe auch Kauffman (1993), S. 287 ff.
24 Siehe oben, S. 238.
25 Margulis und Sagan (1986), S. 64.
26 Siehe oben, S. 189.

27 Margulis und Sagan (1986), S. 78.
28 Siehe Lovelock (1991), S. 80 ff.
29 Siehe Margulis (1993), S. 160 ff.
30 Siehe oben, S. 191.
31 Margulis und Sagan (1986), S. 93.
32 Ebda., S. 191.
33 Ebda., S. 103.
34 Ebda., S. 109.
35 Siehe Lovelock (1991), S. 113 ff.
36 Siehe oben, S. 187 ff.
37 Siehe oben, S. 262 ff.
38 Margulis und Sagan (1986), S. 119.
39 Siehe oben, S. 189.
40 Siehe Margulis und Sagan (1986), S. 133.
41 Siehe Thomas (1975).
42 Margulis und Sagan (1986), S. 155 ff.
43 Siehe Margulis, Schwartz und Dolan (1994).
44 Margulis und Sagan (1986). S. 174.
45 Ebda., S. 73.
46 Siehe Margulis und Sagan (1995), S. 140 ff.
47 Margulis und Sagan (1986), S. 214.
48 Siehe ebda., S. 208 ff.
49 Ebda., S. 210.
50 Brower (1995), S. 18.
51 Siehe New York Times, 8. Juni 1995; Chauvet et al. (1995).
52 Margulis und Sagan (1986), S. 223 f.

11. Eine Welt hervorbringen

1 Siehe oben, S. 200 ff.
2 Siehe Windelband (1901), S. 211 f.
3 Siehe oben, S. 198 ff.
4 Siehe Varela et al. (1991), S. 9 ff.
5 Siehe oben, S. 83 ff.

6 Siehe Varela et al. (1991), S. 25 f., 62.
7 Ebda., S. 134.
8 Siehe Gluck und Rumelhart (1990).

 9 Varela et al. (1991), S. 135.
10 Siehe oben, S. 116f.
11 Ebda.
12 Siehe oben, S. 248ff.
13 Maturana und Varela (1987),
    S. 191.
14 Siehe Margulis und Sagan (1995),
    S. 179.
15 Varela et al. (1991), S. 280.
16 Ebda., S. 243.
17 Siehe unten, S. 325ff.
18 Siehe unten, S. 323.
19 Siehe unten, S. 328f.
20 Varela et al. (1991), S. 190.
21 Siehe unten, S. 328f.
22 Varela et al. (1991), S. 196.
23 Ebda., S. 144.
24 Siehe oben, S. 199.
25 Dell (1985).
26 Siehe Anhang, S. 355ff.
27 Winograd und Flores (1991), S. 97.

28 Ebda., S. 93ff.
29 Ebda., S. 107ff.
30 Ebda., S. 113.
31 Ebda., S. 133ff.
32 Ebda., S. 132.
33 Dreyfus und Dreyfus (1986),
    S. 108.
34 Siehe Varela und Coutinho
    (1991a).
35 Siehe Varela und Coutinho
    (1991b).
36 Varela und Coutinho (1991a).
37 Ebda.
38 Siehe Varela und Coutinho
    (1991b).
39 Francisco Varela im persönlichen
    Gespräch im April 1991.
40 Pert et al. (1985), Pert (1993).
41 Pert (1989).
42 Siehe Pert (1992), Pert (1995).
43 Pert (1989).

12. Wir erkennen, daß wir erkennen

 1 Maturana (1970), Maturana und
    Varela (1987) Maturana (1988).
 2 Maturana und Varela (1987),
    S. 212.
 3 Humberto Maturana im persön-
    lichen Gespräch, 1985.
 4 Siehe Maturana und Varela (1987),
    S. 229ff.
 5 Ebda., S. 232.
 6 Siehe Anhang, S. 355ff.
 7 Maturana und Varela (1987),
    S. 253.

 8 Ebda., S. 264.
 9 Ebda., S. 262.
10 Siehe Capra (1982), S. 336.
11 Siehe Capra (1975), S. 88.
12 Varela (1995).
13 Siehe Capra (1982), S. 192.
14 Siehe oben, S. 293.
15 Siehe Varela et al. (1991), S. 300ff.
16 Siehe Capra (1975), S. 97ff.
17 Siehe Varela et al. (1991), S. 95ff.
18 Ebda., S. 200f.
19 Margulis und Sagan (1995), S. 26.

Nachwort: Ökologisches Bewußtsein

 1 Siehe Orr (1992).
 2 Über die Anwendungen der Prin-
    zipien der Ökologie auf die Erzie-
    hung siehe Capra (1993); über An-
    wendungen in der Wirtschaft siehe
    Callenbach et al. (1993), Capra
    und Pauli (1995); über Anwendun-
    gen in der Politik siehe Henderson
    (1995).
 3 Siehe Hawken (1993).
 4 Ebda., S. 75ff.; siehe auch Hender-
    son (1995).
 5 Ebda., S. 177ff.; Daly (1995).
 6 Siehe Callenbach et al. (1993).

Anhang: Bateson in neuer Sicht

1 Bateson (1979), S. 113 ff. Zum historischen und philosophischen Kontext von Batesons Begriff des geistigen Prozesses siehe oben S. 197 ff. und S. 310 ff.

2 Bateson (1979), S. 39 f.
3 Ebda., S. 123.
4 Ebda., S. 126 f.
5 Siehe oben, S. 328.
6 Bateson (1979), S. 162.

Literaturverzeichnis

Abraham, Ralph H., und Christopher D. Shaw: *Dynamics: The Geometry of Behavior*, Bd. 1–4, Santa Cruz, CA, 1982–88.

Ashby, Ross: «Principles of the Self-Organizing Dynamic System», in: *Journal of General Psychology*, Bd. 37, S. 125, 1947.

–: *Design for a Brain*, New York 1952.

–: *Introduction to Cybernetics*, New York 1956.

Bachmann, Pascale Angelica, Peter Walde, Pier Luigi Luisi und Jacques Lang: «Self-Replicating Reverse Micelles and Chemical Autopoiesis», in: *Journal of the American Chemical Society*, 112, 8200f., 1990.

Bateson, Gregory: *Steps to an Ecology of Mind*, New York 1972 (deutsch: *Ökologie des Geistes*).

–: *Mind and Nature*, New York 1979 (deutsch: *Geist und Natur*).

Bergé, P.: «Rayleigh-Bénard Convection in High Prandtl Number Fluid», in: H. Haken: *Chaos and Order in Nature*, New York 1981, S. 14–24.

Bertalanffy, Ludwig von: «Der Organismus als physikalisches System betrachtet», in: *Die Naturwissenschaften*, Bd. 28, S. 521–31, 1940.

–: «The Theory of Open Systems in Physics and Biology», in: *Science*, Bd. 111, S. 23–29, 1950.

–: *General System Theory*, New York 1968.

Blake, William: Brief an Thomas Butts, 22. November 1802, in: Alicia Ostriker (Hrsg.), *William Blake: The Complete Poems*, London 1977.

Bookchin, Murray: *The Ecology of Freedom*, Palo Alto, CA, 1981.

Bowers, C.A.: *Critical Essays on Education, Modernity, and the Recovery of the Ecological Imperative*, New York 1993.

Briggs, John, und F. David Peat: *Turbulent Mirror*, New York 1989 (deutsch: *Die Entdeckung des Chaos*).

Brower, David: *Let the Montains Talk, Let the Rivers Run*, London 1995.

Brown, Lester R.: *Building a Sustainable Society*, New York 1981.

– et al.: *State of the World*, New York 1984–94, (deutsch: *Zur Lage der Welt*).

Burns, T. P., B. C. Pattan und H. Higashi: «Hierarchical Evolution in Ecological Networks», in: Higashi, M., und T. P. Burns: *Theoretical Studies of Ecosystems: The Network Perspective*, New York 1991.

Butts, Robert, und James Brown (Hrsg.): *Constructivism and Science*, Dordrecht 1989.

Calder, Nigel: *Timescale*, New York 1983.

Callenbach, Ernest, Fritjof Capra, Lenore Goldman, Sandra Marburg und Rüdiger Lutz: *EcoManagement*, San Francisco 1993.

Cannon, Walter B.: *The Wisdom of the Body*, New York 1932; bearb. Aufl. 1939.

Capra, Fritjof: *The Tao of Physics*, Boston 1975 (deutsch: *Das Tao der Physik*).

–: *The Turning Point*, New York 1982 (deutsch: *Wendezeit*).

–: «Bootstrap Physics: A Conversation with Geoffrey Chew», in: Carleton de

Tar, Jerry Finkelstein und Chung-I Tan (Hrsg.): *A Passion for Physics*, Singapur 1985, S. 247–86.

–: «The Concept of Paradigm and Paradigm Shift», in: *ReVision*, Bd. 9, Nr. 1, S. 3, 1986.

–: *Uncommon Wisdom*, New York 1988 (deutsch: *Das Neue Denken*).

– und David Steindl-Rast mit Thomas Matus: *Belonging to the Universe*, San Francisco 1991.

– (Hrsg.): *Guide to Ecoliteracy*, Berkeley, CA, 1993.

– und Gunter Pauli (Hrsg.): *Steering Business Toward Sustainability*, Tokio 1995.

Chauvet, Jean-Marie, Eliette Brunel Deschamps und Christian Hillaire: *La Grotte Chauvet à Vallon-Pont-d'Arc*, Paris 1995.

Checkland, Peter: *Systems Thinking, Systems Practice*, New York 1981.

Daly, Herman: «Ecological Tax Reform», in Capra und Pauli (1995), S. 108–24.

Dantzig, Tobias: *Number: The Language of Science*, New York 1954.

Davidson, Mark: *Uncommon Sense: The Life und Tought of Ludwig von Bertalanffy*, Los Angeles 1983.

Dell, Paul: «Understanding Maturana and Bateson», in: *Journal of Marital and Family Therapy,* Bd. 11, Nr. 1, S. 1–20, 1985.

Devall, Bill, und George Sessions: *Deep Ecology*, Salt Lake City 1985.

Dickson, Paul: *Think Tanks*, New York 1971.

Dreyfus, Hubert, und Stuart Dreyfus: *Mind over Machine*, New York 1986.

Driesch, Hans: *The Science and Philosophy of the Organism,* Aberdeen 1908 (deutsch: *Philosophie des Organischen*).

Eigen, Manfred: «Molecular Self-Organization and the Early Stages of Evolution», in: *Quarterly Review of Biophysics*, 4, 2 u. 3, 149, 1971.

Eisler, Riane: *The Chalice and the Blade*, San Francisco 1987 (deutsch: *Kelch und Schwert*).

Emery, F. E. (Hrsg.): *Systems Thinking: Selected Readings*, London 1969.

Euler, Leonhard: «Vollständige Anleitung zur Algebra», in: *Opera Omnia*, 1.1, Leipzig, Berlin 1911.

Farmer, Doyne, Tommaso Toffoli und Stephen Wolfram (Hrsg.): *Cellular Automata*, North-Holland 1984.

Fleischaker, Gail Raney: «Origins of Life: An Operational Definition», in: *Origins of Life and Evolution of the Biosphere*, 20, S. 127–37, 1990.

– (Hrsg.): «Autopoiesis in Systems Analysis: A Debate», in: *International Journal of General Systems*, Bd. 21, Nr. 2, 1992.

Foerster, Heinz von, und George W. Zopf (Hrsg.): *Principles of Self-Organization*, New York 1962.

Fox, Warwick: «The Deep Ecology – Ecofeminism Debate and Its Parallels», in: *Environmental Ethics*, 11, S. 5–25, 1989.

–: *Toward a Transpersonal Ecology*, Boston 1990.

Garcia, Linda: «The Fractal Explorer, Santa Cruz, CA, 1991.

Gardner, Martin: «The Fantastic Combinations of John Conway's New Solitaire Game ‹Life›», in: *Scientific American*, 223, 4, S. 120–23, 1970.

–: «On Cellular Automata, Self-Reproduction, the Garden of Eden, and the Game ‹Life›», in: *Scientific American*, 224, 2, S. 112–17, 1971.

Gimbutas, Marija: «Women and Culture in Goddess-Oriented Old Europe», in: Charlene Spretnak (Hrsg.): *The Politics of Women's Spirituality*, NY 1982.

Gleick, James: *Chaos*, London 1987 (deutsch: *Chaos*).

Gluck, Mark, und David Rummelhart: *Neuroscience and Connectionist Theory*, Hillsdale, NJ, 1990.

Goodwin, Brian: *How the Leopard Changed Its Spots*, New York 1994.

Gore, Al: *Earth in the Balance*, New York 1992.

Gorelik, George: «Principal Ideas of Bogdanovs ‹Tectology›: the Universal Science of Organization», in: *General Systems*, Bd. XX, S. 3–13, 1994.

Gould, Stephen Jay: «Lucy on the Earth in Stasis», in: *Natural History*, Nr. 9, 1994.

Graham, Robert: «Contributions of Hermann Haken to Our Understanding of Coherence and Self-Organization in Nature», in: R. A. Graham und A. Wunderlin (Hrsg.): *Lasers and Synergetics*, Berlin 1987.

Grof, Stanislav: *Realms of the Human Unconscious*, New York 1976 (deutsch: *Typographie des Unbewußten*).

Gutowitz, Howard (Hrsg.): *Cellular Automata: Theory and Experiment*, Cambridge, Mass., 1991.

Haken, Hermann: *Laser Theory*, Berlin 1983.

–: «Synergetics: An Approach to Self-Organization», in: F. Eugene Yates (Hrsg.): *Self-Organizing Systems*, New York 1987.

Haraway, Donna Jeanne: *Crystals, Fabrics, and Fields: Metaphors of Organicism in Twentieth-Century Developmental Biology*, Yale University Press 1976.

Harding, Stephan: «Gaia Theory», unveröff. Vorlesungsmitschrift, Devon 1994.

Hawken, Paul: *The Ecology of Commerce*, New York 1993.

Heims, Steve J.: *John von Neumann and Norbert Wiener*, Cambridge, Mass., 1980.

–: *The Cybernetics Group*, Cambridge Mass., 1991.

Heisenberg, Werner: *Der Teil und das Ganze*, München 1973.

Henderson, Hazel: *Paradigms in Progress*, San Francisco 1995.

Jantsch, Erich: *The Self-Organizing Universe*, New York 1980 (deutsch: *Die Selbstorganisation des Universums. Vom Urknall zum menschlichen Geist*).

Judson, Horace Freeland: *The Eighth Day of Creation*, New York 1979 (deutsch: *Der 8. Tag der Schöpfung. Sternstunden der neuen Biologie*).

Kane, Jeffrey (Hrsg.): *Holistic Education Review*, Sonderausgabe: Technology and Childhood, Sommer 1993.

Kant, Immanuel: *Kritik der Urteilskraft*, Berlin 1790.

Kauffman, Stuart: «Antichaos and Adaptation», in: *Scientific American*, 8/1991.

–: *The Origins of Order*, New York 1993.

Kelley, Kevin (Hrsg.): *The Home Planet*, New York 1988.

Koestler, Arthur: *The Ghost in the Machine*, London 1967 (deutsch: *Das Gespenst in der Maschine*).

Königswieser, Roswita, und Christian Lutz (Hrsg.): *Das Systemisch-Evolutionäre Management*, Wien 1992.

Kuhn, Thomas S.: *The Structure of Scientific Revolutions*, Chicago 1962 (deutsch: *Die Struktur wissenschaftlicher Revolutionen*).

Laszlo, Ervin: *Evolution*, Boston 1987.

Lilienfeld, Robert: *The Rise of Systems Theory*, New York 1978.

Lincoln, R. J. et al.: *A Dictionary of Ecology*, Cambridge, Mass. 1982.

Lovelock, James, «Gaia As Seen Through the Atmosphere», in: *Atmospheric Environment*, Bd. 6, S. 579, 1972.

Lovelock, James: *Gaia*, Oxford 1979 (deutsch: *Unsere Erde wird überleben*).

–: *Healing Gaia*, New York 1991 (deutsch: *Gaia – Die Erde ist ein Lebewesen*).

– und Lynn Margulis: «Biological Modulation of the Earth's Atmosphere», in: *Icarus*, Bd. 21, 1974.

Luhmann, Niklas: «The Autopoiesis of Social Systems», in: Niklas Luhmann: *Essays on Self-Reference*, New York 1990.

Luisi, Pier Luigi, und Francisco J. Varela: «Self-Replicating Micelles – A Chemical Version of a Minimal Autopoietic System», in: *Origins of Life and Evolution of the Biosphere*, 19, S. 633–43, 1989.

Macy, Joanna, *World As Lover, World As Self*, Berkeley, CA, 1991.

Mandelbrot, Benoît: *The Fractal Geometry of Nature*, New York 1983 (deutsch: *Die fraktale Geometrie der Natur*). Die französische Originalausgabe erschien 1975.

Mander, Jerry, *In the Absence of the Sacred*, San Fransisco 1991.

Maren-Grisebach, Manon: *Philosophie der Grünen*, München/Wien 1982.

Margulis, Lynn, «Gaia: The Living Earth», Gespräch mit Fritjof Capra, in: *The Elmwood Newsletter*, Berkeley, CA, Bd. 5, Nr. 2, 1989.

–: *Symbiosis in Cell Evolution*, San Francisco [2]1993.

–: «Gaia Is a Tough Bitch», in: John Brockman: *The Third Culture*, New York 1995.

– und Dorion Sagan: *Microcosmos*, New York 1986.

– und Dorion Sagan: *What Is Life?* New York 1995.

–, Karlene Schwartz und Michael Dolan: *The Illustrated Five Kingdoms*, New York 1994.

Maruyama, Magoroh: «The Second Cybernetics», in: *American Scientist*, Bd. 51, S. 164–79, 1963.

Mattessich, Richard: «The Systems Approach: Its Variety of Aspects», in: *General Systems*, Bd. 28, S. 29–40, 1983/84.

Maturana, Humberto: «Biology of Cognition»; zuerst 1970 erschienen, abgedruckt in Maturana und Varela (1980).

–: «Reality: The Search For Objectivity or the Quest For a Compelling Argument», in: *Irish Journal of Psychology*, Bd. 9, Nr. 1, S. 25–82, 1988.

– und Francisco Varela: «Autopoiesis: The Organization of the Living»; zuerst unter dem Titel *De maquiñas y seres vivos*, Santiago de Chile 1972 erschienen, abgedruckt in Maturana und Varela (1980).

– und Francisco Varela: *Autopoiesis and Cognition*, Dordrecht 1980.

– und Francisco Varela: *The Tree of Knowledge*, Boston 1987 (deutsch: *Der Baum der Erkenntnis. Die biologischen Wurzeln des menschlichen Erkennens*).

McCulloch, Warren S., und Walter H. Pitts: «A Logical Calculus of the Ideas Immanent in Nervous Activity», in: *Bull. of Math. Biophysics*, Bd. 5, S. 115, 1943.

Merchant, Carolyn: *The Death of Nature*, New York 1980 (deutsch: *Der Tod der Natur*).

– (Hrsg.): *Ecology*, Atlantic Highlands, NJ, 1994.

Mingers, John: *Self-Producing Systems*, New York 1995.

Mosekilde, Erik, und Rasmus Feldberg: *Nonlinear Dynamics and Chaos*, Lyngby 1994.

Neumann, John von: *Theory of Self-Reproducing Automata*, hrsg. u. bearb. v. Arthur W. Burks, Urbana, IL, 1966.

Odum, Eugene: *Fundamentals of Ecology*, Philadelphia 1952.

Orr, David: *Ecological Literacy*, New York 1992.

Paslack, Rainer: *Urgeschichte der Selbstorganisation*, Braunschweig 1991.

Patten, B.C.: «Network Ecology», in: Higashi, M., und T.P. Burns: *Theoretical Studies of Ecosystems: The Network Perspective*, New York 1991.

Peitgen, Heinz Otto, und Peter Richter: *The Beauty of Franctals*, New York 1986.

–, Hartmut Jürgens, Dietmar Saupe und C. Zahlten: «Fractals: An Animated Discussion», Videokassette, New York 1990.

Pert, Candace, Michael Ruff, Richard Weber und Miles Herkenham: «Neuropeptides and Their Receptors: A Psychosomatic Network», in: *The Journal of Immunology*, Bd. 135, Nr. 2, S. 820–26, 1985.

–: Präsentation beim Elmwood Symposion «Healing Ourselves and Our Society», Boston, 9. Dezember 1989 (unveröff.).

–: «Peptide T: A New Therapy for AIDS», Elmwood Symposion, San Francisco, 5. November 1992 (unveröff.).

–: «The Chemical Communicators», Interview in: Bill Moyers: *Healing and the Mind*, New York 1993.

–: «Neuropeptides, AIDS, and the Science of Mind-Body Healing», Interview in: *Alternative Therapies*, Bd. 1, Nr. 3, 1995.

Postman, Neil: *Technopoly*, New York 1992 (deutsch: *Das Technopol*).

Prigogine, Ilya: «Dissipative Structures in Chemical Systems», in: S. Claessons (Hrsg.): *Fast Reactions and Primary Processes in Chemical Kinetics*, New York 1967.

–: *From Being to Becoming*, San Francisco 1980 (deutsch: *Vom Sein zum Werden. Zeit und Komplexität in den Naturwissenschaften*).

–: «The Philosophy of Instability», in: *Futures*, 21, Nr. 4, S. 396–400, 1989.

– und Paul Glansdorff: *Thermodynamic Theory of Structure, Stability, and Fluctuations*, New York 1971.

– und Isabelle Stengers, *Order out of Chaos*, New York 1984 (deutsch: *Dialog mit der Natur*).

Revonsuo, Antti, und Matti Kamppinen (Hrsg.): *Consciousness in Philosophy and Cognitive Neuroscience*, Hillsdale, NJ, 1994.

Richardson, George P.: *Feedback Thought in Social Science and Systems Theory*, Philadelphia 1992.

Ricklefs, Robert E.: *Ecology*, New York [3]1990.

Roszak, Theodore, *The Voice of the Earth*, New York 1992.

–: *The Cult of Information*, Berkeley, CA, 1994.

Sachs, Aaron: «Humboldt's Legacy and the Restoration of Science», in: *World Watch*, März/April 1995.

Schmidt, Siegfried (Hrsg.): *Der Diskurs des Radikalen Konstruktivismus*, Frankfurt a. M. 1987.

Schneider, Stephen, und Penelope Boston (Hrsg.): *Scientists of Gaia*, Cambridge, MA, 1991.

Sheldrake, Rupert: *A New Science of Life*, Los Angeles 1981 (deutsch: *Das schöpferische Universum*).

Sloan, Douglas (Hrsg.): *The Computer in Education: A Critical Perspective*, New York 1985.

Spretnak, Charlene: *Lost Goddesses of Early Greece*, Berkeley, CA, 1978.

Spretnak, Charlene: «An Introduction to Ecofeminism», in: *Bucknell Review*, Lewisburg, PA, 1993.

Stewart, Ian: *Does God Play Dice?*, Cambridge, Mass., 1989, (deutsch: *Spielt Gott Roulette?*).

Thomas, Lewis: *The Lives of a Cell*, New York 1975 (deutsch: *Das Leben überlebt. Geheimnis der Zellen*).

Ueda, Y., J. S. Thomsen, J. Rasmussen und E. Mosekilde: «Behavior of the Soliton to Duffing's Equation for Large Porcing Amplitudes», in: *Mathematical Research*, 72, S. 149–166, 1993.

Uexküll, Jakob von: *Umwelt und Innenwelt der Tiere*, Berlin 1909.

Ulrich, Hans: *Management*, Bern 1984.

Varela, Francisco: «Describing the Logic of the Living: The Adequacy and Limitations of the Idea of Autopoiesis», in: Milan Zeleny (Hrsg.): *Autopoiesis: A Theory of Living Organization*, S. 36–48, New York 1981.

–, Humberto Maturana und Ricardo Uribe: «Autopoiesis: The Organization of Living Systems, its Characterization and a Model», in: *BioSystems*, 5, S. 187–196, 1974.

– und Antonio Coutinho: «Immunoknowledge», in: J. Brockman (Hrsg.): *Doing Science*, New York 1991a.

– und Antonio Coutinho: «Second Generation Immune Networks», in: *Immunology Today*, Bd. 12, Nr. 5, S. 159–66, 1991b.

–, Evan Thompson und Eleanor Rosch: *The Embodied Mind*, Cambridge, Mass., 1991 (deutsch: *Der Mittlere Weg der Erkenntnis*).

–: «Resonant Cell Assemblies», in: *Biological Research*, Bd. 28, S. 81–85, 1995.

Walde, Peter, Roger Wick, Massimo Fresta, Annarosa Mangone und Pier Luigi Luisi: «Autopoietic Self-Reproduction of Fatty Acid Vesicles», in: *Journal of American Chemical Society*, 116, S. 11649–54, 1994.

Webster, G., und B. C. Goodwin: «The Origin of Species: A Structuralist Approach», in: *Journal of Social and Biological Structures*, Bd. 5, S. 15–47, 1982.

Weinhandl, Ferdinand (Hrsg.): *Gestalthaftes Sehen*, Darmstadt 1960.

Weizenbaum, Joseph: *Computer Power and Human Reason*, New York 1976 (deutsch: *Die Macht der Computer und die Ohnmacht der Vernunft*).

Wernadskij, Wladimir: *The Biosphere*, zuerst 1926 erschienen, Nachdruck Oracle, AR, 1986 (deutsch: *Die Biosphäre*).

Whitehead, Alfred North. *Process and Reality*, New York 1929 (deutsch: *Prozeß und Realität*).

Wiener, Norbert: *Cybernetics*, Cambridge, Mass., 1948; Nachdruck 1961 (deutsch: *Kybernetik*).

–: *The Human Use of Human Beings*, New York 1950 (deutsch: *Mensch und Menschmaschine*).

Windelband, Wilhelm: *A History of Philosophy*, New York 1901 (deutsch: *Lehrbuch der Geschichte der Philosophie*).

Winograd, Terry, und Fernando Flores, *Understanding Computers and Cognition*, New York 1991.

Yovits, Marshall C., und Scott Cameron (Hrsg.), *Self-Organizing Systems*, New York 1959.

–, George Jacobi und Gordon Goldstein (Hrsg.): *Self-Organizing Systems*, Chicago 1962.

Personen- und Sachregister